化学物質管理者
選任時テキスト

リスクアセスメント対象物 製造事業場・取扱い事業場向け

中央労働災害防止協会

まえがき

　令和4年5月の化学物質規制の見直しに伴い、労働安全衛生規則に化学物質管理の枠組み規制が導入され、令和6年4月から本格施行されている。所定の化学物質を製造し、または取り扱う事業者は、業種や規模にかかわらず、事業場に化学物質管理者を配置し、リスクアセスメントの実施に関する事項を行わせることとされている。

　自律的な化学物質管理においては、化学物質の取扱い等に伴う労働災害のリスクを自ら見積もり、必要な措置を講ずることが求められる。選任された化学物質管理者は、安全データシートの内容の理解、監督指導時に求められるリスクアセスメントから措置までの記録、災害発生時の対応、教育訓練といった各種事項を担当することとなる。

　このテキストは、事業場で化学物質管理者に選任されるに当たり、これら必要な知識を身につけるための包括的な教材である。法令や通達で定められた所定の研修科目に準拠しているとともに、化学物質管理者としての日々の業務においても、役立つ参考資料である。

　令和6年5月の濃度基準値に係る告示、指針の改正に対応し、版を改めた。

　令和6年5月

中央労働災害防止協会

リスクアセスメント対象物を製造する事業場向け　**化学物質管理者講習カリキュラム**

	科　目	範　囲	時　間	本書の対応頁
講義	化学物質の危険性及び有害性並びに表示等	化学物質の危険性及び有害性 化学物質による健康障害の病理及び症状 化学物質の危険性又は有害性等の表示、文書及び通知	2時間30分	第2編
	化学物質の危険性又は有害性等の調査	化学物質の危険性又は有害性等の調査の時期及び方法並びにその結果の記録	3時間	第3編 第4編
	化学物質の危険性又は有害性等の調査の結果に基づく措置等その他必要な記録等	化学物質のばく露の濃度の基準 化学物質の濃度の測定方法 化学物質の危険性又は有害性等の調査の結果に基づく労働者の危険又は健康障害を防止するための措置等及び当該措置等の記録 がん原性物質等の製造等業務従事者の記録 保護具の種類、性能、使用方法及び管理 労働者に対する化学物質管理に必要な教育の方法	2時間	第4編
	化学物質を原因とする災害発生時の対応	災害発生時の措置	30分	第5編
	関係法令	労働安全衛生法、労働安全衛生法施行令及び労働安全衛生規則の関係条項	1時間	第1編 第6編
実習	化学物質の危険性又は有害性等の調査及びその結果に基づく措置等	化学物質の危険性又は有害性等の調査及びその結果に基づく労働者の危険又は健康障害を防止するための措置並びに当該調査の結果及び措置の記録 保護具の選択及び使用	3時間	―

（令和4年厚生労働省告示第276号）

リスクアセスメント対象物を製造する事業場以外の事業場向け
化学物質管理者講習に準ずる講習カリキュラム

科　目	範　囲	時　間	本書の対応頁
化学物質の危険性及び有害性並びに表示等	化学物質の危険性及び有害性 化学物質による健康障害の病理及び症状 化学物質の危険性又は有害性等の表示、文書及び通知	1時間30分	第2編
化学物質の危険性又は有害性等の調査	化学物質の危険性又は有害性等の調査の時期及び方法並びにその結果の記録	2時間	第3編 第4編
化学物質の危険性又は有害性等の調査の結果に基づく措置等その他必要な記録等	化学物質のばく露の濃度の基準 化学物質の濃度の測定方法 化学物質の危険性又は有害性等の調査の結果に基づく労働者の危険又は健康障害を防止するための措置等及び当該措置等の記録 がん原性物質等の製造等業務従事者の記録 保護具の種類、性能、使用方法及び管理 労働者に対する化学物質管理に必要な教育の方法	1時間30分	第4編
化学物質を原因とする災害発生時の対応	災害発生時の措置	30分	第5編
関係法令	労働安全衛生法、労働安全衛生法施行令及び労働安全衛生規則の関係条項	30分	第1編 第6編

（令和4年9月7日付け基発0907 第1号）

目　次

第1編　これからの化学物質管理と実施体制

第2編　化学物質の危険性及び有害性並びに表示等

第3編　化学物質の危険性又は有害性等の調査

第5編　化学物質を原因とする災害発生時の対応

第1編

これからの化学物質管理と実施体制

　令和4年5月の省令改正（令和4年5月31日厚生労働省令第91号）に伴う自律的な化学物質管理の導入に伴い、従来からの特別則による化学物質規制とは別に、一般則である労働安全衛生規則（安衛則）に化学物質管理の原則が拡充されている。拡充された内容としては、化学物質に係る情報伝達の強化、リスクアセスメントの実施、実施体制の整備、健康診断などがあるが、ここでは、事業場内実施体制の整備と、外部から事業場を支援する専門家体制を中心に述べる。

　なお、令和4年5月の省令改正では、従来からの特別則、すなわち有機溶剤中毒予防規則（有機則）、鉛中毒予防規則（鉛則）、四アルキル鉛中毒予防規則（四アルキル則）および特定化学物質障害予防規則（特化則）についても一部改正されており、事業場の衛生管理者や個々の特別則に対応する作業主任者の役割も影響を受けることに留意する必要がある。

第1章　化学物質管理者と保護具着用管理責任者

　事業場における化学物質の自律的な管理には、危険性・有害性情報の情報共有やリスクアセスメントの実施が不可欠であり、これらを適正に行うための実施体制が必要である。

　ここでは、リスクアセスメント対象物を製造し、または取り扱う事業場において中心的な役割を担うこととなる「化学物質管理者」と「保護具着用管理責任者」を中心に紹介する。

1．化学物質管理者とは（安衛則第12条の5）

　化学物質管理者は、事業場における化学物質の管理に係る技術的事項を管理するものと位置付けられている。事業者は、化学物質の危険性、有害性を把握して、労働者の危険、健康障害を防止するために適切な措置を講ずる必要があり、化学物質管理者がその技術的側面の管理を担当する。具体的には、化学物質の表示および通知に関する事項、リスクアセスメントの実施および記録の保存、ばく露低減対策、労働災害発生時の対応、労働者に対する教育などを管理することが該当する。

　リスクアセスメント対象物を製造し、または取り扱う事業場、およびリスクアセスメント対象物の譲渡または提供を行う事業場においては、事業場の規模や業種にかかわらず、化学物質管理者の選任が必要である。

　化学物質管理者を選任したときは、その氏名を事業場の見やすい箇所に掲示すること等により関係労働者に周知させる。選任届を労働基準監督署に提出する必要はない（**図1.1.1**）。派遣社員、臨時雇用社員等を含め関係者全員が閲覧可能な社内LANなどに化学物質管理者の氏名を掲載することでも差し支えない。

図1.1.1　化学物質管理者の
氏名の掲示プレート（例）

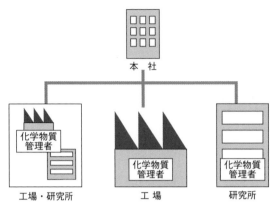

本　社

化学物質
管理者

化学物質
管理者

化学物質
管理者

工場・研究所　　　　　　工　場　　　　　　研究所

図1.1.2　化学物質管理者の選任（製造する事業場）

化学物質管理者は、事業場内の労働者から選任しなければならず、その職務を適切に遂行するために必要な権限が付与される必要がある。ただし、表示等に係る業務や教育管理に係る技術的事項を他の事業場に行わせる場合は、表示等および教育管理に係る技術的事項については、他の事業場で選任された化学物質管理者に管理させることとされている。ラベルやSDSの作成には、化学物質の製造とは異なる知見を必要とするため、それらを他の事業場に委託して作成している場合も多く見受けられるが、製造部門の化学物質管理者が委託先の別の事業場を管理することはできないため、委託先においても化学物質管理者の選任が必要となるものである。

⑴　化学物質管理者の選任（リスクアセスメント対象物を製造する事業場）

　化学物質管理者の選任は、製造する事業場ごとに行う。すなわち、工場、店社、営業所等の事業場を１つの単位として選任する（**図1.1.2**）。事業場の状況に応じ、１つの事業場内に複数人の化学物質管理者を選任し、業務を分担することは可能であるが、業務に抜け落ちが発生しないよう、十分な連携を図る必要がある。

　化学物質を製造している事業場、取り扱う事業場のいずれに該当するかどうかについては、安衛則第12条の５第３項第２号イまたはロの適用に係る問題であり、最終的には規制当局の判断となる。施行通達、省令公布時の意見募集（パブリックコメント）への回答、国が示す質疑応答などを参照し、一義的には事業者が判断する必要がある。厚生労働省が委託事業により設けている化学物質管理に関する相談窓口を利用してもよい。これまでの質疑応答などを通じ、整理されているものを掲げると次のとおり。

　　・ある工場でリスクアセスメント対象物を製造し、別の事業場でラベル表示の作成を行う場合は、その工場と事業場のそれぞれで化学物質管理者の選任が必要となる。

　　・原材料を混合して新たな製品を製造する事業場については、その製品がリスクアセスメント対象物に該当する場合は、リスクアセスメント対象物を製造する

事業場に該当する。混合時に化学反応を伴うかどうかにはよらない。

・化学物質を事業場内で混合・調合してそのまま消費する場合は、事業場外に出荷しないため、リスクアセスメント対象物を製造する事業場には該当しない（原材料や中間体がリスクアセスメント対象物であれば、(2)に該当する）。

・化学物質に係る製品を輸入し、譲渡または提供のみ行う事業場は、リスクアセスメント対象物を製造する事業場には該当しない。

化学物質を製造している事業場における化学物質管理者は、所定の化学物質の管理に関する講習を修了した者（または同等以上の能力を有すると認められる者）から選任する必要があり、化学物質管理者のための講習の科目と範囲、時間については厚生労働省告示に示されている（ivページの表を参照）。同等以上の能力を有する者には、労働衛生工学の労働衛生コンサルタントや、後述の化学物質管理専門家の要件に該当する者が含まれる。

化学物質管理者のための講習は、多くの外部研修機関が実施しているが、事業者自らが実施することとしても差し支えない。講義および実習の各科目に定める内容について必要な知識や実務経験等を有する内外の者を講師として、告示に基づき実施すればよい。その際、衛生工学衛生管理者免許所持者、第1種衛生管理者免許所持者および作業主任者技能講習（有機、特化、鉛の全ての）修了者については、講習科目の一部を免除することができるとされているので、巻末の関係告示リストから詳細を確認するとよい。

事業者が自ら実施する講習（外部講師を招聘して実施するものを含む）については、選任した化学物質管理者が要件を満たしていることを、労働基準監督機関等の求めに応じて明らかにする必要があるため、実施した講習の日時、実施者、科目、内容、時間数、担当講師、使用教材などを記録し保存しておく必要がある。事業者において、外部講師を招聘して化学物質管理者講習を実施した場合の実施記録（甲）を**表1.1.1**に、受講者一覧名簿（乙）の例を**表1.1.2**に示す。

⑵　化学物質管理者の選任（リスクアセスメント対象物を製造する事業場以外の事業場）

リスクアセスメント対象物を取り扱う事業場における化学物質管理者の選任は、事業場ごとに行う。すなわち、工場、店社、営業所等の事業場を1つの単位として選任する。

化学物質管理者は、有期工事であるか否かにかかわらず選任する必要があるが、

表1.1.1　化学物質管理者講習の実施記録の様式例

記録保存用　　　　　　　　　　　　　　　　　　　　　　　　　　　(甲)

化学物質管理者専門的講習（製造事業場向け）カリキュラム

実施日：令和　年　月　～　日
実施者：(事業場)
講　師：

【1日目】

	時間	科目	範囲	備考
1	9.10-11.50 (150分 /休憩10分)	化学物質の危険性及び有害性並びに表示等		
2	12.50-13.50 (60分)	関係法令		
3	13.50-14.20 (30分)	化学物質を原因とする災害発生時の対応		
4	14.30-16.40 (120分 /休憩10分)	化学物質の危険性又は有害性等の調査の結果に基づく措置等その他必要な記録等		

【2日目】

	時間	科目	範囲	備考
5	9.00-12.10 (180分 /休憩10分)	化学物質の危険性又は有害性等の調査		
6	13.10-16.10 (180分) 【実習】	化学物質の危険性又は有害性等の調査及びその結果に基づく措置等		

・令和4年厚生労働省告示第276号に基づくカリキュラム。
・全ての科目を修了した者は、安衛則第12条の5第3項第2号イに規定する化学物質管理者の選任要件を満たす。

使用教材：「化学物質管理者選任時研修テキスト（第3版）」(中央労働災害防止協会)
実施場所：

所定の科目につき講習を実施したことを証明します。

　　　　　　　　　　　　　　　　　　　令和　　年　　月　　日
　　　　　　　　　　　　　　　　　　　講師氏名
　　　　　　　　　　　　　　　　　　　連絡先

　工場、店社等の事業場単位で選任するものであり、建設現場など出張先での作業については、出張先の建設現場ごとに化学物質管理者を配置する必要はない。作業に従事する労働者の所属する事業場ごとに化学物質管理者を選任し、その者に現場の化学物質管理を行わせる必要がある（**図1.1.3**）。その建設現場を管理する元方事業者については、元方事業者の労働者がリスクアセスメント対象物を取り扱う場合に、化学物質管理者の選任が必要となる。

　化学物質を取り扱う事業場の考え方について、次の点を補足しておく。

　・密閉された状態の製品を保管するだけで、容器の開閉等を行わない場合は、リ

表1.1.2　化学物質管理者講習の受講者名簿の様式例

記録保存用				(乙)

化学物質管理者専門的講習　受講者名簿

令和　　年　月　日
実施者：（事業場）

	氏名	所属・役職		備考
1				
2				
3				
4				
5				
6				
7				

全ての科目を受講したことを証明します。

令和　　年　月　日
事業場名
（事務責任者）

スクアセスメント対象物を取り扱う事業場には該当しない。また、リスクアセスメント対象物には、主に一般消費者の生活の用に供される製品を含まない（ただし、当該製品の範囲についての解釈は、あくまで労働安全衛生法令に係るものによること）。

化学物質を取り扱う事業場における化学物質管理者は、前項(1)の要件を満たす者のほか、後述の職務を担当するために必要な能力を有すると

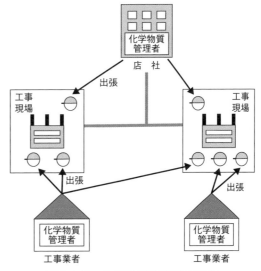

図1.1.3　化学物質管理者の選任
（製造する事業場以外の事業場）

認められる者のうちから選任することとされている。「必要な能力を有すると認められる者」という法令上の要件にはさまざまなものが含まれるが、厚生労働省労働基準局長名の通達に、受講することが望ましい講習として、科目と内容、時間が具体的に示されている（ivページの表を参照）。

以上の考え方は、リスクアセスメント対象物の譲渡または提供を行う事業場につ

いても同様である。ただし、(1)に該当する場合を除く。

⑶　製造し、または取り扱う化学物質がリスクアセスメント対象物に含まれない場合

　事業者に労働安全衛生法（安衛法）第57条の3の規定に基づくリスクアセスメントの実施義務が課されておらず、化学物質管理者の選任は求められていない。しかし、リスクアセスメント対象物については、今後国がGHS分類を行うことにより順次増やし、令和8年4月には2,316物質となる予定である（リスクアセスメント対象物の範囲が広くなる）ことから、今後の規制動向を注視する必要がある。また、リスクアセスメント対象物以外の化学物質であってもGHS分類がなされ危険性・有害性があると判断されたものについては、労働安全衛生法第28条の2第1項に規定するリスクアセスメントの努力義務の対象となるものであるとともに、リスクアセスメント対象物以外の物質にばく露される濃度を最小限度とする努力義務（安衛則第577条の3）にも留意する必要がある。

2．化学物質管理者の職務

　事業場におけるリスクアセスメントおよびリスク低減措置の実施は、総括安全衛生管理者の統括管理の下、安全管理者または衛生管理者が管理することとされている。化学物質管理者は、その管理の下、技術的事項を管理することとなる。

　化学物質管理者の職務は、事業場における化学物質の管理に係る技術的事項の管理であり、大きく分けて、事業場に所属する労働者の労働災害防止に関することと、譲渡・提供先への危険性又は有害性の情報伝達に関することとに分けられる。

　化学物質管理者は、事業場におけるリスクアセスメント対象物について、その危険性又は有害性の調査（リスクアセスメントの実施）という安衛法第57条の3に規定する事業者の義務を遂行することが求められており、安衛法第20条に規定する爆発性の物、発火性の物、引火性の物等による危険を防止するための措置と、第22条に規定する原材料、ガス、蒸気、粉じん等による健康障害の防止が含まれていることに留意する必要がある。

　また、リスクアセスメント対象物を製造する事業場、およびリスクアセスメント対象物の譲渡または提供を行う事業場については、譲渡・提供先への危険性又は有害性の情報伝達に関することも職務に含まれる。

　化学物質管理者の職務は、次のとおりとされている。

① リスクアセスメント対象物のラベル表示、危険有害性情報の通知に関すること

　　リスクアセスメント対象物を製造する事業場、リスクアセスメント対象物の譲渡または提供を行う事業場の事業者は、リスクアセスメント対象物を含む製品をGHSに従って分類するとともに、容器にラベル表示をし、危険有害性情報を記した安全データシート（SDS）を交付することが求められる。リスクアセスメント対象物の譲渡または提供を受けた事業場の化学物質管理者は、ラベル表示やSDSの内容が適切であることを確認するとともに、SDS等の関係労働者への周知、事業場内でラベル表示対象物を小分け保管する際の必要事項の表示を行う。

② リスクアセスメントの実施に関すること

　　事業者が実施するリスクアセスメントに関し、化学物質管理者は、リスクアセスメントの推進および実施状況の管理を行う。リスクアセスメント対象物の確認、作業場の状況の確認（リスクアセスメント対象物の取扱量、作業者数、作業方法、作業場の状況等）、リスクアセスメント手法（測定、推定、既存のリスクアセスメントマニュアルの参照等）の決定および評価、労働者に対するリスクアセスメントの実施およびその結果の周知等の職務が該当する。

　　なお、リスクアセスメントの実務については、必ずしも化学物質管理者が自ら実施することを求められているものではない。化学物質管理者の管理の下、リスクアセスメントの実務の一部を化学物質管理に詳しい内部または外部の専門家に請け負わせることは差し支えないとされている。

③ リスクアセスメント等の結果に基づく措置の内容およびその実施に関すること

　　事業者は、リスクアセスメント結果に基づき、法令の規定による措置のほか、労働者の危険または健康障害を防止するため必要な措置を講ずる必要がある。リスクアセスメントの結果、作業場や作業について改善が必要と判断された場合は、そのリスクアセスメント対象物に労働者がばく露される程度を最小限度にするための対策を講じなければならないとされている（安衛則第577条の2第1項）。

　　このため、化学物質管理者は、労働者のばく露を低減させるための各種措置、すなわち代替物の使用、発散源を密閉する設備、局所排気装置または全体換気装置の設置・稼働、作業方法の改善、有効な呼吸用保護具の使用等、の選択および実施について管理することが求められる。ここでいう「労働者がばく露される程度」とは、作業環境中の気中濃度ではなく、労働者が吸入する有害物の濃度（呼吸用保護具を使用するときは、その内側の濃度）であり、全体換気装置その他の

工学的措置による有害物の気中濃度の低減が十分でない場合に、有効な呼吸用保護具の使用も選択肢の1つとなる。ただし、呼吸用保護具は、その選択、使用および保守管理の全てが適切であって初めて所定の効果を発揮できることから、後述する保護具着用管理責任者による管理が必要となる。

　労働者のばく露を低減させるための措置は、高度な知見を要することが多いことから、内部または外部の専門家に相談し、または助言・指導を受けることも選択肢に含めるべきである。

④　リスクアセスメント対象物を原因とする労働災害が発生した場合の対応に関すること

　リスクアセスメント対象物を原因とする労働災害として、有害物への高濃度ばく露、化学物質の飛散や付着による眼や皮膚の障害、化学物質による爆発、火災等およびこれらに伴う死傷病者の発生が考えられることから、化学物質管理者は、これら労働災害発生時の応急処置等の対応についてのマニュアルを定めるとともに、労働災害の発生を想定した訓練計画の策定を担当する。マニュアルは、事業場における安全衛生管理体制の下で、避難経路の確保、応急処置および内部連絡体制の確保、危険有害物の除去および除染作業、労働基準監督署を含む緊急連絡先、搬送先病院との連携その他の必要な事項を含めること。

　なお、事業者は、労働災害発生の急迫した危険があるときは、直ちに作業を中止し、労働者を作業場から退避させる等必要な措置を講じなければならないとされており、化学設備から危険物等が大量に流出した場合等危険物等の爆発、火災等による労働災害発生の急迫した危険などにも留意する。

⑤　リスクアセスメントの結果の記録の作成と保存、その周知に関すること

　化学物質管理者が行う記録・保存のための様式例（**表1.1.3**）も参照し、所定の事項を記録して保存する。また、リスクアセスメント結果の労働者への周知についても担当する。

⑥　リスクアセスメントの結果に基づくばく露低減措置等に関する記録と保存、及び労働者への周知に関すること

　リスクアセスメントの結果に基づくばく露低減措置およびリスクアセスメント対象物健康診断結果に基づき講じた措置に関する記録・保存並びに労働者の意見聴取に関する記録・保存のほか、がん原性物質に関しては、労働者のばく露状況、労働者の作業の記録等も必要である。また、労働者への周知も行う。

　1年を超えない期間ごとに定期的に記録を作成し3年間保存することとされて

表1.1.3　化学物質管理者が行う記録・保存のための様式（例）（安衛則第12条の５）

① 事業場名：	② 業種：	③ 代表者名：	
④ 化学物質管理者名：	⑤ 記録作成日：		
⑥ 事業場で作成・交付しなければならないラベル表示・SDSの数： （法第57条の２）　※本社等で一括して作成している場合を除く			
⑦ リスクアセスメント対象物数：　　　　　（義務対象物質数：　　　　） （法第57条の３、法第28条の２）			
⑧ リスクアセスメント対象物について収集したSDSの数：			
⑨ リスクの見積りの方法及び適用場所数又は対象者数：			

作業環境測定：	ばく露測定：	クリエイトシンプル：	マニュアル準拠：	その他：

⑩ リスクの見積りの結果に基づき対策が求められた作業場所又は労働者の数：

作業場所：	労働者数：

⑪ リスクの見積りの結果に基づきばく露低減のために検討した対策の種類及びその数：

代替物：	密閉化：	換気・排気装置：	作業改善：	保護具：	その他：

　　リスクの見積りの結果に基づき爆発・火災防止のために検討した対策の種類及びその数：

代替物：	密閉化：	換気・排気装置：	着火源除去：	作業改善：	保護具：	その他：

⑫ リスクの見積りの結果に基づき実施した対策の種類及びその数：

代替物：	密閉化：	換気・排気装置：	着火源除去：	作業改善：	保護具：	その他：

⑬ 皮膚障害等化学物質への直接接触の防止：　対象物質数：　　　　　対象労働者数： （安衛則第594条の２）
⑭ 濃度基準値を超えたばく露を受けた労働者の有無：　有り（人数：　　）　　　無し （安衛則第577条の２）
取られた対策（措置）の種類：
⑮ 労働者に対する取扱い物質の危険性・有害性等の周知：

実施日：　　　人数：	実施日：　　　人数：	実施日：　　　人数：

⑯ リスクアセスメントの方法、結果、対策等に関する労働者の教育：

実施日：　　　人数：	実施日：　　　人数：	実施日：　　　人数：

⑰ 労働災害発生時対応マニュアルの有無：　　有り　　無し
⑱ 労働災害発生時対応を想定した訓練の実施：　　有り　　無し
⑲ 労災発生時等の労働基準監督署長による指示の有無：　　有り（回数：）　　無し （安衛則第34条の２の10）

いるが、リスクアセスメント対象物のうち、告示に定めるがん原性物質については、一部の記録についての保存期間が30年である。

⑦　労働者に対する必要な教育に関すること

　　化学物質管理者は、ラベル表示、SDS、リスクアセスメントとその結果に基づく措置、災害発生時の措置等に関する教育について、実施計画の策定、教育効果の確認等を管理する。特に、リスクアセスメント対象物を実際に使用する労働者がラベルや絵表示を知らないということがないよう、その教育の管理が化学物質管理者の職務に位置付けられたものである。教育の実施そのものは、他の担当者を充て、または外部の教育研修機関等を活用することとして差し支えない。

３．保護具着用管理責任者とは（安衛則第12条の６）

　　化学物質の自律的な管理において、リスクアセスメントの結果に基づく措置とし

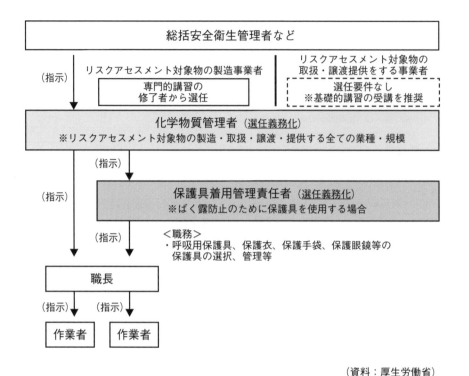

（資料：厚生労働省）

図1.1.4　新たな化学物質管理における事業場内の体制（例）

図1.1.5　保護具着用管理責任者の
氏名の掲示プレート（例）

て、労働者に有効な呼吸用保護具を使用させることも可能であるが、それには保護具の選定、使用方法および保守管理が適切に行われることが必要である。このため、保護具着用管理責任者がこれらを管理することとされているものであり、化学物質管理者は、保護具着用管理責任者と連携する必要がある（図1.1.4）。

　化学物質管理者を選任した事業者は、リスクアセスメントの結果に基づく措置として、労働者に保護具を使用させるときは、保護具着用管理責任者を選任し、有効な保護具の選択、保護具の保守管理その他保護具に係る業務を担当させなければならないとされている。防じんマスクなどの呼吸用保護具のみならず、保護手袋や保護衣などの皮膚障害防止用の保護具も対象であることに留意する。

　保護具着用管理責任者を選任したときは、その氏名を事業場の見やすい箇所に掲

示すること等により関係労働者に周知させる（**図1.1.5**）。選任届を労働基準監督署に提出する必要はない。

(1)　保護具着用管理責任者の選任

　保護具着用管理責任者の選任は、事業場ごとに行う。

　保護具着用管理責任者は、保護具に関する知識および経験を有すると認められる者のうちから選任することとされており、次に掲げる者が含まれる。

- ・化学物質管理専門家の要件に該当する者
- ・作業環境管理専門家の要件に該当する者
- ・労働衛生コンサルタント試験に合格した者（試験の区分は問わない。また、登録を必要としない。）
- ・第1種衛生管理者免許または衛生工学衛生管理者免許を受けた者
　　安衛則第10条の規定に基づき、衛生管理者免許を受けずに事業場に衛生管理者として選任された医師、歯科医師、教諭免許状所持者等は含まれない。
- ・該当する作業に応じ、所定の作業主任者技能講習[*1]を修了した者
- ・登録教習機関が行う安全衛生推進者に係る講習を修了した者、告示に示す安全衛生推進者の選任に関する基準[*2]に該当する者

　上に掲げた者については、法令に基づき保護具着用管理責任者として選任することが可能であるが、所属する事業場において、保護具を正しく選択し、使用させ、保守管理することは容易ではない。実際にこれらが適切でなかったことが原因と考えられる労働災害が発生しており、保護具に関する正しい知識の習得に努める必要がある。

　これら保護具着用管理責任者の要件を満たす者から選任する際に、あらかじめ受講することが望ましい教育に関しては、「保護具着用管理責任者に対する教育実施要領」が通達[*3]で定められている（**表1.1.4**）。化学物質管理者を選任するための講習と同様に、事業者自ら教育を実施することができるが、各地の安全衛生団体等でも実施するところが増えてきた。学科と実技の組合せにより行う必要があるため、特に、外部の機関が実施する教育を受講する場合は、実技科目がその事業場で使用

- ＊1　「有機溶剤作業主任者技能講習」、「鉛作業主任者技能講習」、「特定化学物質及び四アルキル鉛等作業主任者技能講習」が該当する。
- ＊2　「大学を卒業後1年以上安全衛生の実務に従事した経験を有する者」、「高等学校を卒業後3年以上安全衛生の実務に従事した経験を有する者」、「5年以上安全衛生の実務に従事した経験を有する者」が該当する。
- ＊3　「保護具着用管理責任者に対する教育の実施について」（令和4年12月26日付け基安化発1226第1号）
　　https://www.mhlw.go.jp/content/11300000/001031069.pdf

表1.1.4　保護具の管理に関する教育（令和４年12月26日付け基安化発1226第１号）

	科　目	範　囲	時　間
学科科目	保護具着用管理	保護具着用管理責任者の役割と職務 保護具に関する教育の方法	0.5時間
	保護具に関する知識	保護具の適正な選択に関すること。 労働者の保護具の適正な使用に関すること。 保護具の保守管理に関すること。	3時間
	労働災害の防止に関する知識	保護具使用に当たって留意すべき労働災害の事例及び防止方法	1時間
	関係法令	労働安全衛生法、労働安全衛生法施行令及び労働安全衛生規則中の関係条項	0.5時間
実技科目＊	保護具の使用方法等	保護具の適正な選択に関すること。 労働者の保護具の適正な使用に関すること。 保護具の保守管理に関すること。	1時間

＊　分割して行う場合、学科科目より前の日には行わないこと。

する保護具を対象に含むものを選択するのがよい。

　事業場内に、前述の要件に該当する者がいない場合は、保護具の管理に関する教育を受講しなければ、保護具着用管理責任者として選任することはできない。

　なお、保護具着用管理責任者に関し、化学物質管理者と兼務することは（職務を遂行できる限り）差し支えないが、作業主任者との兼務が制限されることがある。安衛則に規定するリスクアセスメント対象物のみを取り扱う場合（次の(2)の①から③までの職務）は兼務に制約はないが、特別則の対象物質を取り扱い、かつ、第三管理区分作業場を含む場合（(2)の④および⑤の職務）には、作業主任者との兼務ができない。すなわち、特別則における第三管理区分作業場において、作業環境の改善が困難と判断された場合等の措置として保護具着用管理責任者を選任する場合は、現に作業主任者に選任されている者以外の者から保護具着用管理責任者を選任し、作業主任者に対し、呼吸用保護具に関する事項について必要な指導を行わせることとなる。

(2)　**保護具着用管理責任者の職務**

　保護具着用管理責任者は、化学物質管理者が選任された事業場において、リスクアセスメントの結果に基づく措置として行う労働者に対する保護具の使用に関し、次の事項を管理する。

　①　保護具の適正な選択に関すること
　②　労働者の保護具の適正な使用に関すること
　③　保護具の保守管理に関すること

表1.1.5　労働衛生保護具に関する厚生労働省労働基準局長名の主な通達

通達名	日付、番号
化学防護手袋の選択、使用等について	平成29年1月12日付け基発0112第6号
防じんマスク、防毒マスク及び電動ファン付き呼吸用保護具の選択、使用等について	令和5年5月25日付け基発0525第3号

④　特別則で規定する第三管理区分場所における各種措置のうち、呼吸用保護具に関すること

⑤　第三管理区分場所における作業主任者の職務のうち、呼吸用保護具に関する事項について必要な指導を行うこと

　これらの職務に当たっては、安衛則および各特別則の保護具に関する関係条文に照らし、解釈通達も参照しながら法令遵守するとともに、保護具の種類別に適正な選択、使用、保守管理等のための留意事項につき示された厚生労働省労働基準局長名の関係通達（**表1.1.5**）を参照する必要がある。

　保護具は、防じんマスク、防毒マスク、保護手袋、保護衣、保護眼鏡などさまざまな種類があり、また、電動ファン付き呼吸用保護具については、防じん機能を有するものに加え、防毒機能を有するものも追加されたことから、事業場で製造し、または取り扱う化学物質の種類や作業状況により適正に選択する必要がある。保護具着用管理責任者は、保護具メーカーや各種参考書籍等から最新の知見を収集して取捨選択することはもちろんのこと、保護具の使用に伴う労働者等への負荷を考慮し、事業場の作業状況等の実情に合わせた自律的な化学物質管理を進めることが期待されている。

　また、関係労働者に対して正しい使用方法を徹底すること、正しく保守管理することにより、初めて所要のばく露低減効果が得られるものであることに留意し、保護具の適正な使用に関する教育を進める必要がある。保護具についての詳細は、第4編第5章を参照のこと。

第2章　化学物質管理に関する教育の拡充

　化学物質の自律的な管理においては、化学物質に関する情報伝達が強化されており、各種教育においても拡充されている。これらの実施管理については、化学物質管理者の職務とされている。

⑴　職長等に対する安全衛生教育の対象となる業種の拡大（安衛令第19条）

　生産工程において、作業中の労働者を直接指導、監督する立場の職長等は、職場のかなめであると同時に、事業場内の化学物質管理を実施する上でも欠かせない存在である。作業に熟達している職長等の監督者が化学物質管理に必要な知識を持ち、労働者を適切に指導することにより、化学物質を原因とする重篤な災害を防止することができる。

　安衛法第60条の規定に基づき、建設業、製造業の一部、電気業、ガス業、自動車整備業および機械修理業については、新たに職務につくこととなった職長その他の管理監督者に対し、リスクアセスメントおよびその結果に基づく措置を含め12時間の安全衛生教育が義務付けられており、化学物質管理者は、その適切な実施を管理する必要がある。

　令和4年2月の労働安全衛生法施行令（安衛令）の改正により、職長等に対する安全衛生教育の対象となる業種に、化学物質を取り扱う2業種が追加され、令和5年4月から施行されている。これにより「食料品製造業」および「新聞業、出版業、製本業及び印刷物加工業」についても、職長等に対する安全衛生教育の対象となっていることに留意する必要がある。

　なお、食料品製造業のうち、うま味調味料製造業および動植物油脂製造業については、従前から職長等に対する安全衛生教育の対象業種となっていたものである。

⑵　雇入れ時等の教育の拡充（安衛則第35条）

　労働者を雇い入れ、または労働者の作業内容を変更したときに労働者に対して行わなければならない教育（雇入れ時等教育）については、事業場の業種や規模を問

表1.2.1　雇入れ時等の教育の事項（安衛則第35条第1項）

① 機械等、原材料等の危険性又は有害性及びこれらの取扱い方法に関すること。 ② 安全装置、有害物抑制装置又は保護具の性能及びこれらの取扱い方法に関すること。 ③ 作業手順に関すること。 ④ 作業開始時の点検に関すること。 ⑤ 当該業務に関して発生するおそれのある疾病の原因及び予防に関すること。 ⑥ 整理、整頓及び清潔の保持に関すること。 ⑦ 事故時等における応急措置及び退避に関すること。 ⑧ 前各号に掲げるもののほか、当該業務に関する安全又は衛生のために必要な事項

わず義務付けられている。従来は非工業的業種については、業種により、**表1.2.1**に示す教育事項のうち①から④までの事項について省略が認められていたが、令和6年4月1日から省略規定がなくなったことから、業種によらず全ての項目の実施が義務付けられている。

　雇入れ時等教育において、化学物質の危険性、有害性等についての事項をどの程度行うかについては、法令の定めはないので、作業の実態に応じて定めればよい。例えば保健衛生業では、清掃に用いる業務用洗剤や薬品の取扱いと、事務所でときおり使用する溶剤の取扱いを中心に教育を行うということが考えられる。事務職で全く化学物質を取り扱うことがない労働者については、（それが事実である限り）化学物質に関係する教育を行わなくてもよいとされているが、非工業的業種においても、スプレー缶、しみ抜き剤、漂白剤などの化学物質を取り扱うことにより、爆発・火災、化学熱傷、呼吸器障害などの労働災害が多数発生していることを踏まえ、新規入職者等に幅広く化学物質の危険性、有害性等についての教育を実施することが望ましい。

⑶　化学物質管理に関する教育拡充の背景

　化学物質による労働災害は依然として後を絶たず、休業4日以上の労働災害に限っても年間450件程度発生しており、その8割は、特化則等の個別規制の対象外の物質による皮膚障害、眼障害、中毒等である（「職場における化学物質等の管理のあり方に関する検討会報告書」および関連資料）。また、引火性物質、可燃性ガス等による火災も多く発生している。

　これらの労働災害の発生状況からは、化学物質による重篤な労働災害の背景には、それよりもはるかに多くの労働災害（化学物質が眼に入り治療を受けたが休業に至らなかった災害など）が発生していると考えられること、化学物質を日ごろ意識することの少ない業種の事業場においても重篤な災害のリスクがあることがうかがえ

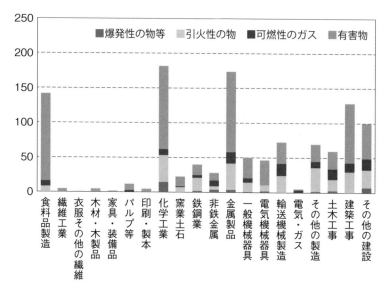

図1.2.1　化学物質を原因とする休業４日以上労働災害件数
2018−2022年合計（製造業、建設業1,153人）

る。国による労働災害統計は、事業者からの労働者死傷病報告に基づくものであり、職業がんなどの遅発性疾病が計上されにくいという点にも注意が必要である。

　また、化学物質を原因とする労働災害はさまざまな業種で発生しているという点も重要である。 2018年〜2022年の５年間に発生した休業４日以上の死傷災害1,960人のうち、44％は製造業で、15％は建設業である。化学工業に次いで多いのは、金属製品製造業、食品製造業、建築工事業であり、いずれも100人以上（年当たり平均20人以上）となっている（**図1.2.1**）。

　さらに、製造業、建設業以外でも、接客娯楽業、商業、清掃・と畜業で100人以上となっており、サービス産業を含め一般に広く使われる化学物質についても対策が必要なことがわかる（**図1.2.2**）。

　このため、化学物質は、特殊で限定された職場で使用されるものではなく、さまざまな産業で広く使われるものだという認識に立ち、作業に従事する労働者に対して、①取り扱う化学物質のラベル表示など必要な知識を付与し、②取扱いに必要な正しい操作方法や留意事項を教育訓練し、③習得した内容を実践していることの確認を行う必要がある。外部の教育研修機関の活用も有効であるが、特に雇入れ時等教育においては、作業に関連付けた教育が重要であり、事業場の管理者からの教育指示を含むべきである。

　また、他職種からの転職者や外国人労働者など、業務歴や文化的な背景が異なる

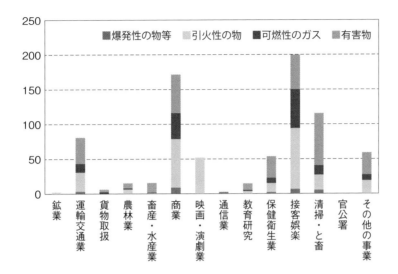

図1.2.2　化学物質を原因とする休業４日以上労働災害件数
2018－2022年合計（製造業、建設業以外807人）

労働者に対する雇入れ時等教育に当たっては、前提となる考え方（なぜ必要か、他の指示より優先すべきかなど）や達成すべきレベル感に差異を生ずることがあり、結果として必要な知識が付与されないこともある。理解したかどうかを口頭で確認するだけでなく、理解度を定期的に確認する、緊急時の対応（退避や保護具使用）につき訓練を行うなど、必要に応じて教育効果を確認するようにする。

第3章　衛生委員会の付議事項の追加

　常時50人以上の労働者を使用する事業場の事業者は、衛生委員会を設けて毎月1回以上開催する必要があるが、その付議事項として、労働者が化学物質にばく露される程度を最小限度にするために講ずる措置に関すること、濃度基準値以下とするために講ずる措置に関すること、および（実施した）リスクアセスメント対象物健康診断の結果および結果に基づき講ずる措置に関する事項が追加されている（**表1.3.1**）。リスクアセスメント対象物健康診断については、第4編第2章を参照のこと。

　この追加事項については、すでに付議事項とされている「危険性又は有害性等の調査及びその結果に基づき講ずる措置のうち、衛生に係るものに関すること。」に併せて調査審議して差し支えないこととされている。衛生委員会の構成員には産業医が含まれているから、付議事項に、化学物質管理のうち健康障害の病理や症状、濃度基準値、災害発生時の対応などが含まれる場合は、あらかじめ相談して意見を

表1.3.1　衛生委員会の付議事項（安衛則第22条、下線部が改正箇所）

①　衛生に関する規程の作成に関すること。
②　法第28条の2第1項又は第57条の3第1項及び第2項の危険性又は有害性等の調査及びその結果に基づき講ずる措置のうち、衛生に係るものに関すること。
③　安全衛生に関する計画（衛生に係る部分に限る。）の作成、実施、評価及び改善に関すること。
④　衛生教育の実施計画の作成に関すること。
⑤　法第57条の4第1項及び第57条の5第1項の規定により行われる有害性の調査並びにその結果に対する対策の樹立に関すること。
⑥　法第65条第1項又は第5項の規定により行われる作業環境測定の結果及びその結果の評価に基づく対策の樹立に関すること。
⑦　定期に行われる健康診断、法第66条第4項の規定による指示を受けて行われる臨時の健康診断、法第66条の2の自ら受けた健康診断及び法に基づく他の省令の規定に基づいて行われる医師の診断、診察又は処置の結果並びにその結果に対する対策の樹立に関すること。
⑧　労働者の健康の保持増進を図るため必要な措置の実施計画の作成に関すること。
⑨　長時間にわたる労働による労働者の健康障害の防止を図るための対策の樹立に関すること。
⑩　労働者の精神的健康の保持増進を図るための対策の樹立に関すること。
⑪　<u>第577条の2第1項、第2項及び第8項の規定により講ずる措置に関すること並びに同条第3項及び第4項の医師又は歯科医師による健康診断の実施に関すること。</u>
⑫　厚生労働大臣、都道府県労働局長、労働基準監督署長、労働基準監督官又は労働衛生専門官から文書により命令、指示、勧告又は指導を受けた事項のうち、労働者の健康障害の防止に関すること。

求めるとよい。

　衛生委員会は、開催の都度、議事の概要を労働者に周知するとともに、委員会の意見や措置その他の重要な議事を記録し、3年間保存することとされている。ばく露を最小限度とする措置など令和5年4月に施行された事項については、**表1.3.1**の⑪に該当するから、令和5年4月以降の付議事項が保存されているべきものである。

　なお、衛生委員会は、ばく露低減のための措置や濃度基準値以下とする措置、リスクアセスメント対象物健康診断の結果に基づく措置などについて、関係労働者の意見を聴くための機会に該当し、衛生委員会の議事録はそれら法定事項を行った記録として有効である。衛生委員会の設置を要しない常時労働者数50人未満の事業場については、別途、関係労働者の意見を聴く機会を設ける必要がある。

第4章　事業場を支援するその他の専門家

1．化学物質管理専門家

　化学物質管理専門家は、自律的な化学物質管理を進める事業場にとって、頼りになるオールマイティの専門家である。事業場に専属に配置され、あるいは、外部専門家として事業場に対する助言指導や評価をする。技術的な観点に立ち個人の立場で中立に意見を述べることを求められる。

⑴　化学物質管理専門家とは

　化学物質の自律的な管理においては、事業者は、リスクアセスメントを実施し、その結果に基づく措置を講ずる必要があり、法令に示された措置を遵守するという従前の管理と比べ、事業場内に、化学物質管理者を含めた事業場実施体制の整備と、関係する化学物質につき一定の専門的知識を持つことが要求されるようになった。しかし、事業場において製造され、または取り扱われる化学物質は極めて多くの種類があり、取扱いの状況すなわち労働者のばく露の状況もさまざまである。リスクアセスメントやその結果に基づく措置等、化学物質の自律的な管理が適切に行われないことによる労働災害の発生を防止するためには、今後、法務や会計の分野と同様に、必要に応じて外部の専門家による助言を求めることになろう。

　一方、化学物質の自律的な管理が導入されたが、当分の間、特別則による規制もまた適用されるとされているところ、作業環境が良好であり、かつ、事業場内に必要な知識および技能を有する者がいる場合には、外部の専門家による評価を受けた上で、所轄都道府県労働局長の認定を受けることにより、特別則の措置の規定にかかわらず、自律的な管理を行うことが可能となっている。

　これらの職務を行うことができる外部の専門家、および事業場における化学物質の管理について必要な知識および技能を有する者として、「化学物質管理専門家」がある。化学物質管理専門家は、「職場における化学物質等の管理のあり方に関する検討会報告書（令和3年7月19日公表）」において、「事業場における自律的な化学物質管理を支える人材の育成を進めることは喫緊の課題」とされたものであ

表1.4.1　化学物質管理専門家の要件（令和4年厚生労働省告示第274号/275号、令和4年9月7日付け基発0907第1号）

---

① 労働衛生コンサルタント試験（労働衛生工学）に合格し、労働衛生コンサルタントとして登録を受けた者で、5年以上化学物質の管理に係る業務に従事した経験を有するもの

② 衛生管理者として選任された衛生工学衛生管理者免許を受けた者で、その後8年以上衛生工学に関する衛生管理者の業務に従事した経験を有するもの

③ 作業環境測定士として登録を受け、その後6年以上作業環境測定士としてその業務に従事した経験を有し、かつ、通達で定める所定の講習を修了したもの

④ 同等以上の能力を有すると認められる者

－労働安全コンサルタント試験（化学）に合格し、労働安全コンサルタントとして登録を受けた者で、その後5年以上化学物質に係る所定の業務に従事した経験を有するもの

－日本労働安全衛生コンサルタント会が運用しているCIH労働衛生コンサルタントの称号の使用を許可されているもの

－日本作業環境測定協会の認定オキュペイショナルハイジニスト/IOHAの国別認証を受けているインダストリアルハイジニストの資格を有する者

－日本作業環境測定協会の作業環境測定インストラクターに認定されている者

－労働衛生コンサルタント試験（労働衛生工学）に合格した衛生管理士で、5年以上所定の業務を行った経験を有する者

－産業医科大学産業保健学部産業衛生科学科を卒業し、産業医大認定ハイジニスト制度において資格を保持している者

り、米国、カナダなどで企業における化学物質・労働衛生管理に中心的な役割を担うインダストリアルハイジニスト（米国についてはBGC®（Board for Global EHS Credentialing、旧ABIH）が認証するCIH®（Certified Industrial Hygienist）など）を念頭においたものである。

　化学物質管理専門家の要件は、厚生労働省告示および関係通達に示されている（**表1.4.1**）。

　要件①の労働衛生コンサルタントは、厚生労働大臣が認めた労働衛生のスペシャリストであり、報酬を得て、労働者の衛生の水準の向上を図るため、事業場の診断・指導を行う資格である。保健衛生と労働衛生工学の2つの試験区分に分かれており、公益財団法人安全衛生技術試験協会が試験事務を行っている。

　要件の③に定める所定の講習とは、作業環境測定士の登録講習機関が行う33時間の化学物質管理専門家養成講習であり、公益社団法人日本作業環境測定協会、一般財団法人西日本産業衛生会などで実施している。

　要件④の「CIH労働衛生コンサルタント[*1]」、「認定オキュペイショナルハイジニスト[*2]」については、関係団体により化学物質管理専門家の名簿が公表されている。

　「IOHAの国別認証を受けているインダストリアルハイジニスト」には、米国BGCのCIH[*3]がある。

　なお、要件④の「衛生管理士」は、労働災害防止団体法に基づき中央労働災害防止協会および業種別労働災害防止団体に置かれる労働災害防止に関する技術的事項を担当する資格で、事業場を往訪して指導・援助を行うほか、化学物質管理者の養成研修をはじめ事業場の技術人材育成を担っている。中央労働災害防止協会も、令和6年4月から化学物質管理専門家を配置して業務実施体制を整備している[*4]。

　化学物質管理専門家は、現時点では免許や資格証によるものではなく、上に述べた登録リスト等への掲載の有無は法令上の効力に関わりはない。事業場が法令の規定に基づき所定様式の報告書等を行政機関に提出する際に、化学物質管理専門家としての要件を満たすことを証する書面の写しを添付することが求められる。

　表1.4.1に掲げる要件を満たす人材は、企業内にも相当数いるので、企業本社に所属する化学物質管理専門家が、傘下の工場や関連会社を指導することも考えられる。今後、労働安全衛生コンサルタント事務所、社会保険労務士事務所、業種別労働災害防止団体、その他の安全衛生団体においても順次化学物質管理専門家が配置され、事業場外から化学物質管理を支援するしくみが構築されると期待される。

⑵　化学物質管理専門家の役割

ア．労働災害発生事業場等に対する確認・助言（安衛則第34条の2の10第1項）

　化学物質管理専門家は、化学物質による労働災害が発生した事業場等に対し、労働基準監督署長の指示に基づき、自主的な改善を促すために行われる化学物質の管理の状況についての確認・助言を行う（**表1.4.2**）。

　化学物質管理専門家は、これら事項の確認を踏まえ、事業場の状況に応じた実施可能で具体的な改善の助言を行うこととされている。

イ．個別規制の適用除外の要件としての事業場への配置（特化則第2条の3第1項第1号、有機則第4条の2第1項第1号、鉛則第3条の2第1項、粉じん則第3条の2第1項第1号）

　作業環境測定の対象となる化学物質を取り扱う業務等について、化学物質管理

---

*1　CIH労働衛生
　　コンサルタント

*2　認定オキュペイショ
　　ナルハイジニスト

*3　米CIH検索/BGC

*4　中災防外部専門家
　　サービス

表1.4.2　化学物質管理専門家に確認を受けるべき事項

① リスクアセスメントの実施状況
② リスクアセスメントの結果に基づく必要な措置等の実施状況
③ 作業環境測定又は個人ばく露測定の実施状況
④ 特別則に規定するばく露防止措置の実施状況
⑤ 事業場内の化学物質の管理、容器への表示、労働者への周知の状況
⑥ 化学物質等に係る教育の実施状況

の水準が一定以上であると所轄都道府県労働局長が認める事業場に対して、その化学物質に適用される特化則等の特別則の規定の一部の適用除外を受けることができる。その要件の1つとして、作業場の規模や取り扱う化学物質の種類、量に応じた必要な人数の化学物質管理専門家を事業場に専属の者として配置することが求められる。

　配置された化学物質管理専門家は、その事業場において化学物質の自律的な管理を促進することが求められる。

　都道府県労働局長が適用除外の要件のいずれかを満たさないことと認めるときには、適用除外の認定は取消しの対象となり、適用除外が取り消された場合、その化学物質に係る業務等に対する特化則等の規定が再び適用となる。

ウ．個別規制の適用除外の認定を受けようとする事業場に対するリスクアセスメントとその結果に基づく措置についての外部からの評価

　イ．の適用除外の認定に当たっては、事業場が実施したリスクアセスメントおよびその結果に基づく措置が適切に講じられているかどうかを、外部から客観的に評価する必要がある。この評価は、イ．により配置される専属の化学物質管理専門家ではなく、その事業場に属さない外部の化学物質管理専門家により行う必要がある。

　令和3年7月に国が取りまとめた「職場における化学物質等の管理のあり方に関する検討会報告書」では、国は、化学物質管理について高度な知識と豊富な経験を有する専門家の育成を進めるとしており、化学物質管理専門家は、これら事業場が直面する困難な課題に対し、事業者からの依頼に応じて助言指導をすることが期待される。

2．化学物質管理専門家が配置された事業場に対する個別規制の適用除外

　令和6年4月1日から、化学物質管理者をはじめとする事業場内の化学物質管理

コラム

米国のインダストリアルハイジニスト

　事業場内の有害因子による健康影響を予防するためには、生理学、病理学、解剖学、毒性学、疫学など、健康影響に関する医学的な知識はもちろんであるが、有害因子の種類に応じて、化学、物理学、生物学、人間工学など工学的な側面からの多角的な評価が必要とされる。そのため、欧米の多くの国では、オキュペイショナルハイジニストと呼ばれる技術者が専門職として確立され、大学や大学院での教育、民間資格制度、学会などが整っている。

　日本においても、事業場におけるリスクアセスメントの実施、その結果に基づくリスクマネジメント（措置）を進めていくためには、通常の管理を行う化学物質管理者に加え、非定常的な場面への対応、未知の危険有害性への対応や災害発生後の再発防止策なども想定し、高い専門性をもった総合技術者が必要である。

　米国で例を挙げると、大学・大学院の専門課程を終えて知識と技能をもつ専門職は、インダストリアルハイジニストと呼ばれ、自称を含め1万2,000人程度が活躍し

ている。そのうち、BGC®（旧ABIH）のCIH（Certified Industrial Hygienist）という認証資格をもつ者は6,500人程度おり、5年ごとの資格更新が必要である。CIH資格を得るには、理工系大卒、専門職経験4年以上、専門科目の履修180時間以上、かつ資格試験（選択式250問、7時間）の合格が必要となっている。

　企業や機関に配属されたインダストリアルハイジニストの役割の1つに、作業場の化学物質の気中濃度を、国が定めたばく露許容限界（Permissible Exposure Limit）やACGIHなどのばく露限界値（Threshold Limit Value）以下にすることがある。局所排気装置の設置・稼働や呼吸用保護具の使用などの技術的知見を駆使することが期待されており、法に規定する事業者の責務について、その技術的事項を事実上は一手に引き受けている状況にある。インダストリアルハイジニストが認証資格をもったCIHであることは、事業者にとって民事責任上頼りになる存在である。

体制が整備され、リスクアセスメント対象物を主軸とする自律的な化学物質管理に移行した。とはいえ、当分の間、特化則、有機則など特別則に基づく個別規制が併存するため、特別則の対象物質を取り扱う事業場は、リスクアセスメントの結果、リスクが高くないとされたとしても、局所排気装置の設置やその稼働要件などを個別に義務付けられることとなる。国の検討会報告書によれば、特別則が見直される機会は令和11年4月以降と考えられ、見直しの時期までに大多数の対象事業場において自律的な管理が定着しているかどうかが鍵となる。

　一方、専属の化学物質管理専門家が配置され、リスクアセスメントの実施やその結果に基づく措置等が管理される事業場に対しては、特別則の見直しを待たずに、個別規制の適用除外の認定を受けることができるしくみが整備されている。

　化学物質管理の水準が一定以上であると所轄都道府県労働局長が認定した事業場については、その規制対象物質を製造し、または取り扱う業務等について、対象となる特別則ごとに、その一部規定が適用されないこととなる。

　適用除外の認定を受けるためには、事業者が都道府県労働局長に申請する必要があり、特化則、有機則、鉛則または粉じん則について、該当する省令ごとに行う。作業環境測定の対象となる化学物質以外の化学物質に係る業務については、適用除外とならない。**表1.4.3**は、適用除外の対象とならない条文を、省令別に整理したものである。特殊健康診断および保護具に関する規定は適用除外にならないことがわかる（特殊健康診断の頻度の緩和については、第4編第6章を参照）。
　認定の要件は、**表1.4.4**のとおりである。

表1.4.3　特別則の適用除外の対象とならない条文等

省令	該当条文等	見出し等
有機則	第6章	健康診断
	第32条	送気マスクの使用
	第33条	呼吸用保護具の使用
特化則	第22条 第22条の2	設備の改造等の作業
	第38条の8	特別有機溶剤等に係る措置 （有機則第7章の規定を準用する場合に限る。）
	第38条の13 （第3項から第5項まで）	三酸化二アンチモン等に係る措置
	第38条の14	燻蒸作業に係る措置
	第38条の20 （第2項から第4項まで及び第7項）	リフラクトリーセラミックファイバー等に係る措置
	第6章	健康診断
	第7章	保護具
鉛則	第39条	ホッパー等の下方における作業
	第46条	作業衣等の保管設備
	第6章	健康管理
	第7章	保護具等
粉じん則	第24条	清掃の実施
	第6章	保護具

表1.4.4　特別則の一部適用除外の認定を受けるための要件

・認定を受けようとする事業場に、専属の化学物質管理専門家が配置され、リスクアセスメントの実施およびその結果に基づく措置等を管理していること、
・過去3年間にその事業場で関係する特別則が適用される化学物質等による死亡または休業4日以上の労働災害が発生していないこと、
・過去3年間に関係する特別則に基づき実施した作業環境測定の結果が全て第一管理区分に区分されたこと、
・過去3年間に関係する特別則に基づき実施した特殊健康診断の結果、新たに異常所見があると認められる労働者が発見されなかったこと、
・過去3年間に1回以上、リスクアセスメントおよびその結果に基づく措置について、外部の化学物質管理専門家による評価を受け、必要な措置が適切に講じられていると認められること、
・過去3年間に安衛法およびこれに基づく命令に違反していないこと。

　事業場における化学物質のリスクアセスメントの実施および措置等については、その事業場に専属の化学物質管理専門家が大きな責任を担うことになる。米国で企業に雇用されるCIHの基本的役割に近いものと考えてよい。

　作業環境測定および健康診断結果の要件に関しては、その事業場において対象とする省令の全ての対象化学物質について要件を満たす必要があることに留意する必要がある。例えば、有機則についての適用除外認定においては、有機則の全ての対象物質について、健康診断で異常所見があってはならないことになる。

　また、外部の化学物質管理専門家による評価は、前述の企業外の機関や個人に依頼するほか、同一企業内の別事業場（例えば工場が認定申請する場合における本社など）に所属する化学物質管理専門家でも差し支えないとされている。

　認定を受けた事業者は、3年ごとに更新の必要があるほか、適用除外の要件を満たさなくなったときは、遅滞なく、文書で、その旨を所轄都道府県労働局長に報告しなければならない。

　適用除外の認定は、特別則の多くの規定を他のリスクアセスメント対象物と同様に自律的な化学物質管理にゆだねるとするものであり、事業者にとって魅力的ではある。しかし、特別則による個別規制は、過去数十年にわたり「自主管理が困難で有害性が高い」とされ具体的な工学的措置が定められてきたものであり、単に、本来必要な措置を回避するための方便とはならない。事業場に専属の化学物質管理専門家が自律的管理を担うことになるから、所轄都道府県労働局（所轄労働基準監督署でなくその上部機関）における審査において、**表1.4.4**に掲げる要件に該当するかどうかを判断するために十分な材料の提供が求められるはずである。また、依頼を受けた外部の化学物質管理専門家は、提出された作業環境測定結果について、必要に応じて自らのデザインにより再度測定したり、作業環境測定結果に反映されない日間変動や段取り替え時の状況の確認をしたりなどを行うことが想定される。現時点での特別則の遵守状況、例えば局所排気装置の設置届の写しや定期自主検査の記録が確認できなければ、適用除外の認定申請は難しいだろう（**図1.4.1**）。

3.　作業環境管理専門家

　作業環境管理専門家は、特別則の対象となる作業場に対し、本来の個別具体的な措置により作業環境の改善が可能かどうかにつき意見を述べる工学的対策の専門家である。作業環境管理専門家は、作業環境測定の評価結果を理解するとともに、密閉化や局所排気装置の設置をはじめとする各種工学的措置について、知識と経験に

様式第1号（第2条の3関係）

特定化学物質障害予防規則適用除外認定申請書（新規認定・更新）

事業の種類	
事業場の名称	
事業場の所在地	郵便番号（　　　　） 電話　　　（　　　）
申請に係る特定化学物質の名称	
申請に係る特定化学物質を製造し、又は取り扱う作業又は業務に常時従事する労働者の人数	

　　　　年　　月　　日

　　　　　　　　　事業者職氏名

都道府県労働局長殿

備考
1　表題の「新規認定」又は「更新」のうち該当しない文字は、抹消すること。
2　適用除外の新規認定又は更新を受けようとする事業場の所在地を管轄する都道府県労働局長に提出すること。なお、更新の場合は、過去に適用除外の認定を受けたことを証する書面の写しを添付すること。
3　「事業の種類」の欄は、日本標準産業分類の中分類により記入すること。
4　次に掲げる書面を添付すること。
　　①事業場に配置されている化学物質管理専門家が、特定化学物質障害予防規則第2条の3第1項第1号に規定する事業場における化学物質の管理について必要な知識及び技能を有する者であることを証する書面の写し
　　②上記①の者が当該事業場に専属であることを証する書面の写し（当該書面がない場合には、当該事実についての申立書）
　　③特定化学物質障害予防規則第2条の3第1項第3号及び第4号に該当することを証する書面
　　④特定化学物質障害予防規則第2条の3第1項第5号の化学物質管理専門家による評価結果を証する書面
5　4④の書面は、当該評価を実施した化学物質管理専門家が、特定化学物質障害予防規則第2条の3第1項第1号に規定する事業場における化学物質の管理について必要な知識及び技能を有する者であることを証する書面の写しを併せて添付すること。
6　4④の書面は、評価を実施した化学物質管理専門家が、当該事業場に所属しないことを証する書面の写し（当該書面がない場合には、当該事実についての申立書）を併せて添付すること。
7　この申請書に記載しきれない事項については、別紙に記載して添付すること。

図1.4.1　一部適用除外認定申請書の様式（特化則）

基づきその特性や作業工程との関連付けを行い、的確な意見を述べることが求められる。

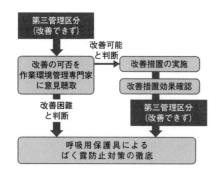

図1.4.2　第三管理区分の事業場に
対する措置の概要

表1.4.5　作業環境管理専門家の要件（令和４年
５月３日付け基発05311第９号）

① 化学物質管理専門家の要件に該当する者
② 労働衛生コンサルタント（労働衛生工学）又は労働安全コンサルタント（化学）であって、３年以上化学物質又は粉じんの管理に係る業務に従事した経験を有するもの
③ ６年以上、衛生工学衛生管理者としてその業務に従事した経験を有する者
④ 労働衛生コンサルタント試験（労働衛生工学）に合格した衛生管理士であって、３年以上所定の業務を行った経験を有する者
⑤ ６年以上、作業環境測定士としてその業務に従事した経験を有する者
⑥ ４年以上、作業環境測定士としてその業務に従事した経験を有する者であって、所定の講習を修了した者
⑦ オキュペイショナル・ハイジニスト資格又はそれと同等の外国の資格を有する者

(1)　作業環境管理専門家とは

　特別則に基づく作業環境測定の評価結果が第三管理区分に区分された場所については、特別則の規定に基づき、評価の結果に基づく措置として、直ちに点検を行い、施設または設備の設置または整備、作業工程または作業方法の改善その他作業環境を改善するため必要な措置を講じ、管理区分を第一管理区分または第二管理区分となるようにしなければならないとされている。

　しかし、第三管理区分となる作業場所には、局所排気装置の設置等が技術的に困難な場合があることから、作業環境を改善するための措置について、「作業環境管理専門家」という高度な知見を有する専門家の視点により、改善の可否、改善措置の内容について意見を求め、改善の取組み等を講じることとされたものである（図1.4.2）。

　作業環境管理専門家の要件は、**表1.4.5**のように定められている。要件を満たす人材は、⑤を中心にほぼ全ての作業環境測定機関にいると考えてよい。作業環境測定を依頼する際には、第三管理区分となった場合に、作業環境管理専門家のサービスを受けられるかどうかをあらかじめ尋ねるとよい。

　作業環境管理専門家は、客観的で幅広い知見に基づく専門的意見が得られるよう、その事業場に属さない者に限定されている。事業場に所属する作業環境測定士

が作業環境測定を実施し、結果の評価が第三管理区分となった場合に、直ちに作業環境を改善することができなければ、外部の作業環境管理専門家に依頼し、再度作業環境測定を実施した上で改善の可否等について意見を求めることとなろう。

⑵　作業環境管理専門家の役割

　作業環境管理専門家は、第三管理区分とされた作業場所について、必要な措置を講ずることにより、第一管理区分または第二管理区分とすることの可能性の有無について書面による意見を求められる。第一管理区分または第二管理区分への改善を保証することまで求められるものではない。

　第三管理区分の事業場に対する措置については、第4編第6章3.を参照のこと。

４．事業者からの依頼を受けて衛生工学的事項について助言指導を行う外部専門家

⑴　労働衛生コンサルタント/衛生管理士の業務

　労働安全衛生法第81条第2項に規定する労働衛生コンサルタントは、事業場からの依頼を受けて労働衛生についての診断や指導を業として行っている。自律的な化学物質管理に関しては、化学物質を製造し、または取り扱う作業場等の状況を確認し、改正安衛則に基づき実施する自律的な化学物質管理の実施状況や、必要な記録とその保管、周知につき遺漏がないかなど、さらには特化則や有機則などの遵守状況について総合的に点検をするサービスを有償で提供している。

　また、中央労働災害防止協会を含む労働災害防止団体は、労働災害防止団体法第12条に規定する衛生管理士を専門家として配置しており、組織的に同様のサービスを提供している。

⑵　外部専門家に対する作業場等の現場確認の依頼

　化学物質による労働災害の防止は、事業場に存在する危険性、有害性の要因の把握と排除、軽減が重要であるが、作業場所に対する工学的対策は、高度に専門技術的な事項を伴うことが多い。知識や経験が不足したままで措置を講ずると、多額の設備対策費用を無駄にするだけでなく、そこで働く労働者を危険、有害な環境にさらすことにもなりかねない。

　上で述べた労働衛生コンサルタントや衛生管理士には、労働衛生工学を専門とする人材も多くいるので、事業場は、効果的な作業環境改善を図ることを目的と

して、労働衛生工学に関して高度な知識と豊富な経験を有する外部の専門家に依頼し、助言指導を求めることにより、効果的な対策に結び付けることができる。また、労働災害防止団体を通じて衛生管理士等の派遣を依頼する際には、事業場の規模や業務範囲に応じて、国の補助金を活用した簡易なサービスを利用できる場合もある。

　このほか、事業場が自ら行ったリスクアセスメントについて、その結果が講ずべき措置の決定に影響を与えることから、手法や考え方が適切であるかを外部の目で見て判断してもらいたいという要望も増えている。企業の本社が、工場などの各部門の行ったリスクアセスメントについて、外部の客観的評価を求めることもある。さらに、自律的な化学物質管理を進める上で、安全管理者、衛生管理者、化学物質管理者等の事業場内スタッフのみで解決できない課題に直面したり、研究や技術開発と化学物質管理とが相反する場面に遭遇したりすることもあり、外部の専門家の判断へのニーズは高まっている。

　外部の専門家に指導を依頼するに当たっては、各種工学的対策の実績、経験を有するか、着目した化学物質はもとより幅広い化学物質や作業方法について知識と能力（サンプリング・分析技術など）を有するかなど、専門家の守備範囲について確認したうえで、事業者と専門家との間で、責任を持つ範囲や役割分担を明確にしているかなどを総合的に判断して選定することが重要である。

第5章　労働基準監督署長による改善の指示

　令和6年4月1日以降、化学物質による労働災害が発生した事業場、またはそのおそれがある事業場については、化学物質の管理の状況について、適切に行われていない疑いがあると所轄労働基準監督署長により判断されると、改善すべき旨を労働基準監督署長から文書で指示されることがある。労働災害を発生させると、一律に指示されるわけではなく、自律的な管理、再発防止等の検討が期待できないと判断された場合の指示と考えられる。

　なお、労働災害の種類や規模により、労働基準監督署による災害原因の調査が行われるほか、爆発・火災や職業がんなどの複雑な事案については、労働者健康安全機構による災害原因の調査が行われることもある。災害原因の調査が長期におよぶ場合、労働基準監督署長による改善指示は、通常、原因が判明した後に行われるものと考えられる。

　改善の指示を受けた事業者は、事業場における化学物質の管理について、化学物質管理専門家から、その管理の状況についての確認および事業場が実施し得る望ましい改善措置に関する助言を受けなければならない。化学物質管理専門家に対する助言指導の依頼は、改善の指示を受けた事業場が自ら行うこととなる。依頼先となる化学物質管理専門家は、関係団体によりリストが公開されている（第4章の1.参照）。

　事業者は、化学物質管理専門家から受け取ったそれらについての書面による通知を踏まえた改善措置を実施するための改善計画を、化学物質管理専門家からの通知を受けた後1カ月以内に作成し、その計画の内容について、所定の報告書により所轄労働基準監督署長に報告しなければならない（**図1.5.1**）。改善指示に関する報告書の様式は、**図1.5.2**のとおりである。

　事業者は、複数の化学物質管理専門家からの助言を求めることもできるが、それぞれの専門家から異なる助言が示された場合、全ての専門家からの助言等を踏まえた上で必要な措置を実施するとともに、労働基準監督署への改善計画の報告に当たっては、全ての専門家からの助言等を添付する。

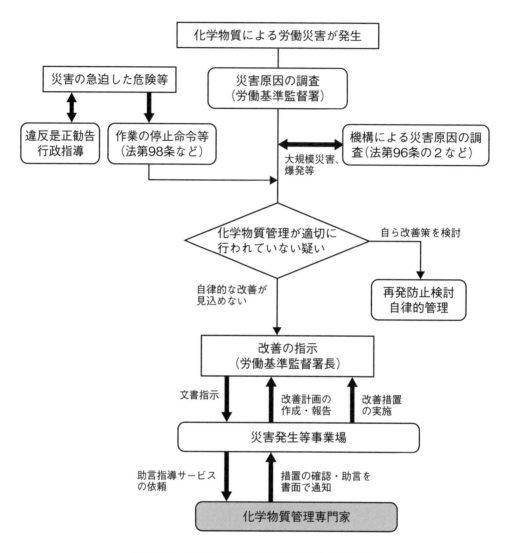

図1.5.1　労働災害発生事業場等における対応

　改善計画に基づき必要な改善措置を速やかに実施した上で、その記録を作成し、関係書類とともに３年間保存する必要がある。

　なお、「化学物質による労働災害発生のおそれのある事業場」とは、過去１年間程度で、

① 化学物質等による重篤な労働災害が発生、又は休業４日以上の労働災害が複数発生していること

② 作業環境測定の結果、第三管理区分が継続しており、改善が見込まれないこと

様式第4号（第34条の2の10関係）

改善計画報告書

事 業 場 の 名 称	
事 業 場 の 所 在 地	郵便番号（　　　　） 電話　　（　　　）
所轄労働基準監督署長から改善指示を受けた日	年　　月　　日
化 学 物 質 管 理 専 門 家 か ら 通 知 を 受 け た 日	年　　月　　日
改 善 計 画 の 作 成 日	年　　月　　日

通知を行つた化学物質 管理専門家	所 属 事 業 場 名	
	氏　　　　名	

備 考 欄	

　　　　年　　月　　日

　　　　　　　　　　　事業者職氏名

労働基準監督署長殿

備考
1　通知を行つた化学物質管理専門家が、労働安全衛生規則第34条の2の10第2項に規定する事業場における化学物質の管理について必要な知識及び技能を有する者であることを証する書面の写しを添付すること。
2　化学物質管理専門家が作成した労働安全衛生規則第34条の2の10第3項に規定する確認結果及び改善措置に係る助言の通知の写しを添付すること。
3　労働安全衛生規則第34条の2の10第4項に規定する改善計画の写しを添付すること。

図1.5.2　改善計画報告書の様式（安衛則）

③　特殊健康診断の結果、同業種の平均と比較して有所見率の割合が相当程度高いこと

④　化学物質等に係る法令違反があり、改善が見込まれないこと

等の状況について、総合的に判断して決定することとされている。

　化学物質による労働災害には、一酸化炭素、硫化水素等による酸素欠乏症、化学物質（石綿を含む）による急性または慢性中毒、がん等の疾病が含まれるが、物質

による切創等のけがは含まれない。粉じん状の化学物質による中毒等も含まれるが、じん肺は含まれない。

　なお、ここでは、単に「化学物質による労働災害」とされており、「リスクアセスメント対象物」など対象の限定がされていないことに留意すべきである。

第2編

化学物質の危険性及び有害性並びに表示等

第1章　化学物質による健康障害の病理及び症状

1．化学物質による健康障害が起こるまでに

⑴　気中の化学物質

　気中にある化学物質は常温で気体のほか、蒸気（水蒸気のように常温で液体や固体であるものが液体や固体の表面から蒸発してできた気体）、ミスト（霧のように過飽和蒸気が凝縮されるか、液体が噴霧されて気中に分散し微粒子として浮遊した液体）、ヒューム（固体が熱せられて気化したのち冷却されて微粒子として浮遊した固体）、粉じん（浮遊した粒子状の固体）として存在する。

　臭いのある化学物質は限られている。ミストや大きな粉じんは目に見えるが、蒸気やヒューム、小さな粉じんは目に見えないし、ミストも拡散すると蒸気になり見えなくなる。そのため、気中の化学物質の存在は、感覚に頼らず科学として認知することが求められる。

　国連GHSとGHSに基づく化学物質等の分類方法（JIS Z 7252：2019；分類JIS）では物質の状態を、原則として気温20℃、気圧101.3kPaにおけるものとして定義している。気体はppmV（体積での百万分率）単位、蒸気とミスト、粉じん、ヒュームはmg/L [*1]で表される。特定標的臓器毒性（単回ばく露）の分類あるいは特定標的臓器毒性（反復ばく露）の分類については、分類JISおよび国連GHSにおいて、動物データをもとに区分する「ガイダンス値」が示されており、蒸気吸入についてはmg/Lを単位としたものとなっている。原文献の記載がppmVであれば単位をmg/Lに変換して比較する。XppmVとYmg/Lとの間には、以下の関係式 [*2] が成り立つ。

$$Y = \frac{分子量}{24.06 \times 10^3} \times X$$

[*1]　日本産業衛生学会の許容濃度やACGIHのTLV（米国産業衛生専門家会議のばく露限界値）ではmg/Lでなくmg/m³を用いている。

[*2]　理想気体ではPを気圧、Vを体積、nをモル数、Rをモル気体定数、Tを絶対温度とすると、$PV = nRT$の式が成り立つ。Rはボルツマン定数とアボガドロ定数の積で、気圧を101.3kPaとし、20℃は293.15 Kであることから、分母は24.06×10³となる。ちなみに関係式の分母は、0℃のときが22.41、25℃のときが24.47と、温度によって異なり、文献によってさまざまである。

　SDS（安全データシート）については第2編第3章2.に詳細に書かれている。SDSには一般的に標準温度20℃における揮発性液体の蒸気圧が示されている。水の20℃における飽和蒸気圧の23.4hPaと比較することで水より蒸発しやすいか否かを判断することができる。

　蒸発は液体の蒸気圧のほかに、液体と空気との境界の表面積に比例し、表面の気流、温度にも影響される。ウエスに有機溶剤を付けて清拭する作業は、液体である有機溶剤と空気との間の表面積が大きく、またウエスを移動させるので、有機溶剤は速やかに気化し拡散しやすい。

　気化した化学物質は発散源から気流に乗って室内に拡散する。拡散は均一ではなく、気中の濃度は空間のそれぞれの地点で異なる。そのため気中の化学物質の濃度を把握するには、実際に労働者が作業する環境を測定するか、労働者の呼吸域でサンプリングして測定する（第4編第1章）、検知管やガス検知器等で測定するなどのほか、CREATE-SIMPLE（第3編第2章参照）等の数理モデルを使ってリスクを推定することになる。

(2)　接触と吸収

ア．皮膚との接触と皮膚からの吸収

　皮膚は身体の表面全体を覆っており、大人の全身で約1.6㎡の広さである。皮膚の構造模型を図2.1.1に示す。皮膚の表皮の外側部にある角質と皮脂膜は、化学物質の透過を防ぐ保護膜として機能しているものの、有機溶剤のような脂溶性の化学物質を透過しやすい。また、毛嚢、汗腺、皮脂腺といった開口部では透過しやすい。頻回に洗浄すると皮脂膜が除去され、化学物質を透過しやすくなる。また、汗をかくと皮膚表面に化学物質が付着しやすくなり、角質層の細胞が膨潤し、毛嚢の開口部が開くため、化学物質は透過しやすく

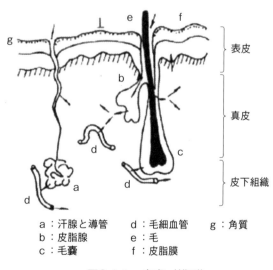

a：汗腺と導管　　d：毛細血管　　g：角質
b：皮脂腺　　　　e：毛
c：毛嚢　　　　　f：皮脂膜

図2.1.1　皮膚（模型）

なる。

　皮膚吸収性有害物質は、「皮膚から吸収され、若しくは皮膚に侵入して、健康障害を生ずるおそれがあることが明らかな化学物質」をいう。特化則等の特別則で不浸透性の保護衣等の使用が義務付けられているものを除き、296物質が指定されている（令和５年７月４日付け基発0704第１号、一部改正　令和５年11月９日）。

　米国産業衛生専門家会議（ACGIH）のばく露限界値（TLVs）において「skin」と記されている物質は経皮吸収があるとされている。日本産業衛生学会の許容濃度表で経皮吸収欄に「皮」をつけてある物質は、「皮膚と接触することにより、経皮的に吸収される量が全身への健康影響または吸収量からみて無視できない程度に達することがあると考えられる物質である。許容濃度は経皮吸収がないことを前提として提案されている数値であることに注意する。」としている。

　このことから、皮膚吸収性有害物質については、気道からのばく露防止対策のほか、接触による皮膚吸収を防止するため、保護手袋と保護衣を着用して皮膚露出防止に努める必要がある。

イ．眼との接触

　眼の角膜と結膜は粘膜でできており、粘膜は皮膚に比べて外界からの刺激に対する防御機能は弱い。眼の外側の油層と内側の水層とが一定の厚みで表面を覆っているのが涙で、油層は角膜と結膜の表面の乾燥を防ぎ、水層は角膜と結膜に酸素や栄養を供給する働きがある。眼に付着した化学物質は流涙によって一部除去できるが、十分でなく、化学物質ばく露により流涙を自覚した場合は、流水による眼の十分な洗浄が求められる。

ウ．呼吸器との接触、吸収

　成人の１日の呼吸量は活動量によって異なり約10〜17㎥と見積もられている。吸気は、鼻腔、咽頭、喉頭、気管、気管支、細気管支、終末気管支を経て肺胞に達する（図2.1.2）。鼻から吸引された空気は鼻腔の入口付近の粗い毛のある皮膚で覆われた鼻腔の鼻前庭を通り、大きな粉じんは除去される。鼻前庭を除いた鼻腔と鼻甲介の表面は粘膜で覆われ、杯細胞をもつ線毛円柱上皮細胞からなり、杯細胞から分泌される粘液により吸引した空気は加湿され、粒子径が５μm以上の多くの粒子は鼻粘膜に沈着され、線毛の作用により咽頭の下部へ輸送される。咽頭は呼吸器系、消化器系双方の通路になっており、気道の上下から輸送された粉じんは消化器系へ送られ、嚥下される。気管から気管支、細気管支、終末気管

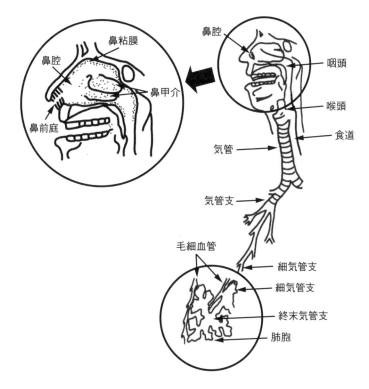

図2.1.2　呼吸器（模型）

支へと２分岐を繰り返し、３μm以下の粒子はこの終末気管支まで達すると推測
されている。

　肺胞は厚さ約0.1μmの肺胞上皮細胞が直径0.1〜0.2mmの球状になり、肺胞内部
に入り込んだ空気と肺胞を取り囲む毛細血管の間でガス交換を行う場所であり、
両肺あわせて約３億個の肺胞の総表面積は70〜100㎡になる。肺胞に到達した化
学物質は、吸収され肺胞に接した毛細血管に入る。粒子径２〜３μmの微小粒子
は肺胞に達するとされるが、多くは呼気により排出される。肺胞壁に沈着した粒
子は、肺胞マクロファージに貪食されて気管支領域へ輸送される。沈着した粒子
は溶解性があれば吸収され、不溶性であれば沈着される。

　国際基準であるISO 7708（1995）では、吸引した粉じんを呼吸器への到達の
程度に応じて吸引性粉じん（インハラブル粒子）、咽頭通過性粉じん（ソラシッ
ク粒子）、吸入性粉じん（レスピラブル粒子）の３種類に分けている。吸引性粉
じん（インハラブル粒子）は、「鼻や口から吸引される空気中の全ての粒子の合
計質量部分」と定義され、呼吸による空気の移動速度および方向に依存し、鼻炎

など鼻腔の粘膜に作用することがある。咽頭通過性粉じん（ソラシック粒子）は、鼻腔、咽頭で沈着し鼻炎、咽頭炎を起こすことがある。吸入性粉じん（レスピラブル粒子）は、「呼吸器の深部まで到達する粒子」としている。

溶接ヒュームに含まれる吸入性粉じん（レスピラブル粒子）中のマンガンが肺胞など呼吸器の深部から吸収され神経障害等の健康障害を及ぼすおそれがあることから政省令が改正された。またマンガン等製造・取扱業務を行う屋内作業場で、従来の総粉じん中のマンガン量の測定から、分粒装置を用いるろ過捕集法で吸入性粉じん（レスピラブル粒子）を採取してマンガン量を測定する方法に変更された。

今後、肺胞など呼吸器の深部から吸収されると考えられるマンガン以外についても吸入性粉じん（レスピラブル粒子）の測定が普及するものと考えられる。

エ．消化器との接触、吸収

口あるいは気道から咽頭、食道を通って嚥下された化学物質は、胃に入り胃酸で一部分解され、腸管から吸収される。

(3)　分布、蓄積

呼吸器系、消化器系、皮膚から吸収された化学物質は、血液またはリンパ循環系に入り生体各部に運搬される。血液中の化学物質は、タンパク質と結合するタンパク結合型と、結合していないタンパク非結合型／遊離型が一定の割合で存在する。

血液脳関門（血液から脳組織への物質の移行を制限する仕組み）は、毛細血管の内皮細胞の間隔が極めて狭く、血液に溶けた気体は自由に透過し、低分子の水溶性物質は輸送担体によって輸送されるが、高分子の化学物質は透過しにくい。血液胎盤関門（母体血液から胎児血液への物質の移行を制限する仕組み）では、脂溶性が高く、分子量が300〜600程度の化学物質は比較的容易に胎盤を通過し、分子量が1,000以上になると通過しにくい。

化学物質の臓器、組織への分布は、組織との浸透性、血漿タンパク質と組織に対する結合のしやすさに依存する。脂溶性の化学物質は脂質に富んだ組織に蓄積しやすい。

(4)　代謝

代謝とは、生体内で行われる化学反応をいい、代謝物とは代謝してできた生成物をいう。体内に取り込まれた化学物質は主に肝臓にあるチトクロムP450（CYP）

をはじめとした様々な酵素の働きにより代謝される。代謝により無害化される場合と、毒性の高い代謝物が生じる場合とがある。また、代謝の過程でフリーラジカルや活性酸素を生成し、その生成物が作用することもある。代謝速度は個々の化学物質によって異なる。

　アセトニトリルを例にとると、シアノヒドリン中間体に代謝され、さらに遊離シアン等のシアン化合物が生成される。アセトニトリルの毒性はシアン化合物による。ヒトでのアセトニトリルの半減期は32時間で、シアン化物では15時間である。そのため、アセトニトリルによる中毒例では作業した日は無症状で、翌日、翌々日にシアン中毒の症状が発現することがある。

⑸　排泄

　タンパク質と強く結合していない水溶性の化学物質は主に腎臓から尿中に排泄される。一部の化学物質は、肝臓から未変化体のまま、あるいは代謝物、抱合体となって胆道を通って胆汁として排泄される。胆汁は消化管に入り、消化され、便として排出されるほか、一部腸管から再吸収され腸肝循環される。揮発性が高く、血液への溶解度が低い化学物質は呼気から排泄される。そのほか、一部、唾液腺、汗腺、涙腺、皮膚、爪、毛髪を介して排泄される。

２．化学物質による健康障害の病理と症状

　化学物質による健康障害の病理と症状は、第２編第２章の２．**表2.2.1**「GHSが対象とする危険有害性」のうちの健康有害性分類に従って、ばく露とリスクの見積り、対策を**表2.1.1**のように整理すると理解しやすい。

⑴　皮膚腐食性・皮膚刺激性

　皮膚腐食性とは、「試験物質の4時間以内の適用で、皮膚に対して不可逆的な損傷が発生すること」をいい、皮膚刺激性とは、同様の試験で「皮膚に対して可逆的な損傷が発生すること」をいう。

　労働者死傷病報告では、化学物質による健康障害のうち皮膚障害が約60％を占めている。化学物質の接触による一次刺激性接触皮膚炎と湿疹群には、化学熱傷を含む急性刺激性接触皮膚炎と慢性刺激性接触皮膚炎、非アレルギー性接触蕁麻疹、光毒性接触皮膚炎がある。

　化学熱傷は、酸、アルカリ、脂肪族化合物、金属およびその化合物、非金属およ

表2.1.1　ばく露とGHS分類、リスクの見積り、対策

ばく露	GHS分類	リスクの見積り	対　策
皮膚との接触	皮膚腐食性/刺激性 皮膚感作性	皮膚障害のリスク大	保護手袋・保護衣
眼への接触	眼に対する重篤な損傷性/眼刺激性	前眼部障害のリスク大	保護眼鏡
気道への接触	呼吸器感作性	気道・肺障害のリスク大	呼吸用保護具
経気道ばく露 皮膚吸収	急性毒性	急性中毒のリスク大	IDLH*との比較 呼吸用保護具 保護手袋・保護衣
	特定標的臓器・全身毒性（単回ばく露）		
	特定標的臓器・全身毒性（反復ばく露）	慢性中毒のリスク	CREATE-SIMPLE等を使ってのリスクの見積り 呼吸用保護具 保護手袋・保護衣
	発がん性	発がん性のリスク	
	生殖毒性	生殖毒性のリスク	
液体や固体の口や鼻からばく露	誤えん有害性	リスク小	
（生殖細胞）	生殖細胞変異原性	リスク小	

びその化合物、その他が原因となる。例えば消石灰は水に溶けるとアルカリ性（pH=12〜13）を呈し、皮膚に化学熱傷をもたらす。

　そのほか色素脱失症は、ハイドロキノン、アルキルフェノール類との接触を原因とし、色素増加症はタール、ピッチとの接触を原因とする。

(2)　眼に対する重篤な損傷性／眼刺激性

　眼に対する重篤な損傷性は、「眼の表面に対する化学品のばく露に伴う眼の組織損傷の発生又は重篤な視力低下で、ばく露から21日以内に完全には治癒しないものを発生させる性質」をいい、眼刺激性は、「眼の表面に化学品をばく露した後に生じた眼の変化で、ばく露から 21日以内に完全に治癒するものを生じさせる性質」をいう。

　化学物質が眼に入って発生した損傷は、角膜や結膜、結膜嚢での化学熱傷や腐蝕であり、日本眼科学会では、化学眼外傷と総称している。受傷直後は、流涙、充血、眼痛などの症状を伴って、結膜や角膜といった眼球表面の組織に炎症が起こり、なかには角膜の表面の剥離、角膜全体がスリガラス状に混濁することもある。特に、アルカリ性の化学物質の場合、眼球表面の障害にとどまらず、化学物質が角膜を透過して眼の内部にまで障害を及ぼすこともある。軽症の場合は治療により後遺症を残さずに回復する。重症の場合は眼球とまぶたとの癒着、角膜が白く濁るな

＊IDLH：Immediately Dangerous to Life or Health　脱出限界濃度。　30分以内に脱出ができなくなったり、回復できない健康障害を起こす危険を回避できる限界の濃度。米国労働安全衛生研究所（NIOSH）などで設定している。

どの後遺症や、失明に至ることがある。また、後になって緑内障や白内障などを引き起こすこともある。一般に、化学物質が眼に接触している時間が長ければ長いほど眼の障害は重症となる。

　労働者死傷病報告では、化学物質による健康障害のうち眼障害が約30％を占めている。ある大学病院眼科外来では眼外傷のうち労働災害が約30％を占めていたと報告している。

⑶　呼吸器感作性

　アレルゲン（アレルギーの原因となる抗原）としてはスギ、ヒノキ等の花粉、ハウスダスト、ダニ、カビ、ペットの皮屑等があるが、GHS分類では化学物質に限定して、呼吸器感作性は「化学品の吸入によって気道過敏症を引き起こす性質」と定義されている。

　日本産業衛生学会では、「気道感作性物質とは、その物質によりアレルギー性呼吸器疾患を誘発する物質」と定義し、アレルギー性呼吸器疾患を「鼻炎、喘息、過敏性肺臓炎、好酸球性肺炎等、アレルギーの関与が考えられる疾患」として、人間に対して明らかに感作性がある物質（第1群）にはオルトフタルアルデヒドなど12物質を、人間に対しておそらく感作性があると考えられる物質（第2群）にはエチレンジアミンなど8物質を挙げている（「許容濃度等の勧告（2023年度）」）。

　当該化学物質ばく露と関連性があり、抗原特異的誘発試験、血清学的検査、または皮膚試験といった免疫学的検査で陽性反応が認められる場合は、呼吸器感作性があると判断される。

⑷　皮膚感作性

　皮膚感作性は、「化学品の皮膚接触によってアレルギー反応を引き起こす性質」と定義される。日本産業衛生学会では、「皮膚感作性物質とは、その物質によりアレルギー性皮膚反応を誘発する物質」と定義し、人間に対して明らかに感作性がある物質（第1群）としてアニリンなど25物質を、人間に対しておそらく感作性がある物質（第2群）としてアクリルアミドなど34物質を、動物試験などにより人間に対して感作性が懸念される物質（第3群）としてイソホロンジイソシアネートなど5物質を挙げている（「許容濃度等の勧告（2023年度）」）。

　即時型は、肥満細胞とIgEが関係し、アレルギー性蕁麻疹が15〜30分で発現し、重症型はアナフィラキシーショックとなる。職業性ではラテックス（ゴムの樹液）

によるものが多く、保健医療業を含め、天然ゴム素材の手袋を使用して発生した事例が複数ある。

　遅延型アレルギー性接触皮膚炎は感作Tリンパ球が主役で化学物質ばく露後、複数回ばく露して、その化学物質とタンパク質が結合し、抗原として免疫反応がおこり、初回ばく露から24時間〜数日経過して症状が出ることが多い。エポキシ樹脂やニッケル、クロム、パラジウム、日焼け止めクリーム、染髪剤、色素剤などが原因となる。また六価クロムは遅延型アレルギー性接触皮膚炎をもたらし、皮膚に紅斑、浮腫といった症状を呈する。光アレルギー性接触皮膚炎は、殺菌剤、サンスクリーン、香料、外用剤の使用で多発している。

(5)　急性毒性・特定標的臓器毒性（単回ばく露）

　急性毒性は単回ばく露により致死性の影響を及ぼすものであり、特定標的臓器毒性（単回ばく露）は単回ばく露により標的臓器に作用し、非致死性の「可逆的若しくは不可逆的、又は急性若しくは遅発性の機能を損なう可能性がある、全ての重大な健康への影響を含む」と区別している。しかし「神経毒性や麻酔作用を示す物質でも大量投与すれば致死的となるが、致死に至るまでの用量で表れる影響は特定標的臓器毒性として分類すべきである」としていることから、急性毒性（半数致死用量／濃度）と特定標的臓器特性（単回ばく露）は関連項目となっている。

　なお、標的臓器とは化学物質が作用する臓器をいい、化学物質ごとに標的臓器が異なり、特定されることから「特定標的臓器」という。

(6)　慢性毒性・特定標的臓器毒性（反復ばく露）

　慢性毒性と「特定標的臓器毒性（反復ばく露）による影響」はいずれも慢性中毒と考えられる。標的臓器はさまざまであり、症状もさまざまである。

(7)　発がん性

　発がん要因のうち、わが国では喫煙が男性で約24％、女性で約4％、感染が男性で約18％、女性で約15％を占めている。そのほか、飲酒、食物・栄養、身体活動、体格、化学物質、生殖要因とホルモンが関連している（国立がん研究センター）。国際がん研究機関（IARC）では、それらの要因を発がん性の「証拠の強さ」でもって表2.1.2のように分類している。

　1,2-ジクロロプロパンについては、発がんの証拠に乏しかったため、IARCは

表2.1.2　IARC発がん分類　2023年12月現在

分類	定義	種類
グループ1	ヒトに対して発がん性がある。	128
グループ2A	ヒトに対しておそらく発がん性がある。	95
グループ2B	ヒトに対して発がん性がある可能性がある。	323
グループ3	ヒトに対する発がん性について分類できない。	500

グループ3としていたが、わが国の職業性胆管がんの事例もふまえ2016年にグループ1にした。このように、グループ1、2A、2Bに分類されていない化学物質についても発がん性がないことを意味してはいない。また、この評価は物質の発がん性の強さやばく露量に基づくリスクの大きさを示すものではないことに注意が必要である。

　なお、労働基準法施行規則別表第1の2第7号には、ベンジジンにさらされる業務による尿路系腫瘍など、がん原性物質もしくはがん原性因子またはがん原性工程における業務による22の疾病が挙げられている。

(8)　生殖毒性

　生殖毒性とは、物質へのばく露後に起こる成人男性・成人女性の性機能および受精能に対する悪影響や、その子世代における発生毒性のことをいう。日本産業衛生学会では「女性では妊孕性、妊娠、出産、授乳への影響等、男性では、受精能への影響等とする。生殖器官に影響を示すものについては、上述の生殖機能への影響が懸念される場合に対象に含める。次世代児では、出生前ばく露による、または、乳汁移行により授乳を介したばく露で生じる、胚・胎児の発生・発育への影響、催奇形性、乳児の発育への影響とし、離乳後の発育、行動、機能、性成熟、発がん、老化促進などへの影響が明確な場合にも、生殖毒性として考慮する」とし、ヒトに対して生殖毒性を示すことが知られている物質（第1群）として一酸化炭素など13物質を、おそらく生殖毒性を示すと判断される物質（第2群）としてアクリルアミドなど19物質を、生殖毒性の疑いがある物質としてアトラジンなど15物質を挙げている（「許容濃度等の勧告（2023年度）」）。

(9)　生殖細胞変異原性

　生殖細胞変異原性は「次世代に受け継がれる可能性のある突然変異を誘発する性

質」と定義されている。生殖細胞変異原性を有するものについては、生殖細胞のみならず、体細胞の変異を増加させるおそれがあり、発がん性、生殖毒性について丁寧に調べる必要がある。

⑽　**誤えん有害性**

　誤えん（誤嚥）は、原因物質が喉頭、咽頭部分の上気道と上部消化器官との分岐部分に入り込んだ場合、吸気によって引き起こされ、液体または固体の化学品による誤えんは、化学品が、口もしくは鼻腔から直接、または嘔吐によって間接的に気管および下気道へ侵入することをいう。

　誤えん有害性は「誤えんの後、化学肺炎若しくは種々の程度の肺損傷を引き起こす性質、又は死亡のような重篤な急性の作用を引き起こす性質」と定義されている。

　誤えんは、突然噴射され飛散した液体や噴霧された粗いミストを吸い込んだ場合、あるいは飲料水と間違えて小分けした化学品を飲んだ場合にみられる。

　なお、GHS原文では「Aspiration Hazard」と記載されており、JIS Z 7252：2014では「吸引性呼吸器有害性」と記載されていたが、JIS Z 7252：2019で「誤えん有害性」に変更され、わが国でのGHS分類では「誤えん有害性」としている。

３．健康障害を防止するための措置

⑴　皮膚腐食性・皮膚刺激性

　「化学防護手袋の選択、使用等について」（平成29年１月12日付け基発0112第６号）が出されたほか「皮膚障害等防止用保護具の選定マニュアル」（令和６年２月）も国が公表するなど、化学防護手袋の選択、使用等の留意事項が示されている。保護具着用管理責任者の選任が義務化されたので、保護具着用管理責任者が保護衣を含め適正な保護具を選択し、指導することで予防できる。

　皮膚障害防止用の保護具については第４編第５章５．に詳細に記述している。現状においては、化学物質に対する手袋の耐浸透性・耐透過性や耐劣化性などの基本情報や物性情報の入手が難しい場合もあるが、なんでもよいから手袋さえ着用していれば皮膚障害は予防できるといった間違った観念は捨て、事業者、保護具着用管理責任者をはじめ職場の誰もが、作業に適した保護手袋の開発を推進し、適正な選択・使用を実施することでリスク低減を進めることが求められる。

⑵　眼に対する重篤な損傷・眼刺激性

　普段眼鏡を掛けているから大丈夫と思っている者は多いが、飛散した化学物質は放物線を描いて眼鏡と顔面との隙間から眼に飛び込む。保護具着用管理責任者が顔面に密着している適正な保護眼鏡を選択し、指導することで、予防できる。保護眼鏡については第4編第5章5.⑻に詳細に記述している。

⑶　呼吸器感作性・皮膚感作性

　濃度基準値に基づく管理だけでは完全に予防することは困難であるが、当該化学物質の拡散を極力避けること、当該化学物質に汚染されている区域と汚染されてない区域を明確に分けること、その中間区域の洗浄除去はこまめに行うことが求められる。保護具着用管理責任者は①呼吸器感作性、②皮膚感作性、③呼吸器感作性と皮膚感作性の両方かに応じて、適正な呼吸用保護具、保護手袋、保護衣、保護眼鏡を選択して使用させ、化学物質と接触しないよう指導することで、リスク低減を図ることができる。保護具については第4編第5章に詳細に記述している。

⑷　急性毒性・特定標的臓器毒性（単回ばく露）

　職場のあんぜんサイトの災害事例には、多くの化学物質による急性中毒の発生状況と、原因、対策が掲載されている。急性中毒の原因として、化学物質のリスクアセスメントが義務化される以前のものではあるが、以下の①～⑦が挙げられている。

①　有害性を認識していない。SDSを理解していない

②　作業主任者・作業指揮者など化学物質の管理に責任を有する者を選任していない。それらの者の職務不履行

③　作業標準（マニュアル）を策定していない。マニュアルの不備、不履行

④　作業中の濃度測定をしていない

⑤　換気設備を設置していない、あるいは換気設備の能力不足

⑥　保護具を使用していない、あるいは不適切な使用

⑦　労働衛生教育が不十分。作業者への連絡不足・指示の不備

　現在においては、化学物質管理者、保護具着用管理責任者等を選任し、リスクアセスメント実施を主体に、労働衛生の5管理の原則にのっとり包括的に取り組むこととなる。多くの急性中毒は非定常作業や緊急事態で発生しており、定常作業を想定したばく露濃度等の測定によるリスクアセスメントでは非定常作業や漏えい時の緊急事態における急性中毒の防止には役に立たないので、そうした緊急事態を想定

したリスクアセスメントの実施が必要である。

　米国労働安全衛生研究所（NIOSH）は、30分ばく露による急性影響閾値として、"生命および健康に対して急性の有害影響を及ぼす濃度（脱出限界濃度）：Immediately Dangerous to Life or Health（IDLH）Values" を420物質に設定しており、漏えい等の緊急事態によりこれらの濃度を超えることが予想される場合は、検知、退避、漏えい阻止、回収など緊急時対策を定めるのに活用できる。

　また、そうした対策を行うにあたって、これらの濃度を超える環境下では、安易にろ過式の呼吸用保護具を使用することは避けなければならない。

(5)　慢性毒性・特定標的臓器毒性（反復ばく露）

　濃度基準値が設定されている物質を取り扱う業務に従事する労働者がこれらの物質にばく露される程度を、濃度基準値以下とすることとされている。対象物質の代替や衛生工学的対策等で労働者のばく露の程度を濃度基準値以下にできない場合は、呼吸用保護具を適正に着用して、着用した呼吸用保護具の内側の濃度を濃度基準値以下とし吸気の濃度を濃度基準値以下にすることが求められる。

　保護具着用管理責任者の指導の下にフィットテストを実施して、確認することが求められる。

　適正な保護具の選択・着用は、濃度基準値が設定されていない化学物質についても、日本産業衛生学会の許容濃度やACGIHのTLVsでもって管理すべきである。

(6)　発がん性

　発がんを防止するための措置としては、可能な限りばく露を低減する一次予防に努める。ばく露およびばく露の懸念がある場合は、二次予防としての健康診断を行い早期発見・早期治療に努めることとなる。

　なお、がん原性物質の製造・取扱い作業を労働者に行わせた場合、作業の記録と保存が義務付けられる（第4編第3章参照）。また、事業場の複数の労働者が同種のがんにり患した場合は、都道府県労働局長に報告する（第6編第2章参照）。

(7)　生殖毒性

　生殖毒性のリスクが高い物質の取扱いは、可能な限りばく露を低減する一次予防に努めることとなる。

⑻　生殖細胞変異原性

　生殖細胞変異原性が認められる物質については、可能な限りばく露を低減する一次予防が重要であり、生殖細胞のみならず体細胞への突然変異も疑われることから発がん性、生殖毒性にも留意した取扱いが必要である。

⑼　誤えん有害性

　対象となる化学品は液体、または固体であるので、誤えんするリスクは少ないが、小分けした化学品と飲料水との取り違えによって起こるので、飲料水などのペットボトルには移し替えないことや、小分けした容器には名称と有害性を明記しなければならない。作業場に、飲料水のペットボトルなどを持ち込まないことが大事である。

第2章　化学物質の危険性及び有害性

1．GHSとは

　GHSとは「Globally Harmonized System of Classification and Labelling of Chemicals」の略語で、「化学品の分類及び表示に関する世界調和システム」といい、化学品の危険有害性を一定の基準に従って分類し、その結果をラベルやSDSに反映させ、危険有害性情報を伝達することにより、災害防止および人の健康や環境の保護に役立てようとするものである。平成15年（2003年）に健康影響や爆発・火災などの危険有害性の各項目に係る分類を行い、その分類に基づいて絵表示や注意喚起語を含むラベルや安全データシート（SDS）を作成・交付すること等を内容とする勧告として国際連合から公表された。この勧告は2年ごとに見直しがされ、国連GHS文書として公表される。出版物の表紙が紫色であることから「パープルブック」とも呼ばれている。

　職場で化学物質を取り扱う際に、その危険性又は有害性、適切な取扱い方法等を知らなかったことによる爆発・火災、中毒等の労働災害が発生している。このような労働災害を防止するためには、その化学物質の危険性又は有害性の情報が確実に伝達され、伝達を受けた事業場は、その情報を活用してリスクアセスメントに基づいた適切な化学物質管理を推進することが重要である。

　わが国では、GHS勧告を踏まえ、平成18年に表示・文書交付制度を改善した改正安衛法が施行され、化学物質の危険・有害性情報を入手し、GHSに基づくラベルやMSDS：化学物質等安全データシート（現在は SDS：安全データシートと呼ぶ）を作成することとなった。また、平成24年1月27日に安衛則が改正され（同年4月1日施行）、GHSに従った分類に基づき決定された危険有害性クラスおよび危険有害性区分を有する全ての危険有害な化学物質が対象とされた。ラベルやSDSの情報を理解することは、リスクアセスメントを効果的に実施し、化学物質による労働災害を防止する観点から極めて重要である。

　なおGHS勧告では、GHSは全ての危険有害な化学品（純粋な化学物質、その希釈溶液、化学物質の混合物）に適用される。「医薬品、医療機器の品質、有効性及び

安全性の確保に関する法律」に定められている医薬品、医薬部外品および化粧品、「農薬取締法」に定められている農薬、工具、部品等のいわゆる成形品、表示対象物が密封された状態で取り扱われる製品、一般消費者のもとに提供される段階の食品、家庭用品品質表示法に基づく表示がされている製品は、ラベルおよびSDSの対象とはしない。危険有害性に関する情報提供の対象者としては消費者、労働者、輸送担当者、緊急時対応職員などが含まれる。

　日本国内においては、GHS勧告を日本産業規格（JIS、旧日本工業規格）に取り込み、これを安衛法などの各法律で引用することで、GHS勧告を国内法令に反映している。日本国内ではJISに従ってラベル、SDSを作成すれば安衛法で定める基準を満たしているとみなされる。　2019年の日本産業規格はGHS 6版を反映しているが2024年にGHS改訂9版に基づく改正が予定されている。

・JIS Z 7252：2019 GHSに基づく化学品の分類方法
・JIS Z 7253：2019 GHSに基づく化学品の危険有害性情報の伝達方法—ラベル、作業場内の表示及び安全データシート（SDS）

２．GHSが対象とする危険有害性

　GHSが対象とする危険有害性は**表2.2.1**のとおりである。物理化学的危険性、健康に対する有害性、環境に対する有害性の３つの大きな分野があり、物理化学的危険性については17項目、健康に対する有害性については10項目、環境に対する有害

表2.2.1　GHSが対象とする危険有害性（GHS改訂9版）

【物理化学的危険性】	【健康有害性】
爆発物	急性毒性
可燃性ガス	皮膚腐食性/刺激性
エアゾールおよび加圧下化学品	眼に対する重篤な損傷性/眼刺激性
酸化性ガス	呼吸器感作性又は皮膚感作性
高圧ガス	生殖細胞変異原性
引火性液体	発がん性
可燃性固体	生殖毒性
自己反応性物質および混合物	特定標的臓器毒性（単回ばく露）
自然発火性液体	特定標的臓器毒性（反復ばく露）
自然発火性固体	誤えん有害性
自己発熱性物質および混合物	
水反応可燃性物質および混合物	【環境有害性】
酸化性液体	水生環境有害性
酸化性固体	オゾン層への有害性
有機過酸化物	
金属腐食性	
鈍性化爆発物	

性について2項目の有害性の分類基準が示されている。なお、GHS改訂8版では附属書2で粉じん爆発の分類に対するガイダンスが盛り込まれたが、9版において附属書2は保留中とされている。

　表2.2.2に物理化学的危険性、表2.2.3に健康有害性の定義等を抜粋して参考までに示した。

表2.2.2　物理化学的危険性

物理化学的危険性	定義等（GHS改訂9版より抜粋）
爆発物	それ自体の化学反応により、周囲環境に損害を及ぼすような温度および圧力ならびに速度でガスを発生する能力のある固体物質または液体物質（もしくは物質の混合物）
可燃性ガス	標準気圧101.3kPaで20℃において、空気との混合気が燃焼範囲（爆発範囲）を有するガス
自然発火性ガス	54℃以下の空気中で自然発火しやすいような可燃性ガス
化学的に不安定なガス	空気や酸素が無い状態でも爆発的に反応しうる可燃性ガス
エアゾール	エアゾール噴霧器とは、圧縮ガス、液化ガスまたは溶解ガス（液体、ペースト状または粉末を含む場合もある）を内蔵する金属製、ガラス製またはプラスチック製の再充填不能な容器に、内容物をガス中に浮遊する固体もしくは液体の粒子として、または液体中またはガス中に泡状、ペースト状もしくは粉状として噴霧する噴射装置を取り付けたもの
加圧下化学品	エアゾール噴霧器ではなく、かつ高圧ガスとは分類されない、圧力容器中で20℃において200kPa（ゲージ圧）以上の圧力でガスにより加圧された液体または固体（例えばペーストまたは粉体）。加圧下化学品は一般に質量で20%以上の液体または固体を含むが、50%以上のガスを含む混合物は一般に高圧ガスと考えられる
酸化性ガス	一般的には酸素を供給することにより、空気以上に他の物質の燃焼を引き起こす、または燃焼を助けるガス
高圧ガス	20℃、200kPa（ゲージ圧）以上の圧力の下で容器に充塡されているガスまたは液化または深冷液化されているガス
引火性液体	引火点が93℃以下の液体
可燃性固体	易燃性を有する、または摩擦により発火あるいは発火を助長する恐れのある固体
自己反応性物質及び混合物	熱的に不安定で酸素（空気）がなくとも強い発熱分解を起しやすい液体または固体の物質あるいは混合物（爆発物、有機過酸化物または酸化性物質として分類されているものは除く）
自然発火性液体	たとえ少量であっても、空気と接触すると5分以内に発火しやすい液体
自然発火性固体	たとえ少量であっても、空気と接触すると5分以内に発火しやすい固体
自己発熱性物質及び混合物	自然発火性液体または自然発火性固体以外の固体物質または混合物で、空気との接触によりエネルギー供給がなくとも、自己発熱しやすいもの
水反応可燃性物質及び混合物	水と接触して可燃性ガスを発生する物質または混合物。水との相互作用により、自然発火性となるか、または可燃性ガスを危険となる量発生する固体または液体あるいは混合物
酸化性液体	それ自体は必ずしも可燃性を有しないが、一般的には酸素の発生により、他の物質を燃焼させまたは助長する恐れのある液体
酸化性固体	それ自体は必ずしも可燃性を有しないが、一般的には酸素の発生により、他の物質を燃焼させまたは助長する恐れのある固体
有機過酸化物	2価の-O-O-構造を有し、1あるいは2個の水素原子が有機ラジカルによって置換された過酸化水素の誘導体と考えられる液体または固体有機物質。有機過酸化物組成物（混合物）
金属腐食性	化学反応によって金属を著しく損傷し、または破壊する物質または混合物
鈍性化爆発物	大量爆発や非常に急速な燃焼をしないように、爆発性を抑制するために鈍性化された固体または液体の爆発性物質または混合物

表2.2.3　健康有害性

健康に対する有害性	定義等（GHS改訂9版より抜粋）
急性毒性	物質または混合物への単回または短時間の経口、経皮または吸入ばく露後に生じる健康への重篤な有害影響（すなわち致死作用）
皮膚腐食性／刺激性	皮膚腐食性とは、皮膚に対する不可逆的な損傷を生じさせること。 皮膚刺激性とは、物質または混合物へのばく露後に起こる、皮膚に対する可逆的な損傷を生じさせること。
眼に対する重篤な損傷性／眼刺激性	眼に対する重篤な損傷性とは、物質または混合物へのばく露後に起こる、眼の組織損傷を生じさせること、すなわち視力の重篤な機能低下で、完全には治癒しないものをさす。 眼刺激性とは、物質または混合物へのばく露後に起こる、眼に変化を生じさせることで、完全に治癒するものを指す。
呼吸器感作性または皮膚感作性	呼吸器感作性とは、物質の吸入の後で気道過敏症を起こす性質を指す。 皮膚感作性とは、物質との皮膚接触の後でアレルギー反応を起こす性質を指す。
生殖細胞変異原性	物質または混合物へのばく露後に起こる、生殖細胞における構造的および数的な染色体の異常を含む、遺伝性の遺伝子変異を指す。
発がん性	物質または混合物へのばく露後に起こる、がんの誘発またはその発生率の増加を指す。
生殖毒性	物質または混合物へのばく露後に起こる、雌雄の成体の生殖機能および受精能力に対する悪影響に加えて、子世代の発生毒性を指す。 (a)性機能および生殖能に対する悪影響 (b)子の発生に対する悪影響
特定標的臓器毒性（単回ばく露）	物質または混合物への単回のばく露後に起こる、特異的な非致死性の標的臓器への影響を指す。可逆的と不可逆的、あるいは急性または遅発性両方の、かつ他のGHS分類で明確に扱われていない、機能を損ないうる全ての重大な健康への影響が含まれる。
特定標的臓器毒性（反復ばく露）	物質または混合物への反復ばく露後に起こる、特異的な標的臓器への影響を指す。可逆的、不可逆的、あるいは急性または遅発性両方の機能を損ないうる、他のGHS分類で検討されていない、全ての重大な健康への影響がこれに含まれる。
誤えん有害性	物質または混合物の誤えん後におこる、化学肺炎、肺損傷あるいは死のような重篤な急性影響を指す。誤えんとは、液体または固体の化学品が口または鼻腔から直接、または嘔吐によって間接的に気管および下気道へ侵入することをいう。

3．GHSにおける注意喚起語、危険有害性情報、絵表示、注意書きの標準化による調和

　引火性液体の評価基準とラベル要素および区分1〜3の注意書きの例を表2.2.4、表2.2.5、表2.2.6に、急性毒性の評価基準とラベル要素および区分1、2の注意書きの例を表2.2.7、表2.2.8、表2.2.9に示した。GHSにおいては、危険有害性の区分が決まると注意喚起語、危険有害性情報、絵表示などのラベル要素と注意書きが自動的に割り付けられるようになっている。ここでGHSとは異なる評価基準を用いて

表2.2.4　引火性液体の評価基準（GHSより例示）

区分	判定基準
区分1	引火点＜23℃ および 初留点 ≦35℃
区分2	引火点＜23℃ および 初留点＞35℃
区分3	23℃ ≦ 引火点 ≦60℃
区分4	60℃ ＜ 引火点 ≦ 93℃

表2.2.5　引火性液体のラベル要素（GHSより例示）

	区分1	区分2	区分3	区分4
シンボル	炎	炎	炎	－
注意喚起語	危険	危険	警告	警告
危険有害性情報	H224 極めて引火性の高い 液体及び蒸気	H225 引火性の高い液体 及び蒸気	H226 引火性液体 及び蒸気	H227 可燃性液体

表2.2.6　引火性液体　区分1～3の注意書き（GHSより例示）

引火性液体　区分1～3の注意書き			
安全対策	応急措置	保管	廃棄
P210 熱/火花/裸火/高温のもののような着火源から遠ざけること。 一禁煙 P233 容器を密閉しておくこと。 P240 容器を接地すること/アースをとること。 P241 防爆型の電気機器/換気装置/照明機器/...機器を使用すること P242 火花を発生させない工具を使用すること。 P243静電気放電に対する予防措置を講ずること。 P280保護手袋/保護衣/保護眼鏡/保護面を着用すること。	P303+P361+P353 皮膚（または髪）に付着した場合:直ちに汚染された衣類を全て脱ぐこと。皮膚を流水/シャワーで洗うこと。 P370+P378　火災の場合:消火するために...を使用すること。	P403+P235換気の良い場所で保管すること。涼しいところに置くこと。	P501内容物/容器を...に廃棄すること。

表2.2.7　急性毒性評価基準 ATE　LD$_{50}$/LC$_{50}$値（GHSより例示）

		区分1	区分2	区分3	区分4	区分5
経口（mg/kg）		≦5	>5 ≦50	>50 ≦300	>300 ≦2000	日本のJISでは採用しない
経皮（mg/kg）		≦50	>50 ≦200	>200 ≦1000	>1000 ≦2000	
吸入	気体（ppm/4h）	≦100	>100 ≦500	>500 ≦2500	>2500 ≦20000	
	蒸気（mg/L/4h）	≦0.5	>0.5 ≦2.0	>2.0 ≦10	>10 ≦20	
	粉じん及びミスト（mg/L/4h）	≦0.05	>0.05 ≦0.5	>0.5 ≦1.0	>1.0 ≦5	

表2.2.8　急性毒性（経口）のラベル要素（GHSより例示）

	区分1	区分2	区分3	区分4
シンボル	どくろ	どくろ	どくろ	感嘆符
注意喚起語	危険	危険	警告	警告
危険有害性情報	H300 飲み込むと生命に危険	H300 飲み込むと生命に危険	H301 飲み込むと有毒	H302 飲み込むと有害

表2.2.9　急性毒性（経口）区分1、2の注意書き（GHSより例示）

急性毒性（経口）区分1、2の注意書き			
安全対策	応急措置	保管	廃棄
P264取扱い後は...よく洗うこと。 P270この製品を使用するときに、飲食または喫煙をしないこと。	P301+P310飲み込んだ場合：直ちに医師に連絡すること。 P321特別な処置が必要である（このラベルの...を見よ）。 P330口をすすぐこと。	P405施錠して保管すること。	P501内容物/容器を...に廃棄すること。

分類し、異なる注意喚起語、危険有害性情報、絵表示を用いることはGHSの理念である調和（ハーモナイズ）から外れることになる。異なる化学品であっても、GHS分類の結果、同じ危険有害性に区分されたものは、共通の注意喚起語、危険有害性情報、絵表示、注意書き情報が提供されるように工夫がされている。

４．GHSラベルに必要な情報

　GHS勧告によれば、ラベルとは危険有害な製品に関する書面、印刷またはグラフィックによる情報のまとまりで、物質の容器に直接あるいはその外部梱包に貼付、印刷または添付されるものをいう。ラベルには、各危険有害性の種類および区分に関する情報を伝達するために、注意喚起語、危険有害性情報、絵表示、注意書き、製品特定名、供給者の特定情報が必要になっている。

　以下にラベルに必要とされる情報について解説する。

(1)　絵表示

　絵表示の一部として用いられているシンボル（絵表示の中に描かれる絵柄）とその名称（例えばどくろ）を**表2.2.10**に示した。絵表示は一見して危険有害性を確認

表2.2.10　危険有害性を表す絵表示（GHS改訂9版）

コード	絵表示	シンボル	危険有害性
GHS01		爆弾の爆発	爆発物（区分1、2A、2B） 自己反応性物質及び混合物（タイプA、B） 有機過酸化物（タイプA、B）
GHS02		炎	可燃性ガス（自然発火性ガス、化学的に不安定なガスを含む）（区分1A、1B） エアゾール及び加圧下危険性（区分1、2） 引火性液体（区分1〜3） 可燃性固体（区分1、2） 自己反応性物質及び混合物（タイプB〜F） 自然発火性液体・固体（区分1） 自己発熱性物質及び混合物（区分1、2） 水反応可燃性物質及び混合物（区分1〜3） 有機過酸化物（タイプB〜F） 鈍性化爆発物（区分1〜4）
GHS03		円上の炎	酸化性ガス（区分1） 酸化性液体（区分1〜3） 酸化性固体（区分1〜3）
GHS04		ガスボンベ	高圧ガス（圧縮ガス、液化ガス、深冷液化ガス、溶解ガス） 加圧下化学品（区分1〜3）
GHS05		腐食性	金属腐食性（区分1） 皮膚腐食性/刺激性（区分1、1A、1B、1C） 眼に対する重篤な損傷性/刺激性（区分1）
GHS06		どくろ	急性毒性（区分1〜3）
GHS07		感嘆符	爆発物2C 急性毒性（区分4） 皮膚腐食性/刺激性（区分2） 眼に対する重篤な損傷性/眼刺激性（区分2/2A） 皮膚感作性（区分1、1A、1B） 特定標的臓器毒性-単回ばく露（区分3） オゾン層への有害性（区分1）
GHS08		健康有害性	呼吸器感作性（区分1、1A、1B） 生殖細胞変異原性（区分1、1A、1B、2） 発がん性（区分1、1A、1B、2） 生殖毒性（区分1、1A、1B、2） 特定標的臓器毒性-単回ばく露（区分1、2） 特定標的臓器毒性-反復ばく露（区分1、2） 誤えん有害性（区分1、2）
GHS09		環境	水生環境有害性、短期（急性）（区分1） 水生環境有害性、長期（慢性）（区分1、2）

（菱形枠は赤色、中のシンボルは黒色が用いられる。）

表2.2.11　絵表示の表す危険有害性と取扱い安全の概要（参考例）

	絵表示	危険有害性の概要	災害予防・低減対策
危険性	爆弾の爆発	熱や火花にさらされると爆発するような化学品	熱、火花、裸火、高温のような着火源から遠ざけること。−禁煙。保護手袋、保護衣、保護眼鏡/保護面を着用すること。
	炎	空気、熱や火花にさらされると発火するような化学品	熱、火花、裸火、高温のような着火源から遠ざけること。−禁煙。空気に接触させないこと。（自然発火性物質）保護手袋、保護衣、保護眼鏡/保護面を着用すること。
	円上の炎	他の物質の燃焼を助長するような化学品	熱から遠ざけること。衣類および他の可燃物から遠ざけること。保護手袋、保護衣、保護眼鏡/保護面を着用すること。
	ガスボンベ	ガスが圧縮または液化されて充填され、熱したりすると膨張して爆発するような化学品	換気の良い場所で保管すること。耐熱手袋、保護衣、保護面/保護眼鏡を着用すること。
有害性	腐食性	接触した金属または皮膚等を損傷させるような化学品	他の容器に移し替えないこと（金属腐食性物質）。粉じんまたはミストを吸入しないこと。取扱い後はよく手を洗うこと。保護手袋、保護衣、保護眼鏡/保護面を着用すること。
	どくろ	急性毒性を表しており、飲んだり、触ったり、吸ったりすると急性的な健康障害が生じ、死に至るような化学品	この製品を使用する時に、飲食または喫煙をしないこと。取扱い後はよく手を洗うこと。眼、皮膚、または衣類に付けないこと。保護手袋、保護衣、保護眼鏡/保護面を着用すること。
	健康有害性	短期または長期に飲んだり、触れたり、吸ったりしたときに健康障害を起こすような化学品	この製品を使用する時に、飲食や喫煙をしないこと。取扱い後はよく手を洗うこと。粉じん/煙/ガス/ミスト/蒸気/スプレーなどを吸入しないこと。推奨された個人用保護具を着用すること。
	感嘆符	ラベルでどのような危険有害性があるか確認（急性毒性、皮膚刺激性、眼刺激性、皮膚感作性、特定標的臓器毒性、オゾン層への有害性）	ラベルに記載された注意書きに沿った取扱いが必要。
環境	環境	環境に放出すると水生環境（水生生物およびその生態系）に悪影響を及ぼすような化学品	環境への放出を避けること。

できるように視認性が高く作られているが、絵表示の表す危険有害性と取扱い安全をイメージするには教育訓練が必要である。表2.2.11に絵表示の表す危険有害性と取扱い安全の概要を参考までに示した。

⑵　注意喚起語

注意喚起語とは、危険有害性の重大性の相対的レベルを示し、利用者に対して潜在的な危険有害性について警告するための語句を意味する。注意喚起語は、「危険」と「警告」である。「危険」はより重大な危険有害性項目に用いられ、「警告」はより重大性の低い項目に用いられる。

⑶　危険有害性情報

危険有害性情報とは、各危険有害性クラスおよび区分に割り当てられた文言で、製品の危険有害性の性質とその程度を表現している。

⑷　注意書き

注意書きとは、危険有害性を持つ製品へのばく露、または、その不適切な貯蔵や取扱いから生じる被害を防止し、または最小にするために取るべき推奨措置について記述した文言をいう。注意書きは、予防策、応急措置、貯蔵、廃棄について、危険有害性クラスおよび区分に応じて割り当てられた文言となっているが、注意書きの数が多いことによって内容が冗長になったり、取扱者の注意が散漫になったりすることを防ぐために編集されている。

⑸　製品特定名

①　製品名

②　成分として含まれる化学物質名

⑹　供給者の特定

物質または混合物の製造業者、または提供する者の名前、住所および電話番号。

第3章　化学物質の危険性及び有害性等の表示、文書及び通知

1. ラベル

(1) ラベルとは

　化学品は無色透明の液体や白色の粉体であったりするために、一見してその物質の名称や危険有害性、取扱方法や廃棄方法を知ることは困難である。そこで、化学品を入れている容器や包装に名称や取扱方法を記載したラベルを貼り付けることで、受領者に知らせるようにしている。

　ラベルは化学品を取り扱い、使用する者が、その化学物質等に関して最初に出会う情報である。化学品の供給者は、取り扱い、使用する者がその化学物質等を安全に取り扱う上で重要な危険有害性の種類と程度などを簡潔にラベルに記載し、目に付きやすいように容器や包装にラベルを貼付して譲渡、提供する。情報の内容はスペースの関係もあり、必要最低限度のものとしている。

　ラベルはSDSの記載内容と矛盾がないように作成されているが、ラベルのスペースの問題で注意書きの一部が省略されるなど情報が不足する場合がある。取り扱い、使用する者は、提供されるSDSその他の詳細情報もあわせて確認することが望ましい。

(2) 安衛法におけるラベル

　安衛法においては、ラベルは「化学物質等の危険有害性を化学物質の容器や包装に表示することにより、化学物質等の危険又は有害な性質等を事業者、労働者その他の関係者に正しく伝え、化学物質等の適切な取扱いを促進し、化学物質等による労働災害の防止に活用することを目的とする」とされている。なお、一部の金属等で、固体で粉状にならない物は対象外となっている。また、安衛則により、表示対象物質以外の労働者に危険または健康障害を生ずるおそれのある物（危険有害化学物質等）を譲渡または提供する場合は、その容器または包装に一定の危険有害性の表示をするよう努めなければならないこととなっている。

ア．記載事項（安衛法第57条）

㋐　記載事項

①　名称

②　人体に及ぼす作用

③　貯蔵又は取扱い上の注意

④　上記のほか安衛則（第33条）で定める事項

㋐　表示をする者の氏名又は名称、住所及び電話番号

㋑　注意喚起語

㋒　安定性及び反応性

㋑　GHS標章

　　成分に係る表示義務については、平成26年の法改正によって削除されたが、成分を表記することは妨げないとしている（基安化発第1020001号（令和4年改正））。

　　国内の法規において化学物質の情報提供で要求される項目は、JISで規定しているラベルの記載要求事項に従えば、安衛法の表示事項はほぼ満足する。ただし、他法令にあってラベル記載事項にない要求事項があり、これらはラベルに追加記載されるか、別途に提供される（例えば毒物劇物取締法の医薬用外毒物、医薬用外劇物の表示など）。JIS Z 7253：2019（GHSに基づく化学品の危険有害性情報の伝達方法－ラベル、作業場内の表示及び安全データシート（SDS））で規定されている項目を**表2.3.1**に示した。JISラベルの記載項目は7項目にわたっており、ラベルの活用に当たって、どの項目にどのような内容が

表2.3.1　JISラベル記載項目

項　目	内　容
危険有害性を示す絵表示	危険有害性の性質およびその程度に対応する絵表示。
注意喚起語	危険有害性の重大性の相対的レベルを示し、利用者に潜在的な危険有害性について警告するための語句。 重篤度の順は「危険」＞「警告」＞「記載なし」。
危険有害性情報	当該化学品の危険有害性およびその程度を示す語句
注意書き	危険有害物へのばく露、不適切な貯蔵および取扱いから生じる被害の最小化または防止するために取るべき推奨措置について規定した文言。
化学品の名称	化学品の名称（化学物質の場合は化学名または一般名）。 法令により名称、成分記載が規定される場合は、法令に従った記載。取り扱う者に危険有害性をおよぼす可能性のある成分名が記載されることがある。
供給者を特定する情報	供給者名、住所、電話番号。 国内製造業者の情報が記載されることがある。
その他国内法令によって表示が求められる事項	国内法令によって表示が求められる事項。 表示面積の関係からGHSラベルとは別に表示されることがある。

（化学品の名称）	トルエン Toluene 成分：トルエン100％	CAS No. 108-88-3 UN No. 1294 内容量：○○○ g
（絵表示）		
（注意喚起語）	危　険	
（危険有害性情報）	・引火性の高い液体及び蒸気 ・飲み込むと有害のおそれ（経口） ・吸入すると有害（蒸気） ・皮膚刺激 ・眼刺激 ・生殖能または胎児への悪影響のおそれ ・中枢神経系の障害 ・眠気またはめまいのおそれ ・呼吸器への刺激のおそれ ・長期または反復ばく露による中枢神経系、腎臓の障害 ・飲み込み、気道に侵入すると生命に危険のおそれ ・水生生物に毒性	
（注意書き）	【安全対策】 ・すべての安全注意を読み理解するまで取り扱わないこと。 ・使用前に取扱説明書を入手すること。 ・この製品を使用する時に、飲食または喫煙をしないこと。禁煙。 ・熱、火花、裸火、高温のもののような着火源から遠ざけること。禁煙。 ・防爆型の電気機器、換気装置、照明機器を使用すること。静電気放電や火花による引火を防止すること。 ・個人用保護具や換気装置を使用し、ばく露を避けること。 ・保護手袋、保護眼鏡、保護面を着用すること。 ・屋外または換気の良い場所でのみ使用すること。 ・ミスト、蒸気、スプレーを吸入しないこと。 ・取扱後はよく手を洗うこと。 ・環境への放出は避けること。 【応急措置】 ・火災の場合には適切な消火方法をとること。 ・吸入した場合：空気の新鮮な場所に移動し、呼吸しやすい姿勢で休息させること。 ・飲み込んだ場合、無理に吐かせないこと。 ・眼に入った場合：水で数分間注意深く洗うこと。コンタクトレンズを容易に外せる場合には外して洗うこと。 ・皮膚に付着した場合、多量の水と石鹸で洗うこと。 ・皮膚（または毛髪）に付着した場合、直ちに、すべての汚染された衣類を脱ぐこと、取り除くこと。 ・汚染された保護衣を再使用する場合には洗濯すること。 ・ばく露またはその懸念がある場合、医師の診断、手当てを受けること。 【保管】 ・容器を密閉して涼しく換気の良いところで施錠して保管すること。 【廃棄】 ・内容物や容器を都道府県知事の許可を受けた専門の廃棄物処理業者に業務委託すること。	
（その他）	医薬用外劇物　火気厳禁 第四類 引火性液体 第一石油類 非水溶性液体 危険等級Ⅱ	
（供給者を特定する情報）	○○○○株式会社 〒000-0000 東京都△△区△△町△丁目△△番地 Tel. 03-1234-5678　Fax 03-1234-5678	

記載すべき項目名（実際のラベルでは記入不要）

記載内容の例（実際のラベルではこのような内容を記入する）

医薬用外劇物 は赤字、赤枠で記載のこと。

図2.3.1　GHS ラベル例：トルエン

記載されているか知っておく必要がある。

GHS に対応したラベル例（トルエン）を**図2.3.1**に示す。

⑶　**事業場内表示について**

前述のラベル表示は、ラベル表示対象物を事業場間で譲渡または提供する場合に義務付けられる（安衛法第57条）ものであるが、令和５年４月１日から、事業場内でラベル表示対象物を保管する場合においても、ラベル表示、文書の交付その他の方法により、内容物の名称やその危険性・有害性情報を伝達することが義務付けられている（安衛則第33条の２、**図2.3.2**）。

この事業場内表示の新たな義務付けは、化学物質を表示なく別の容器に移し替えて放置したために、他の労働者がその内容物の危険性・有害性を知らないまま使用して労働災害が発生したという事例を踏まえたものである。有害な化学物質を飲料容器に小分けしておいたために、他の労働者が誤飲する事例、引火性の化学物質を入れた容器を、不燃性の化学物質と誤って認識して火気に近づけて引火する事例などが考えられる。

新たな規制においては、ラベル表示対象物を容器に入れ、または包装して保管するときは、名称および人体に及ぼす作用について、取り扱う労働者に明示することが義務付けられている。明示の方法は、譲渡・提供時に義務付けられているラベル表示のほか、文書交付、使用場所への掲示、必要事項を記載した一覧表の備え付け、磁気ディスク、光ディスク等の記録媒体に記録しその内容を常時確認できる機器を設置すること、JIS Z 7253に示す作業手順書または作業指示書による伝達が含まれる。

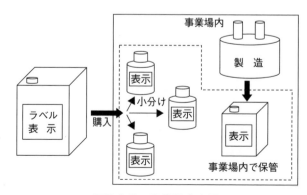

図2.3.2　事業場内表示

　対象物の取扱い作業中に一時的に小分けした際の容器や、作業場所に運ぶために移し替えた容器にまで、ラベル表示等をする必要はない。

　事業場内表示の詳細については、「化学物質等の危険性又は有害性等の表示又は通知等の促進に関する指針」（平成24年厚生労働省告示第133号。令和4年5月31日改正）に記載されている。

　なお、ラベル表示以外の種々の方法も認められている安衛則第33条の2の規定は、事業場内でラベル表示対象物を保管するための規定であり、事業場外に譲渡・提供する場合の規定は、従前どおり安衛法第57条であることに注意が必要である。

2．SDS（安全データシート）

⑴　SDSとは

　SDSとは、安全データシート（Safety Data Sheet）の略語である（以前はMSDS（Material Safety Data Sheet：化学物質等安全データシート）と呼ばれていた）。

　化学品はプラスチック等工業材料の原料から洗剤や調味料のような日用品まで広く利用され、人類にとって必要不可欠なものである。しかしながら、化学品は人にとって役立つ性質のみを有するものではなく、危険有害性もあわせて有している。SDSは化学品を他の事業者に譲渡・提供する際に、化学物質等の危険有害性情報を譲渡・提供先に提供するための文書であり、化学品を安全に取り扱い、事故を未然に防止することが目的である。

　危険有害性情報は、主として次の3種に大別される。
　①　危険性（物理的化学的性状による爆発火災等の危険性）
　②　有害性（有害性による急性および慢性の健康障害）
　③　環境影響（ヒトを含めた陸生生物および水生生物等への生態毒性、オゾン層への影響等）

⑵　安衛法におけるSDS

　安衛法においては、化学物質の危険または有害な性質等について、事業者や労働者の理解を深めるとともに、化学物質等（化学品）に関する適切な取扱いを促進し、化学品による労働災害の防止に資するために、通知対象物質およびそれを裾切値以上に含有する、化学品を譲渡または提供する場合に文書（SDS）の交付が義務付けられている。また、安衛則により、通知対象物以外であっても労働者に危険または健康障害を生ずるおそれのある物（特定危険有害化学物質等）を譲渡または提

供する場合は、SDS を相手方の事業者に提供するよう努めなければならないこととなっている。

ア．記載事項（安衛法第57条の２）

① SDSの対象となるものの名称

② 成分及びその含有量

③ 物理的及び化学的性質

④ 人体に及ぼす作用*1

⑤ 貯蔵又は取扱い上の注意

⑥ 流出その他の事故が発生した場合において講ずべき応急の措置

⑦ 厚生労働省令で定める事項（安衛則第34条の２の４）

　㋐ 通知を行う者の氏名（法人の名称）、住所及び電話番号

　㋑ 危険性又は有害性の要約

　㋒ 安定性及び反応性

　㋓ 想定される用途及び当該用途における使用上の注意*2

　㋔ 適用される法令

　㋕ その他参考となる事項

化学品を労働者に取り扱わせるときは、譲渡または提供を受けた、あるいは自ら作成した SDSを、常時作業場に掲示あるいは備え付けるなどの方法により労働者に周知することが求められている。また、事業者は、作業場で扱う化学物質等の有害性調査や労働災害を防止するための教育にSDSを活用することが求められている。

国内の法規において化学物質の情報提供で要求される項目は、JISで規定しているSDS記載の要求事項に従えば、国内法令の文書通知事項はほぼ満足する。ただし、法令にあってSDS記載事項にない要求事項があり、これらはSDSに追加記載されるか、別途に提供される。JIS Z 7253：2019（GHSに基づく化学品の危険有害性情報の伝達方法－ラベル、作業場内の表示及び安全データシート（SDS））で規定されている項目を**表2.3.2**に示した。SDSの記載項目は16項目にわたっており、一通りの情報が記載されているので、内容は多岐にわたる。SDSの活用にあたって、どの項目にどのような内容が記載されているか知っておく必要がある。

---

*1 「人体に及ぼす作用」については５年以内ごとに情報の更新状況を確認することが義務付けられており、内容変更がある場合は１年以内にSDSが再交付される

*2 JIS Z 7253における「化学品の推奨用途と使用上の制限」に相当する

表 2.3.2　JIS Z 7253：2019 で規定された SDS 記載項目内容

JIS Z 7253:2019 SDS 記載事項	項目詳細	
1.化学品及び会社情報	・化学品の名称 ・製品コード ・供給者の会社名称、住所および電話番号 ・供給者のファックス番号、電子メールアドレス	・緊急時連絡電話番号 ・推奨用途 ・使用上の制限 ・（了解を受けた上で）国内製造事業者等の情報
2.危険有害性の要約	・GHS 分類 ・GHS 分類に関係しないまたは GHS で扱われない他の危険有害性	・GHS ラベル要素 ・重要な徴候および想定される非常事態の概要
3.組成及び成分情報	・化学物質・混合物の区別 ・化学名または一般名 ・慣用名または別名 ・化学物質を特定できる一般的な番号	・成分および濃度または濃度範囲（混合物の場合、各成分の化学名または一般名および濃度または濃度範囲） ・官報公示整理番号 ・GHS 分類に寄与する成分
4.応急措置	・吸入した場合 ・皮膚に付着した場合 ・眼に入った場合 ・飲み込んだ場合	・急性および遅発性の症状の最も重要な徴候症状 ・応急措置をする者の保護に必要な注意事項 ・医師に対する特別な注意事項
5.火災時の措置	・適切な消火剤 ・使ってはならない消火剤 ・火災時の特有の危険有害性	・特有の消火方法 ・消火を行う者の特別な保護具および予防措置
6.漏出時の措置	・人体に対する注意事項、保護具および緊急時措置	・環境に対する注意事項 ・封じ込めおよび浄化の方法および機材
7.取扱い及び保管上の注意	・取扱い（技術的対策、安全取扱い注意事項、接触回避、衛生対策）	・保管（安全な保管条件、容器包装材料）
8.ばく露防止及び保護措置	・許容濃度等 ・設備対策	・保護具（呼吸用の保護具、手の保護具、眼の保護具、皮膚および身体の保護具） ・特別な注意事項
9.物理的及び化学的性質	・物理状態 ・色 ・臭い ・融点 / 凝固点 ・沸点または初留点および沸点範囲 ・可燃性 ・爆発下限界および爆発上限界 / 可燃限界 ・引火点 ・自然発火点 ・分解温度	・pH ・動粘性率 ・溶解度 ・n- オクタノール / 水分配係数 ・蒸気圧 ・密度および / または相対密度 ・相対ガス密度 ・粒子特性 ・その他のデータ
10.安定性及び反応性	・反応性 ・化学的安定性 ・危険有害反応可能性	・避けるべき条件（熱、圧力、衝撃、静電放電、振動などの物理応力） ・混触危険物質 ・危険有害な分解生成物
11.有害性情報	・急性毒性 ・皮膚腐食性 / 刺激性 ・眼に対する重篤な損傷性 / 眼刺激性 ・呼吸器感作性または皮膚感作性 ・生殖細胞変異原性	・発がん性 ・生殖毒性 ・特定標的臓器毒性（単回ばく露） ・特定標的臓器毒性（反復ばく露） ・誤えん有害性

表2.3.2　JIS Z 7253：2019 で規定されたSDS記載項目内容（続き）

12.環境影響情報	・生態毒性 ・残留性 ・分解性	・生体蓄積性 ・土壌中への移動性 ・オゾン層への有害性
13.廃棄上の注意	・化学品（残余廃棄物）、当該化学品が付着している汚染容器および包装の安全で、かつ、環境上望ましい廃棄、またはリサイクルに関する情報	
14.輸送上の注意	・国連番号 ・品名（国連輸送名） ・国連分類（輸送における危険有害性クラス） ・容器等級 ・海洋汚染物質（該当／非該当）	・MARPOL73/78 附属書Ⅱ およびIBCコードによるばら積み輸送される液体物質（該当／非該当） ・輸送または輸送手段に関する特別の安全対策 ・国内規制がある場合の規制情報
15.適用法令	・該当法令の名称およびその法令に基づく規制に関する情報 （化学品にSDSの提供が求められる特定化学物質の環境への排出量の把握等及び管理の改善の促進に関する法律、労働安全衛生法、毒物及び劇物取締法に該当する化学品の場合、化学品の名称とともに記載する） ・その他の適用される法令の名称およびその法令に基づく規制に関する情報	
16.その他の情報	・安全上重要であるが、これまでの項目名に直接関連しない情報	

⑶　SDS の項目の解説

ア．化学品及び会社情報

　「１．化学品及び会社情報」には、化学品の名称、供給者の会社名、住所、電話番号、緊急連絡先、推奨用途および使用上の制限等が記載されている。また、国内製造事業者等の情報が製造事業者の承諾が得られていれば記載されている。

　化学品とは、化学物質またはその化学物質を含む混合物をいう。化学品の名称はラベルに使用される名称と一致していることが原則であり、製品名が記載されていることもある。まず、SDSの名称が実際の製品に表示されている名称と一致しているかの確認が必要である。製品コードの記載があれば特定しやすい。

　電話番号は、記載内容に不明なところがあり、作成者などに問い合わせをするとき等の連絡先である。FAX 番号、メールアドレスなどがあれば、いろいろな連絡方法が使えるので便利である。

　緊急時の電話番号は、24時間連絡可能な電話番号を記載することが望ましいとされており、緊急事態が発生したときSDSの記載内容等の確認のために使用する。

　推奨用途は、推奨される用途が記載されている。記載内容は SDSの作成者が把握しているものに限られており、全ての用途を網羅しているとは限らない。また、混触危険性など使用上の制限の記載がある場合は、重要な情報となるので、記載内容に十分な注意を払う必要がある。なお、安衛則の改正（令和４年５月31日厚生労働省令第91号）により、想定される「用途及び当該用途における使用上

の注意」の記載は必須事項となった。

イ．危険有害性の要約

　「2．危険有害性の要約」は、当該化学品の重要な危険有害性および影響（ヒトの健康に対する有害な影響、環境への影響および物理的および化学的危険性）と特有の危険有害性があればその旨を明確、かつ、簡潔に記載することになっている。ただし、GHS分類に該当する場合には、GHS分類およびGHS分類に基づくラベル要素（表示またはシンボル、注意喚起語、危険有害性情報および注意書き）が記載されている。GHS分類は区分に該当する場合に2項に記載されており、「区分に該当しない」、「分類できない」は項目11項「有害性情報」および「環境影響情報」に記載することが望ましいとされている。なお、これらの危険性、有害性の項目において、一般的にGHS分類は区分の数字が小さい方が危険有害性は高い（表2.3.3）。従来使われていた「区分外」、「分類対象外」は分類の判定論理から外された。「分類できない」、「区分に該当しない」のいずれも、物質に危険有害性が全くないということではないので、注意を要する。

　化学物質容器に貼付されるラベルとの統一性を持たせるため、SDSにもGHSのラベル要素（絵表示またはシンボル、注意喚起語、危険有害性情報、注意書き）が記載されており、ラベルの記載事項と一致しているか確認する。また、製品を別の容器に小分けする場合などは新たにラベルを貼付する必要があるが、SDSのラベル要素が、その情報として参考となる。なお、絵表示は、ひし形（倒立正

表2.3.3　判定論理または段階的評価での語句

語句	内容
分類できない （Classification not possible）	・各種の情報源および自社保有データ等を検討した結果、GHS分類の判断を行うためのデータが全くない場合。 ・GHS分類を行うための十分な情報が得られなかった場合。
区分に該当しない （Not classified または No classification）	・GHS分類を行うのに十分な情報が得られており、分類を行った結果、JISで規定する危険有害性区分のいずれの区分にも該当しない場合（JISでは採用していない国連GHS急性毒性区分5に該当することを示すデータがあり、区分1から区分4には該当しない場合なども含む）。 ・GHS分類の手順で用いられる物理的状態または化学構造が該当しないため、当該区分での分類の対象となっていない場合。 ・発がん性など証拠の確からしさで分類する危険有害性クラスにおいて、専門家による総合的な判断から当該毒性を有さないと判断される場合や、得られた証拠が区分に分類するには不十分な場合。 ・データがない、または不十分で分類できない場合、判定論理においては分類できないと記されている場合もあるが、このような場合も含まれる場合がある。

※従来使われていた「区分外」「分類対象外」は判定論理から外された。

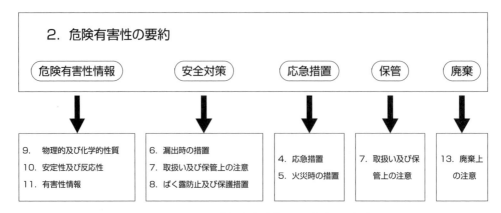

図2.3.3　2項「危険有害性の要約」の体系

方形）の 白い背景の上に黒いシンボルを置き、はっきり見えるように十分に幅
広い赤い縁で囲むこととなっている。

　危険有害性情報と、注意書きの安全対策、応急措置、保管、廃棄は、SDSの他
の項目と密接な関連があり、それらを**図2.3.3**にまとめたので参照されたい。以
上のほかに、GHS分類に該当しないまたは分類できない場合でも物質の全般的な
危険有害性が追加記載されていることがあるので、その記載内容に注意する必要
がある。

ウ．組成及び成分情報

　「3. 組成及び成分情報」の項目には、化学物質が単品（化学物質）か、または
混合物か、が記載されている。

　化学物質名を商品名で記載した場合や混合物の場合には、その化学品の危険有
害性を理解しやすくするために化学名または一般名、濃度（含有率）または濃度
範囲が記載されている。化学物質の場合、化学名または一般名の記載が必須とさ
れている。また、CAS 番号、別名がある場合の記載は任意とされている。混合
物の場合、JIS Z 7253：2019では、GHS分類に寄与する成分が濃度限界以上存在
する場合、分類された危険有害性成分（不純物や安定化添加物も含まれる）の化
学名または一般名、濃度（含有率）または濃度範囲を記載することは任意とされ
ている。しかし、安衛則の改正（令和４年５月31日厚生労働省令第91号）により
成分と含有量については、①通知対象物が裾切値以上含有される場合、当該通知
対象物の名称を列記するとともに、その含有量（重量％）についても記載するこ
と、②通知対象物以外についても化学物質の成分の名称およびその含有量につい
て記載することが望ましい、とされた。

　また、通知対象物であって製品の特性上含有量に幅が生じるもの等については、濃度範囲による記載も可能である。重量パーセント以外の表記による含有量の表記がなされているものについては、重量パーセントへの換算方法を明記する必要がある。なお、重量パーセントの通知が営業上の秘密に該当する場合は、その旨を明らかにした上で、重量パーセントの通知を、10％未満の端数を切り捨てた数値と当該端数を切り上げた数値との範囲をもって行うことができる（特化則等の特別則の適用対象物質等を除く）が、相手方の事業者の求めがあるときは、秘密が保全されることを条件に、必要な範囲内でより詳細な含有量の内容を通知しなければならないこととされた。これらの変更により作業環境およびばく露濃度の測定対象物質を確認することが可能となっている。

　化学名は原則としてIUPAC（アイユーパック、国際純正および応用化学連合）命名法による名称が記載されているが、CAS（ケミカル・アブストラクツ・サービス）命名法または慣用名で記載されている場合もある。ただし、法規制上の対象SDSの場合は法規で定められた名称が記載されている。混合物の場合は、以下の項目を含め成分名は表形式で記載されている場合が多い。別名は、他の化学名または一般名がある場合に記載されている。なお、IUPAC命名法では１つの物質に対して複数の名称が付く場合がある。また、化学式では理解しにくい場合が多いので、化学式として分子式、示性式、または構造式が記載されている。なお、化学式が示されている場合、物質の特定のほか、同族物質を類推するのにより役に立つ。

　CAS番号（ケミカル・アブストラクツ・サービス登録番号）は、米国化学会の化学情報サービス機関（CAS）が、化学物質に付与している登録番号のことで、２億を超える化学物質に番号が付与されており、現在世界最大の化学物質登録システムである。通常取り扱う化学物質では、１個の登録番号が１つの化学物質に対応しているが、混合物に番号が付与されている場合もある。このCAS番号は、化学物質の情報収集のときに大いに役に立つものである。

　官報公示整理番号は、①安衛法の公表化学物質名簿および新規に届出され官報に掲載された新規公表化学物質の官報公示整理番号、②化審法（化学物質の審査及び製造等の規制に関する法律）の既存化学物質名簿および新規に届出され、官報に掲載された新規化学物質の官報公示整理番号で、X-XXXXあるいはX-(X)-XXXX、化審法のものは（X）-XXXXの形式でそれぞれ表示されている。法令上の規制情報を検索する際のキーワードとして参考になる。

エ．応急措置

　「4．応急措置」には、作業者が有害な化学物質にばく露した場合、医師の処置の前に障害の程度を小さくする目的で、現場で速やかに行うことができる適切な応急処置方法が記載されている。医療行為は基本的には記載されていないが、医師が治療を行う際に必要な情報がある場合には「医師に対する特別注意事項」としてこの項目に記載されている。

　応急措置の情報としては、4種類のばく露経路（吸入した場合、皮膚に付着した場合、眼に入った場合、飲み込んだ場合）ごとに記載されている。また処置の上で避けるべき事項がある場合は必ず記載されているので、実際に応急措置を実施する際には注意が必要である。

オ．火災時の措置

　「5．火災時の措置」では、化学物質が着火した場合、もしくはその近傍から発生した周辺火災に巻き込まれた場合を想定して、消火方法や適切かつ安全に消火するための要求事項が記載されている。また、消防法の適用を受ける化学物質は、「危険物の規制に関する政令」の別表第5に消火設備や消火剤が示されているので、参照するとよい。

(ア)　消火剤

　　適切な消火剤が記載されている。場合によっては「小火災」と「大火災」に分けて記載されている。小火災は初期火災、大火災は大規模火災と考えてよい。

(イ)　使ってはならない消火剤の記載

　　消火に使ってはならない消火剤が記載されている。例えば、金属マグネシウムに対しての「水、CO_2、四塩化炭素消火剤、泡消火剤の使用禁止」などである。

(ウ)　火災時の特定危険有害性

　　化学物質の火災時に、爆発の危険性や有毒な燃焼副産物の発生等が想定される場合にその旨が記載されている。

(エ)　特有の消火方法

　　消火方法に関して特に注意すべき点が記載されている。多くのSDSで関係者以外の立入禁止が明記され、そのほか、個別の化学物質の性質により、周辺火災時の処置等が記載されている。

(オ)　消火活動を行う者の特有な保護具および予防措置

　　消火活動を行う消防士などを保護するための特記事項が記載されている。例えば、空気呼吸器、手袋、眼鏡、マスク、防火服、長靴などの保護具の使用が

記載されている。

カ．漏出時の措置

「6．漏出時の措置」の項目には、化学物質が漏出または流出した場合に、人、施設および環境に与える有害影響の予防、または最小限に抑えるための適切な対応が記載されている。なお、毒物及び劇物取締法の適用を受ける化学物質であって、「運搬事故時における応急措置に関する基準」に適合するものはその方法がここに記載されている。

㋐　人体に対する注意事項、保護具および緊急時措置

化学物質が漏出または流出した場合に想定される、人体に対する影響が記載されている。例えば、皮膚、眼、個人の衣服の汚染を防止するために、適切な保護具の着用、着火源の除去および十分な換気、危険区域からの避難、爆発危険性による注意事項、専門家に救助を求める必要性などが記載されている。

㋑　環境に対する注意事項

化学物質が漏出または流出した場合、公共用水や土壌などの環境に対して想定される影響が記載されている。

㋒　封じ込めおよび浄化の方法および機材

化学物質が漏出または流出した場合の適切な除去方法（回収、中和）が少量または大量の場合に分けて記載されている。また、化学物質の流出を封じ込めて浄化する方法や注意事項が記載されている。

㋓　二次災害の防止策

二次災害が想定される場合はその防止策について記載されている。例えば、排水溝、下水溝、地下室、狭い場所への流入を防ぐための防止方法などである。

キ．取扱い及び保管上の注意

「7．取扱い及び保管上の注意」には、化学物質を安全に取り扱うために、取扱者のばく露防止、火災、爆発防止などの適切な技術対策、局所排気・全体換気、粉じんの発生防止などの注意事項が記載されている。

また、安全な保管について、技術的対策、保管条件、混触禁止物質などが記載されているほか、主に安全の視点より、どのような管理を実際に行う必要があるのかが記載されている。また必要に応じて適切な衛生対策が記載されている。

㋐　取扱い

対象化学物質を安全に取り扱う上での技術的注意事項が記載されている。また、喫煙や飲食の禁止などの適切な衛生対策が明示されている。ばく露防止お

および保護措置とあわせて読む必要がある。

　ａ．技術的対策（局所排気や全体換気）

　　対象の化学物質を取り扱う作業場に局所排気や全体換気が必要であるか否かについて記載されている。

　ｂ．安全取扱注意事項

　　化学物質を安全に取り扱う上でのエアロゾル・粉じんの発生防止などが記載されている。

　ｃ．接触回避

　　化学物質を安全に取り扱う上で混合接触させてはならない化学物質との接触回避および安全取扱注意事項が含まれている。

（イ）　保管

　化学物質を安全に保管するための適切な保管条件が記載されている。自社の保管倉庫等が記載内容と合致しているか否かのチェックに使用できる。ただし一般的な記載になるので、どの素材が適しているかまで記載されている例は少ない。

　ａ．安全な保管条件

　　対象の化学物質の推奨される保管方法と混合させてはいけない化学物質（混触禁止物質）との分離などの避けるべき条件が記載されている。

　　「混触危険物質」は対象の化学物質と混合されると、爆発・火災の原因になる化学物質がある場合は記載される。ただし通常は「10．安定性及び反応性」に記載されることが多い。

　ｂ．安全な容器包装材料

　　化学物質の保管に必要な、安全で適切な容器および包装材料に関する情報、不適切な容器包装材料の情報も記載されている。

ク．ばく露防止及び保護措置

　「8．ばく露防止及び保護措置」には、作業者のばく露を管理する上で指標となる管理濃度、許容濃度などのばく露限界値または生物学的指標、濃度基準値などが記載されている。ばく露により生ずる急性または慢性の健康障害を予防するための設備対策、保護具など「7．取扱い及び保管上の注意」に限定して情報を補足している。

　主に労働衛生の視点よりどのような管理を実際に行う必要があるのかが記載されている。

㈎　許容濃度等

a．管理濃度

　　安衛法で作業環境測定が義務付けられているものについては、作業環境評価基準別表において管理濃度が記載されている。

b．許容濃度等

　　日本産業衛生学会、ACGIH（米国産業衛生専門家会議）の許容濃度の勧告値が時間加重平均（TWA）、短時間ばく露限界（STEL）、天井値（Ceiling limit）等としてppmまたはmg/㎥等の単位で記載されている。経皮吸収性により全身影響を生じるといった注釈（Skin）なども記載されている。年度により許容濃度が変更、追加される場合があるが、これは新たに許容濃度について検討が行われたか、見直しによって新たな知見が得られたことなどによる。したがって許容濃度を活用する場合は、設定年度等をチェックして、SDSに記載されている情報が古いようであれば、最新のデータを使用する必要がある。なお、これらの数値に法的拘束力はない。

　　日本産業衛生学会では、許容濃度表とは別に、閾値がないと考えられる発がん物質（遺伝毒性発がん物質）について、過剰発がん生涯リスクレベルを示している。塩化ビニル、石綿、ヒ素、ニッケル、ベンゼンに10^{-3}と10^{-4}（千人あたり、１万人あたり１人）の過剰発がん生涯リスクレベルの評価値が示されている。労働環境における過剰発がん生涯リスクレベルが定められている発がん物質は限られている。近年、ドイツ連邦労働安全衛生研究所や米国国立労働安全衛生研究所において、閾値のない発がん物質に設定されていたばく露限界値を取り下げている。過剰発がん生涯リスクレベルは、これらのばく露限界値よりも低いと想定されることから、発がん物質であることを示して、実現可能な限りばく露を低く抑えることを求めている。

c．厚生労働大臣が定める濃度の基準（濃度基準値）

　　通知対象物（リスクアセスメント対象物）のうち、一定程度のばく露に抑えることにより、労働者に健康障害を生ずるおそれのない物として「厚生労働大臣が定める濃度の基準（濃度基準値）」が記載されている。基準値として、上記の許容濃度等を参考に８時間濃度基準値と短時間濃度基準値が設定されており、事業者は労働者がこれらの物にばく露される程度を、濃度基準値以下としなければならない（第４編第１章１参照）。

　　なお、発がん性が明確な物質については、長期的な健康影響が発生しない

安全な閾値である濃度基準値を設定することは困難であるため、基準値が定められていない。事業者は、これらの物質にばく露される程度を最小限度とすることが求められている。

㋑　設備対策

通常の取扱いに適当と考えられるばく露防止のための設備的な対策（密閉化、局所排気装置の設置・使用等）が記載されている。洗身シャワー、洗顔・洗眼・手洗い設備等が必要な場合にはその旨の記載がある。

㋒　保護具

個人用保護具について、呼吸用の保護具、手の保護具、眼の保護具、皮膚および身体の保護具、その他といった種類ごとに記載されている。防毒マスクについて記載する場合は、適合する吸収缶の種類を、また、保護手袋等はできるだけ推奨する材質が示されていることが望ましいとされている。

なお、「労働安全衛生法等の一部を改正する法律等の施行等（化学物質等に係る表示及び文書交付制度の改善関係）に係る留意事項について*」には、想定される用途での使用において、吸入または皮膚や眼との接触を保護具で防止することを想定した場合に必要とされる保護具の種類を必ず記載することとされており、保護具の適正な選択において参考とすべき事項である。ただし保護手袋等は、特定の素材に対する単一成分の透過係数は記載されていても、市販の保護手袋での透過試験による透過係数が記載される例は少ない。また、呼吸用保護具については、要求防護係数を上回る指定防護係数を有する呼吸用保護具の選択が必要であり、濃度基準のある物質など作業者のばく露濃度が実測できる物質については実測することが前提となる。

㋓　特別な注意事項

多量、高濃度、高温、高圧力などの特殊な条件下だけで危険有害性を生じる化学品については、これらの状況に対する特別な注意事項の記載が任意とされている。

ケ．物理的及び化学的性質

「9．物理的及び化学的性質」の項目では、対象物質の物理的および化学的性質等の特性が記載され、引火性であるか不燃性であるか、水に溶けるかなど基本的な物質（製品）の物性についての重要なデータ群となる。各項目の概要は以下のとおりである。なお、各項目ともデータのない場合は「データなし」と記載さ

＊　平成18年10月20日付け基安化発第1020001号。最終改正：令和4年5月31日

れている。

(ア)　物理的状態

　　物質の物理的状態、形状などが記載されている。物理的状態とは気体、固体、液体などの外観を表す。液体でも粘性が高い（viscous）液体ということもあり、固体では、結晶（crystals）、非結晶、塊状、ペースト、薄片（flakes）、粒状（lumps）、ペレット（pellets）、粉末（powder）、結晶性粉末（crystalline powder）と記載されていることもある。また、吸湿性液体、油状液体などという特性でも記載されていることがある。

(イ)　色

　　色は白色、無色、透明、不透明などの見かけ上の色が記載されていて物質の外観の把握に役立つ。

(ウ)　臭い

　　物質固有の臭いが記載されている。この臭気によって漏れを感知することもできる。そのほか、物質に特徴的な臭気として「刺激臭」「アミン臭」「芳香臭」「フェノール臭」「クロロホルムに似た臭気」などと記載される。

(エ)　融点・凝固点

　　物質が固体から液体になる温度が融点、液体から固体になる温度が凝固点で、通常両者はほぼ等しい。混合物については記載されないことがある。

(オ)　沸点または初留点および沸騰範囲

　　沸点には物質が沸騰する温度が記載されている。初留点とは、混合物で沸点に幅がある場合に最初に沸騰する温度である。

(カ)　可燃性

　　物質または混合物の発火性について記載されている。

(キ)　爆発下限界および爆発上限界/可燃限界

　　物質が爆発しやすいかを示し、上限・下限の爆発範囲の広いもの、爆発下限値の小さいものほど爆発（燃焼）の危険性が大きい。

(ク)　引火点

　　物質に着火源を近づけて火がつく、その物質の下限温度である。必ずしも燃え続ける温度ではないが、引火点が低い物質は気化性が高く瞬時に火がつき、引火・火災の危険性があると判断できる重要なデータである。また、物質によってはセタ密閉式、タグ密閉式、クリーブランド開放式などのように記載されているものがあり、これは引火点の測定法である。なお、GHSでは密閉式の

データで引火性の判断をしている。

(ケ) 自然発火点

　　着火源がなくても自然に発火し、継続して燃焼しはじめる最低温度である。

(コ) 分解温度

　　熱的に不安定な物質が分解する温度が記載されている。

(サ) pH

　　物質の酸性、アルカリ性の度合いを示す数値である。pH＝7　は中性を示す。また、7より数値が大きければアルカリ性を、小さければ酸性を示す。この値によって、他の物質と混合した場合に、中和されるのか、反応して塩素や水素等の危険・有害物質が発生するのかを判断することもできる。水溶液の場合は pHの数値とともに物質の濃度を％で併記している。

(シ) 動粘性率

　　誤えん有害性の分類基準に基づいている動粘性率について記載されている。

(ス) 溶解度

　　水に溶ける割合、溶媒に溶ける割合が記載されている。「水に易溶」「難溶」などと記載されている場合と、実際の溶解の割合が数値で記載される場合とがある。混合物については記載されないことがある。

(セ) n-オクタノール／水分配係数

　　化学物質の疎水性（脂質への溶けやすさ）を表す指標で、実際に測定して求める場合と、計算値で出ている場合がある。数値が高ければ高いほど水に溶けにくく、脂質に溶けやすいことを示している。一般的に対数値（log値）で記載されている。混合物については記載されないことがある。

(ソ) 蒸気圧

　　物質が蒸発して気体になったときの物質の圧力である。ある温度で物質が空気中にどのくらい蒸気で存在しているかが分かり、作業者のばく露濃度を推定することもできる。

(タ) 密度および比重（相対密度）

　　物質の密度と、基準になる標準物質の密度との比であり、通常、固体および液体はその物質と同じ体積の水（通常4℃）との比である。比重が1よりも大きい物質は水に沈み、1よりも小さい物質は水に浮く。

(チ) 相対ガス密度

　　物質の蒸気が空気に対してどのくらい重いかを判断する値である。単位はな

く蒸気密度が高ければ空気中では下部に滞留する。

(ツ)　粒子特性

　　粒子サイズ（中央値および範囲）および粒子分布、形状およびアスペクト比、比表面積について記載されている。

コ．安定性及び反応性

　「10.　安定性及び反応性」には、安定性および危険有害反応可能性に関する情報が記載され、化学物質の取扱いの重要な情報源となる。ここでは、対象物質の通常の状態での反応性、化学的安定性や特定条件下で生じる危険有害反応可能性を判断できる。さらに、この10項には、避けるべき条件（熱、圧力、静電放電、衝撃、振動などの物理的応力）、混触危険物質、危険有害な分解生成物が記載され、取扱いや保管などの有用な情報となる。

サ．有害性情報

　「11.　有害性情報」は、化学物質のヒトあるいは動物試験等による有害性（毒性等）ごとの定量的データや情報を記載する項目である。特に、ヒトについての症例、疫学的情報等があれば必ず記載することになっている。急性毒性、腐食性、その他の健康有害性に該当する根拠データも記載されている。各小項目の共通の注意事項は以下のとおりである。

・製品中の主成分や特定の成分に関するデータしかない混合物の場合には、その旨が明記されている。

・各小項目の有害性のデータがない場合は、「データなし」または「知見なし」と書いてあるか、その有害性の項目名そのものが省略されていることがある。

・動物試験は、動物種、系統、投与方法（経口・経皮・吸入等の投与経路、投与頻度、投与期間、投与量等）が記載されている。

・ヒトについての症例、疫学的情報は、中毒事例か疫学調査かを区別して、ばく露量、ばく露濃度との関係が明らかにされているが、定性的な表現がされていることもある。

(ア)　急性毒性

　　化学物質のヒトまたは動物に対する急性毒性（致死性）に関しての定量的データまたは情報が記載されている。なお、急性毒性の致死性以外の毒性については、「有害性情報」の後半にある特定標的臓器毒性（単回ばく露）の項に記載されている。

　　動物試験による定量的データとして、「化学物質をラット、マウスなどの実

験動物に投与した場合に、その実験動物の半数が試験期間内に死亡する用量」、すなわちLD$_{50}$（半数致死量）、LC$_{50}$（半数致死濃度）等のデータが記載されている。データについては、動物種、投与方法（経口・経皮・吸入等の投与経路、投与量等）を簡潔に記載することになっている。数値の見方としては数値が小さいほど急性毒性が強い物質となる。

(イ)　「皮膚腐食性・刺激性」および「眼に対する重篤な損傷性・眼刺激性」

　　対象の化学物質のヒトまたは試験動物（ウサギが多い）の皮膚および眼に対する刺激性・腐食性の定量的データや情報の記載がある。腐食性と刺激性の違いは不可逆的な病変を生じる場合を腐食性、可逆的な病変を生じる場合を刺激性と記載される。なお、皮膚腐食性・刺激性は主に皮膚一次刺激性試験の急性データで評価されているので、慢性影響についてはデータが不足している。

(ウ)　呼吸器感作性または皮膚感作性

　　感作性とはその化学製品が原因となって起こるアレルギー症状のことであり、呼吸器に発生する場合を呼吸器感作性、皮膚に接触後発生する場合を皮膚感作性と呼んでいる。

(エ)　生殖細胞変異原性

　　化学物質の動物の生殖細胞に対する遺伝毒性に関する情報が記載されている。ただし、GHSでは「変異原性」と「遺伝毒性」が使い分けて示されている。変異原性（経世代変異原性を含む）は遺伝子突然変異、染色体の構造あるいは数的異常を指標としたものが該当し、遺伝毒性はそれら以外の、例えば、DNA損傷やDNA修復を指標としたものが該当する。これらの各種試験の陽性または陰性の結果を基準に照らし合わせ、有害性区分が決まる。

(オ)　発がん性

　　試験動物での発がん試験の情報および/またはヒトに発がんの情報があれば記載されている。ACGIH（米国産業衛生専門家会議）、IARC（国際がん研究機関）、NTP（米国国家毒性プログラム）、日本産業衛生学会等で発がん性に分類されている場合はこの欄に記載されている。また、分類の区分は有害性の強さを表しているのではなく証拠の確実性を示しているので管理する場合には注意が必要となる。なお、リスクアセスメント対象物のうち（エタノール、特別管理物質を除く）発がん性物質としての管理が必要な、安衛則第577条の2第5項のがん原性物質の情報がここに記載される。もしくは「15.　適用法令」に記載される。

㈏　生殖毒性

　　ヒトまたは動物に対する生殖機能および受精能力への影響に加えて、子の発生毒性の有無等に関する生殖毒性試験の定量的データまたは情報が記載されている。また授乳に対するまたは授乳を介した影響も記載されている。

㈑　特定標的臓器毒性（単回ばく露）

　　化学物質をヒトまたは動物に単回（１回）のばく露をさせることによって、影響が生じる特定の臓器に関するデータまたは情報が記載されている。多数の標的臓器に対して毒性がある場合は、複数の記述と分類が行われる（特定の臓器とは影響がでることが確認された臓器のこと）。

㈒　特定標的臓器毒性（反復ばく露）

　　化学物質をヒトまたは動物に対し繰り返しばく露することによって、影響が生じる特定の臓器に関するデータまたは情報が記載される。単回ばく露と同様に多数の標的臓器に対して毒性がある場合は、複数の記述と分類が行われる。

㈓　誤えん有害性（吸引性呼吸器有害性）

　　化学物質のヒトまたは動物に対する誤えん有害性に関する動粘性率の定量的データまたはヒトの定性的な情報が記載されている。誤えん有害性は、誤えん後に化学肺炎、種々の程度の肺損傷を引き起こす、あるいは死亡のような重篤な急性の作用を引き起こす。

シ．環境影響情報

　　「12.　環境影響情報」には、化学物質の環境中における予測される挙動・起こり得る環境影響が記載される。

㈎　生態毒性

　　生態毒性には、魚、甲殻類（ミジンコなど）、藻類などの生体に対する毒性データ等が記載される。一般に化学物質の環境影響を調べる場合、魚・甲殻類、藻類を試験生物として用いることが多い。

㈏　残留性/分解性

　　活性汚泥等の微生物による分解の難易に関する情報、生物化学的酸素要求量（BOD：Biochemical Oxygen Demand）、化学的酸素要求量（COD：Chemical Oxygen Demand）等の情報が記載されている。「化学物質の審査及び製造等の規制に関する法律（化審法）」に基づく「分解性試験」の結果、または国が行った既存化学物質の点検結果等が記載されている。

　　BODは、最も一般的な水質指標の１つである。水中の有機物などの量を、

酸化分解のために微生物が必要とする酸素量で表したもので、通常mg/Lで記載される。BODの値が大きいほど、その水質は悪いといえる。

(ウ)　生体蓄積性

　　魚等を摂取した場合に体内に蓄積（濃縮）される度合いに関する情報、n-オクタノール/水分配係数（log値）等が記載されている。

　　生体蓄積性とは、難分解性で環境中に残留し、食物連鎖を通じて生物に蓄積され、人の健康や生態系に影響を及ぼす性質である。

　　また、化学物質の生物体内への蓄積性は、化学物質の疎水性とよく相関することが知られ、化学物質の生物濃縮性（蓄積性）を予測または判断するのにn-オクタノール/水分配係数が用いられる。n-オクタノール/水分配係数は、化学物質が親油性物質であるn-オクタノールと水との間で分配された濃度比で、一般的に対数値（log値）で記載される。ただし、体内で分解されやすい物質やn-オクタノール/水分配係数を求めることができない物質（界面活性剤など）には利用できない。

(エ)　土壌中の移動性

　　化学物質が環境中に排出された場合、化学物質の物理的および化学的性質により、土壌中を移動する可能性があるかについて、化学物質の沸点や水への溶解性等を考慮して推定されたものや試験を行った結果が記載される。

(オ)　オゾン層への有害性

　　オゾン層への有害性が記載される。モントリオール議定書の附属書にオゾン層破壊物質として列記されているか否かで判定される。

(カ)　その他の情報

　　その他の情報として、環境基準などの情報も記載される。

ス．廃棄上の注意

　「13．廃棄上の注意」には、化学物質を廃棄する場合、安全や環境から望ましい廃棄方法またはリサイクルに関する情報が記載される。なお、化学品（残余廃棄物）の廃棄方法だけでなく、その製品が付着した汚染容器および包装の廃棄方法についても記載される。処理方法として、排ガス洗浄設備を備えた焼却炉で焼却するなどの具体的な方法が記載される場合もある。また、SDSの受領者に対し、関連法規および地方自治体の規制に対し注意を促す事項があれば記載される。化学物質を廃棄する際に、これらの項目をチェックすることが必要となる。なお、廃棄物処理の過程において、廃棄物の危険有害性を知らなかったことによ

る災害が多発しており、廃棄物の処理を委託する場合、委託する廃棄物の危険有害性等の情報を処理業者に伝達することも必要となる。

　汚染容器および包装について、「容器は清浄にしてリサイクルするか、関連法規や地方自治体の基準に従って適切な処分を行う。空容器を廃棄する場合は、内容物を完全に除去すること」と記載されている。

セ．輸送上の注意

　「14.　輸送上の注意」には、輸送時の安全確保上必要な事項について陸上、海上および航空の輸送手段によって区別し記載されている。

㈠　国際規制

　国際規制では、船舶でIMO（国際海事機関）規制である IMDG code（国際海上危険物規程）が、また航空機ではICAO（国際民間航空機関）危険物規制のICAO・T（I ICAO 危険物安全空輸指針）がここに記載される。この国際規制とは、国連の危険物輸送専門委員会が作成した「危険物輸送に関する国連勧告」(UNRTDG) の輸送規制（国連危険物輸送規則などと呼ばれている）に基づいている。内容は、①国連番号（UN No）、②品名、③国連分類、④容器等級、⑤海洋汚染物質（該当・非該当）、MARPOL73/78 付属書および IBCコードによるばら積み輸送される液体物質の（該当・非該当）が含まれる。

㈡　国内規制

　国内規制では、船舶は「船舶安全法」に、航空機は「航空法」に国際輸送規制と同様の規制内容で記載されており、それに則したクラスや等級が記載される。また、陸上輸送は、日本は諸外国と陸続きになっていないので国連危険物規制でなく、固有の法規に従っている。

㈢　特別の安全対策

　輸送上の必要な安全対策が記載されている。

ソ．適用法令

　「15.　適用法令」には、SDS 対象物質に適用される主な法令が記載される。JIS Z 7253：2019では、「労働安全衛生法」「毒物及び劇物取締法」「化学物質排出把握管理促進法（化管法）」に該当する化学品の場合には、化学品の名称とともに該当国内法令の名称および国内法に基づく規制に関する情報を記載することになっている。例えば安衛法関係法令としては、表示対象物、通知対象物、危険物、特定化学物質、製造許可物質、有機溶剤、鉛および鉛化合物、四アルキル鉛、がん原性物質、皮膚等障害化学物質等について記載されている。また他の適

用される国内法令の名称および国内法令に基づく規制に関する情報を記載することになっている。しかし、他法令については任意であるので、必要に応じて自ら調査する必要がある。

タ．その他の情報

「16．その他の情報」には、安全上重要であるが、これまでの項目に記載されなかった事項が記載される。また、特定の訓練の必要性、化学物質等の推奨される取扱い、制約事項を記載してもよいことになっている。さらに、記載データの引用の文献が記載してあると、詳細に内容を検討するのに役立つ。なお、ユーザーへの一般的な注意として、「本データシートは、新たな情報を入手した場合は追加または訂正されることがあること。特殊な条件で使用するときは、ユーザーが安全性の評価を実施すること。」など安全性を保証するものではないことが末尾に記載されている場合がある。

⑷　SDSの取扱いの留意点
ア．SDSを読むには一定の知識が必要である

SDSは、化学物質（化学品）を譲渡・提供する側が作成し、譲渡・提供を受けた側は、化学物質の安全な取扱いのために活用することになる。SDSの作成者は、その作成に当たって、SDSを読む側の化学物質の取扱者が、危険性および有害性等について、一定の基礎知識を有していることを前提としている。したがって、SDSを読む事業場側では、少なくとも危険有害性等について、一定の基礎知識を持つ人材が必要になるとともに、化学物質を実際に取り扱う作業者にいかに分かりやすく伝えるかということが非常に重要となってくる。

イ．内容は十分でないことがある

提供を受けたSDSの内容が、化学物質を取り扱う事業場にとって十分でない場合がある。これは、作成者が入手した情報に基づいてSDSを作成することから、情報収集ができない部分は内容不足になりやすいためである。化学物質の的確な情報を収集するには、多くの労力、経験・知識が必要となる。したがって、同じ化学物質のSDSでも記載内容が異なっていることが多い。この点を十分認識し、不明や疑問な点があれば、作成者や化学物質専門家に問い合わせ、自ら情報収集するなどして、不足している情報を追加しておくことが必要である。

ウ．不特定のユーザーを対象に作成されている

SDSは、不特定のユーザーを対象に汎用性を持たせて作成されるため、一般的

な表現で記載されていることが多く、特殊な作業や予期しにくい事態については考慮されていない。例えば保護具について「適切な呼吸用保護具を着用すること」と記載されている場合、作業に合致した適切な呼吸用保護具を調べて、作業手順書には「有機ガス用防毒マスクを着用すること」など具体的な保護具の使用を記載しておく必要がある。

エ．表現が異なる場合がある（字句・表現の不統一）

　SDSで使用される用語は、JISで用語統一が図られているものの、同じ内容を意味する場合でも、文章表現は作成者により異なることがある。さらに、現場ではなじみのうすい用語や表現もある。これらのことから、現場で日常的に使われている分かりやすい用語や表現に修正して使用することも必要である。

オ．提供者の責任回避や販売促進の側面がある

　提供者の責任回避のため、SDSで過剰な管理を要求していることがある。このため、危険有害性が比較的低い化学物質であるにもかかわらず、危険有害要因が高い化学物質と記載内容が変わらないことがある。その場合、事業場の現場での取扱状況に応じて対応するかどうかの見極めも必要となる。一方で、販売促進などから提供者にとって都合の悪い情報の提供を避ける傾向もある。

⑸　SDSの活用

　SDSの活用として化学物質を取り扱う者に、化学物質の危険有害性および取扱い方法について教育し、SDSを常時見やすい場所に備え付けるなどの方法で周知させることが事業者に求められている。また、新たに化学物質等の譲渡・提供を受ける場合、新たに化学物質を製造する場合、取り扱う化学物質に関わるSDSの内容に重大な変更があった場合は、安全衛生委員会（安全委員会または衛生委員会）において、化学物質の適切な取扱い方法について調査審議させることが必要とされている。

ア．SDS活用の要点

　提供された SDS を職場などで活用する際の要点は次のとおりである。

㈠　取扱い物質の危険有害性を事前に把握

　提供されたSDSを用いて化学品の爆発・火災等の危険性、ヒトの健康への影響、環境への影響等をその化学品を取り扱う前に把握する。

㈡　化学物質の取扱状況を把握

　SDSの作成者は化学物質を特定の用途、取扱いを考慮して作成したものではなく、不特定の使用状況を想定して作成している。化学物質の取扱量、保管

量、他に使用する化学物質、工程（反応条件、生成物、未反応組成）、使用機器、装置、貯蔵施設、廃棄の方法、ばく露の実態など自社の具体的な取扱状況を把握・確認する。

(ウ)　危険有害性情報をリスクアセスメントの実施に利用

　　　(ア)、(イ)で収集した情報を用いて、リスクアセスメントを行う。

(エ)　災害防止のための設備・マニュアルのチェック

　　　リスクアセスメントを行った際に、リスクが高いと判断されたり、防災の施設・用具、防災設備、漏えい時の措置、ばく露防止および保護具、応急措置、火災時の措置などに不備があったと判断された場合は、マニュアルや設備（防災も含む）、廃棄の方法などを変更する必要がある。

(オ)　取扱い職場への周知と職場の SDS 保管・管理

　　　SDSに記載されている内容で特に職場の従業員に知らせておくべきことを選択して職場に掲示・備え付けるなどの方法で取扱者に周知する必要がある。なお、SDSは取扱い職場に保管・管理する。また、訂正や新たな情報を入手した場合は速やかに社内のSDSに反映させる必要がある。

(カ)　従業員教育への活用

　　　SDSの記載内容は、全ての内容を誰でも容易に理解できるようにはなっていないので、職場の安全衛生担当者は内容を吟味した上で、従業員教育に活用する。記載内容を作業担当者に分かりやすく記載し、社内教育に使用することも必要である。なお、教育は化学物質の危険有害性について十分な知識を有する化学物質管理者により実施管理する。

(キ)　災害・事故事例の調査・収集

　　　過去に発生した災害・事故を教訓にして、二度と同じ災害・事故を起こさないようにしなければならない。できるだけ多くの事故事例を厚生労働省の「職場のあんぜんサイト」の災害事例など、災害・事故データベース等で調査・収集することが望ましい。SDSそのものから事故事例情報を収集することは多くは期待できないが、事故事例の活用で避けることができた災害は多い。災害・事故を引き起こした化学品や成分のラベルやSDSから危険有害性情報が得られれば、危険有害性と災害・事故の因果関係を確認することができる。

(ク)　重要な SDS 情報を関連部門へ伝達

　　　SDSから得られた取扱い上の注意などの情報は、工場内の関連部門、例えば設備保全部門や輸送部門、製品販売部門などに適切に伝達し、有効に活用する

ようにすることが必要である。事故は設備の改修や、化学製品を工場に搬入し貯蔵設備に充填する際など、関連部門の非定常作業時に発生している例が多く見られる。

3．ラベル・SDS の活用例

⑴　取扱いマニュアルの作成

ア．マニュアル作成方法

　化学物質の有害性や応急措置の掲示については、従前より有機則や特化則などで義務付けられており、令和5年の改正により、生ずるおそれのある疾病の種類とその症状、取扱い上の注意事項、中毒が発生した場合の応急処置、使用すべき保護具など、具体的な掲示内容を求めている。このように、特別則で規制される化学品については作業現場において有害因子の内容や対応方法を具体的に周知させることが求められており、特別則で規制されていない化学品についても危険有害因子の内容や対応方法の周知が求められている。SDSとして情報提供された化学品の危険性、有害性の内容やその対応方法は、作業場に常時掲示するか備え付ける、書面を労働者に交付する、電子媒体で記録し、作業場に常時確認可能な機器（パソコンなど）を設置するなどにより、作業者に周知させることが求められている。しかしながら、SDSの記載は特定の使用方法や作業を想定していないことから、事業場での実際の作業において使用すべき換気装置や保護具などについては具体的ではない。

　取扱いマニュアル作成の目的は、それぞれの作業現場で発生する危険有害因子について、具体的な対応方法を示し、SDSの内容を作業者にわかりやすい形にして掲示することである。作業現場において危険有害因子の内容や対応方法を具体的に周知させることは、作業者を労働災害から守る原点である。作成にあたっては、SDSでは具体的に記載されていない換気設備の稼働や点検について、また作業者が使用すべき保護具（マスク、手袋等）の種類や材質を明確に示し、適切な保護具の使用を促すことが大切である。また、換気設備や保護具の不具合が発生した場合の連絡先、大量ばく露や爆発・火災時の緊急時の連絡先についても明記すべきである。

　それぞれの現場でこのようなマニュアルを作成する場合には、化学品を取り扱う上での危険有害性について SDSより抜粋して作業者にわかりやすい用語に修正し、保護具の種類や材質等を具体的に記載するなど、その現場に役立つマニュアルを作成することが重要である。

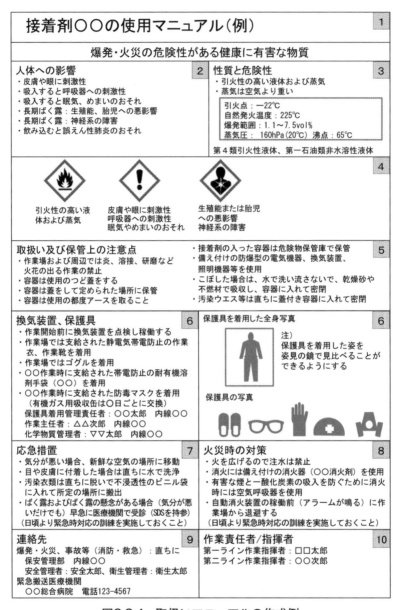

図2.3.4　取扱いマニュアルの作成例

イ．取扱いマニュアルの作成例と記載が必要な事項

　　取扱いマニュアルの作成例を**図2.3.4**に、取扱いマニュアルに記載する必要がある事項を**表2.3.4**に示す。SDSの「２．危険有害性の要約」の小項目「危険有害性情報」と「注意書き」を中心に作成していくが、その他の関連項目も参考にする必要がある。

表2.3.4　取扱いマニュアルに記載する項目

記載項目	記載内容	参考にすべきSDS項目番号
人体への影響	・急性症状と慢性症状 ・目や皮膚に対する症状 ・管理濃度や許容濃度、濃度基準値	2. 危険有害性の要約 8. ばく露防止及び保護措置 11. 有害性情報
性質と危険性	・物理的危険性 ・混触危険性や物質の性状	2. 危険有害性の要約 9. 物理的性質及び化学的性質 10. 安定性及び反応性
危険有害性を表す絵表示	・「炎」、「ドクロ」などのシンボルをひし形の赤線の縁で囲んだ絵 ・絵表示の示す具体的有害性情報を文字で入れる	2. 危険有害性の要約
取扱いおよび保管上の注意事項	・現場の具体的な作業内容や保管方法を記載 ・危険性（爆発・火災）と有害性（健康障害）を分けて記載	2. 危険有害性の要約 6. 漏出時の措置 7. 取扱い及び保管上の注意 8. ばく露防止及び保護措置 11. 有害性情報
換気装置、保護具	・具体的な作業内容により、換気装置、保護具の種類を記載 ・防毒マスクであれば吸収缶の種類を記載 ・交換時期 ・具体的な作業内容により、保護手袋の種類を選択 ・保護具着用管理責任者/作業主任者名および連絡先 ・化学物質管理者名および連絡先	2. 危険有害性の要約 7. 取扱い及び保管上の注意 8. ばく露防止及び保護措置
応急措置	・医療機関へ受診の際はSDSもしくはこのマニュアルを持参 ・目や皮膚に接触した場合 ・衣服に付いた場合 （日頃より緊急時対応の訓練を実施しておくこと）	2. 危険有害性の要約 4. 応急措置
火災時の対応	・推奨する消火方法 ・危険な消火方法がある場合は記載 ・火災時に発生するその他の危険性も記載 （日頃より緊急時対応の訓練を実施しておくこと）	5. 火災時の措置
連絡先	・社内の緊急時の連絡先 ・衛生管理者/安全管理者名および連絡先 ・医療機関の名称および連絡先 ・物質により、眼科医、皮膚科医の名称および連絡先 （受傷部位により、受診先を選択）	
作業責任者/作業指揮者	・作業責任者名/作業指揮者名	

(2)　災害事例研究、危険予知訓練への活用

　厚生労働省ホームページ「職場のあんぜんサイト*」には、災害事例が公開されており、災害・事故を引き起こした化学品のラベルや成分SDSの危険有害性情報から災害防止対策の手がかりを得ることができる。

ア．災害事例１：室内改装工事で、接着剤に含まれていた有機溶剤の蒸気に引火し爆発した災害事例

　集合住宅の室内改装工事において、接着剤の塗布と乾燥および結露防止用ボードの貼り付け作業を行った。接着剤の乾燥を待つ間、午前中の作業で傷をつけた台所床面の補修を行うことになり、作業者の一人が補修用パテを軟らかくするために加熱しようとして、ライターに火をつけたところ、突然爆発して火災となり、作業者3名が火傷を負った。壁に塗布した接着剤には、溶剤として引火性のノルマルヘキサンが65〜75％含まれていた。　　　　（「職場のあんぜんサイト」の災害事例の記載を要約）

　主成分であるノルマルヘキサンの「職場のあんぜんサイト」で紹介されているモデルラベルもしくはモデルSDSの２項に記載されている危険有害性情報および注意書きを確認すると（**表2.3.5**）、「引火性の高い液体および蒸気」、「熱、火花、裸火、高温のもののような着火源から遠ざけること。－禁煙」とあるので、接着剤から蒸発した有機溶剤蒸気が充満した室内でライターの火をつければ、裸

表2.3.5　ノルマルヘキサンの危険有害性情報および注意書き

危険有害性情報	注意書き 【安全対策】
・引火性の高い液体および蒸気 ・皮膚刺激 ・強い眼刺激 ・生殖能または胎児への悪影響のおそれの疑い ・呼吸器への刺激のおそれ ・眠気やめまいのおそれ ・長期にわたる、または、反復ばく露により神経系の障害 ・飲み込んで気道に侵入すると生命に危険のおそれ ・水生生物に毒性	・熱、火花、裸火、高温のもののような着火源から遠ざけること。－禁煙。 ・容器を密閉しておくこと。 ・静電気的に敏感な物質を積みなおす場合、容器を接地すること、アースをとること。 ・防爆型の電気機器、換気装置、照明機器等を使用すること。 ・火花を発生させない工具を使用すること。 ・静電気放電に対する予防措置を講ずること。

＊　https://anzeninfo.mhlw.go.jp/anzen/sai/saigai_index.html

図2.3.5　燃焼の３要素

火によって容易に引火することは予測が可能であり、注意書きを理解し室内での
ライターの使用を回避すれば災害を防げた可能性は高い。

イ．災害シナリオの導出

災害事例は、ライターの裸火が着火源となっているが、注意書きには他の着火
源である熱、火花、静電気などについても記載がある。ここで災害シナリオをい
くつか書き出すことが可能である。シナリオの書き出しのポイントとして

① シナリオの導出に既存のリスク低減措置は設置されていないと仮定する。
（既存のリスク低減措置が機能することを前提とすると、災害発生に至る経
路が抽出されない場合がある）

② シナリオの導出に爆発・火災においては、燃焼の３要素（可燃物、着火
源、支燃物）の有無を念頭に置く（図2.3.5）。

What if法（危険予知（KY）と同じ手法：○○なので、○○して、○○にな
る）を用いて作業に潜在する不安全な状態・不安全な行動を災害シナリオ（仮
定）として複数書き出す。

シナリオNo.1が事例1の災害シナリオであるが、事例は書き出されたシナリ
オの1つに過ぎないことがわかる（**表2.3.6**）。

ウ．災害発生の低減対策

シナリオNo.1における災害発生の低減対策は、燃焼の３要素から**図2.3.6**お

表2.3.6　災害シナリオの例

No.	シナリオ（危険予知）
1	有機溶剤の蒸気が充満した室内で補修用パテを軟らかくしようとライターに火をつけたので、有機溶剤蒸気に引火して、爆発・火災になる（実際に災害となったシナリオ）
2	有機溶剤の蒸気が充満した室内で非静電気対応の作業靴、作業服を着て作業したので、発生した静電気火花が有機溶剤蒸気に引火して、爆発・火災になる
3	有機溶剤を含有する接着剤の接着作業の近傍で火花が発生する工具を用いて作業を行ったので、接着剤に引火して、火災になる
4	有機溶剤の蒸気が充満した室内で室内電灯を点灯したので、スイッチの電気火花が有機溶剤蒸気に引火して、爆発・火災になる
5	以下省略

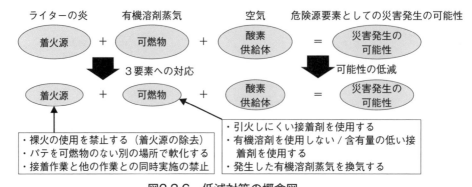

| ライターの炎 | 有機溶剤蒸気 | 空気 | 危険源要素としての災害発生の可能性 |

・裸火の使用を禁止する（着火源の除去）
・パテを可燃物のない別の場所で軟化する
・接着作業と他の作業との同時実施の禁止

・引火しにくい接着剤を使用する
・有機溶剤を使用しない/含有量の低い接着剤を使用する
・発生した有機溶剤蒸気を換気する

図2.3.6　低減対策の概念図

表2.3.7　災害発生の低減対策例

燃焼の3要素		3要素への対応
可燃物	接着剤に含まれる有機溶剤（ノルマルヘキサン）と発生した有機溶剤蒸気	・引火しにくい接着剤（ノルマルヘキサンより引火点の高い有機溶剤）を使用する ・有機溶剤を使用しない/含有量の低い接着剤を使用する ・発生した有機溶剤蒸気を換気する
着火源	ライターの炎	・裸火の使用を禁止する（着火源の除去） ・パテを可燃物のない別の場所で軟化する ・接着作業と他の作業との同時実施の禁止
支燃物（酸素の供給体）	空気	・住宅では除去が困難

よび**表2.3.7**のように考えることができる。対応策の書き出しにはSDSの2項、7項、8項、10項等も参考にするとよい。

エ．災害事例2：グラビアコーターの接着剤の受皿に接着剤をひしゃくで補給する作業で発生したトルエン中毒となった災害事例

　ビニールシートにコーティングする有機溶剤を含有する接着剤をグラビアコーターの接着剤の受皿に補給することとした。トルエンを3.45L含有する接着剤が入っているふたを切り取った一斗缶に、酢酸エチル3.3L、トルエン3.45L、硬化剤を入れ、グラビアコーターの前に運び、一斗缶内をひしゃくでかき混ぜ、グラ

ビアコーターの接着剤受皿に接着剤を補給しているとき、気分が悪くなった（トルエン中毒と診断された）。

（「職場のあんぜんサイト」の災害事例の記載を要約）

　主成分であるトルエンの「職場のあんぜんサイト」で紹介されているモデルラベル、モデルSDSの2項に記載されている危

表2.3.8　トルエンの危険有害性情報および注意書き

危険有害性情報	注意書き
・引火性の高い液体および蒸気 ・飲み込むと有害のおそれ（経口） ・吸入すると有害（蒸気） ・皮膚刺激 ・眼刺激 ・生殖能又は胎児への悪影響のおそれ ・中枢神経系の障害 ・眠気およびめまいのおそれ ・呼吸器への刺激のおそれ ・長期又は反復ばく露による中枢神経系、腎臓、肝臓の障害 ・飲み込み、気道に侵入すると生命に危険のおそれ ・水生生物に毒性	【安全対策】 ・すべての安全注意を読み理解するまで取り扱わないこと。 ・使用前に取扱説明書を入手すること。 ・この製品を使用する時に、飲食又は喫煙をしないこと。 ・熱、火花、裸火、高温のもののような着火源から遠ざけること。-禁煙。 ・防爆型の電気機器、換気装置、照明機器を使用すること。静電気放電や火花による引火を防止すること。 ・個人用保護具や換気装置を使用し、ばく露を避けること。 ・保護手袋、保護眼鏡、保護面を着用すること。 ・ミスト、蒸気、スプレーを吸入しないこと ・取扱い後はよく手を洗うこと。 ・環境への放出を避けること。

表2.3.9　災害シナリオの例

No.	シナリオ（危険予知）
1	ひしゃくで接着剤を補給したので、接着剤から発生した有機溶剤蒸気を吸入して、有機溶剤中毒になる（実際に災害となったシナリオ）
2	ひしゃくで接着剤を補給したので、接着剤を塗布したビニルシートから発生した有機溶剤蒸気を吸入して、有機溶剤中毒になる
3	接着剤に有機溶剤を加えひしゃくで攪拌したので、接着剤から発生した有機溶剤蒸気を吸入して、有機溶剤中毒になる
4	以下省略

険有害性情報および注意書きを確認すると、「吸入すると有害（蒸気）」「中枢神経系の障害」「眠気およびめまいのおそれ」等の健康影響と、「個人用保護具や換気装置を使用して、ばく露を避けること」と記載されている（**表2.3.8**）。作業者は、換気の悪い作業場で保護具着用なしで有機溶剤を取り扱って有機溶剤中毒になったと考えられる。

オ．災害シナリオの導出

　　What if法（危険予知（KY）と同じ手法：○○なので、○○して、○○になる）を用いて作業に潜在する不安全な状態・不安全な行動を災害シナリオ（仮定）として複数書き出す。

　　シナリオNo.1もしくはNo.2が事例2の災害シナリオであるが、事例は書き出されたシナリオの1つに過ぎないことがわかる（**表2.3.9**）。

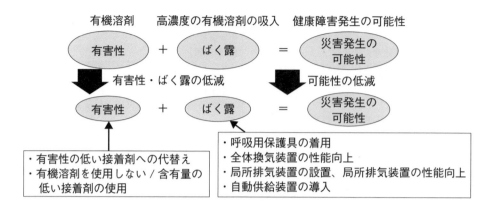

図2.3.7　低減対策の概念図

表2.3.10　災害発生の低減対策例

有害性とばく露		有害性とばく露への対応
有害性	接着剤に含まれる有機溶剤(トルエン)の蒸気	・有害性の低い接着剤への代替え(トルエンより有害性の低い溶剤、許容濃度、GHS区分で判断) ・有機溶剤を使用しない/含有量の低い接着剤の使用
ばく露	有機溶剤蒸気の吸入	・呼吸用保護具の着用 ・全体換気装置の性能向上 ・局所排気装置の設置。局所排気装置の性能向上 ・自動供給装置の導入

カ．災害発生の低減対策

　シナリオNo.1における災害発生の低減対策は、**図2.3.7**および**表2.3.10**に示すように、有機溶剤（トルエン）の有害性とばく露から考えることができる。対策の書き出しにはSDSの2項、6項、7項、8項等も参考にするとよい。

第3編

化学物質の危険性 又は有害性等の調査

第1章　化学物質のリスクアセスメント

1．リスクアセスメントの概念

　職場における労働災害発生の芽（リスク）を事前に摘み取るため、設備、原材料等や作業行動等に起因する危険性・有害性等の調査を行うことがリスクアセスメントである。化学物質に関するリスクとは、化学物質等による危険性又は有害性によって生ずるおそれのある負傷または疾病の重篤度および発生する可能性の度合をいい、ここでいう「危険性又は有害性」とは、労働者に負傷または疾病を生じさせる潜在的な根源であり、ISO（国際標準化機構）、ILO等においては「危険源」「危険有害要因」「ハザード（hazard）」等の用語で表現されている。化学物質の危険性又は有害性（ハザード）は、例えば急性毒性値LD_{50}や引火点などに代表されるようにその物質固有のものであり、基本的に変化しない性質である。化学物質等のリスクアセスメントは、一言でいえば、職場における化学物質等による労働災害のリスクを数値化したり段階化したりして評価することである。

　危険性については、危険を及ぼし労働災害を発生させるおそれの程度（発生可能性）と当該危険の程度（重篤度）により、リスクを見積もる。有害性については、化学物質等にさらされる程度（ばく露の程度）と有害性の程度によりリスクを見積もる。

　図3.1.1に爆発・火災リスクの一般式を示す。この式で、「発生の可能性」は危険物の潜在的危険性が取扱い条件などで具現化し、具現化した危険性が異常現象の発生により災害となる可能性である。「当該危険の程度」は化学物質の危険有害性、量などに基づき労働災害等の設備・人的被害等を意味するもので「影響の重大性（重篤度）」でもある。また、化学物質の物理化学的性質の感度、威力に基づく考え方もある。

　化学物質の爆発・火災についてのリスクアセスメントは、概念的には、次のような形になる。

図3.1.1　爆発・火災リスクの一般式

図3.1.2　健康障害リスクの一般式

① 危険源要素発生の可能性を評価する

② 異常現象が発生する頻度を予測する

　（①②により災害発生の可能性を評価する）

③ 当該危険の程度（影響の重大性）を評価する

④ 危険源要素発生の可能性、異常現象が発生する頻度、影響の重大性の各観点
　からリスクを見積もる

　図3.1.2に健康障害リスクの一般式を示す。この式で、「有害性の程度」は化学
物質固有のもので、「ばく露の程度」はばく露防止措置の内容により変化する。

　化学物質の健康障害についてのリスクアセスメントは、概念的には、次のような
形になる。

① 化学物質等の有害性の程度（強さ、有害性の重篤度）を評価する

② 化学物質等のばく露の程度（ばく露量）を予測する

③ 化学物質等の有害性の程度とばく露の程度の観点からリスクを見積もる

２．化学物質等リスクアセスメントの実務

　「化学物質等による危険性又は有害性等の調査等に関する指針*1」（以下「化学物
質等リスクアセスメント指針」という）は、安衛法第57条の３第３項の規定に基づ
き、化学物質、化学物質を含有する製剤その他の物で労働者の危険又は健康障害を
生ずるおそれのあるものによる危険性又は有害性等の調査（以下「リスクアセスメ
ント」という）を実施し、その結果に基づいて労働者の危険又は健康障害を防止す
るため必要な措置（以下「リスク低減措置」という）が各事業場において適切かつ
有効に実施されるよう、「化学物質による健康障害防止のための濃度の基準の適用
等に関する技術上の指針*2」（以下、「技術上の指針」という）（第４編第１章参照）
と相まって、リスクアセスメント組織の構築からリスク低減措置の実施までの一連
の措置の基本的な考え方および具体的な手順の例を示すとともに、これらの措置の
実施上の留意事項を定めている。また、化学物質等リスクアセスメントの対象事業
場は、業種、事業場規模にかかわらず、労働者の就業に係る全てのものが対象と

＊１　平成27年９月18日付け危険性又は有害性等の調査等に関する指針公示第３号。令和５年４月27日付けで改正
＊２　令和５年４月27日付け技術上の指針公示第24号

なる。これは、製造業、建設業だけでなく、清掃業、卸売・小売業、飲食店、医療・福祉業など、さまざまな業種で化学物質を含む製品が使われており、労働災害のリスクがあるということを意味している。ここでは、リスクアセスメントの一連の流れを概説する。

⑴　リスクアセスメントの対象となる化学物質

　リスクアセスメントの対象となる化学物質（リスクアセスメント対象物）には、まず安衛法第57条第１項の政令で定める物および通知対象物（896物質（令和６年４月現在））があり、これらに対するリスクアセスメントは義務（同第57条の３第１項）である。リスクアセスメント対象物は、将来的に継続して追加される予定であり、令和７年４月１日に641物質（上記以外の有害性区分が区分１の物質）、令和８年４月１日には779物質（区分１となる有害性区分のない物質）が追加される。

　これら以外の物質で、GHS分類により危険性・有害性が認められる物質に対するリスクアセスメントは努力義務である（同第28条の２第１項）。

⑵　実施内容

　①　リスクアセスメント対象物による危険性または有害性の特定
　　　（作業の洗い出し⇒リスクアセスメントを行う作業、設備等の特定）
　②　労働者に危険を及ぼし、または健康障害を生ずるおそれの程度および危険または健康障害の程度（「リスク」という）の見積り
　③　リスクアセスメントの結果に基づくリスク低減措置の内容の検討
　④　リスク低減措置の実施
　　　－労働者のばく露の程度を最小限度とすること
　　　－濃度基準値が定められている物質については屋内事業場における労働者のばく露の程度を濃度基準値以下とすること
　⑤　リスクアセスメント結果等の記録および保存並びに周知
リスクアセスメントは**図3.1.3**のような手順で進める。

ステップ1

化学物質などによる危険性又は有害性の特定

（安衛法第57条の3第1項）

例えば、作業標準等に基づき、リスクアセスメント等の対象となる業務を洗い出した上で、SDSに記載されているGHS分類結果に即して危険性又は有害性を特定する。

ステップ2

特定された危険性又は有害性によるリスクの見積り

（安衛則第34条の2の7第2項）

危険性については、危険を及ぼし健康障害を生ずるおそれの程度（発生可能性）と当該危険の程度（重篤度）により、リスクを見積もる。有害性については、化学物質等にさらされる程度（ばく露の程度）と有害性の程度によりリスクを見積もる。

ステップ3

リスクの見積りに基づくリスク低減措置の内容の検討

（安衛法第57条の3第1項）

次に掲げる優先順位で措置内容を検討する。
①　危険性又は有害性のより低い物質への代替、化学反応のプロセスなどの運転条件の変更、取り扱う化学物質などの形状の変更など、またはこれらの併用によるリスクの低減
②　化学物質のための機械設備などの防爆構造化、安全装置の二重化などの工学的対策または化学物質のための機械設備などの密閉化、局所排気装置の設置などの衛生工学的対策
③　作業手順の改善、立入禁止などの管理的対策
④　ばく露防止のための適正な保護具の選択・使用

ステップ4

リスク低減措置の実施

①　法律又はこれに基づく命令の規定による措置を講ずるほか、検討した結果に従い、必要な措置を講ずるように努める　　　（安衛法第57条の3第2項）
②　労働者のばく露の程度を最小限度にする　　（安衛則第577条の2第1項）
③　労働者がばく露される程度を厚生労働大臣が定める濃度基準以下とする
　　　　　　　　　　　　　　　　　　　　　　（安衛則第577条の2第2項）

※　②、③以外は①による

ステップ5

リスクアセスメント結果の労働者への周知

（安衛則第34条の2の8）

リスクアセスメントを実施したら、次に掲げる事項について記録を作成し、次にリスクアセスメントを行うまでの期間保存するとともに、リスクアセスメント対象物を製造し、または取り扱う業務に従事する労働者に周知させる。
①　対象物の名称
②　対象業務の内容
③　リスクアセスメントの結果（特定した危険性又は有害性、見積もったリスク）
④　実施するリスク低減（危険又は健康障害を防止するため必要な措置の内容）

図3.1.3　リスクアセスメントの流れ

⑶　**実施時期**

ア．法令上の実施義務（安衛則第34条の２の７第１項に基づく）

①　対象物を原材料などとして新規に採用したり、変更したりするとき

②　対象物を製造し、または取り扱う業務の作業の方法や作業手順を新規に採用したり変更したりするとき

③　上の２つに掲げるもののほか、対象物による危険性または有害性などについて変化が生じたり、生じるおそれがあったりするとき（過去に提供されたSDSの危険性又は有害性に係る情報が変更され、その内容が事業者に提供された場合、濃度基準値が新たに設定された場合または当該値が変更された場合など）

イ．指針による努力義務

①　労働災害発生時（過去のリスクアセスメントに問題があるとき）

②　過去のリスクアセスメント実施以降、機械設備などの経年劣化、労働者の知識経験などリスクの状況に変化があったとき

③　すでに製造・取り扱っていた物質が、リスクアセスメントの対象物質として新たに追加された場合など、当該化学物質等を製造・取り扱う業務について、過去にリスクアセスメントを実施したことがないとき

ウ．ア.の①または②に掲げる作業を開始する前に、リスク低減措置を実施することが必要であることに留意する。

エ．ア.の①または②に係る設備改修等の計画を策定するときは、その計画策定段階においてもリスクアセスメント等を実施することが望ましい。

⑷　**リスクアセスメント等の実施対象の選定**

次に定めるところにより、リスクアセスメント等の実施対象を選定するものとする。

①　事業場において製造または取り扱う全てのリスクアセスメント対象物をリスクアセスメント等の対象とする。

②　リスクアセスメント等は、対象の化学物質等を製造し、または取り扱う業務ごとに行う。ただし、例えば、当該業務に複数の作業工程がある場合に、当該工程を１つの単位とする、当該業務のうち同一場所において行われる複数の作業を１つの単位とするなど、事業場の実情に応じ適切な単位で行うことも可能である。

③　元方事業者にあっては、その労働者および関係請負人の労働者が同一の場所で作業を行うこと（「混在作業」という）によって生ずる労働災害を防止するため、

当該混在作業についても、リスクアセスメント等の対象とする。

(5) 情報の入手等

ア. リスクアセスメント等の実施に当たり、次に掲げる情報に関する資料等を入手する。入手に当たっては、リスクアセスメント等の対象には、定常的な作業のみならず、非定常作業も含まれることに留意する。また、混在作業等複数の事業者が同一の場所で作業を行う場合にあっては、当該複数の事業者が同一の場所で作業を行う状況に関する資料等も含めるものとする。

① リスクアセスメント等の対象となる化学物質等に係る危険性又は有害性に関する情報（SDS 等）

② リスクアセスメント等の対象となる作業を実施する状況に関する情報（作業標準、作業手順書等、機械設備等に関する情報を含む）

イ. ア.のほか、次に掲げる情報に関する資料等を、必要に応じ入手する。

① 化学物質等に係る機械設備等のレイアウト等、作業の周辺の環境に関する情報

② 作業環境測定結果、労働者のばく露に係るデータ等

③ 災害事例、災害統計等

④ その他、リスクアセスメント等の実施に当たり参考となる資料等

ウ. 情報の入手に当たり、次に掲げる事項に留意する。

① 新たに化学物質等を外部から取得等しようとする場合には、当該化学物質等を譲渡し、または提供する者から、当該化学物質等に係るSDSを確実に入手する。

② 化学物質等に係る新たな機械設備等を外部から導入しようとする場合には、当該機械設備等の製造者に対し、当該設備等の設計・製造段階においてリスクアセスメントを実施することを求め、その結果を入手する。

③ 化学物質等に係る機械設備等の使用または改造等を行おうとする場合に、自らが当該機械設備等の管理権原を有しないときは、管理権原を有する者等が実施した当該機械設備等に対するリスクアセスメントの結果を入手すること。

エ. 元方事業者は、次に掲げる場合には、関係請負人におけるリスクアセスメントの円滑な実施に資するよう、自ら実施したリスクアセスメント等の結果を当該業務に係る関係請負人に提供すること。

① 複数の事業者が同一の場所で作業する場合であって、混在作業における化学

物質等による労働災害を防止するために元方事業者がリスクアセスメント等を実施したとき。

② 化学物質等にばく露するおそれがある場所等、化学物質等による危険性又は有害性がある場所において、複数の事業者が作業を行う場合であって、元方事業者が当該場所に関するリスクアセスメント等を実施したとき。

(6) 危険性又は有害性の特定

化学物質等について、リスクアセスメント等の対象となる業務を洗い出した上で、原則として①～③に即して危険性又は有害性を特定する。また、必要に応じ、④に掲げるものについても特定することが望ましいこと。

① 国際連合から勧告として公表された「化学品の分類及び表示に関する世界調和システム（GHS）」またはJIS Z 7252に基づき分類された化学物質等の危険性または有害性（SDSを入手した場合には、当該SDSに記載されているGHS分類結果。ただしGHSの政府分類結果の改正が、5年以内のSDSの見直しで反映されず古い場合がある）

② リスクアセスメント対象物の濃度基準値、管理濃度、これらの値が設定されていない場合で、日本産業衛生学会の許容濃度または米国産業衛生専門家会議（ACGIH）のTLV-TWA等の化学物質等のばく露限界（以下「ばく露限界」という）が設定されている場合にはその値（SDSを入手した場合には、当該SDSに記載されているばく露限界。ただし記載されているばく露限界の改正が、5年以内のSDSの見直しで反映されず古い場合がある）

③ 皮膚等障害化学物質等（安衛則第594条の2で定める皮膚若しくは眼に障害を与えるおそれ又は皮膚から吸収され、若しくは皮膚に侵入して、健康障害を生ずるおそれがあることが明らかな化学物質又は化学物質を含有する製剤）への該当性

④ ①～③によって特定される危険性又は有害性以外の、負傷または疾病の原因となるおそれのある危険性又は有害性。この場合、過去に化学物質等による労働災害が発生した作業、化学物質等による危険または健康障害のおそれがある事象が発生した作業等により事業者が把握している情報があるときには、当該情報に基づく危険性又は有害性が必ず含まれるよう留意する。

(7) リスクの見積り

リスクアセスメントは、対象物を製造し、または取り扱う業務ごとに、次のア～

表3.1.1　指針ア.の具体的な方法

マトリクス法	危険または健康障害の発生可能性と重篤度を相対的に尺度化し、それらを縦軸と横軸とし、あらかじめ発生可能性と重篤度に応じてリスクが割り付けられた表を使用してリスクを見積もる方法
数値化法	危険または健康障害の発生可能性と重篤度を一定の尺度によりそれぞれ数値化し、それらを数値演算（足し算、掛け算等）してリスクを見積もる方法
枝分かれ図を用いた方法	危険または健康障害の発生可能性とその重篤度について、危険性への遭遇の頻度、回避可能性等をステップごとに分岐していくことにより、リスクを見積もる方法（リスクグラフ）
コントロール・バンディング	ILOの化学物質リスク簡易評価法を用いてリスクを見積もる方法（コントロール・バンディング）等（厚生労働省版コントロールバンディングによる方法）
災害のシナリオから見積もる方法	化学プラントなどの化学反応のプロセスなどによる災害のシナリオを仮定して、その事象の発生可能性と重篤度を考慮する方法（化学プラントにかかるセーフティ・アセスメントに関する指針（平成12年3月21日付け基発第149号）による方法等）

ウ.のいずれかの方法またはこれらの方法の併用によって行う（危険性については
ア.とウ.に限る）。

ア．対象物が労働者に危険を及ぼし、または健康障害を生ずるおそれの程度（発生可能性）と、危険または健康障害の程度（重篤度）を考慮する方法（表3.1.1）

(ア)　労働者の危険または健康障害の程度（重篤度）

　　　「労働者の危険または健康障害の程度（重篤度）」については、基本的に休業日数等を尺度として使用し、例として以下のように区分する。

①　死亡：死亡災害

②　後遺障害：身体の一部に永久損傷を伴うもの

③　休業：休業災害、一度に複数の被災者を伴うもの

④　軽傷：不休災害やかすり傷程度のもの

(イ)　労働者に危険または健康障害を生ずるおそれの程度（発生の可能性）

　　　「労働者に危険または健康障害を生ずるおそれの程度（発生の可能性）」は、危険性又は有害性への接近の頻度や時間、回避の可能性等を考慮して見積もるものであり、例として以下のように区分する。

①　（発生の可能性が）極めて高い：日常的に長時間行われる作業に伴うもので、回避困難なもの

②　（発生の可能性が）比較的高い：日常的に行われる作業に伴うもので、回避可能なもの

③　（発生の可能性が）ある：非定常的な作業に伴うもので、回避可能なもの

④　（発生の可能性が）ほとんどない：まれにしか行われない作業に伴うもの

		危険の程度（重篤度/最悪の状況を想定）			
		死亡	後遺障害	休業	軽傷
危険を生ずる おそれの程度 （発生可能性/ ヒューマンエ ラー等も考慮）	極めて高い	5	5	4	3
	比較的高い	5	4	3	2
	可能性あり	4	3	2	1
	ほとんどない	4	3	1	1

リスク	優先度	
4～5	高	直ちにリスク低減措置を講ずる必要がある。 措置を講ずるまで作業停止する必要がある。
2～3	中	速やかにリスク低減措置を講ずる必要がある。 措置を講ずるまで使用しないことが望ましい。
1	低	必要に応じてリスク低減措置を実施する。

図3.1.4　マトリクスを用いた方法のイメージ図

(1)　危険の程度（重篤度/最悪の状況を想定）

死亡	後遺障害	休業	軽傷
20点	12点	7点	2点

(2)　危険を生ずるおそれの程度（発生可能性/ヒューマンエラー等も考慮）

極めて高い	比較的高い	可能性あり	ほとんどない
20点	10点	5点	1点

(3)　重篤度12点×発生可能性10点＝120点

リスク	優先度	
120点以上	高	直ちにリスク低減措置を講ずる必要がある。 措置を講ずるまで作業停止する必要がある。
35～119点	中	速やかにリスク低減措置を講ずる必要がある。 措置を講ずるまで使用しないことが望ましい。
35点未満	低	必要に応じてリスク低減措置を実施する。

図3.1.5　数値化による方法のイメージ図

　で、回避可能なもの

(ウ)　見積り例1：マトリクスを用いた方法（化学物質リスクアセスメント指針ア.
　の方法）

　　危険の程度（重篤度）「後遺障害」、発生の可能性「比較的高い」の場合の見
　積り例（イメージ）を図3.1.4に示す。

(エ)　見積り例2：数値化による方法（化学物質リスクアセスメント指針ア.の方法）
　　重篤度「後遺障害」、発生の可能性「比較的高い」の場合の見積り例（イ
　メージ）を図3.1.5に示す。

(オ)　見積り例3：枝分かれ図を用いた方法（化学物質リスクアセスメント指針ア.

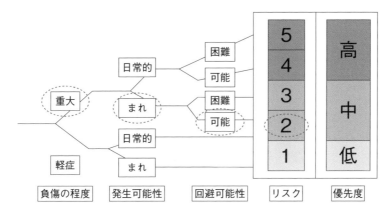

図3.1.6　枝分かれ図を用いた方法のイメージ図

表3.1.2　指針イ.の具体的な方法（このうち実測値による方法が望ましい）

実測値による方法	管理濃度が定められている物質については、作業環境測定により測定した当該物質の第一評価値を当該物質の管理濃度と比較する方法
	濃度基準値が設定されている物質については、個人ばく露測定により測定した当該物質の濃度を当該物質の濃度基準値と比較する方法
	管理濃度または濃度基準値が設定されていない物質については、対象の業務について作業環境測定等により測定した作業場所における当該物質の気中濃度等を当該物質のばく露限界（日本産業衛生学会の許容濃度、ACGIH（米国産業衛生専門家会議）のTLV-TWAなど）と比較する方法
使用量などから推定する方法	数理モデルを用いて対象の業務に係る作業を行う労働者の周辺の対象物の気中濃度を推定し、当該物質の濃度基準値又はばく露限界と比較する方法 気中濃度の推定方法には、以下の方法がある。 ①　調査対象の業務と同様の業務が行われ、作業場所の形状や換気条件が同程度である場合に、当該業務に係る作業環境測定の結果から平均的な濃度を推定する方法 ②　消費量及び当該作業場所の気積から推定する方法並びにこれに加えて物質の拡散又は換気を考慮して推定する方法 ③　簡易リスクアセスメントツールであるCREATE-SIMPLE、ECETOC-TRAを用いて気中濃度を推定する方法
あらかじめ尺度化した表を使用する方法	対象の化学物質などへの労働者のばく露の程度とこの化学物質などによる有害性を相対的に尺度化し、これらを縦軸と横軸とし、あらかじめばく露の程度と有害性の程度に応じてリスクが割り付けられた表を使用してリスクを見積もる方法

の方法）

　　負傷の程度「重大」、発生の可能性「まれ」、回避の可能性「可能」の場合の見積り例（イメージ）を図3.1.6に示す。

イ. 労働者が対象物にさらされる程度（ばく露濃度など）と対象物の有害性の程度を考慮する方法（表3.1.2）

　　労働者のばく露濃度を測定し、職業性ばく露限界等と比較する方法。

㊐　見積り例1：実測値による手法

　　管理濃度、濃度基準値その他のばく露限界の設定がなされている化学物質等について、労働者のばく露濃度を測定または推定し、ばく露限界と比較する。ばく露濃度がばく露限界を超えている場合はリスクありまたはリスクは許容範囲を超えている、ばく露濃度がばく露限界を超えない場合にリスクなしまたはリスクは許容範囲だが残留リスクがあると判断する。なお、ばく露濃度がばく露限界を超えておらず、かつ、ばく露限界の2分の1を超えない場合は、リスクは許容範囲とみなすことができる。本手法のイメージを図3.1.7に示す。

　　ばく露限界と比較するには以下の方法等がある。なお、ばく露の程度が濃度基準値以下であることを確認するための測定（確認測定）の方法については、技術上の指針に定めるところによる。（第4編第1章参照）

①　個人サンプラーを用いた個人ばく露測定結果（8時間時間加重平均値）

②　作業環境測定（C・D測定）の測定値

③　作業環境測定（A・B測定）の評価値（第一評価値または第二評価値）

④　検知管、ガスモニターによる簡易な気中濃度の測定結果を用いる方法

　　測定方法によっては濃度変動等の誤差を生じることから、必要に応じ、適切な安全率を考慮する必要がある。

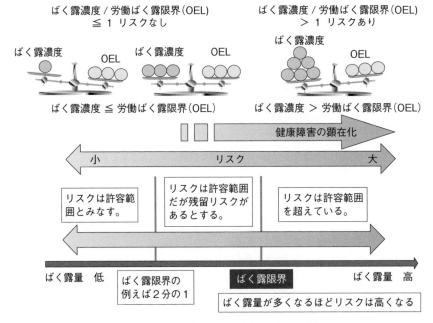

図3.1.7　実測値による手法のイメージ図

アクティブサンプラー　　　パッシブサンプラー　　ろ過捕集サンプラー（分粒装置付き）

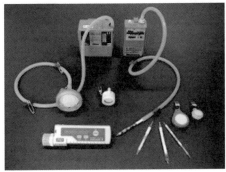

アクティブサンプラー：吸引ポンプを用いて、労働者呼吸域※の空気を吸引し分析対象を吸着剤
　　　　　　　　　　　等に捕集するもの
パッシブサンプラー：吸引ポンプを使わずに、吸着剤の表面に分析対象が拡散することを利用
　　　　　　　　　　して捕集するもの

固体捕集方法　　　　　　液体捕集方法　　　　　　ろ過捕集方法　　　　　直接捕集方法

活性炭管とホルダー　　マイクロインピンジャー　　サイクロン分粒器と　　キャニスター缶*
　　　　　　　　　　　　　　　　　　　　　　　ろ紙カセットホルダー

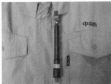

リアルタイムモニター

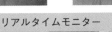

VOC モニター　　　　　粉じん計

※労働者呼吸域：労働者が使用する呼吸用保護具の
外側であって、両耳を結んだ直線の中央を中心と
した、顔の前方に広がった半径30cmの半球の内
側と定義されている。

（写真出所：＊は厚生労働省「平成25年度化学物質
のリスク評価検討会」資料、他は中央労働災害防止
協会撮影）

図3.1.8　個人サンプラーの器材（例）

⑷　見積り例２：使用量、換気量などを用いた工学的推計

有害物質の発生量、換気量、作業場の容積等を所定の数理モデル（**表3.1.3**）にあてはめて、対象の業務に従事する労働者の周辺の空気中濃度を定量的に推定し、ばく露限界と比較する。本手法のイメージを**図3.1.9**に示す。

⑸　見積り例３：簡易リスクアセスメントツールによるばく露濃度の推定

対象の業務に従事する労働者の周辺の空気中濃度を揮発性/飛散性、取扱量、蒸気圧、プロセスカテゴリーなどからばく露濃度を推定し、ばく露限界、有害性（GHS区分）の管理目標濃度（許容される濃度範囲）などと比較する方法。簡易リスクアセスメントツールには、ドイツ労働安全衛生研究所のEMKG-EXPO-TOOL、欧州化学物質生体毒性及び毒性センターのECETOC-TRA、厚生労働省のCREATE-SIMPLE、中央労働災害防止協会のJISHA方式（半定量的手法）などがある（**表3.1.4**）。一般的にこれらの推定値は実測したばく露濃度と比較して１～100倍以上のひらきがあり、実測値の15～30％ほどが推定値を上回ることが報告されている*。簡易リスクアセスメントツールで導出

表3.1.3　主な数理モデルの例

換気の考慮	モデルの種類		モデルの概要
① 換気を考慮しないモデル	飽和蒸気圧モデル		蒸気が飽和した状態の想定モデル
	完全蒸発モデル		完全に蒸発した状態の想定モデル
② 換気を考慮したモデル	分散モデル	ボックスモデル	室内を１つのボックスとしたモデル
		２ゾーンモデル	室内を２つのゾーンに分けたモデル
	発生モデル	簡易発生モデル	使用量、取扱量を用いた簡易モデル
		液溜りモデル	液溜まりからの蒸発過程モデル
		容器発生モデル	容器からの蒸発過程モデル

（出典：山田憲一「数理モデルを用いた作業環境における揮発性有機化合物のばく露評価に関する研究」2010）

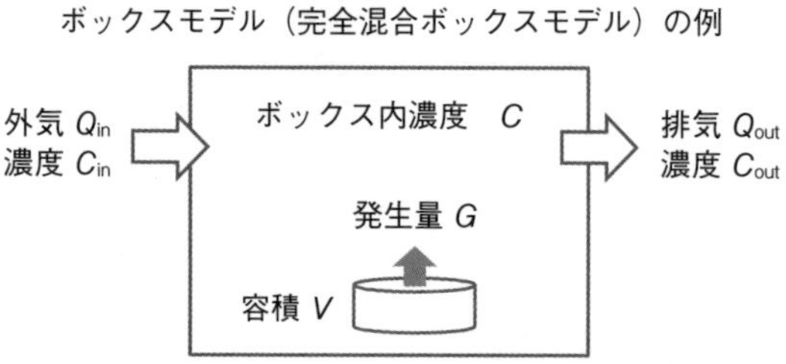

ボックスモデル（完全混合ボックスモデル）の例

外気 Q_{in}　濃度 C_{in}　ボックス内濃度　C　排気 Q_{out}　濃度 C_{out}

発生量 G

容積 V

ボックス内初期濃度$C_{t=0}$ = 0、外気濃度C_{in} = 0の場合の
定常状態の気中濃度$C_∞$ = G/Q
単位時間当たりの発生量G = m/t　m：取扱量(mg)、t：時間(分)
G：発生量(mg/分)、Q：換気量(㎥/分)

図3.1.9　数理モデルによる方法のイメージ

表3.1.4　「職場のあんぜんサイト」で公開されている簡易リスクアセスメントツール

手法	推定ばく露濃度の表示／読取り
厚生労働省版コントロール・バンディング	なし
作業別モデル対策シート	なし
CREATE-SIMPLE	あり
業種別のリスクアセスメントシート	なし
ECETOC TRA	あり
独EMKG定量式リスクアセスメントツール（EMKG-EXPO-TOOL）	あり

ばく露の程度（I～V）		飛散性/揮発性		
		細かい粉体 沸点50℃未満	中程度の粉体 50℃以上150℃未満	粗い粉体 沸点150℃以上
使用量	トン単位	V	IV	III
	kg単位	IV	III	II
	g単位	III	II	I

図3.1.10　あらかじめ尺度化した表を使用する方法のイメージ図

されるばく露濃度は一見精度が高いように見えるが、さほど精度は良くない。推定方法および推定に用いた条件に応じて適切な安全率を考慮する必要がある。

（エ）　見積り例4：あらかじめ尺度化した表を使用する方法

　　対象の化学物質などへの労働者のばく露の程度とこの化学物質などによる有害性を相対的に尺度化し、これらを縦軸と横軸とし、あらかじめばく露の程度と有害性の程度に応じてリスクが割り付けられた表を使用してリスクを見積もる方法。GHS区分が慢性区分2の中揮発性の液体をkg単位で取り扱う場合のリスクの見積り例（イメージ）を図3.1.10に示す。

＊　Martie van Tongeren, Judith Lamb, Brian Miller, Laura MacCalman, John Cherrie, eteam Project: *Results of external validation exercise*, INSTITUTE OF OCCUPATIONAL MEDICINE BAuA Die ETEAM Konferenz am 25.-26.03.2014 https://www.baua.de/DE/Angebote/Veranstaltungen/Dokumentationen/Gefahrstoffe/ETEAM-2014.html

ウ．その他、ア.またはイ.に準じる方法

　危険または健康障害を防止するための具体的な措置が労働安全衛生法関係法令の各条項に規定されている場合に、これらの規定を確認する方法などがある。

< 具体的な方法 >

①　特別則（労働安全衛生法に基づく化学物質等に関する個別の規則）の対象物質（特定化学物質、有機溶剤など）については、特別則に定める具体的な措置の状況を確認する方法

②　安衛令別表第1に定める危険物および同等のGHS分類による危険性のある物質について、安衛則第4章などの規定を確認する方法

③　毎回異なる環境で作業を行う場合において、典型的な作業を洗い出し、あらかじめ当該作業において労働者がばく露される物質の濃度を測定し、その測定結果に基づくリスク低減措置を定めたマニュアル等を作成し、定められた措置が適切に実施されていることを確認する方法

　こうした方法で使用するチェックリストのイメージを**表3.1.5**に示す。

表3.1.5　チェックリストによる方法のイメージ

	チェック事項	判定
1	対象作業に適した工学的対策が取られている。 （密閉化、局所排気装置）	ある ○
2	局所排気装置は規則に沿った制御風速が確保できている。	十分でない △
3	作業環境測定結果で「Ⅰ-1：第一管理区分」が継続している。 （※第三管理区分の場合は無条件で「リスク高」とする。）	いる ○
4	工学的対策が困難な場合は、全体換気および適切な保護具を使用しての作業がなされている。	いる ○
5	特殊健康診断で対象化学物質による「所見なし」の者が継続している。 （※有所見者がいる場合は無条件で「リスク高」とする。）	一部未整備 △
6	対象作業について作業標準書が整備されている。	一部未整備 △
7	対象作業に作業者を従事させる（雇入れ、配置換え）際、取扱い物質の危険・有害性情報、ばく露防止等を踏まえた労働衛生教育を実施している。 （できていない場合は無条件で「リスク高」とする。）	一部未実施 △
8	局所排気装置等の定期自主点検がなされている。	未実施 ×
9	保護具の使用状況が管理されている。 （交換時期、不適切な使用の指導等）	不十分 △
10	対象作業においてヒヤリ・ハットがある。	ある △

結　果：○3　　△6　　×1
対　　応：局所排気装置の点検による制御風速のクリア
　　　　　取扱い化学物質の有害性に係る教育の実施
リスクレベル：上記を実施したことでリスクレベルは低いとする。

表3.1.6　リスク低減措置の検討内容

優先順位	検討内容
1	危険性または有害性のより低い物質への代替、化学反応のプロセスなどの運転条件の変更、取り扱う化学物質などの形状の変更など、またはこれらの併用によるリスクの低減 ※危険有害性の不明な物質に代替することは避けるようにする。
2	化学物質のための機械設備などの防爆構造化、安全装置の二重化などの工学的対策または化学物質のための機械設備などの密閉化、局所排気装置の設置などの衛生工学的対策
3	作業手順の改善、立入禁止などの管理的対策
4	化学物質などの有害性に応じた有効な保護具の使用

(8)　リスク低減措置の検討

　リスクアセスメントの結果に基づき、労働者の危険または健康障害を防止するための措置の内容を検討する。

　検討に際し、**表3.1.6**に掲げる優先順位でリスク低減措置の内容を検討する。「労働者のばく露の程度を最小限度とする措置（安衛則第577条の２第１項）」および「ばく露される程度を厚生労働大臣が定める濃度の基準以下とする措置（安衛則第577条の２第２項）」など、安衛法に基づく安衛則などに規定がある場合は、その措置をとる必要がある。

　なお、本章(7)リスクの見積りのイ.の方法（**表3.1.2**）を用いたリスクの見積り結果として、労働者がばく露される程度が濃度基準値またはばく露限界を十分に下回ることが確認できる場合は、当該リスクは許容範囲内であり、追加のリスク低減措置を検討する必要はない。

(9)　リスク低減措置の実施

　リスクアセスメント対象物については、労働者のばく露を最小限度とすること、および濃度基準値が設定された物質については濃度基準値以下とする措置を講じなければならない。それ以外の検討したリスク低減措置についても、速やかに実施するよう努める。死亡、後遺障害または重篤な疾病のおそれのあるリスクに対しては、暫定的措置を直ちに実施する。リスク低減措置の実施後に、改めてリスクを見積もるとよい。

<リスク低減措置の実施例>

① 　危険有害性の高い物質から低い物質に変更する。

　※物質を代替する場合には、その代替物の危険有害性が低いことを、GHS区分や

ばく露限界値などをもとに、しっかり確認する。確認できない場合には、代替すべきではなく、危険有害性が明らかな物質でも、適切に管理して使用することが大切となる。

② 温度や圧力などの運転条件を変えて発散量を減らす。

③ 化学物質などの形状を、粉から粒に変更して取り扱う。

④ 衛生工学的対策として、蓋のない容器に蓋を付ける、容器を密閉する、局所排気装置のフード形状を囲い式に改良する、作業場所に拡散防止のためのパーティション（間仕切り、ビニールカーテンなど）を付ける。

⑤ 全体換気により作業場全体の気中濃度を下げる。

⑥ 発散の少ない作業手順に見直す、作業手順書、立入禁止場所などを守るための教育を実施する。

⑦ 防毒マスクや防じんマスク等の呼吸用保護具を使用する。

※呼吸用保護具によりばく露低減を図る場合は、保護具着用管理責任者を選任し、適正な保護具の選定、正しい使用、保守管理を行わせる必要がある。

⑽　リスクアセスメント結果等の労働者への周知等

リスクアセスメントを行ったときは、次に掲げる事項について、記録を作成し、次にリスクアセスメントを行うまでの期間（リスクアセスメントを行った日から起算して3年以内に当該リスクアセスメント対象物についてリスクアセスメントを行つたときは3年間）保存するとともに、当該事項を、リスクアセスメント対象物を製造し、または取り扱う業務に従事する労働者に周知させる。

① 対象物の名称

② 対象業務の内容

③ リスクアセスメントの結果（特定した危険性又は有害性、見積もったリスク）

④ 当該リスクアセスメントの結果に基づき事業者が講ずる労働者の危険または健康障害を防止するため必要な措置の内容

ア．周知の方法は以下のいずれかによる。（※SDSを労働者に周知させる方法と同様）

① 当該リスクアセスメント対象物を製造し、または取り扱う各作業場の見やすい場所に常時掲示し、または備え付ける。

② 書面を、当該リスクアセスメント対象物を製造し、または取り扱う業務に従事する労働者に交付する。

③ 磁気ディスク、光ディスクその他の記録媒体に記録し、かつ、当該リスクア

　　セスメント対象物を製造し、または取り扱う各作業場に、当該リスクアセスメント対象物を製造し、または取り扱う業務に従事する労働者が当該記録の内容を常時確認できる機器を設置する。

イ． 安衛法第59条第1項に基づく雇入れ時の教育と同条第2項に基づく作業変更時の教育において、上記の周知事項を含めるものとする。

ウ． リスクアセスメントの対象の業務が継続し、上記の労働者への周知などを行っている間は、それらの周知事項を記録し、保存しておく。

表3.1.7　厚生労働省作成の支援ツール

名称	対象	特色	
厚生労働省版コントロール・バンディング	有害性	ILO（国際労働機関）が中小企業向けに作成した作業者の安全管理のための簡易リスクアセスメントツールをわが国で簡易的に利用できるように厚生労働省がWebシステムとして改良、開発したもの。液体・粉体作業用と主に粉じん則に定める粉じん作業用の2つのシステムあり。化学物質の有害性情報、取扱い物質の揮発性・飛散性、取扱量から簡単にリスクの見積もりが可能。平成31年3月から、「液体・粉体作業」でもハザードレベルとして許容濃度を選択することが可能になった。【初級】	
爆発・火災等のリスクアセスメントのためのスクリーニング支援ツール	危険性	化学物質や作業に潜む代表的な危険性やリスクを簡便に「知る」ことに着目した支援ツール。ガイドブックでは、化学物質の危険性に関する基本的な内容に加え、代表的なリスク低減対策についても整理されているため、教科書として危険性に関する基礎を学ぶことが可能。【初級】	
作業別モデル対策シート	有害性	主に中小規模事業者など、リスクアセスメントを十分に実施することが難しい事業者を対象に、専門性よりも分かりやすさや簡潔さを優先させ、チェックリストと危険やその対策を記載したシート。リスクレベルは考慮せずに作業毎に代表的な対策を記載。平成31年3月に粉じん作業を中心に拡充、更新を行った。【初級】	
CREATE-SIMPLE（クリエイト・シンプル）	有害性・危険性	サービス業や試験・研究機関などを含め、あらゆる業種の化学物質取扱事業者に向けた簡易なリスクアセスメントツール。取扱い条件（取扱量、含有率、換気条件、作業時間・頻度等）から推定したばく露濃度とばく露限界値（またはGHS区分情報）を比較する方法。令和6年2月には、混合物中成分の一斉評価機能を追加したほか、ばく露限界値の入力対象に濃度基準値を加えるなど、新しい化学物質管理に対応。【初級】	
検知管を用いた化学物質のリスクアセスメントガイドブック	有害性	簡易な化学物質の気中濃度測定法のひとつである検知管を用いたリスクアセスメント手法のガイドブック。SDS交付義務対象物質のうち検知管で検知可能な化学物質の一覧や検知管の原理などについても整理されている。Microsoft Excelを活用した評価ツールに測定結果を入力することで、簡便にリスクの見積もりが可能。【中級】	
リアルタイムモニターを用いた化学物質のリスクアセスメントガイドブック	有害性	簡易な化学物質の気中濃度測定法のひとつであるリアルタイムモニターを用いたリスクアセスメント手法のガイドブック。リアルタイムモニターの活用事例やSDS交付義務対象物質のうちリアルタイムモニターで検知可能な化学物質の一覧やリアルタイムモニターの原理についても整理されている。Microsoft Excelを活用した評価ツールに測定結果を入力することで、簡便にリスクの見積もりが可能。改訂第2版では、発展編（リアルタイムモニターを用いた混合物の評価）を追加。【中級】	
業種別のリスクアセスメントシート	有害性	化学物質を取り扱う3業種の具体的な作業と代表的取扱い物質を反映したリスクアセスメント支援シート（中小規模事業場での使用を前提）。【中級】	工業塗装
			オフセット印刷グラビア印刷
			めっき
			（共通）

⑪　その他

　リスクアセスメント対象物以外の化学物質についても、安衛法第28条の２に基づき、リスクアセスメントを行う努力義務があるので、上記に準じて取り組むように努める。なお、健康障害防止については「労働者のばく露の程度を最小限度とする措置」が努力義務で求められている（安衛則第577条の３）。

３．厚生労働省の「化学物質のリスクアセスメント実施支援」

　厚生労働省では化学物質のリスクアセスメントを支援するため、さまざまな支援ツールを作成し「職場のあんぜんサイト*」で公開している（**表3.1.7～表3.1.9**）。

　なお、各ツールでは主にリスクを見積もることを支援しているため、ツールでリスクを見積もった後は見積もった結果に基づいてリスク低減措置の内容の検討が必要となる。

表3.1.8　厚生労働省以外の研究機関等で開発された支援ツール

名称	対象	特色
安衛研 リスクアセスメント等実施支援ツール	危険性	主に化学プラント・設備における火災や爆発、漏えい、破裂などのプロセス災害を防止することを目的としたリスクアセスメント等の進め方を厚生労働省の指針に沿ってまとめたツール。スクリーニング支援ツールよりも精緻なリスクアセスメントを実施することが可能（一定の専門知識を要する）。【中～上級】
ECETOC TRA	有害性	欧州REACHに基づく化学物質の登録を支援するために開発された、定量的なリスクアセスメントが可能なリスクアセスメント支援ツール。欧州化学物質生態毒性および毒性センター（ECETOC）が開発。【上級】
独EMKG定量式リスクアセスメントツール	有害性	ドイツ労働安全衛生研究所（BAuA）が提供するリスクアセスメントツール。【中級】
	有害性（ばく露のみ）	上記EMKG 2.2から吸入ばく露評価パートを抽出した、簡易な吸入ばく露評価が可能なリスクアセスメント支援ツール。※本支援ツールはばく露評価ツールのため、別途、有害性について考慮する必要がある。※CMR物質（発がん性、変異原性および生殖毒性があるとされる物質）の使用には適してない。【初級】

表3.1.9　リスクアセスメント実施・低減対策検討の支援

リスクアセスメント選択の手順	リスクアセスメント実施の考え方についてフローチャートで一例を示している。
リスクアセスメント実施レポート（結果記入シート）Excel	コントロールバンディング等、実施したリスクアセスメントの結果とリスク低減対策等を記載できるシート。従業員への周知のための資料としても利用可能。

＊　https://anzeninfo.mhlw.go.jp/user/anzen/kag/ankgc07.htm

⑴　リスク見積りのツール

　公開されたツールは、化学品のSDS情報等を用いることでリスクの見積りが可能となるものである。ホームページへアクセスし、各ツールの特色や作業内容、事業場の状況などを考慮した上で、適切なツールを取り入れ、化学物質のリスクアセスメントを進めるのも一考である。

⑵　リスクアセスメント実施レポートの支援

　特に様式の定めはないが、安衛則で要求される①対象物の名称、②対象業務の内容、③リスクアセスメントの結果（特定した危険性又は有害性、見積もったリスク）、④当該結果に基づき事業者が講ずる労働者の危険または健康障害を防止するため必要な措置の内容、を網羅している必要がある（図3.1.11、図3.1.12）。

図3.1.11　「職場のあんぜんサイト」で公開されている結果記入Excelシート（例）

出力する結果をリストから出力後「リスクアセスメントシートに出力」または「実施レポートに出力」のボタンを押してください。

リスクアセスメントシートに出力　実施レポートに出力

基本情報									成分情報						現状						
															リスクレベル					判定結果	
No.	実施日	実施者	タイトル	実施場所	製品ID等	製品名等	作業内容等	備考	No.	CAS RN	物質名	含有率[wt%]	備考	吸入(8時間)	吸入(短時間)	経皮吸収	合計(吸入＋経皮)	危険性(爆発・火災等)	有害性	危険性（爆発・火災等）
1	2024/2/22	XXX	製品●●のリスクアセスメント	作業室A	P005-000	製品●●	製品●●をドラムから缶に小分けする作業	A事業所にて使用	1	98-00-0	フルフリルアルコール	90	皮膚等障害化学物質 濃度基準値設定物質	Ⅱ-A	Ⅱ	Ⅳ	Ⅳ	Ⅱ	濃度基準値設定物質の長時間（8時間）ばく露の評価結果は良好です。換気、機器や器具、作業手順などの管理に努めましょう。 濃度基準値設定物質の短時間の評価結果は良好です。換気、機器や器具、作業手順などの管理に努めましょう。 皮膚障害等防止用保護具の選定マニュアル	引火するおそれがあるため、詳なリスクアセスメントを実施しましょう。着火源の除去、爆発雰囲気の形成防止対策を徹しましょう。
1	2024/2/22	XXX	製品●●のリスクアセスメント	作業室A	P005-000	製品●●	製品●●をドラムから缶に小分けする作業	A事業所にて使用	2	98-01-1	フルフラール	10	濃度基準値設定物質	Ⅱ-A	Ⅱ	Ⅳ	Ⅳ	Ⅱ	濃度基準値設定物質の長時間（8時間）ばく露の評価結果は良好です。換気、機器や器具、作業手順などの管理に努めましょう。 濃度基準値設定物質の短時間の評価結果は良好です。換気、機器や器具、作業手順などの管理に努めましょう。 皮膚障害等防止用保護具の選定マニュアル	引火するおそれがあるため、詳なリスクアセスメントを実施しましょう。着火源の除去、爆発性雰囲気の形成防止対策を徹底しましょう。
2	2024/3/29		接着剤の補給作業	コーター作業場		希釈した接着剤	コーター前で希釈した接着剤の入った一斗缶内をひしゃくでかき混ぜ、コーターの接着剤受皿に補給する作業		1	141-78-6	酢酸エチル	27		Ⅳ	Ⅳ	Ⅰ	Ⅳ	-	リスクアセスメントのための測定等を実施するか、リスクを下げる対策を実施を実施しましょう。 皮膚障害等防止用保護具の選定マニュアルに従い、適切な皮膚障害等防止用保護具を着用しましょう。	
2	2024/3/29		接着剤の補給作業	コーター作業場		希釈した接着剤	コーター前で希釈した接着剤の入った一斗缶内をひしゃくでかき混ぜ、コーターの接着剤受皿に補給する作業		2	108-88-3	トルエン	55	皮膚等障害化学物質	Ⅳ	Ⅳ	Ⅰ	Ⅳ	-	リスクアセスメントのための測定等を実施するか、リスクを下げる対策を実施を実施しましょう。 皮膚障害等防止用保護具の選定マニュアルに従い、適切な皮膚障害等防止用保護具を着用しましょう。	
2	2024/3/29		接着剤の補給作業	コーター作業場		希釈した接着剤	コーター前で希釈した接着剤の入った一斗缶内をひしゃくでかき混ぜ、コーターの接着剤受皿に補給する作業		3	0	樹脂	18		Ⅰ	Ⅰ	-	Ⅰ	-	リスクアセスメントのための測定等を実施するか、リスクを下げる対策を実施を実施しましょう。 皮膚障害等防止用保護具の選定マニュアルに従い、適切な皮膚障害等防止用保護具を着用しましょう。	

図3.1.12　CREATE-SIMPLE（クリエイト・シンプル）の実施リスト

第2章　災害事例等をもとにしたリスクアセスメント解説

1．CREATE-SIMPLE（健康障害防止）

(1)　危険性と有害性のリスクアセスメント

　化学物質は危険性と有害性の両方の性質を持つが、危険性は、爆発・火災、漏えいによる事故、薬傷などのように、比較的短時間に危害を起こさせる性質、有害性は急性・慢性の中毒や職業がんのように、健康影響を生じさせる性質と整理することができる。急性毒性は有害性だが、短時間で健康障害を起こさせるから危険性に近い性質をもつ。危険性は爆発・火災防止、漏えいによる事故、薬傷防止など安全対策、有害性は健康障害防止などの衛生対策が必要であり、危険性（安全）と有害性（衛生）ではリスクアセスメント手法やリスク低減対策方法が異なっている。

(2)　最新版のCREATE-SIMPLEの入手

　災害事例をもとに、CREATE-SIMPLE（クリエイトシンプル）を用いたリスク

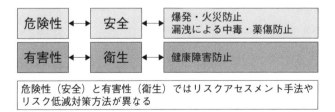

（出典：「作業環境」36(2), 59-63, 2015を一部改変）

図3.2.1　危険性と有害性

アセスメントの実施例について紹介する。令和6年4月現在の最新版は、バージョン3.0.2であるが、頻繁に修正されているので、一番新しいものを使用する。

　CREATE-SIMPLEを入手するには、厚生労働省ホームページ「職場のあんぜんサイト*」の「化学物質」のボタンをクリックし、表示されたプルダウンメニューの「化学物質のリスクアセスメント実施支援」を選択する。「化学物質のリスクアセスメントの実施支援」の「詳しくはこちらを」ボタンをクリックすると「リスクアセスメント支援ツール」の一覧表までページがロールダウンする。一覧表にCREATE-SIMPLEのタイトルにリンクがあるので、ここをクリックするとCREATE-SIMPLEのタイトルページが表示される。タイトルページには概要、特徴、手法、注意点とCREATE-SIMPLEの流れ（スキーム）が記載されている。

　末尾の表に「マニュアル」と「設計基準」と「CREATE-SIMPLE」のリンクがあり、クリックすると「クリエイト・シンプルを用いた化学物質のリスクアセスメントマニュアル」（以下「マニュアル」という）、「CREATE-SIMPLEの設計基準」（以下「設計基準」という）、CREATE-SIMPLEの本体（エクセルシート）がそれぞれダウンロードできる。CREATE-SIMPLEのリスク判定論理は「設計基準」に、操作方法は「マニュアル」に記載されている。リスク判定論理を知らなくても「マニュアル」どおりに操作すれば、誰にでもリスクアセスメントが実施できるので、本体のエクセルシートと「マニュアル」をダウンロードする。

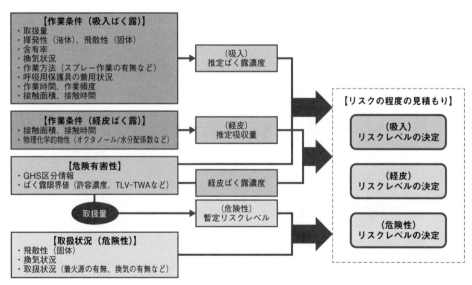

図3.2.2　CREATE-SIMPLEの流れ

---

*　https://anzeninfo.mhlw.go.jp

使用上の注意点は次のとおり。

① 何らかの理由によりばく露が大きくなるような作業については、リスクを過小に見積もる可能性がある

② 危険性については、プロセスは対象外。化学物質が潜在的に有する危険性に気づくことを主目的にしているため、プロセスで用いる場合などは、労働安全衛生総合研究所が作成した「安衛研 リスクアセスメント等実施支援ツール」の利用が推奨されている

ア．CREATE-SIMPLEの特徴

・操作方法がわかれば、専門的な知識がなくてもリスクアセスメントが実施できる。操作方法についてはマニュアルが準備されている。また、CREATE-SIMPLEのリスク判定論理は「設計基準」で公開されている。

・ばく露濃度の推定手法は一部を除いて、英国健康安全庁（HSE）の有害物管理規則（COSHH）で採用されている簡易リスクアセスメント手法COSHH essentialsに基づいている。また、GHS分類の有害性区分に対応する管理目標濃度は、ドイツ社会保険の労働安全衛生研究所の簡易リスクアセスメントツールであるGESTIS-Stoffenmanagerで採用されたハザードレベルの割り付け手法を用いており科学的信頼性が高い。

・COSHH Essentialsで採用していないばく露限界値（8時間、短時間）をGHSの有害性区分のかわりに用いることができる。1kg/L未満の少量の取扱いや、換気設備がない状況の場合、呼吸用保護具を着用した場合についてCOSHH Essentialsを拡張している（注1）。

・オリジナルのCOSHH essentialsでの有害性の強い物質の取扱いで要求される専門家との相談の勧告や、リスクに対応する対策シートは提供されない（対策シートが必要な場合は厚生労働省方式のコントロールバンディングの対策シートが活用できる）

・皮膚吸収量の推定は、米国NIOSH「A Strategy for Assigning New NIOSH Skin Notations」(2009) に基づいており科学的信頼性が高い。

・保護手袋を着用した場合のばく露量の推定についてCOSHH Essentialsを拡張している。また、吸入経路と経皮経路によるばく露の総合的なリスク評価も可能である（注2）。

・最新版は、爆発・火災の危険性に関する簡易なリスクアセスメントが健康障害のリスクアセスメントと同時に実施できる。リスクアセスメントというよりは

危険性の注意喚起の意味合いが強い。

注意事項
注1：濃度基準値が設定されている物質の「濃度基準値を超えるおそれ」の判断は、個人ばく露濃度測定による労働者の呼吸域の濃度を原則としている。濃度基準値を超える場合は、材料等の代替、工学的対策、管理的対策、保護具の使用という優先順位に基づくリスク低減措置が求められており、優先順位の低い保護具の使用をリスク低減措置とすることを前提として、CREATE-SIMPLEでばく露の程度を推計することは許されていない。なお、リスク低減措置の検討に資するため、CREATE-SIMPLEを活用し、工学的対策や呼吸用保護具の使用等のリスク低減措置を実施した場合のばく露濃度の推計をすることは許容されている。
注2：皮膚等障害化学物質等については、労働者に当該物質の製造・取扱い業務に従事させる場合は、労働者に保護衣、保護手袋、履物、保護眼鏡等の適切な保護具を使用させることが義務付けられており、CREATE-SIMPLEでの経皮吸収によるリスクが低いことを理由に保護手袋を使用しないと判断することは許されていない。なお、リスク低減措置の検討に資するため、適正な保護手袋によるリスク低減措置を実施した場合のリスク評価を行うことは許容されると考えられる。

イ．CREATE-SIMPLEの位置づけ

技術上の指針において、事業場で使用する全てのリスクアセスメント対象物について、危険性又は有害性を特定し、労働者が当該物にばく露される程度を数理モデルの活用を含めた適切な方法により把握した上で、リスクを見積もり、その結果に基づき、危険性又は有害性の低い物質への代替、工学的対策、管理的対策、有効な保護具の使用等により、当該物にばく露される程度を最小限度とすることを含め、必要なリスク低減措置を実施することが求められている。また、リスクアセスメントによる作業内容の調査、場の測定の結果および数理モデルによる解析の結果等を踏まえ、均等ばく露作業に従事する労働者のばく露の程度を評価し、その結果、労働者の呼吸域における物質の濃度が8時間のばく露に対する濃度基準値の2分の1程度を超えると評価された場合は、確認測定を実施することとされている。

CREATE-SIMPLEは、**図3.2.3**に示すフローの「初期調査」における「数理モデルを活用したばく露の推定」に活用できるツールと位置づけられている。

ウ．CREATE-SIMPLE　エクセルシート

CREATE-SIMPLEのエクセルシートはブック形式となっており、1枚目が現状のリスクを評価するための入力と出力を行う「リスクアセスメントシート」となっている。ここには、健康障害の入力項目（吸入を対象とするもの、経皮吸収

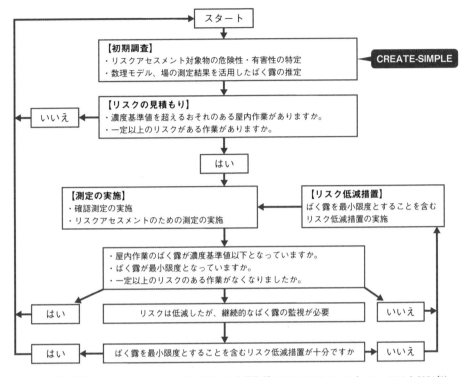

(資料：厚生労働省「クリエイト・シンプルを用いた化学物質のリスクアセスメントマニュアル」2024年)

図3.2.3　健康障害防止リスクアセスメントフロー

を対象とするもの)、危険性の入力項目が示されているので、それぞれの項目に
必要事項を入力することで、総合的な評価を行うことができる。２枚目が「実
施レポート」で、リスク低減対策を入力すると、対策後のリスクを現状のリス
クと並べて表示されるので、比較検討することができる（**図3.2.4**)。

エ．CREATE-SIMPLEのリスクの見積り方法

　「リスクアセスメント指針のア.の方法」は、発生の可能性と重篤度を考慮して
リスクを評価する方法であるが、「リスクアセスメント指針のイ.の方法」は、有
害性の程度とばく露の程度を比較してリスク評価する方法である。

　安衛則の改正により「労働者のばく露の程度を最小限度にする」ことを原則と
しており、濃度基準値が定められているのであれば「労働者がばく露される程度
を厚生労働大臣が定める濃度基準値と比較」して管理する必要がある（詳細は、
第４編第１章を参照)。これは、管理したい目標濃度（許容される濃度）に対し
てばく露濃度を低く管理するという考え方で、概念図では、有害性の程度とばく
露の程度を天秤にかける方法である（**図3.2.5**)。その意味では、CREATE-

CREATE-SIMPLE ver 3.0

- サービス業など幅広い職場に向けた簡単な化学物質リスクアセスメントツール -

- 説明 -
- ● リスクアセスメントとは、労働者の安全や健康への影響について評価をすることです。
- ● CREATE-SIMPLEは、労働者の健康（吸入・経皮）への影響と物質の危険性について評価し、対策の検討を支援します。
- ● SDSを確認して対象物質を特定し、以下のSTEP1から順番に入力してください。

No　13
実施日　2024/3/26
実施者

結果呼出　　入力内容クリア

【STEP 1】対象製品の基本情報を入力しましょう。

製品DBから入力

タイトル	取付け塗装作業
実施場所	組み立て屋
製品ID等	
製品名称等	アルキド樹脂塗料
作業内容等	家具見本の材料表面を塗装する作業
備考	
リスクアセスメント対象	☑吸入　☑経皮吸収　□危険性（爆発・火災等）　　性状　☑液体　○粉体　○気体　　成分数　6

【STEP 2】取扱い物質に関する情報を入力してください。

CAS RNで検索　　物質一覧から選択　　CAS RN一括入力　6▼　編集　　▼詳細表示

No	CAS RN	物質名	含有率 [wt%]
1	13463-67-7	酸化チタン(ナノ粒子以外)	20
2	60676-86-0	非晶質シリカ (石英ガラス)	5
3	8052-41-3	ミネラルスピリット (ミネラルシンナー、ペトロリウムスピリット、ホワイトスピリット及びミネラルターペンを含む。)	20
4	5989-27-5	(4R)-パラ-メンタ-1,8-ジエン (別名：d-リモネン)	10
5	25551-13-7	トリメチルベンゼン	15
6		アルキド樹脂	30

【STEP 3】以下の作業内容に関する質問に答えましょう。

Q1 製品の取扱量はどれくらいですか。
　　中量（1Lレb〜〜1000L未満）

Q2 スプレー作業など空気中に飛散しやすい作業を行っていますか。
　　（はい）

Q3 化学物質を塗布する合計面積は1m2以上ですか。
　　（はい）

Q4 作業場の換気状況はどれくらいですか。
　　換気レベルC（工業的な全体換気、屋外作業）

Q5 1日あたりの化学物質の作業時間（ばく露時間）はどれくらいですか。
　　30分以下

Q6 化学物質の取り扱い頻度はどれくらいですか。
　　週1回以上　　　　　　　　　　　→　　　1　　日／週

Q7 作業内容のばく露濃度の変動の大きさはどれくらいですか。
　　ばく露濃度の変動が大きい作業

Q8 化学物質が液体に接触する面積はどれくらいですか。
　　大きなコインのサイズ、小さな飛沫

Q9 取り扱う化学物質に適した手袋を着用していますか。
　　手袋を着用していない

Q10 手袋の適正な使用方法に関する教育は行っていますか。
　　教育や訓練を行っていない

備考（任意）

STEP 4 リスクの判定

実施レポートに出力

	ばく露限界値（管理目標濃度）			推定ばく露濃度			リスクレベル				
	吸入 [時間]	吸入 [比較値]	経皮吸収	吸入 [8時間]	吸入 [短時間]	経皮吸収	吸入 [8時間]	吸入 [短時間]	経皮吸収	合計 [吸入+経皮]	危険性 (爆発・火災等)
1	13463-67-7　酸化チタン(ナノ粒子以外)										
	0.3 mg/m3	2.4 mg/m3		0 mg/m3	0 mg/m3	-	1	I	-	I	
2	60676-86-0　非晶質シリカ (石英ガラス)										
	0.3 mg/m3	0.9 mg/m3		0 mg/m3	0 mg/m3	-	1	I	-	I	
3	8052-41-3　ミネラルスピリット (ミネラルシンナー、ペトロリウムスピリット、ホワイトスピリット及びミネラルターペンを含む。)						リスクレベルS				
	100 ppm	300 ppm		300〜3000 ppm	5000 ppm	-	IV	IV	-	IV	
4	5989-27-5　(4R)-パラ-メンタ-1,8-ジエン (別名：d-リモネン)						皮膚等障害化学物質				
	5 ppm	20 ppm	208.8 mg/day	30〜300 ppm	5000 ppm	0.0197 mg/day	IV	I	IV		
5	25551-13-7　トリメチルベンゼン						リスクレベルS				
	10 ppm	40 ppm		30〜300 ppm	5000 ppm	-	IV	IV	-	IV	
6	0　アルキド樹脂										
	1〜10 mg/m3	30 mg/m3		0 mg/m3	0 mg/m3	-	1	I	-	I	

判定結果

有害性	リスクアセスメントのための測定等を実施するか、リスクを下げる対策等を実施しましょう。 皮膚障害等防止用保護具の選定マニュアルに従い、適切な皮膚障害等防止用保護具を着用しましょう。
危険性 (爆発・火災等)	

ステップ1

タイトル、実施場所、製品名称、作業内容等の入力

ステップ2

CAS RN、名称、含有率等の入力、詳細より各成分の飛散性、ばく露限界、GHS分類、物性等を入力

ステップ3

質問事項に答える形式で、使用量、作業状況、換気の状況、作業時間と頻度等をプルダウンメニューより入力

ステップ4

リスクの判定により現状の推定ばく露濃度範囲とリスクレベルを表示

リスクアセスメントシート

図3.2.4　CREATE-SIMPLE　エクセルシート

リスクアセスメント実施レポート

- 説明 -
● リスクアセスメントシートで実施した結果が表示されます。
● このシートでリスク低減措置の内容を検討し、労働者に周知を行いましょう。

No	13
実施日	2024/3/26
実施者	

[PDFに保存] [結果呼出] [入力内容クリア]

基本情報

タイトル	吹付け塗装作業
実施場所	組み立て室
製品ID等	
製品名等	アルキド樹脂塗料
作業内容等	家具見本の材料表面を塗装する作業
備考	

No	CAS RN	物質名	含有率 [wt%]
1	13463-67-7	酸化チタン(ナノ粒子以外)	20
2	60676-86-0	非晶質シリカ (石英ガラス)	5
3	8052-41-3	ミネラルスピリット (ミネラルシンナー、ペトロリウムスピリット、ホワイトスピリット及びミネラルターペンを含む。)	20
4	5989-27-5	(4R)-パラ-メンタ-1,8-ジエン (別名:d-リモネン)	10
5	25551-13-7	トリメチルベンゼン	15
6	0	アルキド樹脂	30

基本情報

リスク低減対策の検討から、低減対策をプルダウンメニューより入力し、リスクの再判定を実施

リスク低減対策の検討

※「リスク低減対策の検討」のQ1〜Q15の選択肢を変更し、【再度リスクを判定】をクリックすることによって、リスク低減対策後の結果が表示されます。

[リスクの再判定]

設問	現状	対策後	リスク低減対策の検討
Q1. 取扱量	中量 (1L以上〜1000L未満)	中量 (1L以上〜1000L未満)	中量 (1L以上〜1000L未満)
Q2. スプレー作業の有無	はい	はい	はい
Q3. 塗布面積1m2超	はい	はい	はい
Q4. 換気レベル	換気レベルC (工業的な全体換気、屋外作業)	換気レベルD (外付け式局所排気装置)	換気レベルD (外付け式局所排気装置)
制御風速の確認		制御風速を確認している	制御風速を確認している
Q5. 作業時間	30分以下	30分以下	30分以下
Q6. 作業頻度	1日／週	1日／週	週1回以上　1　日／週
Q7. ばく露の変動の大きさ	ばく露濃度の変動が大きい作業	ばく露濃度の変動が小さい作業	ばく露濃度の変動が小さい作業
[オプション] 呼吸用保護具			
フィットテストの方法			
Q8. 接触面積	大きなコインのサイズ、小さな飛沫	大きなコインのサイズ、小さな飛沫	大きなコインのサイズ、小さな飛沫
Q9. 化学防護手袋	手袋を用いていない	耐透過性・耐浸透性の手袋の適用している	耐透過性・耐浸透性の手袋の着用している
Q10. 保護具の教育	教育や訓練を行っていない	基本的な教育や訓練を行っている	基本的な教育や訓練を行っている

備考 (任意)

リスク低減対策の検討

リスクの再判定結果

		ばく露限界値 (管理目標濃度)			推定ばく露濃度			リスクレベル				
		吸入 (8時間)	吸入 (短時間)	経皮吸収	吸入 (8時間)	吸入 (短時間)	経皮吸収	吸入 (8時間)	吸入 (短時間)	経皮吸収	合計 (吸入+経皮)	危険性 (爆発・火災等)
1	**13463-67-7 酸化チタン(ナノ粒子以外)**											
現状		0.3 mg/m3	2.4 mg/m3	-	0 mg/m3	0 mg/m3	-	I	I	-	I	-
対策後		0.3 mg/m3	2.4 mg/m3	-	0 mg/m3	0 mg/m3	-	I	I	-	I	-
2	**60676-86-0 非晶質シリカ (石英ガラス)**											
現状		0.3 mg/m3	0.9 mg/m3	-	0 mg/m3	0 mg/m3	-	I	I	-	I	-
対策後		0.3 mg/m3	0.9 mg/m3	-	0 mg/m3	0 mg/m3	-	I	I	-	I	-
3	**8052-41-3 ミネラルスピリット (ミネラルシンナー、ペトロリウムスピリット、ホワイトスピリット及びミネラルターペン リスクレベルS**											
現状		100 ppm	300 ppm	-	300〜3000 ppm	5000 ppm	-	IV	IV	-	IV	-
対策後		100 ppm	300 ppm	-	30〜300 ppm	5000 ppm	-	III	IV	-	III	-
4	**5989-27-5 (4R)-パラ-メンタ-1,8-ジエン (別名:d-リモネン)** 皮膚等障害化学物質											
現状		5 ppm	20 ppm	208.8 mg/day	30〜300 mg/day	5000 ppm	0.0197 mg/day	III	IV	I	IV	-
対策後		5 ppm	20 ppm	208.8 mg/day	3〜30 ppm	1200 ppm	0.00197 mg/day	III	IV	I	III	-
5	**25551-13-7 トリメチルベンゼン** リスクレベルS											
現状		10 ppm	40 ppm	-	30〜300 ppm	5000 ppm	-	IV	IV	-	IV	-
対策後		10 ppm	40 ppm	-	3〜30 ppm	1200 ppm	-	III	IV	-	III	-
6	**0 アルキド樹脂**											
現状		1〜10 mg/m3	30 mg/m3	-	0 mg/m3	0 mg/m3	-	I	I	-	I	-
対策後		1〜10 mg/m3	30 mg/m3	-	0 mg/m3	0 mg/m3	-	I	I	-	I	-

有害性	リスクアセスメントのための測定等を実施するか、リスクを下げる対策を実施しましょう。皮膚障害等防止用保護具の選定マニュアルに従い、適切な皮膚障害等防止用保護具を着用しましょう。
危険性 (爆発・火災等)	

リスクの再判定結果

リスクの再判定により現状と対策後の推定ばく露濃度範囲とリスクレベルを並べて表示

実施レポート

図3.2.4　CREATE-SIMPLE　エクセルシート (続き)

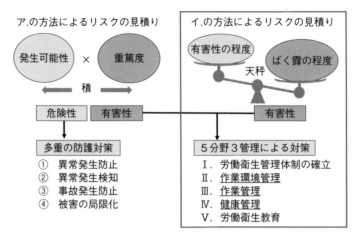

図3.2.5　指針における危険性と有害性の見積り

　SIMPLEの手法は「ばく露限界値が定められているのであれば、労働者がばく露される程度を管理したい目標濃度（許容される濃度）で管理する」といった考え方に沿った手法と言える。

オ．有害性の程度の設定方法

㋐　管理目標濃度

　　ばく露限界値が得られない場合は、GHS分類情報から管理目標濃度を設定する。

　　GHS分類の有害性区分に対応する管理目標濃度の割り付けは、**表3.2.1**のようになっている。

㋑　皮膚・眼への有害性の確認

　　労働安全衛生規則第594条の2に基づき、皮膚若しくは眼に障害を与えるおそれまたは皮膚から吸収され、若しくは皮膚に侵入して、健康障害を生ずるおそれがあることが明らかなもの（皮膚等障害化学物質等）の製造・取扱い業務に労働者を従事させる場合は、保護眼鏡、不浸透性の保護衣、保護手袋または履物等適切な保護具の使用が義務付けられることから、皮膚等障害化学物質等に該当する場合は表記される。

　　また、GHS分類の区分1、区分2も含めて皮膚、眼への有害性が認められる物質について、リスクレベルSが表示される（**表3.2.2**）。

㋒　有害性の程度の把握～ばく露限界値および管理目標濃度（吸入）の選定

　　リスクの判定に用いる8時間のばく露限界値と短時間（15分または天井値）のばく露限界値がそれぞれ**図3.2.6**と**図3.2.7**のスキームに従って選択される。

表3.2.1　管理目標濃度の設定

HL	GHS有害性分類と区分	管理目標濃度（以上～未満）	
		液体（ppm）	粉体（mg/㎥）
5	急性毒性（経口）：区分1（吸入のGHS区分がない場合） 急性毒性（吸入）：区分1 生殖細胞変異原性：区分1 発がん性：区分1	～0.05	～0.001
4	急性毒性（経口）：区分2（吸入のGHS区分がない場合） 急性毒性（吸入）：区分2 皮膚腐食性／刺激性：区分1A 呼吸器感作性：区分1 生殖細胞変異原性：区分2 発がん性：区分2 生殖毒性：区分1 特定標的臓器毒性（反復ばく露）：区分1	0.05～0.5	0.001～0.01
3	急性毒性（経口）：区分3（吸入のGHS区分がない場合） 急性毒性（吸入）：区分3 皮膚腐食性／刺激性：区分1Bまたは1Cまたは区分1 眼に対する重篤な損傷性／眼刺激性：区分1 皮膚感作性：区分1 生殖毒性：区分2 特定標的臓器毒性（単回ばく露）：区分1 特定標的臓器毒性（反復ばく露）：区分2	0.5～5	0.01～0.1
2	急性毒性（経口）：区分4（吸入のGHS区分がない場合） 急性毒性（吸入）：区分4 皮膚腐食性／刺激性：区分2 眼に対する重篤な損傷性／眼刺激性：区分2 特定標的臓器毒性（単回ばく露）：区分2または3	5～50	0.1～1
1	誤えん有害性：区分1 他の有害性ランク（区分1～5）に分類されない粉体と液体	50～500	1～10

※1　区分2Aのように区分が細分化されている場合、表に細区分の記載がない場合には、区分2として取り扱う。
※2　複数のGHS区分が当てはまる場合には、一番ハザードレベル（HL）の高い区分に基づき設定する。
※3　追加区分授乳影響のみが該当する物質は4物質（2024年2月現在）であり、他のGHS分類項目でHL3以上となることから、対象としていない。

（資料：厚生労働省「CREATE-SIMPLEの設計基準」2024年）

表3.2.2　リスクレベルSの定義

皮膚腐食性/刺激性	区分1、2
眼に対する重篤な損傷性/眼の刺激性	区分1、2
皮膚感作性	区分1

　CREATE-SIMPLEは、ver.3で混合物成分について一斉評価（バッチ処理）ができるようになっている。一斉処理において、有害性の程度をばく露の程度と比較する場合、スキームに従って、厚生労働大臣の定める濃度基準値がある成分は濃度基準値が、濃度基準値がなく許容濃度等のばく露限界値がある成分は許容濃度等が用いられる。いずれもない成分の場合に、表3.2.1で示した

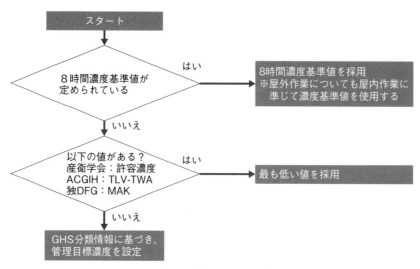

図3.2.6　8時間のばく露限界値の選定フロー

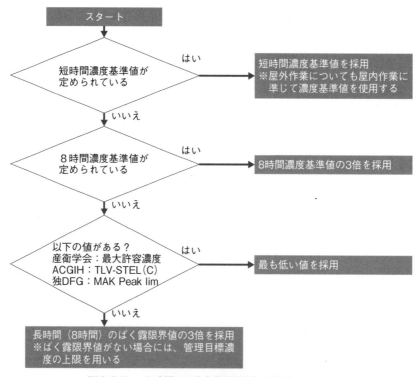

図3.2.7　8時間のばく露限界値の選定フロー

GHS分類の有害性区分に対応する管理目標濃度が使われる。製品の混合物としてのGHS分類の有害性区分に対応する管理目標濃度よりも成分が優先される手法となっている。

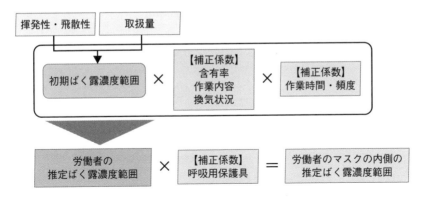

図3.2.8　ばく露（吸入）の推定方法

　なお、経皮吸収におけるばく露限界値の設定方法は「設計基準」を参照されたい。

カ．ばく露の程度の設定方法

㋐　吸入

　ステップ２の取扱物質に関する情報で入力した揮発性、飛散性情報とステップ３のＱ１の取扱量から、初期ばく露濃度範囲が推定される。この推定濃度範囲に、ステップ３のＱ２、Ｑ３の作業状況、Ｑ４の換気状況、Ｑ５の作業時間、Ｑ６の作業頻度、Ｑ７のばく露濃度の変動の大きさの補正係数を用いて最終的なばく露濃度を推定する（**図3.2.8**）。**表3.2.3** に吸入ばく露の質問事項と区分を示した。

　成分の含有率による補正は、取扱物質に関する情報で入力した含有率を用いて計算される。また、リスク低減対策においてはオプションとして呼吸用保護具とフィットテストの方法に対する補正係数が準備されており、保護具を着用した場合の効果を確認できるようになっている。補正係数の詳細については「設計基準」を参照されたい。なお、吸入における初期濃度および補正係数は**図3.2.9**の簡易ばく露濃度推定シートでも確認できる。

㋑　経皮吸収

　推定経皮吸収量は、以下の計算式に基づいて算出される。

$$SD = Kp \times Sw \times SA \times t$$

SD：経皮吸収量（mg）　Kp：皮膚透過係数（cm/hr）　Sw：水溶解度（mg/cm^3）
SA：接触面積（cm^2）　t：接触時間（hr）

表3.2.3　吸入ばく露の質問事項と内容

	質問事項	区分
Q1	製品の取扱量はどのくらいですか	大量（1 kL以上） 中量（1 L以上～1000 L未満） 少量（100mL以上～1000 mL未満） 微量（10mL以上～100 mL未満） 極微量（10 mL未満）
		高飛散性（微細な軽い粉体） 中飛散性（結晶状・顆粒状） 低飛散性（壊れないペレット）
Q2	スプレー作業など空気中に飛散しやすい作業を行っていますか	はい いいえ
Q3	化学物質を塗布する合計面積は1㎡以上ですか	はい いいえ
Q4	作業場の換気状況はどのくらいですか	換気レベルA（特に換気のない部屋） 換気レベルB（全体換気） 換気レベルC（工業的な全体換気） 換気レベルD（外付け式局所排気装置） 換気レベルE（囲い式局所排気装置） 換気レベルF（密閉容器内での取扱い）
	換気レベルDとE　制御風速の確認	制御風速を確認している 制御風速を確認していない
Q5	1日あたりの化学物質の作業時間（ばく露時間）はどのくらいですか	8時間超 7時間超～8時間以下 6時間超～7時間以下 5時間超～6時間以下 4時間超～5時間以下 3時間超～4時間以下 2時間超～3時間以下 1時間超～2時間以下 30分超～1時間以下 30分以下
Q6	化学物質の取扱頻度はどのくらいですか	週1回以上　→　日/週を入力 週1回未満　→　日/月を入力
Q7	作業内容の暴露濃度の変動の大きさはどのくらいですか	ばく露濃度の変動が小さな作業 ばく露濃度の変動が大きな作業

　なお、接触面積はQ8の化学物質が皮膚に接触する面積、接触時間はQ5の1日あたりの化学物質の作業時間（ばく露時間）と、分子量、水溶解度、オクタノール/水分配係数、蒸気圧が推定経皮吸収量の計算に用いられる。

　保護手袋の装着による推定経皮吸収量の補正は、Q9の保護手袋の耐透過性・耐浸透性およびQ10の保護手袋に関する教育の実施状況に応じて補正される。表3.2.4に経皮吸収の質問事項と区分を示した。なお推定経皮吸収量の計算と補正方法の詳細については「設計基準」を参照されたい。

粉体	低飛散性（壊れないペレット）	中飛散性（結晶状・顆粒状）	高飛散性（微細な軽い粉体）	初期ばく露濃度（mg/m³）
	10g未満	—	—	0.001以上～0.01未満
	10g～1000g	1000g未満	100g未満	0.01以上～0.1未満
	1kg以上	—	100g～1000g	0.1以上～1未満
	—	1kg以上	1kg以上	1以上～10未満

or

液体	極低揮発性（蒸気圧：0.5Pa未満）	低揮発性（沸点：150℃以上）	中揮発性（沸点：50℃～150℃）	高揮発性（沸点：50℃未満）	初期ばく露濃度（ppm）
	10mL未満	—	—	—	0.005以上～0.05未満
	1000mL未満	10mL未満	—	—	0.05以上～0.5未満
	1L以上	1000mL未満	100mL未満	10mL未満	0.5以上～5未満
		1L以上	100mL～1000mL	10mL～1000mL	5以上～50未満
	—		1L以上	1L以上	50以上～500未満

×

含有率	含有率の条件	補正係数	補正係数
	25%以上	1	
	5%以上～25%未満	3/5	
	1%以上～5%未満	1/5	
	1%未満	1/10	

×

作業	補正する作業内容の条件	補正係数	補正係数
	スプレー作業など、空気中に飛散しやすい作業	10	
	該当なし	1	

×

作業	補正する作業内容の条件	補正係数	補正係数
	化学物質の合計塗布面積が1m²超かつ取扱量1L以上	10	
	該当なし	1	

×

換気	換気レベル	換気状況の目安		補正係数	補正係数
	レベルA	特に換気がない部屋		4	
	レベルB	全体換気		3	
	レベルC	工業的な全体換気		1	
	レベルD	局所排気（外付け式）	制御風速未確認	1/2	
	レベルD	局所排気（外付け式）	制御風速確認済	1/10	
	レベルE	局所排気（囲い式）	制御風速未確認	1/10	
	レベルE	局所排気（囲い式）	制御風速確認済	1/100	
	レベルF	密閉容器内での取扱い		1/1000	

×

作業時間・頻度	条件（作業頻度が週1回以上の場合）	補正係数	補正係数
	週合計作業時間が40時間を超える場合。または1日の作業時間が8時間を超え、かつ頻度が週3日以上の場合。	10	
	補正係数10または1/10に該当しない場合	1	
	週合計作業時間が4時間以下の場合	1/10	
	条件（作業頻度が週1回未満）	補正係数	
	年間作業時間の合計が192時間を超える場合	1	
	年間作業時間の合計が192時間以下の場合	1/10	

×

保護具の種類	フィットテストの有無			補正係数
	フィットテスト	簡易法（シールチェック）	なし	
防じんマスク（全面形、RS3・RL3）	1/50	1/35	1/25	
防じんマスク（全面形、RS2・RL2）	1/14	1/9	1/7	
防じんマスク（全面形、RS1・RL1）	1/4	1/3	1/2	
防じんマスク（半面形、RS3・RL3）	1/10	1/7	1/5	
防じんマスク（半面形、RS2・RL2）	1/10	1/7	1/5	
防じんマスク（半面形、RS1・RL1）	1/4	1/3	1/2	

図3.2.9　簡易ばく露濃度推定シート（「CREATE-SIMPLEの設計基準」より）

	防じんマスク（使い捨て式、DS3・DL3）	1/10	1/7	1/5
	防じんマスク（使い捨て式、DS2・DL2）	1/10	1/7	1/5
	防じんマスク（使い捨て式、DS1・DL1）	1/4	1/3	1/2
	防毒マスク（全面形）	1/50	1/35	1/25
	防毒マスク（半面形）	1/10	1/7	1/5
呼吸用保護具	電動ファン付き（全面形、S級、PS3・PL3）	1/1000	1/750	1/500
	電動ファン付き（全面形、A級、PS2・PL2）	1/90	1/67	1/45
	電動ファン付き（全面形、A級・B級、PS1・PL1）	1/19	1/14	1/9
	電動ファン付き（半面形、S級、PS3・PL3）	1/50	1/35	1/25
	電動ファン付き（半面形、A級、PS2・PL2）	1/33	1/24	1/16
	電動ファン付き（半面形、A級・B級、PS1・PL1）	1/14	1/10	1/7
	電動ファン付き（ルーズフィット形、S級、PS3・PL3）	1/25		
	電動ファン付き（ルーズフィット形、S級・A級、PS2・PL2）	1/20		
	電動ファン付き（ルーズフィット形、A級、PS3・PL3）	1/20		
	電動ファン付き（ルーズフィット形、S級・A級・B級、PS1・PL1）	1/11		
	電動ファン付き（全面形）	1/1000	1/750	1/500
	電動ファン付き（半面形）	1/50	1/35	1/25
	電動ファン付き（ルーズフィット形）	1/25		

‖

推定ばく露濃度
〜
mg/m^3・ppm

図3.2.9　簡易ばく露濃度推定シート（「CREATE-SIMPLEの設計基準」より）（続き）

表3.2.4　経皮吸収の質問事項と区分

	質問事項	区分
Q8	化学物質が皮膚に接触する面積はどれくらいですか	大きなコインサイズ、小さな飛沫 片手の手のひらに付着 両手の手のひらに付着 両手全体に付着 両手および手首 両手の肘から下全体
Q9	取り扱う化学物質に適した手袋を着用していますか	手袋を着用していない 取り扱う化学物質に関する情報のない手袋を使用している 耐透過性・耐浸透性の手袋を着用している
Q10	手袋の適正な使用方法に関する教育は行っていますか	教育や訓練を行っていない 基本的な教育や訓練を行っている 十分な教育や訓練を行っている

キ．危険性の程度の設定方法

　危険性の程度の見積もりは、危険性のGHS区分とQ1の取扱量、Q11の取扱温度で危険性の程度を見積もり、Q12の着火源対策、Q13の爆発性雰囲気形成防止対策などで補正する方法が用いられている。**表3.2.5**に経皮吸収の質問事項と区

表3.2.5　危険性の質問事項と区分

	質問事項	区分
Q11	化学物質の取扱い温度はどのくらいですか	室温以下 室温以上　→　温度
Q12	着火源を取り除く対策は講じていますか	はい いいえ
Q13	爆発性雰囲気形成防止対策を実施していますか	はい いいえ
Q14	近傍で有機物や金属の取扱いがありますか	はい いいえ
Q15	取扱物質が空気または水に接触する可能性がありますか	はい いいえ

分を示した。危険性のリスクレベルの初期値と補正方法の詳細については「設計基準」を参考にされたい。

(3)　災害事例1　脱脂洗浄作業

この災害は、洗浄用シンナーを用いて部品を脱脂洗浄する作業中に発生したものである。

（以下、事例を参考に演習用に便宜的に編集した）

【発生状況】

部品を脱脂洗浄する作業は、縦横25mの床面、天井高さが5mの工場の一角に置かれた高さ90cmの作業台で行われていた。工場の壁面上部には換気扇が取り付けられて全体換気が行われていたが、作業台には局所排気装置などの換気装置は設けられていなかった。

脱脂洗浄の作業は、作業台に置かれた部品を手に持って、油差し用の容器に入れられた洗浄用シンナーを部品にかけ、エアーガンを用いて部品にエアーを吹き付けて付着している溶けた油分を吹き飛ばしたり、洗浄用シンナーをしみ込ませたウエスを用いて拭き取ったりする作業である。

使用していた洗浄用シンナーは、トルエンが80％と飽和炭化水素が20％のものである。
（厚生労働省「職場のあんぜんサイト」の災害事例を編集）

タイトル：脱脂洗浄作業
実施場所：第一作業室一角
製品名等：洗浄用シンナー

性状：液体

成分数　　3

No.	CAS RN	物質名	含有率（wt%）
1	108-88-3	トルエン	80
2	110-54-3	ノルマル-ヘキサン	10
3	110-82-7	シクロヘキサン	10

注）組成および含有率は災害事例をもとに便宜的に設定したものである。

【作業内容】

リスクアセスメント対象：吸入、経皮吸収

製品の取扱量：およそ1.5L（およそ50mL/個×30個＝1,500mL）

（取扱量は便宜的に設定したものである。）

作業状況：油差し用の容器に入れられた洗浄用シンナーを機械部品にかけ、これを
エアーガンでエアーを吹き付けて油分等を吹き飛ばしたり、洗浄用シン
ナーを染み込ませたウエスを用いて拭き取ったりする作業

塗布する合計面積は１m²以上（およそ0.5m²/個×30個＝1.5m²）

換気状況：工業的な全体換気

１日当たりの作業時間（ばく露時間）：およそ90分

（およそ３分/１個×30個＝90分）

化学物質の取り扱い頻度：１週間に３日

適切な手袋の着用：手袋を使用していない

皮膚に接触する面積：両手のひらに付着することがある

手袋の適正な使用方法に関する教育：教育は行っていない

ア．ステップ１　対象物質の基本情報の入力

　　最初に、リスクアセスメントの対象となる作業の基本情報として、タイトル、
実施場所、製品ID等、製品名称、作業内容等を入力する。後で一覧表の実施レ
ポートになった場合にわかりにくくならないように入力する。次に、リスクアセ
スメント対象の項目にある、吸入、経皮吸収、危険性（爆発・火災）のリスクア
セスメント実施項目を選んでチェックを入れる。化学品（事例では洗浄用シン
ナー）の性状として液体、粉体、気体の区別を入力する。液体と粉体は吸入ばく
露の項目で、気体は爆発火災の項目となっているので、気体を選ぶと有害性の評
価はできない。現在のバージョンは気体の有害性評価に対応していないので、有

図3.2.10　ステップ１の入力画面

害性を調べるなら、液体か粉体のどちらかを選ばなければならない。

　成分数の欄には、リスクアセスメント対象である化学品（事例では洗浄用シンナー）のSDS情報から成分数を入力する。成分数をプルダウン入力するとステップ２の取扱物質に関する情報を入力する欄が物質数だけ準備される。現在は10物質まで入力できる。事例ではリスクアセスメントの対象を吸入と経皮吸収，シンナーの性状は液体、成分数は３として入力した。**図3.2.10**にCREATE-SIMPLEの入力画面を示した。

イ．ステップ２　取扱い物質に関する情報

㊀　CAS番号と名称、含有率および関連情報の入力

　　リスクアセスメント対象である化学品（事例では洗浄用シンナー）のSDS情報から成分のCAS登録番号（CAS RN）と名称、含有率を入力する。含有率が幅記載されている場合は、幅記載の最大値を入力する。含有率は合計が100％にならなくても支障はない。CAS RNが不明な場合は物質名と含有率を入力する。後で「編集」ボタンから、ばく露限界値、GHS分類、物理・化学的性状などを入力することができる。

　　CAS RNと名称入力方法は以下の方法がある。

a．ステップ２のシート上部のタイトルのうち「CAS RNで検索」から一括入力する場合の入力画面を**図3.2.11**に示す。図の①のCAS RNのカラムに

【STEP 2】取扱い物質に関する情報を入力してください。					
CAS RNで検索	物質一覧から選択　CAS RN一括入力　1 ▼　編集				▼詳細表示
No	CAS RN	物質名			含有率 [wt%]
1	108-88-3				80
2	110-54-3				10
3	110-82-7				10
	①				含有率の入力欄

図3.2.11　ステップ２の入力画面

図3.2.12　「物質の一覧から選択」の場合の入力画面

CAS RNを入力して「CAS RNで検索」ボタンを押す。成分の化学物質の名称、ばく露限界値、GHS分類、物理・化学的性状などが自動的にエクセルシートに入力される。

b．「物質一覧から選択」から個々に入力する場合は、入力したいカラム番号を「編集」ボタンの横にあるプルダウンメニューから選択する。次に「物質の一覧から選択」をクリックして検索画面を表示させる。検索画面ではCAS RNまたは物質名で物質を検索することができるので、CAS RNまたは物質名を入力して検索ボタンを押す。検索結果の中から該当するものを選んで「入力」ボタンを押すと、当該物質の情報がエクセルシートに入力される。**図3.2.12**にCREATE-SIMPLEの入力画面を示した。

c．「CAS RNから一括入力」から入力する場合は、「CAS RNから一括入力」をクリックして入力画面を表示し、CAS RNをカンマで区切って、もしくは改行して入力する。入力後「入力」ボタンを押すと成分の情報がエクセルシートに入力される。**図3.2.13**にCREATE-SIMPLEの入力画面を示した。

d．入力の留意事項

CREATE-SIMPLE ver.3は、1物質ごとに登録してリスク評価を実施していたver.2と異なり、混合物成分を一括して登録してリスク評価できるようになった。濃度基準値や許容濃度等のばく露限界値で評価する成分と、GHS区分に対応する管理目標濃度で評価する成分、ばく露限界値やGHS分類が不明な成分が混在していても支障なく評価ができる。また、液体と粉体に分けて入力する必要はなく、一括登録することで、液体中の固体成分でも昇

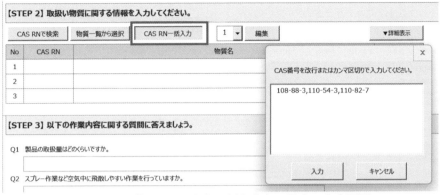

図3.2.13　「CAS RNから一括入力」の場合の入力画面

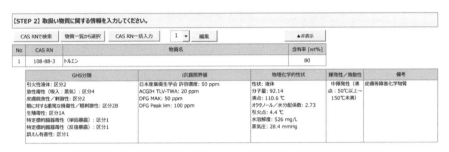

図3.2.14　成分情報（No.1　トルエン）の詳細表示画面

華性物質のように蒸気圧の高い物質の場合は蒸気を吸入する懸念があることから液体と同様に評価し、吹付け作業などの空気中に飛散しやすい作業では、溶液中の粉体を吸入する懸念があることから粉体として評価することができる。

(イ)　成分情報の確認

　ステップ２のシート上部の「詳細表示」ボタンを押すと各成分のGHS分類、ばく露限界値、物理化学的性状、揮発性/飛散性、皮膚等障害化学物質の該非が表示されるので確認する。例えば、トルエンの場合、皮膚等障害化学物質に該当するので、耐透過性・耐浸透性の手袋の着用が義務であること、GHS分類は、皮膚腐食性/刺激性が区分２、眼に対する重篤な損傷性/眼刺激性が区分２であることからリスクレベルＳに該当し、眼、皮膚の保護具対応が必要なこと、ばく露限界値が設定されている物質なので、吸入の８時間値はACGIH TLV-TWA 20ppm、短時間値はDFG Peak 100ppmが評価に使われること、沸点110.6℃より飛散性/揮発性は中揮発性として評価されることが確認できる。図3.2.14にCREATE-SIMPLEの成分情報の詳細表示画面を示した。

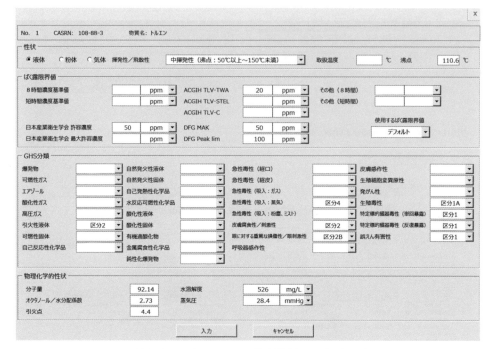

図3.2.15 トルエンの成分情報の入力画面

㊅　成分情報の修正、追加

　　成分情報の修正や追加がある場合は、修正したい成分のカラム番号を編集横
にあるプルダウンメニューから選択し「編集」ボタンを押す。該当する成分の
編集画面が開くので、性状（液体、粉体、気体）、揮発性/飛散性、取扱温度、
沸点、ばく露限界値（厚生労働大臣が定める濃度の基準、日本産業衛生学会の
許容濃度、：米国産業衛生専門家会議：ACGIHのTLV、ドイツ研究振興協会：
DFGのMAK）、GHS分類（政府分類）、物理化学的性状（分子量、水溶解性、
オクタノール/水分配係数、蒸気圧、引火点）を編集することができる。また、
自社のGHS分類、EUのGHS分類などに入れ替えて活用することもできる。**図
3.2.15**にCREATE-SIMPLEの成分情報入力画面を示した。

ウ．ステップ3　設問事項の入力

㊦　吸入ばく露項目の入力

　　Ｑ１取扱量、Ｑ２、Ｑ３の作業状況、Ｑ４換気状況、Ｑ５作業時間、Ｑ６作
業頻度、Ｑ７ばく露濃度の変動の大きさの設問事項について、プルダウンメ
ニューより選択または入力を行う。**表3.2.6**に事例１の吸入の入力内容と**図
3.2.16**にCREATE-SIMPLEの入力画面を示した。

表3.2.6　事例1の吸入の入力内容

	設問事項	設問事項の選択／入力	事例1の作業状況等
Q1	製品の取扱量はどのくらいですか	中量（1L以上～1000L未満）	1.5L
Q2	スプレー作業など空気中に飛散しやすい作業を行っていますか	はい	エアーを吹き付けて付着している溶けた油分を吹き飛ばす作業
Q3	化学物質を塗布する合計面積は1m²以上ですか	はい	およそ1.5m²
Q4	作業場の換気状況はどのくらいですか	換気レベルC（工業的な全体換気）	工業的な全体換気
	換気レベルDとE　制御風速の確認	―	―
Q5	1日あたりの化学物質の作業時間（ばく露時間）はどのくらいですか	1時間超～2時間以下	およそ90分
Q6	化学物質の取り扱い頻度はどのくらいですか	週1回以上　→　3日/週	週3日
Q7	作業内容のばく露濃度の変動の大きさはどのくらいですか	ばく露濃度の変動の大きな作業	局所排気装置が設置されていない

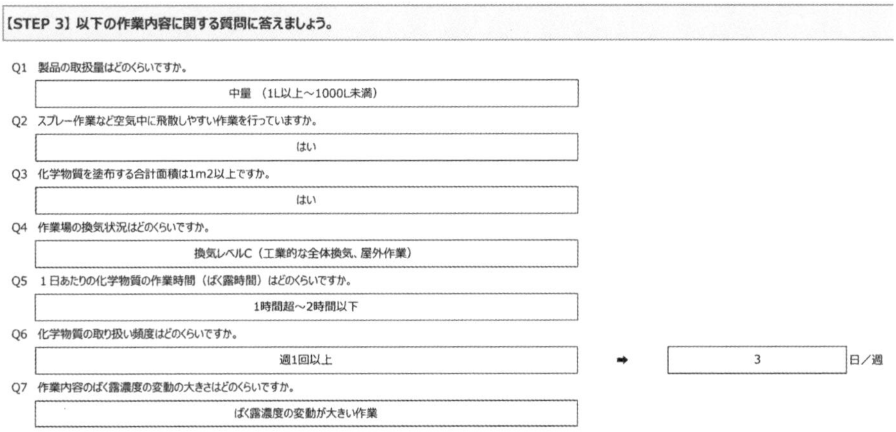

【STEP 3】以下の作業内容に関する質問に答えましょう。

Q1　製品の取扱量はどのくらいですか。

中量（1L以上～1000L未満）

Q2　スプレー作業など空気中に飛散しやすい作業を行っていますか。

はい

Q3　化学物質を塗布する合計面積は1m2以上ですか。

はい

Q4　作業場の換気状況はどのくらいですか。

換気レベルC（工業的な全体換気、屋外作業）

Q5　1日あたりの化学物質の作業時間（ばく露時間）はどのくらいですか。

1時間超～2時間以下

Q6　化学物質の取り扱い頻度はどのくらいですか。

週1回以上　➡　3　日/週

Q7　作業内容のばく露濃度の変動の大きさはどのくらいですか。

ばく露濃度の変動が大きい作業

図3.2.16　ステップ3の吸入の入力画面

(イ)　吸入ばく露項目の入力の留意事項

Q1　取扱量

　　　1回あたり（連続する作業では1日あたり）の製品の取扱量を選択する。

Q2　スプレー作業

　　　スプレー作業やミストが発生する作業、粉体塗装作業やグラインダーを用いた研磨作業など、化学物質が空気中に散布されるような作業がある場合には「はい」を選択する。

Q3　塗布作業

　　　化学物質を塗布する作業（塗装や接着作業など）における塗布面積が1

表3.2.7　制御風速の例(1)

	液体	粉体
局所排気装置の制御風速	0.4〜1.0m/s	0.7〜1.2m/s

（出典：厚生労働省「リスクアセスメント実施支援システム（コントロール・バンディング）により出力される対策シートの一覧」）

表3.2.8　制御風速の例(2)

補足説明　事例	例	制御風速
静かな大気中に、実際上ほとんど速度がない状態で発散する場合	液面から発生するガス、蒸気、ヒューム等	0.25〜0.5
比較的静かな大気中に、低速度で飛散する場合	ブース式フードにおける吹付塗装作業、断続的容器づめ作業、低速コンベヤー、溶接作業、メッキ作業、酸洗作業	0.5〜1.0
速い気流のある作業場所に、活発に飛散する場合	奥行の小さなブース式フードの吹付塗装作業、樽づめ作業、コンベヤーの落とし口、破砕機	1.0〜2.5
常に速い気流のある作業場所または高初速度で飛散する場合	研磨作業、ブラスト作業、タンブリング作業	2.5〜10

（出典：沼野雄志『新やさしい局排設計教室：作業環境改善技術と換気の知識』中央労働災害防止協会）

　　m²超の場合には「はい」を選択する。

　Q4　換気状況

　　　換気レベルD（外付け式局所排気装置）、換気レベルE（囲い式局所排気装置）を選択した場合には「制御風速の確認」の有無を選択する。局所排気装置を使用するにあたって、粉じんや蒸気が作業場に拡散する前に捕らえることができる十分な制御風速が必要とされる。このことから、制御風速が確認できていない場合、期待される換気効果が得られない可能性がある。換気レベルの判断が付かない場合には、レベルの低い換気条件を選択する。制御風速の確認は**表3.2.7**、**表3,2.8**に記載の例を参考に選択する。なお、プッシュプル型換気装置の場合には、制御風速確認済の局所排気装置（外付け式）を選択する。

㈢　経皮ばく露項目の入力

　　経皮吸収の評価に必要なQ8化学物質が皮膚に接触する面積、Q9適正な手袋の使用、Q10教育訓練の設問事項についてプルダウンメニューより選択を行う。**表3.2.9**に事例1の経皮吸収の入力内容と**図3.2.17**にCREATE-SIMPLEの入力画面を示した。

㈣　経皮ばく露項目の入力の留意事項

　Q8　接触面積

　　　接触面積の判断が付かない場合には、より安全側（より大きな接触面積）

表3.2.9　事例1の経皮吸収の入力内容

	設問事項	設問事項の選択/入力	事例1の作業状況
Q8	化学物質が皮膚に接触する面積はどれくらいですか	両手の手のひらに付着	両手のひらに付着することがある
Q9	取り扱う化学物質に適した手袋を着用していますか	手袋を着用していない	手袋を着用していない
Q10	手袋の適正な使用方法に関する教育は行っていますか	教育や訓練を行っていない	教育や訓練を行っていない

Q8　化学物質が皮膚に接触する面積はどれぐらいですか。

両手の手のひらに付着

Q9　取り扱う化学物質に適した手袋を着用していますか。

手袋を着用していない

Q10　手袋の適正な使用方法に関する教育は行っていますか。

教育や訓練を行っていない

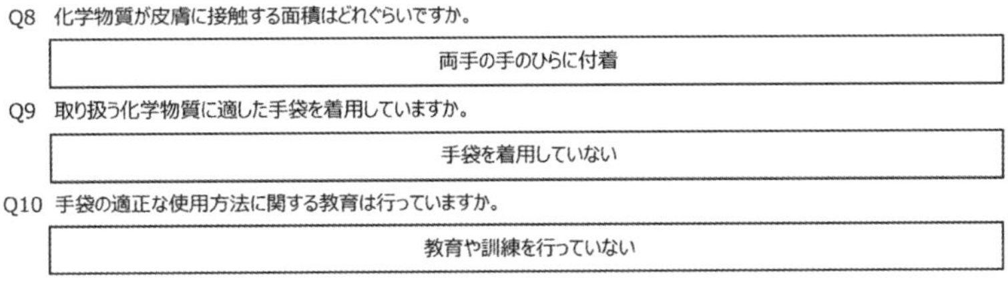

図3.2.17　ステップ3経皮吸収の入力画面

を選択する。

Q9　手袋の着用状況

　　手袋を使用していても、取扱物質の特性などに応じた手袋を使用していない場合（取扱物質に関する情報のない手袋を使用している場合）効果が十分でないため、CREATE-SIMPLEでは着用していないと同等の扱いとなる。

Q10　教育訓練

　　十分な教育や訓練とは、保護具着用管理責任者を指名のうえ、耐透過性や耐浸透性、廃棄方法などに関する教育、再教育を含め行っていることなどを指している。教育・訓練の実施状況は**表3.2.10**の教育・訓練の実施状況の判断基準例を参考に判断する。

エ．ステップ4　リスク評価（現状）

　「Step 4リスクの判定」画面の上部にある「リスクの判定」ボタンを押すとばく露限界値（管理目標濃度）と推定ばく露濃度、リスクレベルが表示される（**図3.2.18**）。経皮吸収のリスクレベルはⅠでいずれも低い。例えばトルエンの場合、ばく露限界値が565mg/dayであるのに対して推定値は18.8mg/dayである。

　吸入のリスクレベルは、トルエン、ノルマル-ヘキサン、シクロヘキサンともに8時間、短時間の推定ばく露濃度は、それぞれのばく露限界値を超えていることからリスクレベルはⅢまたはⅣとなった。例えばトルエンの場合、8時間のばく露濃度限界値20ppmに対して推定ばく露濃度は500ppm以上である。

表3.2.10　教育・訓練の実施状況の判断基準例

教育・訓練の状況		種類	説明、事例
基本的 レベル1	十分 レベル2		
○		体制	作業場ごとに化学防護手袋を管理する保護具着用管理責任者を指名し、化学防護手袋の適正な選択、着用および取扱方法について労働者に対し必要な指導を行いましょう。
○		選択	化学防護手袋には、素材がいろいろあり、また素材の厚さ、手袋の大きさ、腕まで防護するものなど、多岐にわたっているので、作業にあったものを選ぶようにしましょう。
○		選択	使用する化学物質に対して、劣化しにくく（耐劣化性）、透過しにくい（耐透過性）素材のものを選定するようにしましょう。
○		選択	自分の手にあった使いやすいものを使用しましょう。
○		選択	作業者に対して皮膚アレルギーの無いことを確認しましょう。
	○	使用	取扱説明書に記載されている耐透過性クラス等を参考として、作業に対して余裕のある使用時間を設定し、その時間の範囲内で化学防護手袋を使用しましょう。
	○	使用	化学防護手袋に付着した化学物質は透過が進行し続けるので、作業を中断しても使用可能時間は延長しないようにしましょう
○		使用	使用前に、傷、孔あき、亀裂等の外観上の問題が無いことを確認すると共に、手袋の内側に空気を吹き込んで空気が抜けないことを確認しましょう
○		使用	使用中に、ひっかけ、突き刺し、引き裂きなどを生じたときは、すぐに交換しましょう。
	○	使用	化学防護手袋を脱ぐときは、付着している化学物質が、身体に付着しないよう、できるだけ化学物質の付着面が内側になるように外しましょう。
	○	使用	強度の向上等の目的で、化学防護手袋とその他の手袋を二重装着した場合でも、化学防護手袋は使用可能時間の範囲で使用しましょう
	○	保管・廃棄	取り扱った化学物質の安全データシート（SDS）、法令等に従って適切に廃棄しましょう。
	○	保管・廃棄	化学物質に触れることで、成分が抜けて硬くなったゴムは、組成の変化により物性が変化していると考えられるので、再利用せず廃棄しましょう。
	○	保管・廃棄	直射日光、高温多湿を避け、冷暗所に保管して下さい。またオゾンを発生する機器（モーター類、殺菌灯等）の近くに保管しないようにしましょう。

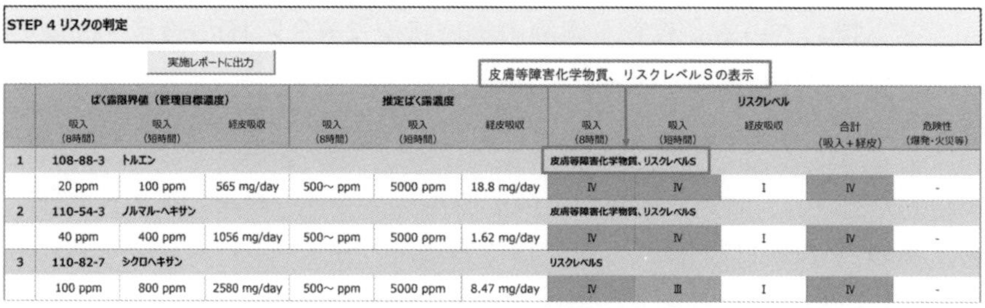
STEP 4 リスクの判定

実施レポートに出力

皮膚等障害化学物質、リスクレベルSの表示

	ばく露限界値（管理目標濃度）			推定ばく露濃度			リスクレベル				
	吸入（8時間）	吸入（短時間）	経皮吸収	吸入（8時間）	吸入（短時間）	経皮吸収	吸入（8時間）	吸入（短時間）	経皮吸収	合計（吸入＋経皮）	危険性（爆発・火災等）
1	108-88-3　トルエン						皮膚等障害化学物質、リスクレベルS				
	20 ppm	100 ppm	565 mg/day	500～ ppm	5000 ppm	18.8 mg/day	Ⅳ	Ⅳ	Ⅰ	Ⅳ	-
2	110-54-3　ノルマル-ヘキサン						皮膚等障害化学物質、リスクレベルS				
	40 ppm	400 ppm	1056 mg/day	500～ ppm	5000 ppm	1.62 mg/day	Ⅳ	Ⅳ	Ⅰ	Ⅳ	-
3	110-82-7　シクロヘキサン						リスクレベルS				
	100 ppm	800 ppm	2580 mg/day	500～ ppm	5000 ppm	8.47 mg/day	Ⅳ	Ⅲ	Ⅰ	Ⅳ	-

図3.2.18　現状のリスク判定結果画面

吸入および経皮吸収の合計のリスク評価は、吸入のリスクレベルが高いことからリスクレベルⅣとなっている。

トルエンとノルマル-ヘキサンは皮膚等障害化学物質に該当し、耐透過性・耐浸透性の保護具の着用は義務となっている。また、シクロヘキサンはリスクレベ

表3.2.11　リスクレベルの定義（8時間）

吸入のリスクレベル		定義
Ⅳ	大きなリスク	推定ばく露濃度範囲の上限＞OEL×10
Ⅲ	中程度のリスク	OEL×10≧推定ばく露濃度範囲の上限＞OEL
Ⅱ-A	懸念されるリスク	OEL≧推定ばく露濃度範囲の上限＞OEL×1/2
Ⅱ-B	小さなリスク	OEL×1/2≧推定ばく露濃度範囲の上限＞OEL×1/10
Ⅰ	些細なリスク	推定ばく露濃度範囲の上限≦OEL×1/10

表3.2.12　リスクレベルの定義（短時間）

吸入のリスクレベル		定義
Ⅳ	大きなリスク	推定ばく露濃度範囲の上限＞OEL×10
Ⅲ	中程度のリスク	OEL×10≧推定ばく露濃度範囲の上限＞OEL
Ⅱ	小さなリスク	OEL≧推定ばく露濃度範囲の上限＞OEL×1/10
Ⅰ	些細なリスク	推定ばく露濃度範囲の上限≦OEL×1/10

表3.2.13　経皮吸収のリスクレベルの定義

経皮吸収のリスクレベル		説明	保護手袋の基準*
Ⅳ	経皮吸収量≧経皮ばく露限界値×10	至急リスクを下げる対策を実施しましょう。	耐透過性・耐浸透性の手袋を着用すること
Ⅲ	経皮ばく露限界値×10＞経皮吸収量≧経皮ばく露限界値	リスクを下げる対策を実施しましょう。	耐透過性・耐浸透性の手袋を着用すること
Ⅱ	経皮ばく露限界値＞経皮吸収量≧経皮ばく露限界値×0.1	良好です。機器や器具、作業手順などの管理に努めましょう。	耐透過性・耐浸透性の手袋の着用を推奨
Ⅰ	経皮ばく露限界値×0.1＞経皮吸収量	十分に良好です。	手袋を使用すること

＊皮膚等障害化学物質に該当する場合には、リスクレベルにかかわらず保護眼鏡、化学防護手袋等の着用義務がある。

ルSであることから耐透過性・耐浸透性保護具の着用が必要である。

㋐　吸入のリスクレベルの定義

　　リスクレベルの判定は推定ばく露濃度とばく露限界値を比較し、**表3.2.11**、**表3.2.12**に示す定義に基づいてリスクレベルを判定する。GHS分類情報から管理目標濃度を設定した場合には、管理目標濃度の下限をばく露限界値（OEL）として、リスクを判定する。

㋑　経皮吸収のリスクレベルの定義

　　算出した経皮ばく露限界値と経皮吸収量を比較し、**表3.2.13**に基づいてリスクレベルを判定する。あわせて皮膚等障害化学物質に該当する場合はその旨を表示する。

図3.2.19　リスク低減対策検討画面

オ．リスク低減対策

(ア)　リスク低減対策１

　　「実施レポートに出力」のボタンを押して実施レポートのシートを開く（**図3.2.19**）。「リスク低減対策の検討」入力欄に対策内容をプルダウンメニューから選択して変更入力する。吸入ばく露のリスク低減対策の検討項目として取扱量、スプレー作業の有無、塗布面積、換気レベル、制御風速の測定、作業時間、作業頻度、オプションとして呼吸用保護具、フィットテストなどが設定されている。また、経皮吸収のリスク低減対策の検討項目として接触面積、化学防護手袋、保護具の教育などが設定されている。リスク低減対策事項を入力後、「リスクの再判定」ボタンを押すと対策後のカラムに対策事項が表示され、変更事項のカラムは黄色で示される。

　　現状のリスクレベルにおいて、吸入（8時間）のリスクレベルはⅣと高いことから制御風速を満足する外付け式局所排気装置を導入することにした。局所排気装置の導入で、ばく露濃度の変動の小さな作業となる。経皮吸収のリスクレベルは低いが、皮膚等障害化学物質が含有される洗浄用シンナーであることから、耐透過性・耐浸透性の手袋を基本的な教育をして着用することとした。リスク低減対策１の入力内容を**表3.2.14**に、CREATE-SIMPLEの表示画面を**図3.2.20**に示した。

(イ)　リスク低減対策１のリスク評価

　　「リスク低減対策の検討」欄上部にある「リスクの再判定」ボタンを押すとばく露限界値（管理目標濃度）とともに、現状の推定ばく露濃度とリスクレベ

表3.2.14　リスク低減対策1

	設問	現状	低減対策の選択／入力	
①	換気レベル	換気レベルC（工業的な全体換気）	換気レベルD（外付け式局所排気装置）	変更
②	制御風速の確認	―	制御風速を確認している	変更
③	ばく露の変動の大きさ	ばく露濃度の変動が大きい作業	ばく露濃度の変動が小さい作業	変更
④	化学防護手袋	手袋を着用していない	耐透過性、耐浸透性の手袋を着用している	変更
⑤	保護具の教育	教育や訓練を行っていない	基本的な教育や訓練を行っている	変更

図3.2.20　リスク低減対策1と現状との比較画面

図3.2.21　リスク低減対策1のリスク判定結果画面

ルおよび対策後の推定ばく露濃度、リスクレベルが上下に表示される（図3.2.21）。制御風速を満足する外付け式局所排気装置の導入によって推定ばく露濃度は下がるが、吸入のリスクレベルは、トルエン、ノルマル-ヘキサンともに8時間、短時間の推定ばく露濃度はそれぞれのばく露限界値を超えていることからリスクレベルはⅣとなった。また、シクロヘキサンの吸入のリスクレベルは8時間のリスクレベルがⅣ、短時間リスクレベルがⅢとなった。例えばトルエンの場合、8時間のばく露限界値20ppmに対して推定ばく露濃度は

表3.2.15　リスク低減対策２

	設問	現状	低減対策の選択／入力	
①	換気レベル	換気レベルC（工業的な全体換気）	換気レベルE（囲い式局所排気装置）	変更
②	制御風速の確認	—	制御風速を確認している	変更なし
③	ばく露の変動の大きさ	ばく露濃度の変動が大きい作業	ばく露濃度の変動が小さい作業	変更なし
④	化学防護手袋	手袋を着用していない	耐透過性、耐浸透性の手袋を着用している	変更なし
⑤	保護具の教育	教育や訓練を行っていない	基本的な教育や訓練を行っている	変更なし

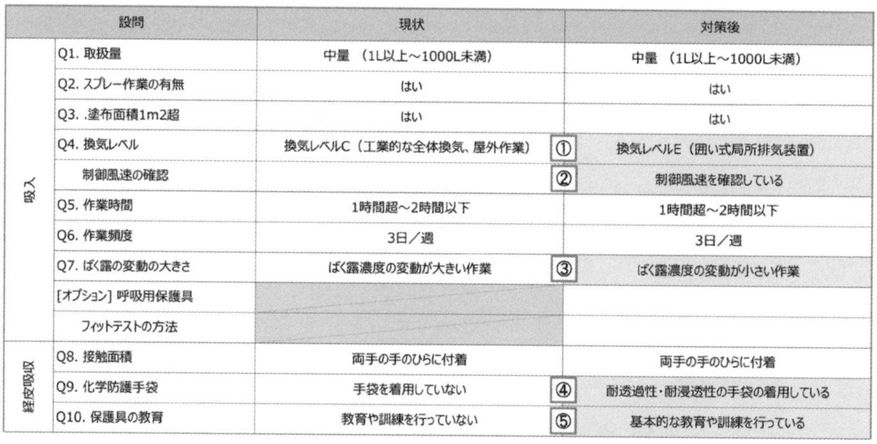

	設問	現状		対策後
吸入	Q1. 取扱量	中量（1L以上～1000L未満）		中量（1L以上～1000L未満）
	Q2. スプレー作業の有無	はい		はい
	Q3. 塗布面積1m2超	はい		はい
	Q4. 換気レベル	換気レベルC（工業的な全体換気、屋外作業）	①	換気レベルE（囲い式局所排気装置）
	制御風速の確認		②	制御風速を確認している
	Q5. 作業時間	1時間超～2時間以下		1時間超～2時間以下
	Q6. 作業頻度	3日／週		3日／週
	Q7. ばく露の変動の大きさ	ばく露濃度の変動が大きい作業	③	ばく露濃度の変動が小さい作業
	[オプション] 呼吸用保護具			
	フィットテストの方法			
経皮吸収	Q8. 接触面積	両手の手のひらに付着		両手の手のひらに付着
	Q9. 化学防護手袋	手袋を着用していない	④	耐透過性・耐浸透性の手袋の着用している
	Q10. 保護具の教育	教育や訓練を行っていない	⑤	基本的な教育や訓練を行っている

図3.2.22 リスク低減対策２と現状との比較画面

500～5,000ppm、短時間のばく露限界値100ppmに対して推定ばく露濃度は5,000ppmである。

(ウ)　リスク低減対策２

　リスク低減対策１の制御風速を満足する外付け式局所排気装置の導入対策では、吸入のリスクレベルはまだ高いことから、リスク低減対策１を再考した。脱脂洗浄作業の作業形態から囲い式局所排気装置の導入が可能と考え、制御風速を満足する囲い式局所排気装置を導入することとした。リスク低減対策２の入力内容を**表3.2.12**に、CREATE-SIMPLEの表示画面を**図3.2.22**に示す。

(エ)　リスク低減対策２のリスク評価

　「リスク低減対策の検討」欄上部にある「リスクの再判定」ボタンを押すとばく露限界値（管理目標濃度）とともに、現状の推定ばく露濃度とリスクレベルおよび対策後の推定ばく露濃度、リスクレベルが上下に表示される（**図3.2.23**）。制御風速を満足する囲い式局所排気装置の導入によって、推定ばく露濃度は外付け式局所排気装置を導入した場合よりも下がるが、推定ばく露濃

		ばく露限界値（管理目標濃度）			推定ばく露濃度			リスクレベル				
		吸入 (8時間)	吸入 (短時間)	経皮吸収	吸入 (8時間)	吸入 (短時間)	経皮吸収	吸入 (8時間)	吸入 (短時間)	経皮吸収	合計 (吸入＋経皮)	危険性 (爆発・火災等)
1	108-88-3　トルエン						皮膚等障害化学物質, リスクレベルS					
現状		20 ppm	100 ppm	565 mg/day	500〜 ppm	5000 ppm	18.9 mg/day	Ⅳ	Ⅳ	Ⅰ	Ⅳ	-
対策後		20 ppm	100 ppm	565 mg/day	50〜500 ppm	2000 ppm	1.89 mg/day	Ⅳ	Ⅳ	Ⅰ	Ⅳ	-
2	110-54-3　ノルマルヘキサン						皮膚等障害化学物質, リスクレベルS					
現状		40 ppm	400 ppm	1056 mg/day	500〜 ppm	5000 ppm	1.62 mg/day	Ⅳ	Ⅳ	Ⅰ	Ⅳ	-
対策後		40 ppm	400 ppm	1056 mg/day	30〜300 ppm	1200 ppm	0.162 mg/day	Ⅲ	Ⅲ	Ⅰ	Ⅲ	-
3	110-82-7　シクロヘキサン						リスクレベルS					
現状		100 ppm	800 ppm	2580 mg/day	500〜 ppm	5000 ppm	8.47 mg/day	Ⅳ	Ⅲ	Ⅰ	Ⅳ	-
対策後		100 ppm	800 ppm	2580 mg/day	30〜300 ppm	1200 ppm	0.847 mg/day	Ⅲ	Ⅲ	Ⅰ	Ⅲ	-

図3.2.23 リスク低減対策2のリスク判定結果画面

度は8時間、短時間ともにそれぞれのばく露限界値を超えていることから、トルエンがリスクレベルⅣ、ノルマル-ヘキサン、シクロヘキサンはリスクレベルⅢとなった。例えばトルエンの場合、8時間のばく露限界値20ppmに対して推定ばく露濃度は50〜500ppm、短時間のばく露限界値100ppmに対して推定ばく露濃度は2,000ppmである。

(オ)　リスク低減対策3

リスク低減対策2の囲い式局所排気装置の導入対策では、吸入のリスクレベルはまだ高いことから、リスク低減対策2を再考した。密閉設備の導入による自動化を考慮したが、導入は困難であると判断されたことから、制御風速を満足する囲い式局所排気装置の導入と保護具の着用で対応することとした。

保護具の選択において、リスク低減対策2における8時間の推定ばく露濃度をばく露限界値以下にするには、トルエンで25分の1、ノルマル-ヘキサンで7.5分の1、シクロヘキサンで3分の1以下、短時間の推定ばく露濃度をばく露限界値以下にするにはトルエンで20分の1、ノルマル-ヘキサンで3分の1、シクロヘキサンで1.5分の1以下にする必要があることから、トルエンの要求防護係数 *25を上回る指定防護係数のものとし、電動ファン付き呼吸用保護具（半面形面体）を、フィットテストを実施して着用することとした。リスク低減対策3の入力内容を**表3.2.16**に、CREATE-SIMPLEの表示画面を**図3.2.24**に示した。

(カ)　リスク低減対策3のリスク評価

「リスク低減対策の検討」欄上部にある「リスクの再判定」ボタンを押すとばく露限界値（管理目標濃度）とともに、現状の推定ばく露濃度とリスクレベルおよび対策後の推定ばく露濃度、リスクレベルが上下に表示される（**図3.2.25**）。制御風速を満足した囲い式局所排気装置の導入と電動ファン付き呼

*要求防護係数：推定ばく露濃度をばく露限界値で除した値（第4編第5章を参照）。

145

表3.2.16　リスク低減対策３

	設問	現状	低減対策の選択／入力	
①	換気レベル	換気レベルC（工業的な全体換気）	換気レベルE（囲い式局所排気装置）	変更なし
②	制御風速の確認	―	制御風速を確認している	変更なし
③	ばく露の変動の大きさ	ばく露濃度の変動が大きい作業	ばく露濃度の変動が小さい作業	変更なし
④	【オプション】呼吸用保護具		電動ファン付き呼吸用保護具（半面形面体）	変更
⑤	フィットテストの方法		フィットテスト	変更
⑥	化学防護手袋	手袋を着用していない	耐透過性、耐浸透性の手袋を着用している	変更なし
⑦	保護具の教育	教育や訓練を行っていない	基本的な教育や訓練を行っている	変更なし

		設問	現状		対策後
吸入		Q1. 取扱量	中量（1L以上～1000L未満）		中量（1L以上～1000L未満）
		Q2. スプレー作業の有無	はい		はい
		Q3. 塗布面積1m2超	はい		はい
		Q4. 換気レベル	換気レベルC（工業的な全体換気、屋外作業）	①	換気レベルE（囲い式局所排気装置）
		制御風速の確認		②	制御風速を確認している
		Q5. 作業時間	1時間超～2時間以下		1時間超～2時間以下
		Q6. 作業頻度	3日／週		3日／週
		Q7. ばく露の変動の大きさ	ばく露濃度の変動が大きい作業	③	ばく露濃度の変動が小さい作業
		[オプション] 呼吸用保護具		④	電動ファン付き呼吸用保護具（半面形面体）
		フィットテストの方法		⑤	フィットテスト
経皮吸収		Q8. 接触面積	両手の手のひらに付着		両手の手のひらに付着
		Q9. 化学防護手袋	手袋を着用していない	⑥	耐透過性・耐浸透性の手袋を着用している
		Q10. 保護具の教育	教育や訓練を行っていない	⑦	基本的な教育や訓練を行っている

図3.2.24 リスク低減対策３と現状との比較画面

リスクの再判定結果

			ばく露限界値（管理目標濃度）			推定ばく露濃度			リスクレベル				
			吸入（8時間）	吸入（短時間）	経皮吸収	吸入（8時間）	吸入（短時間）	経皮吸収	吸入（8時間）	吸入（短時間）	経皮吸収	合計（吸入＋経皮）	危険性（爆発・火災等）
1	108-88-3	トルエン							皮膚等障害化学物質、リスクレベルS				
	現状		20 ppm	100 ppm	565 mg/day	500～ ppm	5000 ppm	18.8 mg/day	IV	IV	I	IV	-
	対策後		20 ppm	100 ppm	565 mg/day	1～10 ppm	40 ppm	1.88 mg/day	II-A	II	I	II	-
2	110-54-3	ノルマルヘキサン							皮膚等障害化学物質、リスクレベルS				
	現状		40 ppm	400 ppm	1056 mg/day	500～ ppm	5000 ppm	1.62 mg/day	IV	IV	I	IV	-
	対策後		40 ppm	400 ppm	1056 mg/day	0.6～6 ppm	24 ppm	0.162 mg/day	II-A	I	I	II	-
3	110-82-7	シクロヘキサン							リスクレベルS				
	現状		100 ppm	800 ppm	2580 mg/day	500～ ppm	5000 ppm	8.47 mg/day	IV	III	I	IV	-
	対策後		100 ppm	800 ppm	2580 mg/day	0.6～6 ppm	24 ppm	0.847 mg/day	I	I	I	I	-

有害性	濃度基準値設定物質以外の長時間（8時間）ばく露の評価結果は良好です。換気、機器や器具、作業手順などの管理に努めましょう。 濃度基準値設定物質以外の短時間ばく露の評価結果は良好です。換気、機器や器具、作業手順などの管理に努めましょう。 皮膚障害等防止用保護具の選定マニュアルに従い、適切な皮膚障害等防止用保護具を着用しましょう。
危険性（爆発・火災等）	

図3.2.25 リスク低減対策３のリスク判定結果画面

吸用保護具（半面形面体）をフィットテストを実施して着用することにより、吸入のリスクレベル8時間はトルエンとノルマル-ヘキサンがⅡ-A、シクロヘキサンはリスクレベルⅠとなった。また短時間のリスクレベルは、トルエンがリスクレベルⅡ、ノルマル-ヘキサンとシクロヘキサンがリスクレベルⅠとなり、いずれも推定ばく露濃度はばく露限界値を下回った。例えばトルエンの場合、8時間のばく露限界値20ppmに対して推定ばく露濃度は1〜10ppm、短時間のばく露限界値100ppmに対して推定ばく露濃度は40ppmである。

　CREATE-SIMPLEのリスクレベルの説明は、「長時間（8時間）ばく露の評価結果は良好です。換気、機器や器具、作業手順などの管理に努めましょう」「短時間ばく露の評価結果は良好です。換気、機器や器具、作業手順などの管理に努めましょう」「皮膚障害等防止用保護具の選定マニュアルに従い、適切な皮膚障害等防止用保護具を着用しましょう」である。

カ．災害事例1　原因と対策

　災害事例1について「職場のあんぜんサイト」で紹介されている災害事例の原因と対策を下記に示した。

【原　因】

①　トルエンを含有する洗浄剤を用いて、呼吸域近くで部品の脱脂洗浄の作業を行っていた。

②　脱脂洗浄作業場所に局所排気装置などトルエンの蒸気の拡散を防止するための対策が講じられていなかった。

③　有機溶剤作業主任者が選任されておらず、有機溶剤により汚染され、またはこれを吸入しないような作業方法の決定、作業の指揮などが行われていないなど安全衛生管理体制が機能していなかった。

④　作業環境測定が実施されていなかったため、作業環境の実態が把握されていなかった。

⑤　簡易防じんマスクを着用するなど有機溶剤の有害性に関する知識が不十分であった。

【対　策】

①　脱脂洗浄の作業は、局主排気装置の設けられたブース内で行うよう作業場所を改善する。

②　有機則で定められたとおり、6カ月以内ごとに作業環境測定を実施する。

③　有機溶剤により汚染され、または吸入しないような作業方法及び順序などに

ついての作業手順書を作成し、周知徹底する。

④　有機溶剤を取り扱う作業場所には、有機溶剤の人体に及ぼす作用、有機溶剤等の取扱い上の注意事項、有機溶剤による中毒が発生したときの応急処置などを掲示する。

⑤　有機溶剤を取り扱う業務に従事する作業者が自身の取り扱っている有機溶剤等の区分を知り得るように表示する。

⑥　有機溶剤作業主任者の資格を有する者を選任し、その者に、作業手順に従った作業の指揮、局所排気装置の点検などの職務を行わせる。

⑦　有機溶剤を取り扱う作業員に対して、取り扱う有機溶剤の危険・有害性及びその防護対策などについて教育を実施する。

⑷　災害事例２　接着剤の補給作業

この災害はグラビアコーターの接着剤の受皿に接着剤をひしゃくで補給する作業において有機溶剤中毒となったものである。

（以下、事例を参考に演習用に便宜的に編集した）

【発生状況】

ビニールシートにコーティングする有機溶剤を含有する接着剤をグラビアコーターの接着剤の受皿に補給する作業において、トルエンを含有する接着剤が入っていたふたを切り取った一斗缶に、酢酸エチル、トルエン、硬化剤を入れ、グラビアコーターの前に運び、一斗缶内をひしゃくでかき混ぜ、グラビアコーターの接着剤受皿に接着剤を補給する作業を午前中に実施した。その後、休憩時に気分が悪くなりトルエン中毒と診断された。

（厚生労働省「職場のあんぜんサイト」の災害事例を編集）

タイトル：接着剤の補給作業
実施場所：コーター作業場
製品名等：希釈した接着剤
性状：液体

成分数　　3

No.	CAS RN	物質名	含有率（wt%）
1	141-78-6	酢酸エチル	27
2	108-88-3	トルエン	55
3	—	樹脂	18

注）組成および含有率は災害事例をもとに便宜的に設定したものである。

【作業内容】

リスクアセスメント対象：吸入、経皮吸収

製品の取扱量：およそ13L（取扱量は便宜的に設定したものである）

作業状況：コーター前で希釈した接着剤の入った一斗缶内をひしゃくでかき混ぜ、
　　　　　コーターの接着剤受皿に補給する作業

塗布する合計面積は１m²以上（補給された接着剤は塗布される）

換気状況：工業的な全体換気

１日当たりの作業時間（ばく露時間）：15分超の作業を１日４回、およそ60分超

化学物質の取り扱い頻度：１週間に５日

適切な手袋の着用：手袋を使用していない

皮膚に接触する面積；小さな飛沫が付着することがある

手袋の適正な使用方法に関する教育：教育は行っていない

ア．ステップ１　対象物質の基本情報の入力

　　最初に、リスクアセスメントの対象となる作業の基本情報として、タイトル、実施場所、製品ID等、製品名称、作業内容等を入力する。次に、リスクアセスメントの対象を吸入と経皮吸収、希釈した接着剤の性状は液体、成分数は３として入力した。**図3.2.26**にCREATE-SIMPLEの入力画面を示した。

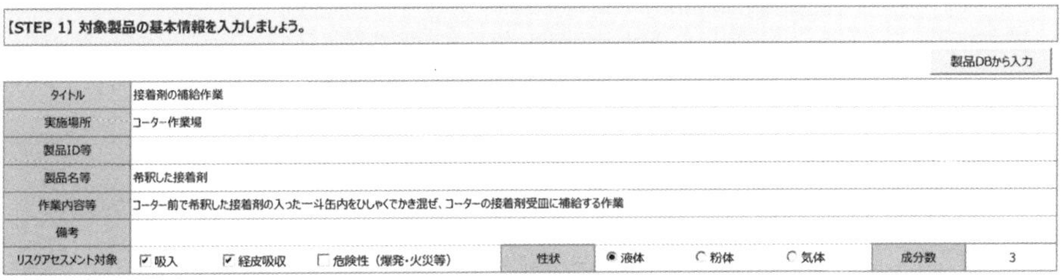

図3.2.26　ステップ１の入力画面

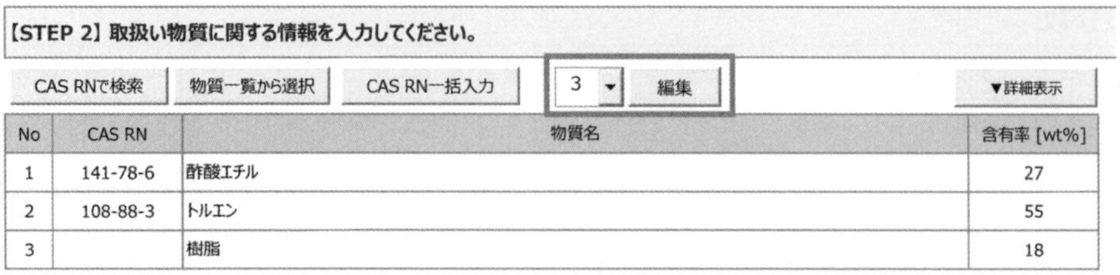

【STEP 2】取扱い物質に関する情報を入力してください。

| CAS RNで検索 | 物質一覧から選択 | CAS RN一括入力 | 3 ▼ | 編集 | | ▼詳細表示 |

No	CAS RN	物質名	含有率 [wt%]
1	141-78-6	酢酸エチル	27
2	108-88-3	トルエン	55
3		樹脂	18

図3.2.27　ステップ2の入力画面

イ．ステップ2　取扱い物質に関する情報

（ア）　CAS RNと名称、含有率および関連情報の入力

　　リスクアセスメント対象である「希釈した接着剤」の成分である酢酸エチル、トルエンのCAS登録番号（CAS RN）を入力する。「CAS RNで検索」ボタンを押すと、酢酸エチルとトルエンの物質名称、ばく露限界値、GHS分類、物理・化学的性状がエクセルシートに自動的に入力される。CAS RNが不明な樹脂は物質名を入力する。次に、各成分の含有率を入力する。**図3.2.27**にCREATE-SIMPLEの入力画面を示した。

（イ）　成分情報の修正、追加

　　「編集」ボタンの横にあるプルダウンメニューから樹脂のカラム番号「3」を選択し、「編集」ボタンを押すと、性状、ばく露限界値、物理化学的性状の入力画面が開く。樹脂のデータは自動入力されないので、樹脂の性状は「粉体」、揮発性/飛散性は「高飛散性（微細な軽い粉体）」と仮定して入力した。ばく露限界値、GHS分類、物理化学的性状は不明なのでそのまま空欄としているが、樹脂のSDSが入手できてGHS分類や物理化学的性状がわかる場合は入力する。**図3.2.28**にCREATE-SIMPLEの成分情報の入力画面を示した。

ウ．ステップ3　設問事項の入力

（ア）　吸入ばく露項目の入力

　　Q1取扱量、Q2、Q3の作業状況、Q4換気状況、Q5作業時間、Q6作業頻度、Q7ばく露濃度の変動の大きさ、の設問事項について、プルダウン選択または入力を行う。事例2の吸入の入力内容を**表3.2.17**に示した。

（イ）　経皮ばく露項目の入力

　　経皮吸収の評価に必要なQ8化学物質が皮膚に接触する面積、Q9適正な手袋の使用、Q10 教育訓練の設問事項についてプルダウン選択を行う。事例2の経皮吸収の入力内容を**表3.2.18**に示した。

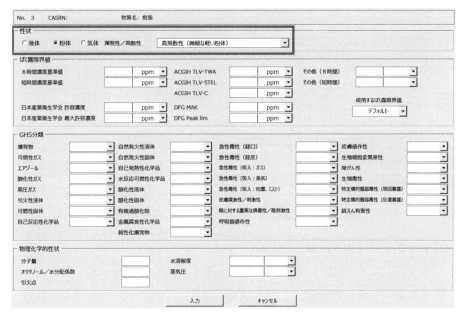

図3.2.28　樹脂の成分情報の入力画面

表3.2.17　事例2の吸入の入力内容

	設問事項	設問事項の選択／入力	事例2の作業状況等
Q1	製品の取扱量はどのくらいですか	中量（1L以上〜1000L未満）	およそ13L
Q2	スプレー作業など空気中に飛散しやすい作業を行っていますか	いいえ	ひしゃくによる供給作業
Q3	化学物質を塗布する合計面積は1m²以上ですか	はい	およそ1m²以上（補給された接着剤は塗布される）
Q4	作業場の換気状況はどのくらいですか	換気レベルC（工業的な全体換気）	工業的な全体換気
	換気レベルDとE　制御風速の確認	―	―
Q5	1日あたりの化学物質の作業時間（ばく露時間）はどのくらいですか	1時間超〜2時間以下	およそ60分超（15分超の作業を1日4回）
Q6	化学物質の取り扱い頻度はどのくらいですか	週1回以上　→　5日/週	週5日
Q7	作業内容のばく露濃度の変動の大きさはどのくらいですか	ばく露濃度の変動の大きな作業	局所排気装置が設置されていない

表3.2.18　事例2の経皮吸収の入力内容

	設問事項	設問事項の選択／入力	事例2の作業状況等
Q8	化学物質が皮膚に接触する面積はどれくらいですか	大きなコインサイズ、小さな飛沫	大きなコインサイズ、小さな飛沫が付着することがある
Q9	取り扱う化学物質に適した手袋を着用していますか	手袋を着用していない	手袋を着用していない
Q10	手袋の適正な使用方法に関する教育は行っていますか	教育や訓練を行っていない	教育や訓練を行っていない

STEP 4 リスクの判定

実施レポートに出力

	ばく露限界値（管理目標濃度）			推定ばく露濃度			リスクレベル				
	吸入（8時間）	吸入（短時間）	経皮吸収	吸入（8時間）	吸入（短時間）	経皮吸収	吸入（8時間）	吸入（短時間）	経皮吸収	合計（吸入＋経皮）	危険性（爆発・火災等）
1	141-78-6	酢酸エチル					リスクレベルS				
	200 ppm	400 ppm	5403 mg/day	500～ ppm	5000 ppm	4.46 mg/day	Ⅳ	Ⅳ	Ⅰ	Ⅳ	-
2	108-88-3	トルエン					皮膚等障害化学物質、リスクレベルS				
	20 ppm	100 ppm	565 mg/day	500～ ppm	5000 ppm	0.391 mg/day	Ⅳ	Ⅳ	Ⅰ	Ⅳ	-
3	0	樹脂									
	1～10 mg/m3	30 mg/m3	-	0 mg/m3	0 mg/m3	-	Ⅰ	Ⅰ	-	Ⅰ	-

判定結果

有害性	リスクアセスメントのための測定等を実施するか、リスクを下げる対策を実施を実施しましょう。 皮膚障害等防止用保護具の選定マニュアルに従い、適切な皮膚障害等防止用保護具を着用しましょう。
危険性（爆発・火災等）	

図3.2.29　現状のリスク判定結果の表示画面

エ．ステップ４　リスク評価（現状）

「Step４リスクの判定」画面の上部にある「リスクの判定」ボタンを押すとばく露限界値（管理目標濃度）と推定ばく露濃度、リスクレベルが表示される（**図3.2.29**）。経皮吸収のリスクレベルはⅠでいずれも低くなった。例えば酢酸エチルの場合、ばく露限界値が5,403mg/dayであるのに対して推定ばく露濃度は4.46 mg/dayである。

吸入のリスクレベルは、酢酸エチル、トルエンともに８時間、短時間の推定ばく露濃度は、それぞれのばく露限界値を超えていることからリスクレベルはⅣとなった。例えば酢酸エチルの場合は８時間のばく露限界値200ppmに対して推定ばく露濃度は500ppm以上である。

吸入および経皮吸収の合計のリスク評価は、吸入のリスクレベルが高いことからリスクレベルⅣとなった。

トルエンは皮膚等障害化学物質に該当し、耐透過性・耐浸透性の保護具の着用は義務である。また、酢酸エチルはリスクレベルSであることから耐透過性・耐浸透性保護具の着用が必要である。

オ．リスク低減対策

㈠　リスク低減対策１

事例２の現状のリスクレベルにおいて、吸入の８時間のリスクレベルはⅣと高いことから制御風速を満足する外付け式局所排気装置を導入することした。経皮吸収のリスクレベルは低いが、皮膚等障害化学物質が含有される接着剤であることから、耐透過性・耐浸透性の手袋を基本的な教育をして着用することとした。リスク低減対策Ⅰの入力内容を**表3.2.19**に、CREATE-SIMPLEの表

表3.2.19　リスク低減対策Ⅰ

	設問	現状	低減対策の選択／入力	
①	換気レベル	換気レベルC （工業的な全体換気）	換気レベルD （外付け式局所排気装置）	変更
②	制御風速の確認	—	制御風速を確認している	変更
③	ばく露の変動の大きさ	ばく露濃度の変動が大きい作業	ばく露濃度の変動が小さい作業	変更
④	化学防護手袋	手袋を着用していない	耐透過性、耐浸透性の手袋を着用している	変更
⑤	保護具の教育	教育や訓練を行っていない	基本的な教育や訓練を行っている	変更

図3.2.30　リスク低減対策1と現状との比較画面

示画面を図3.2.30に示した。

(イ)　リスク低減対策Ⅰのリスク評価

　　「リスク低減対策の検討」欄の上部にある「リスクの再判定」ボタンを押すとばく露限界値（管理目標濃度）とともに、現状の推定ばく露濃度とリスクレベルおよび対策後の推定ばく露濃度、リスクレベルが上下に表示される（図3.2.31）。制御風速を満足した外付け式局所排気装置の導入によって推定ばく露濃度は下がるが、吸入のリスクレベルは、酢酸エチル、トルエンともに8時

図3.2.31　リスク低減対策1のリスクの判定結果

間、短時間の推定ばく露濃度がそれぞれのばく露限界値を超えていることから、酢酸エチルのリスクレベルはⅢ、トルエンの吸入のリスクレベルはⅣとなった。例えば酢酸エチルの場合、8時間のばく露限界値200ppmに対して推定濃度は50〜500ppm、短時間のばく露限界値400ppmに対して推定濃度は2,000ppmである。

(ウ)　リスク低減対策2

リスク低減対策1の外付け式局所排気装置の導入対策では、吸入のリスクレベルはまだ高いことから、リスク低減対策1を再考した。囲い式局所排気装置の導入を考慮したが、導入は困難であると判断されたことから、制御風速を満足した外付け式局所排気装置の導入と保護具の着用で対応することとした。

保護具の選択において、リスク低減対策1における8時間の推定ばく露濃度をばく露限界値以下にするには、酢酸エチルで2.5分の1、トルエンで25分の1、短時間の推定ばく露濃度をばく露限界値以下にするには、酢酸エチルで5分の1、トルエンで20分の1とする必要があることから、トルエンの要求防護係数25を上回る指定防護係数のものとし、電動ファン付き呼吸用保護具（半面形面体）を、フィットテストを実施して着用することとした。リスク低減対策2の入力内容を**表3.2.20**に、CREATE-SIMPLEの表示画面を**図3.2.32**に示した。

(エ)　リスク低減対策2のリスク評価

「リスク低減対策の検討」欄の上部にある「リスクの再判定」ボタンを押すとばく露限界値（管理目標濃度）とともに、現状の推定ばく露濃度とリスクレベルおよび対策後の推定ばく露濃度、リスクレベルが上下に表示される（**図3.2.33**）。制御風速を満足した外付け式局所排気装置の導入と、電動ファン付き呼吸用保護具（半面形面体）を、フィットテストを実施して着用することに

表3.2.20　リスク低減対策2

	設問	現状	低減対策の選択／入力	
①	換気レベル	換気レベルC（工業的な全体換気）	換気レベルD（外付け式局所排気装置）	変更なし
②	制御風速の確認	—	制御風速を確認している	変更なし
③	ばく露の変動の大きさ	ばく露濃度の変動が大きい作業	ばく露濃度の変動が小さい作業	変更なし
④	【オプション】呼吸用保護具		電動ファン付き呼吸用保護具（半面形面体）	変更
⑤	フィットテストの方法		フィットテスト	変更
⑥	化学防護手袋	手袋を着用していない	耐透過性、耐浸透性の手袋を着用している	変更なし
⑦	保護具の教育	教育や訓練を行っていない	基本的な教育や訓練を行っている	変更なし

	設問	現状		対策後
吸入	Q1. 取扱量	中量（1L以上～1000L未満）		中量（1L以上～1000L未満）
	Q2. スプレー作業の有無	いいえ		いいえ
	Q3. .塗布面積1m2超	はい		はい
	Q4. 換気レベル	換気レベルC（工業的な全体換気、屋外作業）	①	換気レベルD（外付け式局所排気装置）
	制御風速の確認		②	制御風速を確認している
	Q5. 作業時間	1時間超～2時間以下		1時間超～2時間以下
	Q6. 作業頻度	5日／週		5日／週
	Q7. ばく露の変動の大きさ	ばく露濃度の変動が大きい作業	③	ばく露濃度の変動が小さい作業
	[オプション] 呼吸用保護具		④	電動ファン付き呼吸用保護具（半面形面体）
	フィットテストの方法		⑤	フィットテスト
経皮吸収	Q8. 接触面積	大きなコインのサイズ、小さな飛沫		大きなコインのサイズ、小さな飛沫
	Q9. 化学防護手袋	手袋を着用していない	⑥	耐透過性・耐浸透性の手袋の着用している
	Q10. 保護具の教育	教育や訓練を行っていない	⑦	基本的な教育や訓練を行っている

図3.2.32　リスク低減対策２と現状との比較画面

リスクの再判定結果

	ばく露限界値（管理目標濃度）			推定ばく露濃度			リスクレベル				
	吸入（8時間）	吸入（短時間）	経皮吸収	吸入（8時間）	吸入（短時間）	経皮吸収	吸入（8時間）	吸入（短時間）	経皮吸収	合計（吸入＋経皮）	危険性（爆発・火災等）
1	141-78-6	酢酸エチル					リスクレベルS				
現状	200 ppm	400 ppm	5403 mg/day	500～ ppm	5000 ppm	4.46 mg/day	Ⅳ	Ⅳ	Ⅰ	Ⅳ	-
対策後	200 ppm	400 ppm	5403 mg/day	1～10 ppm	40 ppm	0.446 mg/day	Ⅰ	Ⅰ	Ⅰ	Ⅰ	-
2	108-88-3	トルエン					皮膚等障害化学物質、リスクレベルS				
現状	20 ppm	100 ppm	565 mg/day	500～ ppm	5000 ppm	0.391 mg/day	Ⅳ	Ⅳ	Ⅰ	Ⅳ	-
対策後	20 ppm	100 ppm	565 mg/day	1～10 ppm	40 ppm	0.0391 mg/day	Ⅱ-A	Ⅱ	Ⅰ	Ⅱ	-
3	0	樹脂									
現状	1～10 mg/m3	30 mg/m3	-	0 mg/m3	0 mg/m3	-	Ⅰ	Ⅰ	-	Ⅰ	-
対策後	1～10 mg/m3	30 mg/m3	-	0 mg/m3	0 mg/m3	-	Ⅰ	Ⅰ	-	Ⅰ	-

有害性	濃度基準値設定物質以外の長時間（8時間）ばく露の評価結果は良好です。換気、機器や器具、作業手順などの管理に努めましょう。 濃度基準値設定物質以外の短時間ばく露の評価結果は良好です。換気、機器や器具、作業手順などの管理に努めましょう。 皮膚障害等防止用保護具の選定マニュアルに従い、適切な皮膚障害等防止用保護具を着用しましょう。
危険性（爆発・火災等）	

図3.2.33　リスク低減対策２のリスクの判定結果

より、吸入の８時間のリスクレベルは、酢酸エチルがリスクレベルⅠ、トルエンがリスクレベルⅡ-Aとなった。また短時間のリスクレベルは、酢酸エチルがリスクレベルⅠ、トルエンがリスクレベルⅡとなり、８時間および短時間の推定ばく露濃度はいずれもばく露限界値を下回った。例えば酢酸エチルの場合、８時間のばく露限界値200ppmに対して推定ばく露濃度は１～10ppm、短時間のばく露限界値400ppmに対して推定ばく露濃度は40ppmである。

CREATE-SIMPLEのリスクレベルの説明は、「長時間（８時間）ばく露の評価結果は良好です。換気、機器や器具、作業手順などの管理に努めましょう」「短時間ばく露の評価結果は良好です。換気、機器や器具、作業手順などの管理に努めましょう」「皮膚障害等防止用保護具の選定マニュアルに従い、適切な皮膚障害等防止用保護具を着用しましょう」である。

カ．災害事例２　原因と対策

　災害事例２について「職場のあんぜんサイト」で紹介されている災害事例の原因と対策を下記に示した。

【原　因】

　この災害の原因としては、次のようなことが考えられる。

①　取り扱っていた接着剤には、第２種有機溶剤である酢酸エチルとトルエンが含まれていたこと。

②　床に置いた一斗缶の中をひしゃくでかき混ぜていたため、一斗缶内から相当量の有機溶剤の蒸気が発生していたこと。

③　排気能力が不十分であったため一斗缶内で発生した有機溶剤の蒸気が作業環境気中に拡散し、呼吸域が有機溶剤の蒸気が拡散する濃度の高い位置になっていたこと。

④　換気不十分な場所で、保護具を着用しないで、酢酸エチルおよびトルエンを含有する接着剤を取り扱う作業を行っていたこと。

⑤　作業の手順を示すマニュアルが整備されていなかったため、有機溶剤を含有する原材料を取り扱う作業方法について作業者の判断に委ねられていたこと。

⑥　有機溶剤作業主任者として工場長が選任されていたが、実務的にその職務を十分に果たせる立場になかったこと。

⑦　有機溶剤の有害性およびその取扱方法などについての教育が行われていなかったこと。

【対　策】

①　酢酸エチルおよびトルエンは、有機則に定める第２種有機溶剤に該当することから、有機溶剤の蒸気の拡散を防止するための発散源を密閉する設備、局所排気装置またはプッシュプル型換気装置を設けること。

②　接着剤を小分けする作業、接着剤を混合する作業は、局所排気装置を備えたチャンバー内で行えるように設備の改善が必要であること。

　　また、接着剤の受皿に接着剤を補給する作業は、作業者が有機溶剤蒸気にばく露されないような補給装置が必要であること。

③　有機溶剤など有害物を含有する原材料を取り扱う作業は、ドラム缶などから小分けする作業、混合する作業などについて、作業場所の特定、作業方法、局所排気装置の稼働、局所排気装置などの設備の点検要領などについてマニュアルを作成し周知徹底すること。

④　取り扱う有機溶剤の有害性およびその防止対策などについての労働衛生教育を実施すること。

⑤　有機溶剤作業主任者は、その職務を実務的に行える者のうちから資格者を育成、選任すること。

(5)　作業1　接着剤のはけ塗り作業

塩化ビニル接合接着剤を塩化ビニル板にはけで塗布し、貼り合わせる作業

（以下、接着剤のはけ塗り作業を演習用に便宜的に編集した）

タイトル：接着剤のはけ塗り作業

実施場所：接着作業室

製品名等：塩化ビニル接合接着剤

性状：液体

成分数：4

No.	CAS RN	物質名	含有率（wt%）
1	583-60-8	2-メチルシクロヘキサノン	40
2	108-88-3	アセトン	35
3	78-93-3	メチルエチルケトン	15
4	―	塩化ビニル酢酸ビニル共重合樹脂	10

注）組成および含有率は便宜的に設定したものである

【作業内容】

リスクアセスメント対象：吸入、経皮吸収

製品の取扱量：およそ10L（取扱量は便宜的に設定したものである）

作業状況：塗布する合塩化ビニル接合接着剤を塩化ビニル板にはけで塗布し、貼り合わせる作業。塗布する合計面積は 1 m² 以上

換気状況：工業的な全体換気

1日当たりの作業時間（ばく露時間）：およそ4時間弱

化学物質の取扱い頻度：1週間に5日

適切な手袋の着用：取扱い物質に関する情報のない手袋を使用

皮膚に接触する面積：片手の手のひらに付着することがある

手袋の適正な使用方法に関する教育：教育は行っていない

図3.2.34　ステップ1の入力画面

ア．ステップ1　対象物質の基本情報の入力

　はじめに、リスクアセスメントの対象となる作業の基本情報として、タイトル、実施場所、製品ID等、製品名称、作業内容等を入力する。次に、リスクアセスメントの対象として吸入と経皮吸収、希釈した接着剤の性状は液体、成分数は4として入力する。**図3.2.34**にCREATE-SIMPLEの入力画面を示した。

イ．ステップ2　取扱い物質に関する情報

(ア)　CAS RNと名称、含有率及び関連情報の入力

　リスクアセスメント対象である「塩化ビニル接合接着剤」の成分である2-メチルシクロヘキサン、アセトン、メチルエチルケトンのCAS登録番号（CAS RN）を CAS RNのカラムに入力して「CAS RNで検索」ボタンを押すと、2-メチルシクロヘキサノン、アセトン、メチルエチルケトンの物質名、ばく露限界値、GHS分類、物理・化学的性状などが自動的にエクセルシートに入力される。CAS RNが不明な塩化ビニル酢酸ビニル共重合樹脂は物質名と含有率を入力する。**図3.2.35**にCREATE-SIMPLEの入力画面を示した。

(イ)　成分情報の修正、追加

　「編集」ボタンの横にあるプルダウンメニューから塩化ビニル酢酸ビニル共重合樹脂のカラム番号「4」を選択し「編集」ボタンを押すと、性状、揮発性/飛散性、ばく露限界値、物理化学的性状の入力画面が開く。塩化ビニル酢酸ビニル共重合樹脂のデータが自動入力されていないので、性状は「粉体」、揮

【STEP 2】取扱い物質に関する情報を入力してください。

No	CAS RN	物質名	含有率 [wt%]
1	583-60-8	2-メチルシクロヘキサノン	40
2	67-64-1	アセトン	35
3	78-93-3	メチルエチルケトン	15
4		塩化ビニル酢酸ビニル共重合樹脂	10

図3.2.35　ステップ2の入力画面

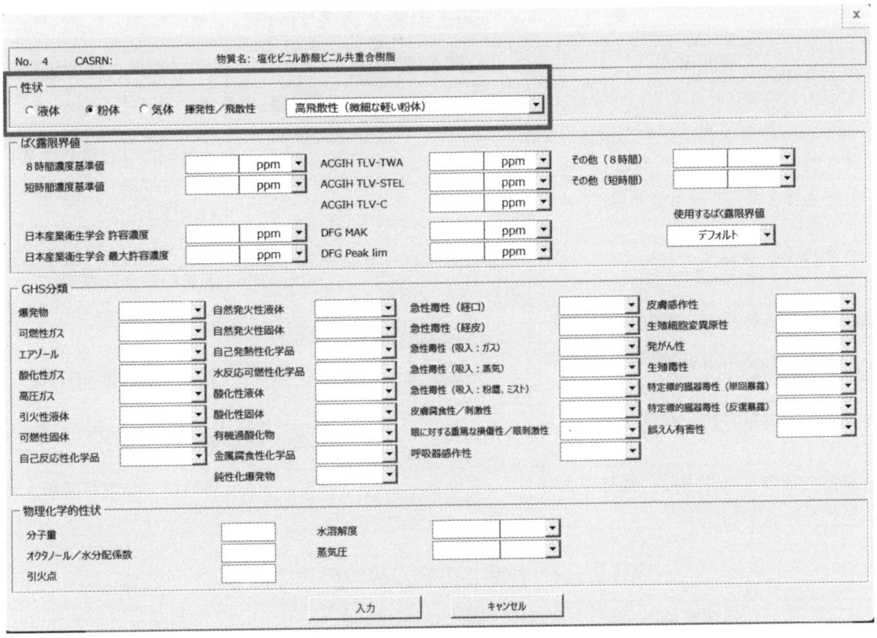

図3.2.36　塩化ビニル酢酸ビニル共重合樹脂の成分情報の入力画面

発性/飛散性は「高飛散性（微細な軽い粉体）」と仮定して入力した。ばく露限界値、GHS分類、物理化学的性状は不明なのでそのまま空欄としているが、同樹脂のSDSが入手できてGHS分類や物理化学的性状がわかる場合は入力する。**図3.2.36**にCREATE-SIMPLEの成分情報の入力画面を示した。

ウ．ステップ３　設問事項の入力

　㋐　吸入ばく露項目の入力

　　Ｑ１取扱量、Ｑ２、Ｑ３の作業状況、Ｑ４換気状況、Ｑ５作業時間、Ｑ６作業頻度、Ｑ７ばく露濃度の変動の大きさの設問事項について、プルダウン選択または入力を行う。作業１の吸入の入力内容を**表3.2.21**に示した。

　㋑　経皮ばく露項目の入力

　　経皮吸収の評価に必要なＱ８化学物質が皮膚に接触する面積、Ｑ９適正な手袋の使用、Ｑ10 教育訓練の設問事項についてプルダウン選択を行う。作業１の経皮吸収の入力内容を**表3.2.22**に示した。

エ．ステップ４　リスク評価（現状）

　「Step４リスクの判定」画面の上部にある「リスクの判定」ボタンを押すとばく露限界値（管理目標濃度）と推定ばく露濃度、リスクレベルが表示される（図3.2.37）。経皮吸収のリスクレベルはⅠまたはⅡでいずれも低い。例えば２-メ

表3.2.21　作業１の吸入の入力内容

	設問事項	設問事項の選択／入力	作業１の作業状況等
Q1	製品の取扱量はどのくらいですか	中量（1L以上～1000L未満）	およそ10L
Q2	スプレー作業など空気中に飛散しやすい作業を行っていますか	いいえ	接着剤のはけ塗り作業
Q3	化学物質を塗布する合計面積は1m²以上ですか	はい	1m²以上
Q4	作業場の換気状況はどのくらいですか	換気レベルC（工業的な全体換気）	工業的な全体換気
	換気レベルDとE　制御風速の確認	―	―
Q5	1日あたりの化学物質の作業時間（ばく露時間）はどのくらいですか	3時間超～4時間以下	およそ4時間弱の作業
Q6	化学物質の取り扱い頻度はどのくらいですか	週1回以上　→　5日/週	週5日
Q7	作業内容のばく露濃度の変動の大きさはどのくらいですか	ばく露濃度の変動の大きな作業	局所排気装置が設置されていない

表3.2.22　作業１の経皮吸収の入力内容

	設問事項	設問事項の選択／入力	作業１の作業状況等
Q8	化学物質が皮膚に接触する面積はどれくらいですか	片手の手のひらに付着	片手の手のひらに付着することがある
Q9	取り扱う化学物質に適した手袋を着用していますか	取扱物質に関する情報のない手袋を使用している	手袋を使用しているが透過性情報は不明
Q10	手袋の適正な使用方法に関する教育は行っていますか	教育や訓練を行っていない	教育や訓練を行っていない

	ばく露限界値（管理目標濃度）			推定ばく露濃度			リスクレベル				
	吸入（8時間）	吸入（短時間）	経皮吸収	吸入（8時間）	吸入（短時間）	経皮吸収	吸入（8時間）	吸入（短時間）	経皮吸収	合計（吸入＋経皮）	危険性（爆発・火災等）
1	583-60-8	2-メチルシクロヘキサノン					皮膚等障害化学物質、リスクレベルS				
	5～50 ppm	150 ppm	1719 mg/day	50～500 ppm	3000 ppm	29.1 mg/day	III	IV	I	IV	-
2	67-64-1	アセトン					リスクレベルS				
	200 ppm	200 ppm	3561 mg/day	500～ ppm	5000 ppm	1420 mg/day	IV	III	II	IV	-
3	78-93-3	メチルエチルケトン					皮膚等障害化学物質、リスクレベルS				
	75 ppm	150 ppm	-	300～3000 ppm	5000 ppm	-	IV	IV	-	IV	-
4	0	塩化ビニル酢酸ビニル共重合樹脂									
	1～10 mg/m3	30 mg/m3	-	0 mg/m3	0 mg/m3	-	I	I	-	I	-

図3.2.37　現状のリスク判定結果の表示画面

チルシクロヘキサノンの場合は管理目標濃度が1,719mg/dayであるのに対して推定ばく露濃度は29.1mg/dayである。

　吸入のリスクレベルは、２-メチルシクロヘキサノン、アセトン、メチルエチルケトンともに８時間、短時間の推定ばく露濃度がそれぞれのばく露限界値を超えていることから、リスクレベルはⅢもしくはⅣとなった。例えば２-メチルシクロヘキサノンの場合は８時間の管理目標濃度5～50ppmに対して推定ばく露濃

度は50〜500ppmである。

　吸入および経皮吸収の合計のリスク評価は、吸入のリスクレベルが高いことからリスクレベルⅣとなった。

　2-メチルシクロヘキサノン、メチルエチルケトンは皮膚等障害化学物質に該当し、耐透過性・耐浸透性の保護具の着用は義務である。また、アセトンはリスクレベルSであることから耐透過性・耐浸透性保護具の着用が必要である。

オ．リスク低減対策

(ア)　リスク低減対策1

　　作業1の現状のリスクレベルにおいて、吸入の8時間のリスクレベルはⅢもしくはⅣと高いことから制御風速を満足する外付け式局所排気装置を導入することとした。経皮吸収のリスクレベルは低いが、皮膚等障害化学物質が含有される接着剤であることから、耐透過性・耐浸透性の手袋を基本的な教育をして着用することとした。リスク低減対策1の入力内容を**表3.2.23**に、CREATE-SIMPLEの表示画面を**図3.2.38**に示した。

表3.2.23　リスク低減対策1

	設問	現状	低減対策の選択／入力	
①	換気レベル	換気レベルC（工業的な全体換気）	換気レベルD（外付け式局所排気装置）	変更
②	制御風速の確認	—	制御風速を確認している	変更
③	ばく露の変動の大きさ	ばく露濃度の変動が大きい作業	ばく露濃度の変動が小さい作業	変更
④	化学防護手袋	取扱物質に関する情報のない手袋を使用している	耐透過性、耐浸透性の手袋を着用している	変更
⑤	保護具の教育	教育や訓練を行っていない	基本的な教育や訓練を行っている	変更

	設問	現状		対策後
吸入	Q1. 取扱量	中量（1L以上〜1000L未満）		中量（1L以上〜1000L未満）
	Q2. スプレー作業の有無	いいえ		いいえ
	Q3. 塗布面積1m2超	はい		はい
	Q4. 換気レベル	換気レベルC（工業的な全体換気、屋外作業）	①	換気レベルD（外付け式局所排気装置）
	制御風速の確認		②	制御風速を確認している
	Q5. 作業時間	3時間超〜4時間以下		3時間超〜4時間以下
	Q6. 作業頻度	5日／週		5日／週
	Q7. ばく露の変動の大きさ	ばく露濃度の変動が大きい作業	③	ばく露濃度の変動が小さい作業
	[オプション] 呼吸用保護具			
	フィットテストの方法			
経皮吸収	Q8. 接触面積	片手の手のひら付着		片手の手のひら付着
	Q9. 化学防護手袋	取扱物質に関する情報のない手袋を使用している	④	耐透過性・耐浸透性の手袋の着用している
	Q10. 保護具の教育	教育や訓練を行っていない	⑤	基本的な教育や訓練を行っている

図3.2.38 リスク低減対策1と現状との比較画面

	ばく露限界値（管理目標濃度）			推定ばく露濃度			リスクレベル				
	吸入 （8時間）	吸入 （短時間）	経皮吸収	吸入 （8時間）	吸入 （短時間）	経皮吸収	吸入 （8時間）	吸入 （短時間）	経皮吸収	合計 （吸入＋経皮）	危険性 （爆発・火災等）
1	583-60-8	2-メチルシクロヘキサノン					皮膚等障害化学物質、リスクレベルS				
現状	5～50 ppm	150 ppm	1719 mg/day	50～500 ppm	3000 ppm	29.1 mg/day	Ⅲ	Ⅳ	・Ⅰ	Ⅳ	-
対策後	5～50 ppm	150 ppm	1719 mg/day	5～50 ppm	200 ppm	2.91 mg/day	Ⅱ-B	Ⅲ	Ⅰ	Ⅲ	-
2	67-64-1	アセトン					リスクレベルS				
現状	200 ppm	500 ppm	3561 mg/day	500～ ppm	5000 ppm	1420 mg/day	Ⅳ	Ⅳ	Ⅱ	Ⅳ	-
対策後	200 ppm	500 ppm	3561 mg/day	50～500 ppm	2000 ppm	142 mg/day	Ⅲ	Ⅲ	Ⅰ	Ⅲ	-
3	78-93-3	メチルエチルケトン					皮膚等障害化学物質、リスクレベルS				
現状	75 ppm	150 ppm	-	300～3000 ppm	5000 ppm	-	Ⅳ	Ⅳ	-	Ⅳ	-
対策後	75 ppm	150 ppm	-	30～300 ppm	1200 ppm	-	Ⅲ	Ⅲ	-	Ⅲ	-
4	0	塩化ビニル酢酸ビニル共重合樹脂									
現状	1～10 mg/m3	30 mg/m3	-	0 mg/m3	0 mg/m3	-	Ⅰ	Ⅰ	-	Ⅰ	-
対策後	1～10 mg/m3	30 mg/m3	-	0 mg/m3	0 mg/m3	-	Ⅰ	Ⅰ	-	Ⅰ	-

図3.2.39　リスク低減対策1のリスク判定結果画面

(イ)　リスク低減対策1のリスク評価

　　「リスク低減対策の検討」欄の上部にある「リスクの再判定」ボタンを押すとばく露限界値（管理目標濃度）とともに、現状の推定ばく露濃度とリスクレベルおよび対策後の推定ばく露濃度、リスクレベルが上下に表示される（**図3.2.39**）。制御風速を満足する外付け式局所排気装置の導入によって、吸入の8時間のリスクレベルは2-メチルシクロヘキサノンでⅡ-B（濃度測定による確認が望ましい）となるが、アセトン、メチルエチルケトンの推定ばく露濃度は、それぞれのばく露限界値を超えていることからリスクレベルはⅢとなった。吸入の短時間のリスクレベルは2-メチルシクロヘキサノン、アセトン、メチルエチルケトンの推定ばく露濃度は、それぞれのばく露限界値を超えていることからリスクレベルはⅢとなった。例えば2-メチルシクロヘキサンの場合、8時間の管理目標濃度5～50ppmに対して推定ばく露濃度は5～50ppm、短時間の管理目標濃度150ppmに対して推定ばく露濃度は200ppmである。

(ウ)　リスク低減対策2

　　リスク低減対策1の外付け式局所排気装置の導入対策では、吸入のリスクレベルはまだ高いことから、リスク低減対策1を再考した。囲い式局所排気装置の導入を考慮したが、導入は困難であると判断されたことから、制御風速を満足した外付け式局所排気装置の導入と保護具の着用で対応することとした。

　　保護具の選択において、リスク低減対策1における8時間の推定ばく露濃度をばく露限界値以下にするには、アセトンで2.5分の1、メチルエチルケトンで4分の1、短時間の推定ばく露濃度をばく露限界値以下にするには、アセトンで4分の1、メチルエチルケトンで8分の1、とする必要があることから、メチルエチルケトンの要求防護係数8を上回る指定防護係数のものとし、防毒

表3.2.24　リスク低減対策２

	設問	現状	低減対策の選択／入力	
①	換気レベル	換気レベルC （工業的な全体換気）	換気レベルD （外付け式局所排気装置）	変更なし
②	制御風速の確認	—	制御風速を確認している	変更なし
③	ばく露の変動の大きさ	ばく露濃度の変動が大きい作業	ばく露濃度の変動が小さい作業	変更なし
④	【オプション】 呼吸用保護具		防毒マスク（半面形面体）	変更
⑤	フィットテストの方法		フィットテスト	変更
⑥	化学防護手袋	取扱物質に関する情報のない手袋を使用している	耐透過性、耐浸透性の手袋を着用している	変更なし
⑦	保護具の教育	教育や訓練を行っていない	基本的な教育や訓練を行っている	変更なし

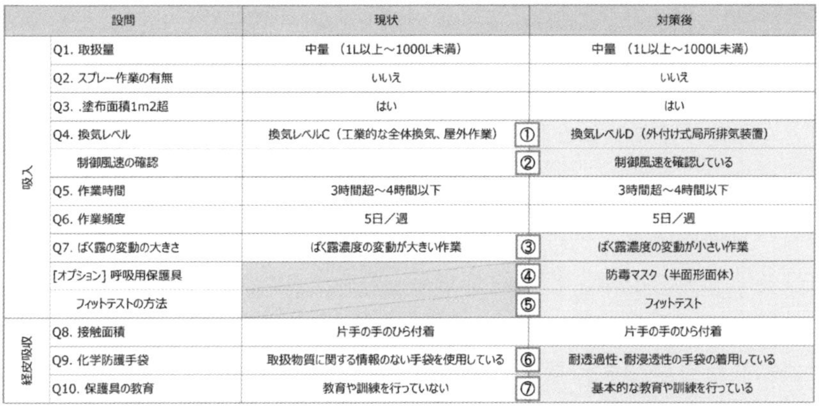

	設問	現状		対策後
吸入	Q1. 取扱量	中量 （1L以上～1000L未満）		中量 （1L以上～1000L未満）
	Q2. スプレー作業の有無	いいえ		いいえ
	Q3. .塗布面積1m2超	はい		はい
	Q4. 換気レベル	換気レベルC（工業的な全体換気、屋外作業）	①	換気レベルD（外付け式局所排気装置）
	制御風速の確認		②	制御風速を確認している
	Q5. 作業時間	3時間超～4時間以下		3時間超～4時間以下
	Q6. 作業頻度	5日／週		5日／週
	Q7. ばく露の変動の大きさ	ばく露濃度の変動が大きい作業	③	ばく露濃度の変動が小さい作業
	[オプション] 呼吸用保護具		④	防毒マスク（半面形面体）
	フィットテストの方法		⑤	フィットテスト
経皮吸収	Q8. 接触面積	片手の手のひら付着		片手の手のひら付着
	Q9. 化学防護手袋	取扱物質に関する情報のない手袋を使用している	⑥	耐透過性・耐浸透性の手袋の着用している
	Q10. 保護具の教育	教育や訓練を行っていない	⑦	基本的な教育や訓練を行っている

図3.2.40　リスク低減対策２と現状との比較画面

マスク（半面形面体）をフィットテストを実施して着用することとした。リスク低減対策２の入力内容を**表3.2.24**に、CREATE-SIMPLEの表示画面を**図3.2.40**に示した。

(エ)　リスク低減対策２のリスク評価

「リスク低減対策の検討」欄の上部にある「リスクの再判定」ボタンを押すとばく露限界値（管理目標濃度）とともに、現状の推定ばく露濃度とリスクレベルおよび対策後の推定ばく露濃度、リスクレベルが上下に表示される（**図3.2.41**）。制御風速を満足した外付け式局所排気装置の導入と、防毒マスク（半面形面体）をフィットテストを実施して着用することにより、吸入のリスクレベル８時間は、２-メチルシクロヘキサノンがリスクレベルⅠ、アセトン、メチルエチルケトンがⅡ-Aとなった。また短時間のリスクレベルは、２-メチルシクロヘキサノン、アセトン、メチルエチルケトンのいずれもリスクレベル

リスクの再判定結果

		ばく露限界値（管理目標濃度）			推定ばく露濃度			リスクレベル				
		吸入（8時間）	吸入（短時間）	経皮吸収	吸入（8時間）	吸入（短時間）	経皮吸収	吸入（8時間）	吸入（短時間）	経皮吸収	合計（吸入＋経皮）	危険性（爆発・火災等）
1	583-60-8	2-メチルシクロヘキサノン						皮膚等障害化学物質、リスクレベルS				
現状		5～50 ppm	150 ppm	1719 mg/day	50～500 ppm	3000 ppm	29.1 mg/day	Ⅲ	Ⅳ	Ⅰ	Ⅳ	-
対策後		5～50 ppm	150 ppm	1719 mg/day	0.5～5 ppm	20 ppm	2.91 mg/day	Ⅰ	Ⅱ	Ⅰ	Ⅱ	-
2	67-64-1	アセトン						リスクレベルS				
現状		200 ppm	500 ppm	3561 mg/day	500～ ppm	5000 ppm	1420 mg/day	Ⅳ	Ⅲ	Ⅱ	Ⅳ	-
対策後		200 ppm	500 ppm	3561 mg/day	5～50 ppm	200 ppm	142 mg/day	Ⅱ-A	Ⅱ	Ⅰ	Ⅱ	-
3	78-93-3	メチルエチルケトン						皮膚等障害化学物質、リスクレベルS				
現状		75 ppm	150 ppm	-	300～3000 ppm	5000 ppm	-	Ⅳ	Ⅳ	-	Ⅳ	-
対策後		75 ppm	150 ppm	-	3～30 ppm	120 ppm	-	Ⅱ-A	Ⅱ	-	Ⅱ	-
4	0	塩化ビニル酢酸ビニル共重合樹脂										
現状		1～10 mg/m3	30 mg/m3	-	0 mg/m3	0 mg/m3	-	Ⅰ	Ⅰ	-	Ⅰ	-
対策後		1～10 mg/m3	30 mg/m3	-	0 mg/m3	0 mg/m3	-	Ⅰ	Ⅰ	-	Ⅰ	-

有害性	濃度基準値設定物質以外の長時間（8時間）ばく露の評価結果は良好です。換気、機器や器具、作業手順などの管理に努めましょう。 濃度基準値設定物質以外の短時間ばく露の評価結果は良好です。換気、機器や器具、作業手順などの管理に努めましょう。 皮膚障害等防止用保護具の選定マニュアルに従い、適切な皮膚障害等防止用保護具を着用しましょう。
危険性（爆発・火災等）	

図3.2.41　リスク低減対策２のリスク判定結果画面

Ⅱとなり、８時間および短時間の推定ばく露濃度はいずれもばく露限界値（管理目標濃度）を下回った。例えば２-メチルシクロヘキサノンの場合は８時間の管理目標濃度５～50ppmに対して推定ばく露濃度は0.5～５ppm、短時間の管理目標濃度150ppmに対して推定ばく露濃度は20ppmである。

　CREATE-SIMPLEのリスクレベルの説明は、「長時間（８時間）ばく露の評価結果は良好です。換気、機器や器具、作業手順などの管理に努めましょう」「短時間ばく露の評価結果は良好です。換気、機器や器具、作業手順などの管理に努めましょう」「皮膚障害等防止用保護具の選定マニュアルに従い、適切な皮膚障害等防止用保護具を着用しましょう」である。

⑹　作業２　粉砕作業

　p-クロロアニリンの結晶を粉砕機で粉砕する作業

（以下、粉砕作業を演習用に便宜的に編集した）

タイトル：粉砕作業

実施場所：粉砕室

製品名等：p-クロロアニリン

性状：粉体

成分数：１

No.	CAS RN	物質名	含有率（wt%）
1	106-47-8	p－クロロアニリン	100

注）組成および含有率は便宜的に設定したものである

【作業内容】

リスクアセスメント対象：吸入

製品の取扱量：およそ500kg（取扱量は便宜的に設定したものである）

作業状況：p－クロロアニリンの結晶を粉砕機で粉砕する作業

換気状況：外付け式局所排気装置による排気（制御風速の確認は行っていない）

１日当たりの作業時間（ばく露時間）：30分以下

化学物質の取り扱い頻度：１週間に１日

ア．ステップ１　対象物質の基本情報の入力

　最初に、リスクアセスメントの対象となる作業の基本情報として、タイトル、実施場所、製品ID等、製品名称、作業内容等を入力する。作業２ではリスクアセスメントの対象を吸入とし、性状は粉体、成分数は１として入力した。図3.2.42にCREATE-SIMPLEの入力画面を示した。

　なお、経皮吸収については粉体の取扱い作業で、溶解したp－クロロアニリンの取扱い作業ではないことから皮膚吸収モデルの適用に限界があること、また、p－クロロアニリンは皮膚等障害化学物質であり、取扱い作業においては耐透過性、浸透性の手袋を着用する必要があることから、経皮吸収のリスク評価は実施しなかった。

イ．ステップ２　取扱い物質に関する情報

(ア)　CAS RNと名称、含有率および関連情報の入力

　リスクアセスメント対象である「p－クロロアニリン」のCAS登録番号（CAS RN）を「CAS RN」のカラムに入力し、「CAS RNで検索」ボタンを押して、p－クロロアニリンの物質名、ばく露限界値（未設定）、GHS分類、物理・化学的性状を自動入力する。次に各成分の含有率を入力する。図3.2.43

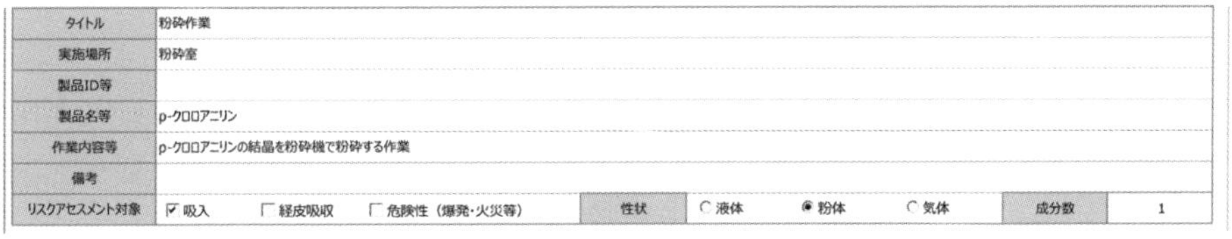

図3.2.42　ステップ１の入力画面

No	CAS RN	物質名	含有率 [wt%]
1	106-47-8	p-クロロアニリン	100

図3.2.43　ステップ２の入力画面

にCREATE-SIMPLE の入力画面を示した。

㈣　成分情報の修正、追加

　「編集」ボタンの横にあるプルダウンメニューから樹脂のカラム番号「１」を選択し、「編集」ボタンを押すと、性状、ばく露限界値、物理化学的性状の入力画面が開く。p-クロロアニリンの性状と揮発性/飛散性は自動入力されないので、性状を「粉体」、揮発性/飛散性は粉砕後のp-クロロアニリンの性状として「高飛散性（微細な軽い粉体）」を入力する。**図3.2.44**にCREATE-SIMPLEの成分情報の入力画面を示した。

㈤　成分情報の確認

　ステップ２のシート上部の「詳細表示」ボタンを押すとp-クロロアニリンのGHS分類、ばく露限界値（未設定）、物理化学的性状、揮発性/飛散性、皮膚等障害化学物質の該非が表示されるので確認する。例えば、皮膚等障害化学物質に該当するので、耐透過性・耐浸透性の手袋の着用が義務であること、GHS

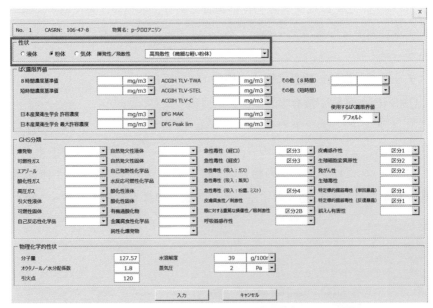

図3.2.44　p-クロロアニリンの成分情報の入力画面

図3.2.45　p-クロロアニリンの成分情報の詳細表示画面

　分類は、「眼に対する重篤な損傷性／眼刺激性」が区分2B、皮膚感作性物質であることからリスクレベルＳに該当し、眼、皮膚の保護具対応が必要なこと、ばく露限界値が設定されていない物質なので、吸入の８時間値および短時間値は管理目標濃度が評価に使われることが確認できる。なお、p-クロロアニリンの取扱い作業においてはリスクの如何にかかわらず耐透過性、浸透性の手袋の着用が必要である。図3.2.45にCREATE-SIMPLEの成分情報の詳細表示画面を示した。

ウ．ステップ３　設問事項の入力

　Ｑ１取扱量、Ｑ２、Ｑ３の作業状況、Ｑ４換気状況、Ｑ５作業時間、Ｑ６作業頻度、Ｑ７ばく露濃度の変動の大きさ、の設問事項について、プルダウン選択または入力を行う。作業２の吸入の入力内容を表3.2.25に示した。粉砕作業のように粉砕されたp-クロロアニリンが飛散する状況が考えられるので、Ｑ２「スプレー作業など空気中に飛散しやすい作業を行っていますか」で「はい」を選択した。

表3.2.25　作業２の吸入の入力内容

	設問事項	設問事項の選択／入力	作業２の作業状況等
Ｑ１	製品の取扱量はどのくらいですか	中量（１Ｌ以上～1000Ｌ未満）	およそ500kg
Ｑ２	スプレー作業など空気中に飛散しやすい作業を行っていますか	はい	粉砕機による粉砕作業
Ｑ３	化学物質を塗布する合計面積は1m²以上ですか	―	塗布作業ではない
Ｑ４	作業場の換気状況はどのくらいですか	換気レベルＤ（外付け式局所排気装置）	―
	換気レベルＤとＥ　制御風速の確認	制御風速を確認していない	―
Ｑ５	１日あたりの化学物質の作業時間（ばく露時間）はどのくらいですか	30分以下	30分以下の作業
Ｑ６	化学物質の取り扱い頻度はどのくらいですか	週１回以上　→　１日/週	週１日
Ｑ７	作業内容のばく露濃度の変動の大きさはどのくらいですか	ばく露濃度の変動の小さな作業	局所排気装置が設置されている

	ばく露限界値（管理目標濃度）			推定ばく露濃度			リスクレベル				
	吸入 (8時間)	吸入 (短時間)	経皮吸収	吸入 (8時間)	吸入 (短時間)	経皮吸収	吸入 (8時間)	吸入 (短時間)	経皮吸収	合計 (吸入＋経皮)	危険性 (爆発・火災等)
1	106-47-8　p-クロロアニリン						皮膚等障害化学物質、リスクレベルS				
	0.001～0.01 mg/m3	0.03 mg/m3	-	0.5～5 mg/m3	200 mg/m3	-	Ⅳ	Ⅳ	-	-	-

図3.2.46　現状のリスク判定結果の表示画面

エ．ステップ４　リスク評価（現状）

　「Step 4　リスクの判定」画面の上部にあるリスクの判定ボタンを押すとばく露限界値（管理目標濃度）と推定ばく露濃度、リスクレベルが表示される（図3.2.46）。粉体の８時間および短時間の吸入のリスクレベルは、推定ばく露濃度が管理目標濃度を超えていることからリスクレベルⅣとなった。例えば８時間の管理目標濃度が0.001～0.01m g /m³に対して推定値0.5～ 5 mg/m³、短時間の管理目標濃度が0.03 mg/m³に対して推定値200mg/m³となっている。

オ．リスク低減対策

　(ア)　リスク低減対策１

　　　現状のリスクレベルにおいて、吸入の８時間のリスクレベルはⅣと高いことから制御風速を満足する囲い式局所排気装置を導入することした。リスク低減対策１の入力内容を**表3.2.26**に、CREATE-SIMPLEの表示画面を**図3.2.47**に示した。

　(イ)　リスク低減対策１のリスク評価

　　　「リスク低減対策の検討」欄の上部にある「リスクの再判定」ボタンを押すと

表3.2.26　リスク低減対策１

	設問	現状	低減対策の選択／入力	
①	換気レベル	換気レベルD （外付け式局所排気装置）	換気レベルE （囲い式局所排気装置）	変更
②	制御風速の確認	制御風速を確認していない	制御風速を確認している	変更

	設問	現状		対策後
	Q1. 取扱量	中量　（1kg以上～1000kg未満）		中量　（1kg以上～1000kg未満）
	Q2. スプレー作業の有無	はい		はい
	Q3. .塗布面積1m2超			
吸入	Q4. 換気レベル	換気レベルD（外付け式局所排気装置）	①	換気レベルE（囲い式局所排気装置）
	制御風速の確認	制御風速を確認していない	②	制御風速を確認している
	Q5. 作業時間	30分以下		30分以下
	Q6. 作業頻度	1日／週		1日／週
	Q7. ばく露の変動の大きさ	ばく露濃度の変動が小さい作業		ばく露濃度の変動が小さい作業
	[オプション] 呼吸用保護具			
	フィットテストの方法			

図3.2.47　リスク低減対策１と現状との比較画面

	ばく露限界値（管理目標濃度）			推定ばく露濃度			リスクレベル				
	吸入 （8時間）	吸入 （短時間）	経皮吸収	吸入 （8時間）	吸入 （短時間）	経皮吸収	吸入 （8時間）	吸入 （短時間）	経皮吸収	合計 （吸入＋経皮）	危険性 （爆発・火災等）
1	106-47-8　p-クロロアニリン						皮膚等障害性化学物質、リスクレベルS				
現状	0.001~0.01 mg/m3	0.03 mg/m3	-	0.5~5 mg/m3	200 mg/m3	-	Ⅳ	Ⅳ	-	-	-
対策後	0.001~0.01 mg/m3	0.03 mg/m3	-	0.01~0.1 mg/m3	4 mg/m3	-	Ⅲ	Ⅳ	-	-	-

図3.2.48　リスク低減対策1リスク判定結果画面

ばく露限界値（管理目標濃度）と現状の推定ばく露濃度、リスクレベルおよび対策後の推定ばく露濃度とリスクレベルが上下に表示される（**図3.2.48**）。囲い式局所排気装置の導入によって、吸入の8時間および短時間の推定ばく露濃度は低下するが、推定ばく露濃度は、それぞれの管理目標濃度を超えていることからリスクレベルはⅢおよびⅣとなった。例えば、8時間の管理目標濃度$0.001\sim0.01\,\text{mg/m}^3$に対して推定ばく露濃度$0.01\sim0.1\,\text{mg/m}^3$、短時間の管理目標濃度$0.03\,\text{mg/m}^3$に対して推定濃度$4\,\text{mg/m}^3$となっている。

㈦　リスク低減対策2

　リスク低減対策1の囲い式局所排気装置の導入対策では、吸入のリスクレベルはまだ高いことから、リスク低減対策1を再考した。囲い式局所排気装置ではばく露濃度を十分に下げることができないことから、密閉設備（自動化）を考慮したが、導入は困難と判断されたため、囲い式局所排気装置の導入と保護具の着用で対応することとした。

　保護具の選択において、8時間の推定ばく露濃度を管理目標濃度以下にするには、$0.1\,\text{mg/m}^3$を$0.001\,\text{mg/m}^3$以下にする必要があることから100分の1、短時間の推定ばく露濃度を管理目標濃度以下にするには、$4\,\text{mg/m}^3$を$0.03\,\text{mg/m}^3$以下にする必要があることから134分の1とする必要があり、要求防護係数134を上回る指定防護係数の呼吸用保護具が必要となることから、電動ファン付き呼吸用保護具（全面形面体、S級、PS3・PL3）をフィットテストを実施して着用することとした。

　リスク低減対策2の入力内容を**表3.2.27**に、CREATE-SIMPLEの表示画面を**図3.2.49**に示した。

表3.2.27　リスク低減対策2

	設問	現状	低減対策の選択／入力	
①	換気レベル	換気レベルD （外付け式局所排気装置）	換気レベルE （囲い式局所排気装置）	変更なし
②	制御風速の確認	制御風速を確認していない	制御風速を確認している	変更なし
④	【オプション】 呼吸用保護具		電動ファン付き呼吸用保護具 （全面形面体、S級、PS3・PL3）	変更
⑤	フィットテストの方法		フィットテスト	変更

設問		現状		対策後
吸入	Q1. 取扱量	中量 （1kg以上～1000kg未満）		中量 （1kg以上～1000kg未満）
	Q2. スプレー作業の有無	はい		はい
	Q3. .塗布面積1m2超			
	Q4. 換気レベル	換気レベルD（外付け式局所排気装置）	①	換気レベルE（囲い式局所排気装置）
	制御風速の確認	制御風速を確認していない	②	制御風速を確認している
	Q5. 作業時間	30分以下		30分以下
	Q6. 作業頻度	1日／週		1日／週
	Q7. ばく露の変動の大きさ	ばく露濃度の変動が小さい作業		ばく露濃度の変動が小さい作業
	［オプション］呼吸用保護具		③	電動ファン付き呼吸用保護具（全面形面体、S級、PS3・PL3）
	フィットテストの方法		④	フィットテスト

図3.2.49　リスク低減対策２と現状との比較画面

リスクの再判定結果

		ばく露限界値（管理目標濃度）			推定ばく露濃度			リスクレベル				
		吸入 （8時間）	吸入 （短時間）	経皮吸収	吸入 （8時間）	吸入 （短時間）	経皮吸収	吸入 （8時間）	吸入 （短時間）	経皮吸収	合計 （吸入＋経皮）	危険性 （爆発・火災等）
1	106-47-8	p-クロロアニリン						皮膚等障害化学物質、リスクレベルS				
現状		0.001～0.01 mg/m3	0.03 mg/m3	-	0.5～5 mg/m3	200 mg/m3	-	Ⅳ	Ⅳ	-	-	-
対策後		0.001～0.01 mg/m3	0.03 mg/m3	-	0.00001～0.0001 mg/m3	0.004 mg/m3	-	Ⅰ	Ⅱ	-	-	-

有害性	濃度基準値設定物質以外の長時間（8時間）ばく露の評価結果は十分に良好です。 濃度基準値設定物質以外の短時間ばく露の評価結果は良好です。換気、機器や器具、作業手順などの管理に努めましょう。 皮膚障害等防止用保護具の選定マニュアルに従い、適切な皮膚障害等防止用保護具を着用しましょう。
危険性 （爆発・火災等）	

図3.2.50　リスク低減対策２のリスクの再判定結果画面

(エ)　リスク低減対策２のリスク評価

　「リスク低減対策の検討」欄の上部にある「リスクの再判定」ボタンを押す
と管理目標濃度とともに、現状の推定ばく露濃度とリスクレベルおよび対策後
の推定ばく露濃度、リスクレベルが上下に表示される（**図3.2.50**）。制御風速
を満足した囲い式局所排気装置の導入と、電動ファン付き呼吸用保護具（全面
形面体、S級、PS3・PL3）を、フィットテストを実施して着用することによ
り、吸入の８時間のリスクレベルはⅠ、短時間のリスクレベルはⅡとなり、推
定ばく露濃度は管理目標濃度を下回った。例えば、８時間の管理目標濃度
0.001～0.01mg/m^{3}に対して推定ばく露濃度は0.00001～0.0001mg/m^3、短時間
の管理目標濃度0.03mg/m^{3}に対して推定ばく露濃度は0.004mg/m^{3}である。

　CREATE-SIMPLEのリスクレベルの説明は、「長時間（８時間）ばく露の
評価結果は十分に良好です。」「短時間ばく露の評価結果は十分に良好です。」
「皮膚障害等防止用保護具の選定マニュアルに従い、適切な皮膚障害等防止用
保護具を着用しましょう。」である。

第3章 災害事例をもとにした爆発火災防止リスクアセスメント解説

1．スクリーニング支援ツール（爆発火災防止）

　災害事例をもとに、厚生労働省が作成した「爆発・火災等のリスクアセスメントのためのスクリーニング支援ツール」（以下「スクリーニング支援ツール」という）を用いたリスクアセスメントの実施例について紹介する。

　前章で紹介したCREATE-SIMPLEは、危険性のリスクアセスメントでプロセスについては対象外とされ、化学物質が潜在的に有する危険性に気付くことを主目的にしている。このため、プロセスなどで危険性のリスクアセスメントを行う場合は本支援ツール、さらに精緻なリスクアセスメントを実施するには、「安衛研 リスクアセスメント等実施支援ツール」の利用が推奨されている。

　リスクアセスメントを実施するには、取り扱う化学物質や作業、設備・機器に潜む発火・爆発危険性や、その危険性が顕在化する可能性や顕在化した場合の影響の大きさ（リスク）を「知る」必要がある。スクリーニング支援ツールは、取り扱う化学物質や作業に潜む危険性やリスクを「知る」ための支援ツールで、代表的な爆発・火災等の危険性について、定性的にリスクの見積りを行う。リスクアセスメント指針のア.の方法による（**図3.3.1**）。

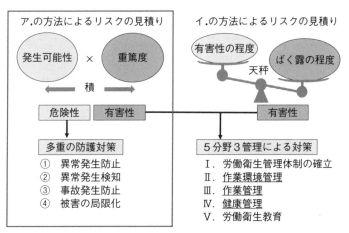

図3.3.1　リスクアセスメント指針におけるリスクの見積り方法

ステップ1　発火・爆発危険性の把握

取り扱う化学物質やプロセス・作業および設備・機器に潜む発火・爆発危険性を洗い出し、把握する。

ステップ2　発火・爆発危険性の特定

事故事例などを参考に、発火・爆発危険性が顕在化するシナリオを検討する。

ステップ3　安全化対策の妥当性の評価

発火・爆発危険性が顕在化した場合の影響を最小化するための安全化対策（リスク低減措置）の導入状況を確認し、対策の妥当性を評価する。

ステップ4　リスクの程度を判断

ステップ1～3を踏まえ、リスクの程度を判断する。リスクが大きいと判断される場合、リスク低減措置の導入を検討し、リスクを検討する。

図3.3.2　リスクを「知る」ためのスクリーニングフロー

　スクリーニング支援ツールは、代表的な危険性のみを対象とし、リスクの見積りは、大まかにリスクの程度が「大きい/大きくない」を判定する。そのため「リスクの程度は大きくない」と判定された場合であっても、潜在的危険性に注意を払い、常に安全性の確保に努めることを求めている。また、詳細にリスクレベルを判定する必要がある場合には、詳細なリスクアセスメントの実施を求めている。

⑴　スクリーニング支援ツールへのアクセス

　厚生労働省の「職場のあんぜんサイト」に接続し、化学物質のプルダウンメニューより化学物質のリスクアセスメント実施支援を選択する。次に、化学物質のリスクアセスメント実施支援の目次よりリスクアセスメント実施ツールを選択し、一覧表から「爆発・火災等のリスクアセスメントのためのスクリーニング支援ツール」をクリックすると、ここにマニュアルと入門ガイド（概要版と全体版）、ツールへのリンクが示されている。ガイドには「はい、いいえ質問事項」への回答についての具体的な判断基準などが示されているので、マニュアルと入門ガイドをダウンロードした後、リンクへアクセスする。Web版の入力手順は以下のようになっている。

【Web版の入力手順】

　⓪　概要

　①　化学物質の危険性

　②　プロセス・作業の危険性

　③　設備・機器の危険性

④　リスク低減措置の導入状況

⑤　その他収集した情報等の入力

⑥　結果

⑵　**スクリーニング支援ツールの使い方**

①　化学物質の危険性情報を収集する。

②　チェックフローを用いて、⑦化学物質の危険性、④プロセス・作業の危険性、⑨設備・機器の危険性、㊤リスク低減措置導入状況、の4つの観点から爆発・火災等の危険性を洗い出し、災害が起こる可能性があるかどうかをスクリーニング（簡易に判断）する。

③　チェックフローの回答内容を記載し、ガイドブックなどを活用して対策を検討する。

④　結果シートに記載して保管する。

⑤　定期的な見直しを実施する。

⑶　**チェックフローの使い方**

ア．「はい」か「いいえ」で答える

①　チェックフローのボックス内の問いに「はい」か「いいえ」で答えるだけで

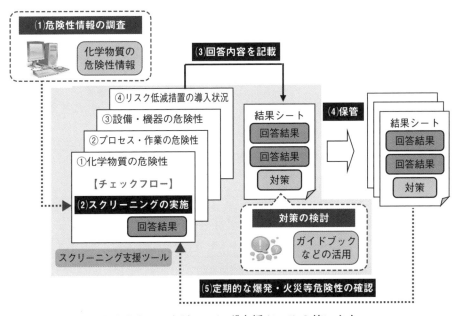

図3.3.3　スクリーニング支援ツールの使いかた

代表的な危険性を洗い出すとともに、実際に危険性が顕在化した事例を示すことで、危険性が顕在化するシナリオの検討を支援する。

② 　リスク低減措置の導入状況についてもチェックすることで、危険性が顕在化するシナリオや可能性の検討を支援する。リスクを「知る」ことに繋げる。

③ 　原則として問いに対して「はい」と答えると、「危険性の程度が大きい/危険性が顕在化するおそれがある」ことを指し、具体的な危険性が顕在化する事例を提示する。一方、「いいえ」と答えると「危険性の程度は大きくない/危険性の顕在化の可能性や被害を低減させる対策がとれている」ことを指している。

※問いに対して判断が難しい場合には、安全側に立ち、危険性を過小評価しないために、原則「はい」を選択し、結果シートの備考欄にその旨を記載する。現場の労働者・管理者間などの意見交換に繋げる。

イ．「はい」と答えた場合

「危険性の程度が大きい/危険性が顕在化するおそれがある」ことを指し、具体的な危険性が顕在化する事例を提示している。さらにチェックフローには、ガイドブックの関連個所を記載しているため、必ず確認し、どのような対策を導入するべきか検討する。 各チェックフローで、ひとつでも「はい」を選んだ場合、爆発・火災等が起こるおそれがあると考えられ、各危険性に対しガイドブックに示すような対策だけではなく、その他公的機関等が公表している対策をとることによってリスクを小さくすることが可能となる。

ウ．「いいえ」と答えた場合

「危険性の程度は大きくない/危険性の顕在化の可能性や被害を低減させる対策がとれている」ことを指している。全チェックフローで、すべて「いいえ」を選んだ場合、爆発・火災等が起こる「リスクの程度は大きくない」と考えられる。

エ．チェック項目

各チェックフローの質問項目を下表に示す。

表3.3.1　⓪事前準備　SDSの入手（ラジオボタンをチェック）

番号	質問	回答
1	取扱い物質のSDSは入手済みか？	はい/いいえ
2	SDSにGHSに関する情報が記載されているか？	はい/いいえ

表3.3.2　GHS分類入力（チェックボックスをチェック）

番号	GHS分類	回答
1	爆発物	該当の場合チェック
2	可燃性・引火性ガス	該当の場合チェック
3	エアゾール	該当の場合チェック
4	支燃性・酸化性ガス	該当の場合チェック
5	高圧ガス	該当の場合チェック
6	引火性液体	該当の場合チェック
7	可燃性固体	該当の場合チェック
8	自己反応性化学品	該当の場合チェック
9	自然発火性液体	該当の場合チェック
10	自然発火性固体	該当の場合チェック
11	自己発熱性化学品	該当の場合チェック
12	水反応可燃性化学品	該当の場合チェック
13	酸化性液体	該当の場合チェック
14	酸化性固体	該当の場合チェック
15	有機過酸化物	該当の場合チェック
16	金属腐食性物質	該当の場合チェック

表3.3.3　①化学物質の危険性（ラジオボタンをチェック）

番号	質問	回答
1	爆発性のある物質か？（爆発性に関わる原子団を持っているか？）	はい／いいえ
2	自己反応性のある物質か？（自己反応性に関わる原子団を持っているか？）	はい／いいえ
3	自然発火性のある物質か？	はい／いいえ
4	水と反応する物質か？	はい／いいえ
5	酸化性の物質か？	はい／いいえ
6	引火性の物質か？	はい／いいえ
7	可燃性の物質か？	はい／いいえ
8	過酸化物を生成する物質か？	はい／いいえ
9	物質が意図せずに混合したとき、危険性が高まるおそれがあるか？	はい／いいえ
10	可燃性粉じん（金属の粉体や紙粉など）か？	はい／いいえ
11	重合をするおそれのある物質か？	はい／いいえ

表3.3.4　②プロセス・作業の危険性（ラジオボタンをチェック）

番号	質問	回答
1	作業・プロセスは高温条件下で行われているか？	はい／いいえ
2	作業・プロセスは低温条件下で行われているか？	はい／いいえ
3	作業・プロセスは高圧条件下で行われているか？	はい／いいえ
4	作業・プロセスは低圧（または真空）条件下で行われているか？	はい／いいえ
5	作業場または近傍で裸火や火花、静電気を伴う作業を行っているか？	はい／いいえ
6	作業・プロセスは高電圧または高電流をともなうか？	はい／いいえ
7	化学物質を大量に取り扱うか？	はい／いいえ
8	作業・プロセスで液化ガスを用いるか？	はい／いいえ

表3.3.5　③設備・機器の危険性（ラジオボタンをチェック）

番号	質問	回答
1	装置等に配管が接続されているか？	はい／いいえ
2	耐食性の配管を用いる等、腐食に対する対策を講じていない？	はい／いいえ
3	振動等によるジョイント部の緩みを定期的に検査していない？	はい／いいえ
4	装置や配管等にバルブがあるか？	はい／いいえ
5	異物などによるバルブ詰りを定期的に検査していない？	はい／いいえ
6	表示などバルブの誤操作への対策を講じていない？	はい／いいえ
7	容器等に転倒防止などへの対策を講じていない？	はい／いいえ
8	変形や劣化などに対する定期的な検査は実施していない？	はい／いいえ
9	攪拌を伴う設備を用いるか？	はい／いいえ
10	異物などによる圧力放出弁詰りを定期的に検査していない？	はい／いいえ
11	攪拌不十分により温度、濃度の不均一や相分離が生じている？	はい／いいえ
12	ポンプ等を用いた化学物質の移送があるか？	はい／いいえ
13	キャビテーション等への対策が講じられていない？	はい／いいえ
14	沈殿、堆積などを定期的に取り除いていない？	はい／いいえ
15	センサーや計器、制御系の定期的な検査を実施していない？	はい／いいえ

表3.3.6　④リスク低減措置の導入状況（ラジオボタンをチェック）

番号	質問	回答
1	物質・作業に応じた適切な設計、材料選定がなされていない？	はい／いいえ
2	誤操作を防ぐ対策（フールプルーフ）が講じられていない？	はい／いいえ
3	異常（予期せぬ高圧状態等）を検知・警報する対策が講じられていない？	はい／いいえ
4	異常を災害に発展させないための対策（フェールセーフ、インターロック等）が講じられていない？	はい／いいえ
5	避難設備や避難路が確保されていない？	はい／いいえ
6	初期消火のための消火設備や消火用具が確保されていない？	はい／いいえ
7	緊急時の初動体制が確立していない？　または教育や訓練を通じた周知徹底がされていない？	はい／いいえ
8	緊急連絡網が最新版になっていない？	はい／いいえ
9	緊急時における外部との通信手段は確保していない？	はい／いいえ
10	外部（行政機関、地域住民等）との緊急時の連携体制を構築していない？	はい／いいえ

⑷　災害事例1　粉体の掻き出し作業
　海藻から食品添加剤を製造する工場において、反応容器内に付着した粉体をヘラで掻き出し中に爆発

　海藻から原料成分を炭酸ソーダで抽出し、硫酸で中和し、メタノールで脱水して精製したゲル（70kg）を、横型の回転式ジャケット付反応器（内容積：643L）に酸化プロピレン（82L）とともに仕込み、温水をジャケットに通しながら、70℃まで3時間ほどかけて段階的に温度を上昇させてエステル化反応を起こさせ、反応終了後にエステル化物を容器から取り出して、乾燥、粉砕して製品とする。

　反応終了後、酸化プロピレンなど未反応のガスを回収すると同時に、容器を常温にまで下げた後、マンホールの蓋を開放して、反応器を回転させながらエステル化物をマンホールから受皿に取り出した。しかし、反応容器の内面には粉状の生成物が付着しているので、作業員が塩化ビニル製のヘラで突いたとき、突然反応容器内で爆発が生じ、作業者が爆風で吹き飛ばされた。　　　　　（「職場のあんぜんサイト」より）

　以下は事例をリスクアセスメント用に編集したものである。
【作業の概要】
① 海藻から原料を炭酸ナトリウムで抽出、硫酸で中和、メタノールで脱水、精製する。（ゲル状70kg）
② 精製したゲルを横型回転式ジャケット付反応器（内容積643L）に酸化プロピレン（82L）とともに仕込む。
③ 反応器のジャケットに温水を通しながら、70℃まで段階的に温度を上昇させエステル化反応を起こさせる。
④ 反応終了後にエステル化物（アルギン酸プロピレングリコール　※リスクアセスメント対象外）を反応器から他の容器に取り出す。
⑤ 容器に取り出したエステル化物を乾燥、粉砕し製品とする。
【作業者の具体的作業】
① 反応器による反応終了後、反応器の回収弁を開け、未反応の蒸気（酸化プロピレン、メタノール）を回収する。
② 未反応の蒸気の回収と同時に反応器を常温まで下げた後、マンホールの蓋を開

放し、反応器を回転させながらエステル化物を受け皿に取り出す。

③　さらに反応器の内側に粉状の生成物が付着しているため、塩化ビニル製のヘラ
で反応器内部を突き、粉状のエステル化物を掻き出す作業を行う。

【その他特記事項】

反応器に残っているエステル化物を掻き出す際に使用した塩化ビニル製のヘラの
取付け部に金属製のボルトを使用していた。

災害事例1で示された、「反応終了後、酸化プロピレンなど未反応の蒸気を回収
すると同時に、容器を常温にまで下げた後、マンホールの蓋を開放して、反応器を
回転させながらエステル化物をマンホールから受皿に取り出す作業」において、反
応終了時にジャケット内に残留していると考えられるメタノールと酸化プロピレン
について、リスクアセスメントを実施する。

ア．⓪　概要

実施者、実施日、作業等の概要を記載する（**図3.3.4**）。

イ．①　化学物質の危険性

(ｱ)　事前準備

取扱い物質のGHSに対応したSDSを用意し、ラジオボタンにチェックを入れ
て「次へ」ボタンを押す（**図3.3.5〜図3.3.7**）。

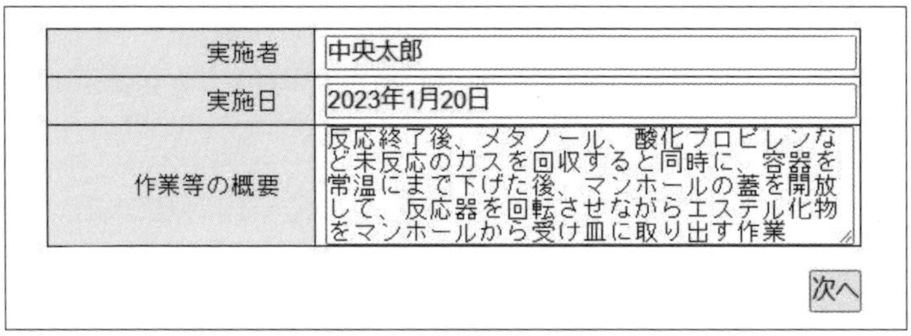

実施者	中央太郎
実施日	2023年1月20日
作業等の概要	反応終了後、メタノール、酸化プロピレンなど未反応のガスを回収すると同時に、容器を常温にまで下げた後、マンホールの蓋を開放して、反応器を回転させながらエステル化物をマンホールから受け皿に取り出す作業

次へ

図3.3.4　概要入力画面

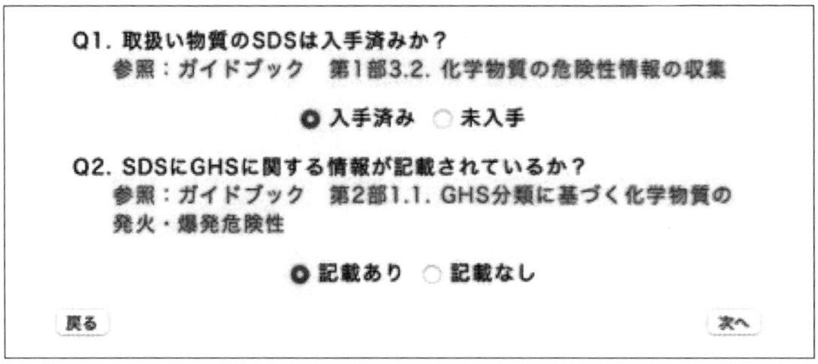

Q1. 取扱い物質のSDSは入手済みか？
　　参照：ガイドブック　第1部3.2. 化学物質の危険性情報の収集

　　　　●入手済み　○未入手

Q2. SDSにGHSに関する情報が記載されているか？
　　参照：ガイドブック　第2部1.1. GHS分類に基づく化学物質の
　　発火・爆発危険性

　　　　●記載あり　○記載なし

戻る　　　　　　　　　　　　　　　　　　　　　　　　次へ

図3.3.5　化学物質の危険性　回答画面（事前準備）

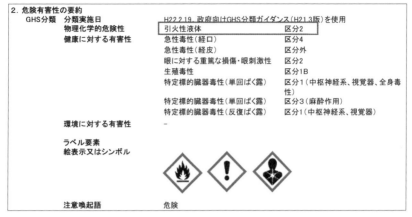

図3.3.6　メタノールのモデルSDS第２項

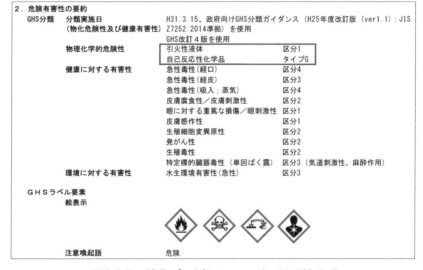

図3.3.7　酸化プロピレンのモデルSDS第２項

(イ)　GHS分類入力

　残留が想定されるメタノールのGHS分類は引火性液体：区分２、酸化プロピレンのGHS分類は引火性液体：区分１であるので、引火性液体をチェックする。また酸化プロピレンの自己反応性化学品の区分はタイプGではあるが、他の物質との関係など、より多くの管理対策情報を得るため、チェックして「次へ」をクリックする。これは、スクリーニング支援ツールがリスク値を推定するのではなく、当該物質や作業に潜む危険性やリスクを知るためのツールだからである。(図3.3.8)。スクリーニング支援ツールでは危険性のクラスを評価に用いており、区分までは評価していない。

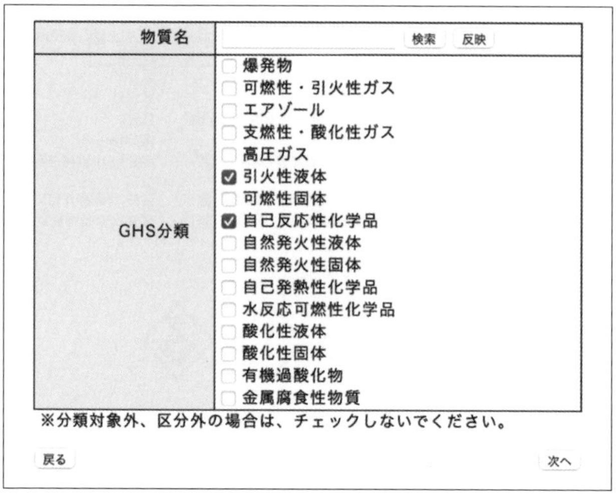

図3.3.8　GHS分類入力画面

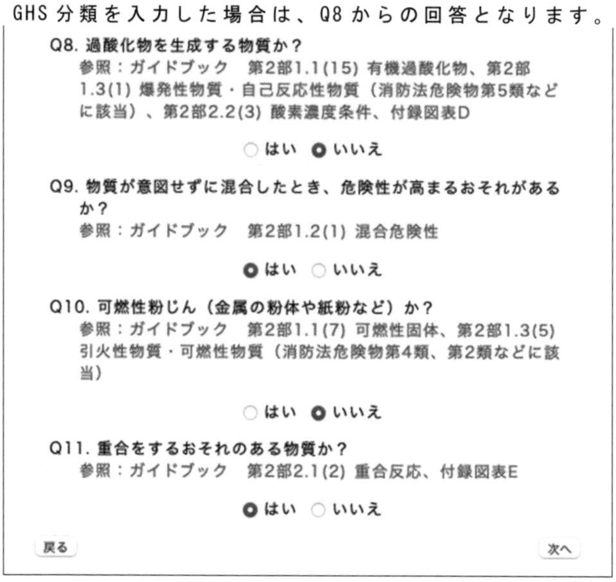

GHS分類を入力した場合は、Q8からの回答となります。

図3.3.9　化学物質の危険性の回答画面

(ウ)　化学物質の危険性の回答

　　「はい、いいえ質問」が表示されるので、回答のラジオボタンをチェックし「次へ」をクリックする（**図3.3.9**）。

　　災害事例1のリスクアセスメント対象作業において、酸化プロピレンのGHS分類の自己反応性化学品：タイプGであるが、混触危険性の質問「Q9　物質が意図せずに混合したとき、危険性が高まるおそれがあるか？」には、酸化プロピレンの混触危険性およびメタノールの混触危険性を考慮して「はい」とした。

　　質問「Q11　重合のおそれのある物質か？」は、ガイドブックの注意書きとガイドブック図表Eの重合反応を起こす物質例（エポキシド）に沿って「はい」とした。

㊁　化学物質の危険性の結果

　　化学物質の危険性の回答内容と「危険性；大きい」が表示される（**図3.3.10、図3.3.11**）。また、GHS分類、引火性液体と自己反応性化学品に関する災害事例とガイドブックの項目が示されるので確認する（**表3.3.7、表3.3.8**）。なお、GHSの危険性クラスの安全対策はGHSの注意書きを引用しているので、SDSの第2項の注意書きを参照することになる。GHS改訂6版の注意書きを**表3.3.9**に示した。なお自己反応性化学品：タイプGにGHSでの注意書きはない。

回答内容（化学物質）

化学物質
−

回答内容（GHS分類）

番号	GHS分類	回答
1	爆発物	
2	可燃性・引火性ガス	
3	エアゾール	
4	支燃性・酸化性ガス	
5	高圧ガス	
6	引火性液体	✓
7	可燃性固体	
8	自己反応性化学品	✓
9	自然発火性液体	
10	自然発火性固体	
11	自己発熱性化学品	
12	水反応可燃性化学品	
13	酸化性液体	
14	酸化性固体	
15	有機過酸化物	
16	金属腐食性物質	

図3.3.10　GHS分類の回答内容画面

回答内容

番号	質問	回答
1	爆発性のある物質か？（爆発性に関わる原子団を持っているか？）	−
2	自己反応性のある物質か？（自己反応性に関わる原子団を持っているか？）	−
3	自然発火性のある物質か？	−
4	水と反応する物質か？	−
5	酸化性の物質か？	−
6	引火性の物質か？	−
7	可燃性の物質か？	−
8	過酸化物を生成する物質か？	いいえ
9	物質が意図せずに混合したとき、危険性が高まるおそれがあるか？	はい
10	可燃性粉じん（金属の粉体や紙粉など）か？	いいえ
11	重合をするおそれのある物質か？	はい

危険性

大きい

図3.3.11　化学物質の危険性の回答内容画面

表3.3.7　事例等紹介

番号	GHS分類	事例等
6	引火性液体	トルエンで洗浄作業を行ったところ、金属製の容器に移した廃トルエンを、産業廃棄物用ドラム缶に漏斗を用いて移し替えていたところ、ドラム缶から火炎が立ち上り、作業員が火傷を負い死亡した。原因は、ドラム缶内部のトルエン蒸気が静電気などの着火源により引火、炎上したと考えられる。 →ガイドブック 第2部1.1(6)引火性液体および付録図表Aを確認
8	自己反応性化学品	アジ化ナトリウムと酸化銅を混合中に突然爆発した。混合器が全壊し、工場の窓やスレートが破れた。原因は、混合器の回転軸付近の摩耗でできたすきまに混合粉が付着し、回転による摩擦熱で発火、爆発したと推定される。 →ガイドブック 第2部1.1(8)自己反応性化学品および付録図表Aを確認

表3.3.8　化学物質の危険性の事例等紹介

Q	質問	事例
9	物質が意図せずに混合したとき、危険性が高まるおそれがあるか？	酸化性物質と可燃性物質との接触のように、2種類以上の化学物質と接触し混合した場合、元の状態よりも危険な状態になる可能性がある。 →第2部第1章1.2(1)等を確認
11	重合をするおそれのある物質か？	重合禁止剤の不足などにより、自己重合が起こり、爆発を引き起こす可能性がある。 →第2部第1章2.1(2)等を確認

表3.3.9　引火性液体：区分1～3注意書き（GHS改訂6版）

安全対策	応急措置	保管	廃棄
P210 熱、高温のもの、火花、裸火および他の着火源から遠ざけること。禁煙。 P233 容器を密閉しておくこと。 P240 容器を接地しアースを取ること。 P241 防爆型の【電気/換気/照明/...】機器を使用すること。 P242 火花を発生させない工具を使用すること。 P243 静電気放電に対する予防措置を講ずること。 P280 保護手袋/保護衣/保護眼鏡/保護面を着用すること。	P303+P361+P353 皮膚（または髪）に付着した場合：直ちに汚染された衣類を全て脱ぐこと。皮膚を流水【またはシャワー】で洗うこと。 P370+P378 火災の場合：消火するために...を使用すること。	P403+P235 換気の良い場所で保管すること。涼しいところに置くこと。	P501 内容物/容器を...に廃棄すること。

ウ．②　プロセス・作業の危険性

(ア)　プロセス・作業の危険性の回答

　　「はい、いいえ質問」が表示されるので、回答のラジオボタンをチェックし「次へ」をクリックする（**図3.3.12**）。

　　災害事例1のリスクアセスメント対象作業において、Q1～Q4の高温、低温、高圧、低圧条件には該当しないので「いいえ」を選択した。Q5の「作業場または近傍で裸火や火花、静電気を伴う作業を行っているか？」は、作業自体が静電気や金属がぶつかることによる危険性があるので、ガイドブックに

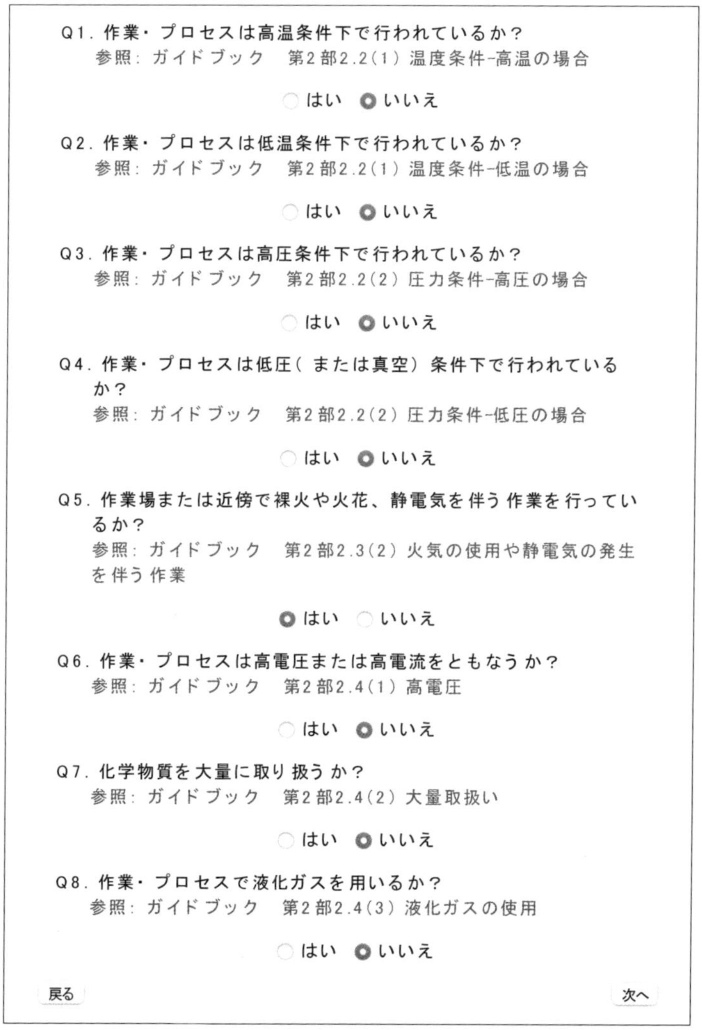

```
Q1. 作業・プロセスは高温条件下で行われているか？
    参照：ガイドブック　第2部2.2(1) 温度条件-高温の場合
                    ○ はい  ● いいえ

Q2. 作業・プロセスは低温条件下で行われているか？
    参照：ガイドブック　第2部2.2(1) 温度条件-低温の場合
                    ○ はい  ● いいえ

Q3. 作業・プロセスは高圧条件下で行われているか？
    参照：ガイドブック　第2部2.2(2) 圧力条件-高圧の場合
                    ○ はい  ● いいえ

Q4. 作業・プロセスは低圧(または真空)条件下で行われているか？
    参照：ガイドブック　第2部2.2(2) 圧力条件-低圧の場合
                    ○ はい  ● いいえ

Q5. 作業場または近傍で裸火や火花、静電気を伴う作業を行っているか？
    参照：ガイドブック　第2部2.3(2) 火気の使用や静電気の発生を伴う作業
                    ● はい  ○ いいえ

Q6. 作業・プロセスは高電圧または高電流をともなうか？
    参照：ガイドブック　第2部2.4(1) 高電圧
                    ○ はい  ● いいえ

Q7. 化学物質を大量に取り扱うか？
    参照：ガイドブック　第2部2.4(2) 大量取扱い
                    ○ はい  ● いいえ

Q8. 作業・プロセスで液化ガスを用いるか？
    参照：ガイドブック　第2部2.4(3) 液化ガスの使用
                    ○ はい  ● いいえ

戻る                                          次へ
```

図3.3.12　プロセス・作業の危険性の回答画面

回答内容		
番号	質問	回答
1	作業・プロセスは高温条件下で行われているか？	いいえ
2	作業・プロセスは低温条件下で行われているか？	いいえ
3	作業・プロセスは高圧条件下で行われているか？	いいえ
4	作業・プロセスは低圧（または真空）条件下で行われているか？	いいえ
5	作業場または近傍で裸火や火花、静電気を伴う作業を行っているか？	**はい**
6	作業・プロセスは高電圧または高電流をともなうか？	いいえ
7	化学物質を大量に取り扱うか？	いいえ
8	作業・プロセスで液化ガスを用いるか？	いいえ

危険性
大きい

図3.3.13　プロセス・作業の危険性の回答内容画面

表3.3.10　プロセス・作業の危険性の事例等紹介

Q	質問	事例
5	作業場または近傍で裸火や火花、静電気を伴う作業を行っているか？	引火性気体などの物質に引火して爆発を引き起こす可能性がある。 →第２部第２章2.3(2)等を確認

沿って「はい」を選択した。Ｑ６～Ｑ８の高電流、大量取扱い、液化ガスの使用作業ではないことから「いいえ」を選択した。

(イ)　プロセス・作業の危険性の結果

プロセス・作業の危険性の回答内容と「危険性：大きい」が表示される（**図3.3.13**）。「はい」と回答した質問に対する事例とガイドブックの項目が示されるので、ガイドブックを確認する（**表3.3.10**）。

災害事例１では「はい」と回答したＱ５について、事例「引火性気体などの物質に引火して爆発を引き起こす可能性がある。」とガイドブックの参照項目「第２部第２章2.3(2)等を確認」が示される。

エ.　③　設備・機器の危険性

(ア)　設備・機器の危険性の回答

「はい、いいえ質問」が表示されるので、回答のラジオボタンをチェックし「次へ」をクリックする（**図3.3.14**）。

質問「Ｑ１　装置等に配管が接続されているか？」は、接続があるので「接続されている」を選択。質問「Ｑ９．攪拌を伴う設備を用いるか？」は、反応器は回転するので「用いる」を選択。質問「Q12.ポンプ等を用いた化学物質の移送があるか？」は、未反応ガスの回収等があるので「移送がある」を選択。その

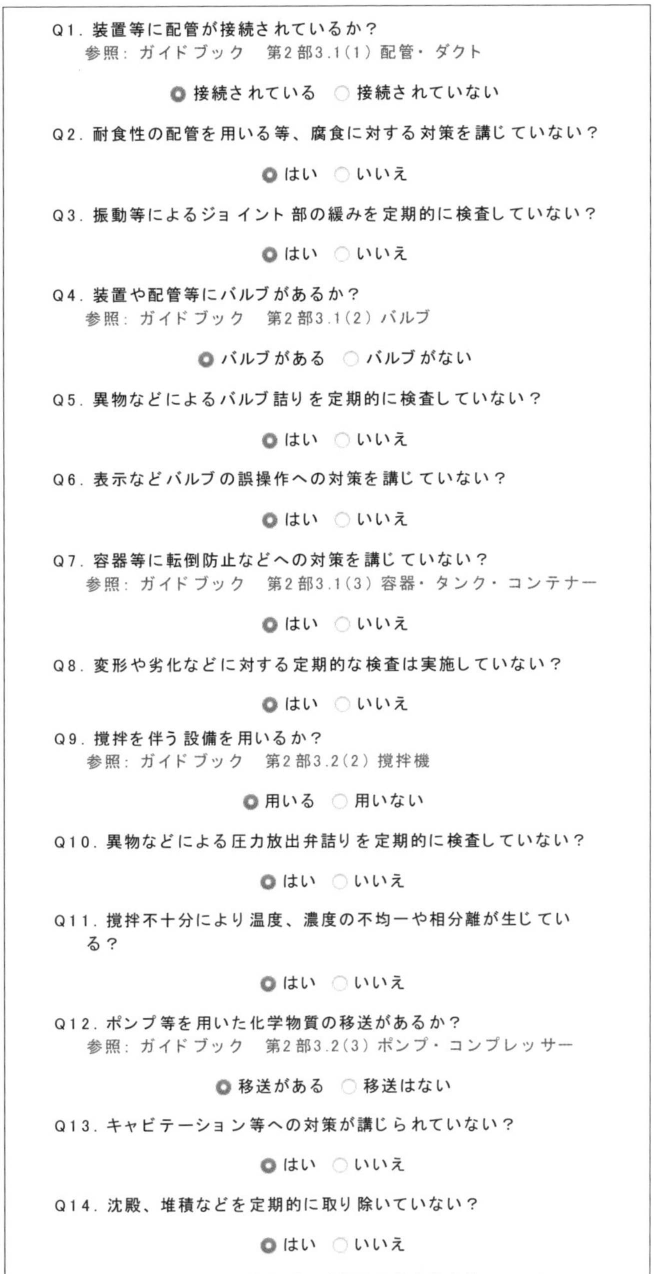

Q1．装置等に配管が接続されているか？
　　参照：ガイドブック　第2部3.1(1)配管・ダクト

　　　　　　● 接続されている　　○ 接続されていない

Q2．耐食性の配管を用いる等、腐食に対する対策を講じていない？

　　　　　　　　● はい　　○ いいえ

Q3．振動等によるジョイント部の緩みを定期的に検査していない？

　　　　　　　　● はい　　○ いいえ

Q4．装置や配管等にバルブがあるか？
　　参照：ガイドブック　第2部3.1(2)バルブ

　　　　　　● バルブがある　　○ バルブがない

Q5．異物などによるバルブ詰りを定期的に検査していない？

　　　　　　　　● はい　　○ いいえ

Q6．表示などバルブの誤操作への対策を講じていない？

　　　　　　　　● はい　　○ いいえ

Q7．容器等に転倒防止などへの対策を講じていない？
　　参照：ガイドブック　第2部3.1(3)容器・タンク・コンテナー

　　　　　　　　● はい　　○ いいえ

Q8．変形や劣化などに対する定期的な検査は実施していない？

　　　　　　　　● はい　　○ いいえ

Q9．撹拌を伴う設備を用いるか？
　　参照：ガイドブック　第2部3.2(2)撹拌機

　　　　　　　● 用いる　　○ 用いない

Q10．異物などによる圧力放出弁詰りを定期的に検査していない？

　　　　　　　　● はい　　○ いいえ

Q11．撹拌不十分により温度、濃度の不均一や相分離が生じている？

　　　　　　　　● はい　　○ いいえ

Q12．ポンプ等を用いた化学物質の移送があるか？
　　参照：ガイドブック　第2部3.2(3)ポンプ・コンプレッサー

　　　　　　● 移送がある　　○ 移送はない

Q13．キャビテーション等への対策が講じられていない？

　　　　　　　　● はい　　○ いいえ

Q14．沈殿、堆積などを定期的に取り除いていない？

　　　　　　　　● はい　　○ いいえ

Q15．センサーや計器、制御系の定期的な検査を実施していない？
　　参照：ガイドブック　第2部3.2(4)センサー・計器・コントロール系(制御系)

　　　　　　　　● はい　　○ いいえ

戻る　　　　　　　　　　　　　　　　　　　　　　　　次へ

図3.3.14　設備・機器の危険性の回答画面

他の事項については、災害事例1の事例で、Q2配管の材質、Q3ジョイントの緩み点検、Q5バルブの点検、Q6バルブ誤操作対策、Q7転倒防止、Q8変形劣化の検査、Q10圧力放出弁の検査、Q11濃度不均一や相分離、Q13キャビテーション*対策、Q14 沈殿、堆積の除去、Q15センサーや計器、制御系の検査などの、不明な項目はチェックフローの使い方に沿って「はい」を選択した。

(イ)　設備・機器の危険性の結果

　　設備・機器の危険性の回答内容と「危険性；大きい」が表示される（**図3.3.15**）。「はい」と回答した質問に対する事例とガイドブックの項目が示されるので、ガイドブックを確認する（**表3.3.11**）。

　　災害事例1において、不明な項目の全てをチェックフローの使い方に沿って「はい」を選択したので、全項目の事例とガイドブックの参照すべき項目が示されている。

回答内容

番号	質問	回答
1	装置等に配管が接続されているか？	接続されている
2	耐食性の配管を用いる等、腐食に対する対策を講じていない？	はい
3	振動等によるジョイント部の緩みを定期的に検査していない？	はい
4	装置や配管等にバルブがあるか？	バルブがある
5	異物などによるバルブ詰りを定期的に検査していない？	はい
6	表示などバルブの誤操作への対策を講じていない？	はい
7	容器等に転倒防止などへの対策を講じていない？	はい
8	変形や劣化などに対する定期的な検査は実施していない？	はい
9	撹拌を伴う設備を用いるか？	用いる
10	異物などによる圧力放出弁詰りを定期的に検査していない？	はい
11	撹拌不十分により温度、濃度の不均一や相分離が生じている？	はい
12	ポンプ等を用いた化学物質の移送があるか？	移送がある
13	キャビテーション等への対策が講じられていない？	はい
14	沈殿、堆積などを定期的に取り除いていない？	はい
15	センサーや計器、制御系の定期的な検査を実施していない？	はい

危険性
大きい

図3.3.15　設備・機器の危険性の回答内容画面

＊キャビテーション：溶存ガスが溶け出すだけでなく、軽質分の蒸発、またはその液体自身の蒸発によりポンプの中で泡が発生して機能しなくなったり、機能が低下すること。

表3.3.11　設備・機器の危険性の事例等紹介

Q	質問	事例
1	装置等に配管が接続されているか？	「はい」の場合2、3
2	耐食性の配管を用いる等、腐食に対する対策を講じていない？	配管を流れる化学物質などによる腐食が発生し、配管が割れて内容物が漏えい。 振動によるジョイント部の緩みにより漏えいや異物混入。 →第2部第3章3.1(1)等を確認
3	振動等によるジョイント部の緩みを定期的に検査していない？	配管を流れる化学物質などによる腐食が発生し、配管が割れて内容物が漏えい。 振動によるジョイント部の緩みにより漏えいや異物混入。 →第2部第3章3.1(1)等を確認
4	装置や配管等にバルブがあるか？	「はい」の場合5〜8
5	異物などによるバルブ詰りを定期的に検査していない？	バルブに異物が混入し、バルブの開閉の不具合により流量不足、オーバーフロー。 作業員の誤操作によるバルブの開けっ放しに起因するオーバーフロー。 →第2部第3章3.1(2)等を確認
6	表示などバルブの誤操作への対策を講じていない？	バルブに異物が混入し、バルブの開閉の不具合により流量不足、オーバーフロー。 作業員の誤操作によるバルブの開けっ放しに起因するオーバーフロー。 →第2部第3章3.1(2)等を確認
7	容器等に転倒防止などへの対策を講じていない？	地震等で容器等が破損、化学物質の漏えいによる混合危険性。変形や劣化に伴う化学物質の漏えい。 →第2部第3章3.1(3)等を確認
8	変形や劣化などに対する定期的な検査は実施していない？	地震等で容器等が破損、化学物質の漏えいによる混合危険性。変形や劣化に伴う化学物質の漏えい。 →第2部第3章3.1(3)等を確認
9	攪拌を伴う設備を用いるか？	「はい」の場合10、12
10	異物などによる圧力放出弁詰りを定期的に検査していない？	圧力放出弁に異物が混入することによる動作不良が生じると、内圧が上昇し、反応器が破裂する可能性がある。 →第2部第3章3.2(1)等を確認
11	攪拌不十分により温度、濃度の不均一や相分離が生じている？	温度の不均一によりホットスポット等が生じ、化学物質の自己分解に起因する反応容器の爆発が発生する可能性がある。不均一や相分離を均一にしようと攪拌速度を上げた場合、過剰に反応が進行し爆発する可能性がある。 →第2部第3章3.2(2)等を確認
12	ポンプ等を用いた化学物質の移送があるか？	「はい」の場合13〜15
13	キャビテーション等への対策が講じられていない？	気泡の混入による機器の破損や内容物の漏えい。 沈殿等のスケールの吸い込みによる機器の破損。 →第2部第3章3.2(3)等を確認
14	沈殿、堆積などを定期的に取り除いていない？	気泡の混入による機器の破損や内容物の漏えい。 沈殿等のスケールの吸い込みによる機器の破損。 →第2部第3章3.2(3)等を確認
15	センサーや計器、制御系の定期的な検査を実施していない？	計器類の故障による、不正確な圧力、温度等の管理に伴う異常状態の見落としと対応の遅れ、が示され、ガイドブックの確認が推奨される。 →第2部第3章3.2(4)等を確認

オ．④　リスク低減措置の導入状況

(ア)　リスク低減措置の導入状況の回答

　　「はい、いいえ質問」が表示されるので、回答のラジオボタンをチェックし「次へ」をクリックする（**図3.3.16**）。

　　災害事例1の事例で、Q1適切な設計、材質の選定、Q2誤操作防止（フールプルーフ）対策、Q3異常の検知・警報対策、Q4異常を災害に発展させない対策（フェールセーフ、インターロック等）、Q5避難設備・避難路の確保、Q6初期消火のための消火設備、消火器具の確保、Q7緊急時の初動体制の確立、教育訓練による周知、Q8緊急連絡網、Q9緊急時の外部との通信手段、

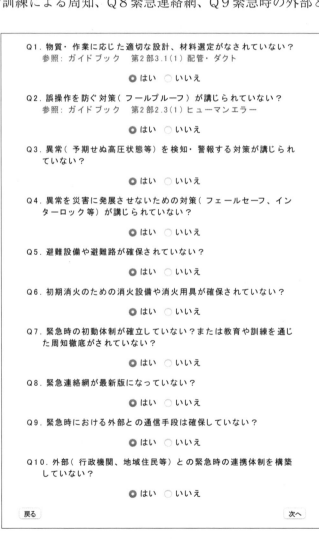

図3.3.16　リスク低減措置の導入状況の回答画面

Q10緊急時の外部（行政機関、地域住民）との連携体制の構築などの、不明な項目はチェックフローの使い方に沿って「はい」を選択した。

(イ)　リスク低減措置の導入状況の結果

リスク低減措置の導入状況の回答内容と「災害の可能性；高い」が表示される（**図3.3.17**）。「はい」と回答した質問に対する事例とガイドブックの項目が示されるので、ガイドブックを確認する（**表3.3.12**）。

災害事例1において、不明な項目の全てをチェックフローの使い方に沿って「はい」を選択したので、全項目の事例とガイドブックの参照すべき項目が示されている。

カ．⑤　その他収集した情報等の入力

収集した情報等、リスクアセスメントにおいて有用と考えられる情報を記載する。（例：事故事例、現場でのヒヤリ・ハット事例、**図3.3.18**）

災害事例1の事例では、事例から情報が得られないので、不明としている。

回答内容

番号	質問	回答
1	物質・作業に応じた適切な設計、材料選定がなされていない？	はい
2	誤操作を防ぐ対策（フールプルーフ）が講じられていない？	はい
3	異常（予期せぬ高圧状態等）を検知・警報する対策が講じられていない？	はい
4	異常を災害に発展させないための対策（フェールセーフ、インターロック等）が講じられていない？	はい
5	避難設備や避難路が確保されていない？	はい
6	初期消火のための消火設備や消火用具が確保されていない？	はい
7	緊急時の初動体制が確立していない？または教育や訓練を通じた周知徹底がされていない？	はい
8	緊急連絡網が最新版になっていない？	はい
9	緊急時における外部との通信手段は確保していない？	はい
10	外部（行政機関、地域住民等）との緊急時の連携体制を構築していない？	はい

災害の可能性

高い

図3.3.17　リスク低減措置の導入状況の回答内容画面

表3.3.12　リスク低減措置の導入状況の事例等紹介

Q	質問	事例
1	物質・作業に応じた適切な設計、材料選定がなされていない？	塩素含有物質取扱時に、耐食性が低い配管を選定したため腐食が進行し、配管割れ等に至る可能性がある。 →第2部第3章3.1(1)等を確認
2	誤操作を防ぐ対策（フールプルーフ）が講じられていない？	バルブの開閉等の慣れた作業であっても、思い込みにより作業手順を誤り、化学物質の漏えいや火災等が生じる可能性がある。ヒューマンエラーは完全に防ぐことは出来ない。 →第2部第2章2.3(1)等を確認
3	異常（予期せぬ高圧状態等）を検知・警報する対策が講じられていない？	警報装置の未導入または誤作動により危険な状態を把握できず、爆発や火災に至る可能性がある。
4	異常を災害に発展させないための対策（フェールセーフ、インターロック等）が講じられていない？	インターロックが欠如していることで異常状態を停止することができず、爆発や火災に至る可能性がある。
5	避難設備や避難路が確保されていない？	避難路が装置や荷物等で塞がれていたため避難が遅れ、火災等に巻き込まれる可能性がある。
6	初期消火のための消火設備や消火用具が確保されていない？	防毒マスク等が不足し、有害ガスによる健康被害を生じる可能性がある。不適切な消火剤の使用により、火災を拡大させる可能性がある。
7	緊急時の初動体制が確立していない？または教育や訓練を通じた周知徹底がされていない？	訓練不足により指示命令系統が混乱し、避難や初期消火に遅れが生じる可能性がある。
8	緊急連絡網が最新版になっていない？	緊急連絡網が古くなり、緊急時に連絡がつかなくなる可能性がある。
9	緊急時における外部との通信手段は確保していない？	連絡が滞ることにより、被害の拡大防止や状況の正確な把握が困難になる可能性がある。
10	外部（行政機関、地域住民等）との緊急時の連携体制を構築していない？	消火活動や住民避難等が遅れることにより、被害が拡大する可能性がある。

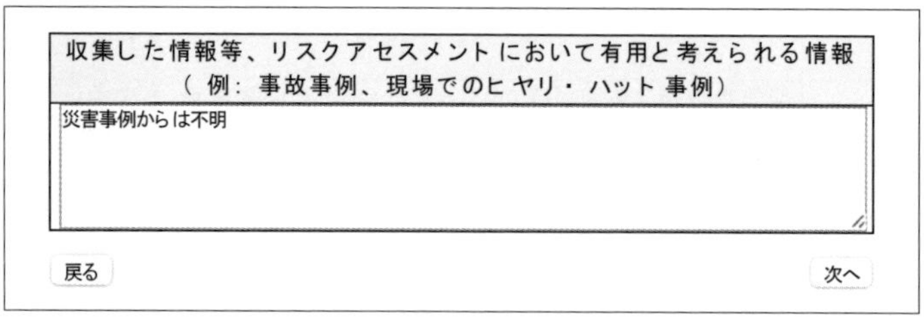

収集した情報等、リスクアセスメントにおいて有用と考えられる情報
（例：事故事例、現場でのヒヤリ・ハット事例）
災害事例からは不明

戻る　　　次へ

図3.3.18　その他収集した情報等の入力画面

キ．結果

　①～④の評価およびレポートが提供される。

　災害事例1の結果の概要は、「化学物質の危険性：危険性大きい」、「プロセス・作業の危険性；危険性 大きい」、「設備・機器の危険性：危険性 大きい」、「リスク低減措置の導入状況：災害の可能性 高い」となる（**図3.3.19**）。

　参考までに、スクリーニング支援ツールのレポートを示した（**図3.3.20**）。レポート中の設備・機器の危険性、リスク低減措置の導入状況については、災害事例から詳細が読み取れないので、質問で「はい」を選択している。したがって、災害事例1に全ての項目が当てはまるかどうかは不明であるが、関連する質問事項に関連する災害事例が示されているので、参考にすることができる。

　次ページ以降は化学物質の危険性、プロセス・作業の危険性、設備・機器の危険性、リスク低減措置の導入状況の結果が示されている。すでに説明済みなので省略する。

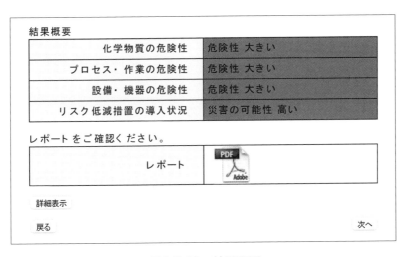

図3.3.19　結果画面

化学物質による爆発・火災等のリスクアセスメント
ースクリーニング支援ツール レポートー

実施日		取り扱い物質	
実施者	中央太郎	CAS NO.	
作業等の概要	反応終了後、酸化プロピレンなど未反応のガスを回収すると同時に、容器を常温まで下げた後、マンホールの蓋を開放して、反応器を回転させながらエステル化物をマンホールから受皿に取り出す作業		

(1) 化学物質の危険性

	チェック項目	該当	「はい」を選んだ事象・理由等
0	該当するGHS分類があるか？ ※1	レ	
1	爆発性のある物質か？（爆発性に関わる原子団を持っているか？）		
2	自己反応性のある物質か？（自己反応性に関わる原子団を持っているか？）		
3	自然発火性のある物質か？		
4	水と反応する物質か？		
5	酸化性の物質か？		
6	引火性の物質か？		
7	可燃性の物質か？		
8	過酸化物を生成する物質か？		
9	物質が接触せずに混合したとき、危険性が高まるおそれがあるか？	レ	
10	可燃性粉じん（金属の粉体や紙粉など）か？	レ	
11	重合をするおそれのある物質か？	レ	
	結果	危険性 大きい	

(3) 設備・機器の危険性

	チェック項目	該当	「はい」を選んだ事象・理由等
1	装置等に配管が接続されているか？	レ	
2	耐食性の配管を用いる等、腐食に対する対策を講じていないか？	レ	
3	振動等によるジョイント部の緩みを定期的に検査していない？	レ	
4	装置や配管等にバルブを用いるか？	レ	
5	異物などによるバルブ詰まりを定期的に検査していない？	レ	
6	表示などバルブの誤操作への対策を講じていないか？	レ	
7	容器等に転倒防止などの対策を講じていないか？	レ	
8	変形や劣化などに対する定期的な検査は実施していない？	レ	
9	撹拌を伴う設備を用いるか？	レ	
10	異物などにより圧力放出弁詰まりを定期的に検査してずれがあるか？	レ	
11	撹拌不良や圧力により温度、濃度の不均一や偏り等が生じている？	レ	
12	ポンプ等を用いた化学物質の移送があるか？	レ	
13	キャビテーション等への対策が講じられていない？	レ	
14	沈殿、堆積など定期的に取り除いていない？	レ	
15	センサーや計器、制御系の定期的な検査を実施していない？	レ	
	結果	危険性 大きい	

(2) プロセス・作業の危険性

1	作業・プロセスは高温条件下で行われているか？
2	作業・プロセスは低温条件下で行われているか？
3	作業・プロセスは高圧条件下で行われているか？
4	作業・プロセスは低圧（または真空）条件下で行われているか？
5	作業場または近傍で爆火や火花、静電気を伴う作業を行っているか？
6	作業・プロセスは高電圧または高電流をともなうか？
7	化学物質を大量に取り扱うか？
8	作業・プロセスで液化ガスを用いるか？

結果　危険性　大きい

(4) リスク低減措置の導入状況

1	物質・作業に応じた適切な設計・材料選定がなされているか？
2	誤操作を防ぐ対策（フールプルーフ）が講じられているか？
3	異常（予期せぬ高圧状態等）を検知・警報する対策が講じられているか？
4	異常を災害に発展させないための対策（フェールセーフ、インターロック等）が講じられているか？
5	避難設備や避難経路が確保されているか？
6	初期消火のための消火設備や消火用具が確保されているか？
7	緊急時の初動体制が確立しているか？また訓練を通じた周知徹底がされているか？
8	緊急連絡網が最新版になっているか？
9	緊急時における外部との連絡手段は確保していないか？
10	外部（行政機関、地域住民等）との緊急時の連携体制を構築していないか？

結果　災害の可能性　高い

※1：GHS情報が入力されている場合には、1～7までは入力無し。

リスクの程度判定結果※2　大きい

災害事例からは不明

※2：本ツールを用いた判定結果ですので、この結果と事業者において収集した情報等を踏まえて最終的なリスクの程度を判断するようにしてください。

その他収集した情報等（例：事故事例、現場でのヒヤリ・ハット事例）

図3.3.20　スクリーニング支援ツールのレポート

ク．災害事例1　原因と対策（「職場のあんぜんサイト」より）

【原因】

①　反応に使用した酸化プロピレン（1,2-エポキシプロパン、沸点34℃、引火点 -37℃、爆発範囲2〜38.5vol%）またはメタノールが反応終了後に回収しきれず、反応容器中に残留し、マンホールを開いた時に、空気と爆発混合気を形成したこと。

②　反応容器の回転により、製品の粉状のエステル化物に静電気の帯電があったこと。

③　残留していた製品の掻き出しに使用したヘラが、塩化ビニル製でヘラの取付部に金属製のボルトを使用していたため、ヘラで残留物を突いた時、粉体とヘラ金属部の間で静電気放電が生じ、酸化プロピレン、メタノールの蒸気に着火・爆発したものと考えられる。

【対策】

①　反応に使用した酸化プロピレンやメタノールは、反応終了後は気化して残留しているのでよく回収しておくこと。

②　マンホールを開けたときに、空気が流入して爆発混合気が形成するおそれがある場合には、窒素ガスなどで置換しておくこと。

③　容器内の粉体は、回転、接触、摩擦などにより粉体に静電気が帯電するので、容器を接地するとともに、ヘラなど取扱器具、作業服、作業靴、作業床も導電性のものを使用し、帯電電荷を速やかに除去すること。

④　粉体の取出作業など、静電気放電により着火爆発の危険性のある作業を行う場合には、事前に作業手順を作成しておくこと。

(5)　災害事例2　塗料製造タンクへ原料等を投入・仕込みする作業

塗料製造タンクに二酸化珪素の微粉末を投入する作業中、溶剤の蒸気に引火して作業者が火傷

　液体塗料の製造工程において微粉末の二酸化珪素を仕込みタンクに投入する作業中に火災が発生したものである。

　炭酸ガスボンベに接続されていたゴムホースを仕込みタンクの原材料投入口に差し込み、炭酸ガスボンベのバルブを開いて仕込みタンク内への炭酸ガスの送給を開始し、1回目の原材料の仕込みの作業を行った。4回目の仕込みの作業が手順に従って始められ、2人の作業員が分担してアセトンほか展色剤など原材料の仕込みを順次行った。

　沈殿防止剤である紙袋入りの二酸化珪素微粉末を手で支えながら作業員AとBが交互に投入を始め、作業員Aの投入していた袋の中身が3分の2程度になったとき、タンク内に投入されて浮遊している二酸化珪素の微粉末の動きが一瞬止まり、仕込みタンク内から「ボン」という音とともに炎が吹き出してきた。

　以下は事例をリスクアセスメント用に編集したものである。

【作業の概要】

①　液体塗料の製造工程において、炭酸ガスボンベに接続されていたゴムホースを仕込みタンク（ステンレス製、内容積5㎥）の原材料投入口に差し込み、仕込みタンク内へ炭酸ガスの送給を行う。

②　一定量の炭酸ガスの送給の後、アセトン（1㎥以上とする）ほか展色剤など原材料の仕込みを行う。

③　紙袋に入った沈殿防止剤の二酸化珪素微粉末を作業者がタンク上部から投入する。

④　タンクの蓋をして攪拌、混合が行われる。

【その他特記事項】

　原材料投入口および排気ダクトの開放部からタンク内部へ空気の出入りの可能性がある。

　災害事例2は、微粉末の二酸化珪素を仕込みタンクに投入する作業中にタンク内のアセトンに引火し、火災が発生した事例である。二酸化珪素は不燃物であり、こ

図3.3.21　アセトンのSDS第２項

こでのリスクアセスメントの対象物質はアセトンである。アセトンのモデルSDSを図3.3.21に示す。

ア．⓪　概要

実施者、実施日、作業等の概要を記載する。

イ．①　化学物質の危険性

㋐　GHS分類入力

アセトンのGHS分類は引火性液体：区分２であるので、引火性液体をチェックし、「次へ」をクリックする（**図3.3.22**）。

回答内容（化学物質）	
化学物質	
–	

回答内容（GHS分類）

番号	GHS分類	回答
1	爆発物	
2	可燃性・引火性ガス	
3	エアゾール	
4	支燃性・酸化性ガス	
5	高圧ガス	
6	引火性液体	✓
7	可燃性固体	
8	自己反応性化学品	
9	自然発火性液体	
10	自然発火性固体	
11	自己発熱性化学品	
12	水反応可燃性化学品	
13	酸化性液体	
14	酸化性固体	
15	有機過酸化物	
16	金属腐食性物質	

図3.3.22　GHS分類の回答内容画面

表3.3.13　事例等紹介

番号	GHS 分類	事例等
6	引火性液体	トルエンで洗浄作業を行った際、金属製の容器に移した廃トルエンを、産業廃棄物用ドラム缶に漏斗を用いて移し替えていたところ、ドラム缶から火炎が立ち上り、作業員が火傷を負い死亡した。原因は、ドラム缶内部のトルエン蒸気が静電気などの着火源により引火、炎上したと考えられる。 →ガイドブック 第２部1.1⑹ 引火性液体及び付録図表Ａを確認

⑷　化学物質の危険性の回答

「はい、いいえ質問」が表示されるので、ガイドブックを参照しながら、回答のラジオボタンをチェックし「次へ」をクリックする。アセトンは、分子の構造としてアルファ位に水素を持つケトンであることから過酸化物の生成の危険性を考慮し、また引火性液体であることから酸化性物質との混触危険性を考慮して、Ｑ８、Ｑ９は「はい」を選択した。

⑸　化学物質の危険性の結果

化学物質の危険性の回答内容と「危険性；大きい」が表示される（**図3.3.23**）。また、GHS分類、引火性液体に関する災害事例とガイドブックの項

回答内容

番号	質問	回答
1	爆発性のある物質か？（爆発性に関わる原子団を持っているか？）	-
2	自己反応性のある物質か？（自己反応性に関わる原子団を持っているか？）	-
3	自然発火性のある物質か？	-
4	水と反応する物質か？	-
5	酸化性の物質か？	-
6	引火性の物質か？	-
7	可燃性の物質か？	-
8	過酸化物を生成する物質か？	はい
9	物質が意図せずに混合したとき、危険性が高まるおそれがあるか？	はい
10	可燃性粉じん（金属の粉体や紙粉など）か？	いいえ
11	重合をするおそれのある物質か？	いいえ

危険性
大きい

図3.3.23　化学物質の危険性の回答内容画面

表3.3.14　化学物質の危険性の事例等紹介

Q	質問	事例
8	過酸化物を生成する物質か？	エーテル、ビニル化合物などは、貯蔵中に大気中の酸素と反応し、過酸化物を生成する可能性がある。 →第２部第１章1.1⒂, 1.3⑴, 2.2⑶等を確認
9	物質が意図せずに混合したとき、危険性が高まるおそれがあるか？	酸化性物質と可燃性物質との接触のように、２種類以上の化学物質と接触し混合した場合、元の状態よりも危険な状態になる可能性がある。 →第２部第１章1.2⑴等を確認

表3.3.15　引火性液体：区分１～３注意書き（GHS 改訂６版）

安全対策	応急措置	保管	廃棄
P210 熱、高温のもの、火花、裸火および他の着火源から遠ざけること。禁煙。 P233 容器を密閉しておくこと。 P240 容器を接地しアースを取ること。 P241 防爆型の【電気／換気／照明／...】機器を使用すること。 P242 火花を発生させない工具を使用すること。 P243 静電気放電に対する予防措置を講ずること。 P280 保護手袋／保護衣／保護眼鏡／保護面を着用すること。	P303 + P361 + P353 皮膚（または髪）に付着した場合：直ちに汚染された衣類をすべて脱ぐこと。皮膚を流水【またはシャワー】で洗うこと。 P370 + P378 火災の場合：消火するために... を使用すること。	P403 + P235 換気の良い場所で保管すること。涼しいところに置くこと。	P501 内容物／容器を...に廃棄すること。

目が示されるので、ガイドブックを確認する（**表3.3.14**）。なお、GHSの危険性クラスの安全対策はGHSの注意書きが引用されているので、SDSの第２項の注意書きを参照することになる（**表3.3.15**）。

ウ．②　プロセス・作業の危険性

(ア)　プロセス・作業の危険性の回答

　「はい、いいえ質問」が表示されるので、回答のラジオボタンをチェックし「次へ」をクリックする。

　災害事例２のリスクアセスメント対象作業において、Q１～Q４の高温、低温、高圧、低圧条件には該当しないので「いいえ」を選択した。Q５の「作業場または近傍で裸火や火花、静電気を伴う作業を行っているか？」は、粉体の投入作業で静電気が発生するので、ガイドブックに沿って「はい」を選択した。また、Q７の大量取扱いに「はい」を選択した。Q６、Q８の高電流、液化ガスの使用作業ではないことから「いいえ」を選択した。

(イ)　プロセス・作業の危険性の結果

　プロセス・作業の危険性の回答内容と「危険性；大きい」が表示される（**図3.3.24**）。また、Q５に関する事例として「引火性気体などの物質に引火して爆発を引き起こす可能性がある。」が示され、ガイドブックの項目番号が示されるので、ガイドブックを確認する（**表3.3.16**）。

図3.3.24　プロセス・作業の危険性の回答内容画面図

表3.3.16　プロセス・作業の危険性の事例等紹介

Q	質問	事例
5	作業場または近傍で裸火や火花、静電気を伴う作業を行っているか？	引火性気体などの物質に引火して爆発を引き起こす可能性がある。 →第2部第2章2.3(2)等を確認
7	化学物質を大量に取り扱うか？	危険性が小さな化学物質でも、大量に取扱いをしている場合、思わぬ大きな危険性として顕在化する場合がある。 →第2部第2章2.4(2)等を確認

エ．③　設備・機器の危険性

(ア)　設備・機器の危険性の回答

　「はい、いいえ質問」が表示されるので、回答のラジオボタンをチェックし「次へ」をクリックする。

　質問「Q1装置等に配管が接続されているか？」は、接続があるので「接続されている」を選択。質問「Q9攪拌を伴う設備を用いるか？」は、反応器は回転するので「用いる」を選択。質問「Q12ポンプ等を用いた化学物質の移送があるか？」は、未反応ガスの回収等があるので「移送がある」を選択。その他の事項については、災害事例2において、Q2配管の材質、Q3ジョイントの緩み点検、Q4バルブの有無、Q5バルブの点検、Q6バルブ誤操作対策、Q7転倒防止、Q8変形劣化の検査、Q10圧力放出弁の検査、Q11濃度不均一や相分離、Q13キャビテーション対策、Q14沈殿、堆積の除去、Q15センサーや計器、制御系の検査などの、不明な項目はチェックフローの使い方に沿って「はい」を選択した。

(イ)　設備・機器の危険性の結果

　設備・機器の危険性の回答内容と「危険性；大きい」が表示される。「はい」

と回答した質問に対する事例とガイドブックの項目が示されるので、ガイドブックを確認する。

　災害事例2において、不明な項目の全てをチェックフローの使い方に沿って「はい」を選択したので、全項目の事例とガイドブックの参照すべき項目が示されている。このことより、災害事例1と同じ結果となるので、詳細は災害事例1の**図3.3.15**および**表3.3.11**を参照されたい。

オ．④　リスク低減措置の導入状況

　㋐　リスク低減措置の導入状況の回答

　　「はい、いいえ質問」が表示されるので、回答のラジオボタンをチェックし「次へ」をクリックする。

　　災害事例2の事例で、Q1適切な設計、材質の選定、Q2誤操作防止（フールプルーフ）対策、Q3異常の検知、警報対策、Q4異常を災害に発展させない対策（フェールセーフ、インターロック等）、Q5避難設備、避難路の確保、Q6初期消火のための消火設備、消火器具の確保、Q7緊急時の初動体制の確立、教育訓練による周知、Q8緊急連絡網、Q9緊急時の外部との通信手段、Q10緊急時の外部（行政機関、地域住民）との連携体制の構築などの、不明な項目はチェックフローの使い方に沿って「はい」を選択した。

　㋑　リスク低減措置の導入状況の結果

　　リスク低減措置の導入状況の回答内容と「災害の可能性；高い」が表示される。「はい」と回答した質問に対する事例とガイドブックの項目が示されるので、ガイドブックを確認する。

　　災害事例2において、不明な項目の全てをチェックフローの使い方に沿って「はい」を選択したので、全項目の事例とガイドブックの参照すべき項目が示されている。このことより、災害事例1と同じ結果となるので、詳細は災害事例1の**図3.3.17**および**表3.3.12**を参照されたい。

カ．⑤　その他収集した情報等の入力

　収集した情報等、リスクアセスメントにおいて有用と考えられる情報を記載する（例：事故事例、現場でのヒヤリ・ハット事例）。

　災害事例2の事例では、事例から情報が得られないので、不明としている、

キ．⑥　結果

　①〜④の評価およびレポートが提供される。

　災害事例2の結果の概要は、「化学物質の危険性：危険性大きい」、「プロセ

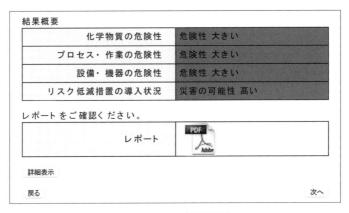

図3.3.25　結果画面

ス・作業の危険性；危険性 大きい」、「設備・機器の危険性：危険性 大きい」、「リスク低減措置の導入状況：災害の可能性 高い」となる（**図3.3.25**）。

　参考までに、スクリーニング支援ツールのレポートを示した（**図3.3.26**）。レポート中の設備・機器の危険性、リスク低減措置の導入状況については、災害事例から詳細が読み取れないので、質問で「はい」を選択している。災害事例2に全てが当てはまるかどうかは不明であるが、関連する質問事項に関連する災害事例が示されているので、参考にすることができる。

　次ページ以降は化学物質の危険性、プロセス・作業の危険性、設備・機器の危険性、リスク低減措置の導入状況の結果が示されている。説明済みなので省略する。

ク．災害事例2　原因と対策（「職場のあんぜんサイト」より）

【原因】

① 仕込みタンク内に仕込まれていたアセトンの蒸気が相当量滞留していたこと。

② 微粉末の二酸化珪素を仕込みタンク内に投入中、微粉末の二酸化珪素および紙袋に静電気が帯電したこと。

③ 溶剤の蒸気に静電気の放電による着火爆発を防止する対策として炭酸ガスの封入を行っていたが、原材料投入口および排気ダクトの開放部から空気の出入りがあり、仕込みタンク内で溶剤の蒸気が爆発範囲にあったものと推測されること。

④ 絶縁体である二酸化珪素の微粉末を投入する際に、袋および微粉末に静電気が帯電する危険性があることについて知識がなかったこと。

⑤ 微粉末の原材料を投入する作業手順に静電気の帯電防止の記載が不十分であったこと。

化学物質による爆発・火災等のリスクアセスメント
－スクリーニング支援ツール レポート－

実施日		取り扱い物質	
実施者	中央太郎	CAS NO.	

作業等の概要　微粉末の二酸化迂素をアセトンの入った仕込みタンクに投入する作業

(1) 化学物質の危険性

	チェック項目	該当	「はい」を選んだ事象・理由等
0	該当するGHS分類があるか？ ※1	レ	
1	爆発性のある物質か？（爆発性に関わる原子団を持っているか？）		
2	自己反応性のある物質か？（自己反応性に関わる原子団を持っているか？）		
3	自然発火性のある物質か？		
4	水と反応する物質か？		
5	酸化性の物質か？		
6	引火性の物質か？		
7	可燃性の物質か？	レ	
8	過酸化物を生成する物質か？	レ	
9	物質が意図せずに混合したとき、危険性が高まるおそれがあるか？	レ	
10	可燃性粉じん（金属の粉体や継粉など）か？		
11	重合をするおそれのある物質か？		
		結果	危険性 大きい

(3) 設備・機器の危険性

	チェック項目	該当	「はい」を選んだ事象・理由等
1	装置等に配管が接続されているか？	レ	
2	耐食性の配管を用いる等、腐食に対する対策を講じていないか？	レ	
3	振動等によるジョイント部の緩みを定期的に検査していないか？	レ	
4	装置や配管等にバルブがあるか？	レ	
5	異物などによるバルブ詰まりを定期的に検査していないか？	レ	
6	表示などバルブの誤操作への対策を講じていないか？	レ	
7	容器等に転倒防止などの対策を講じていないか？	レ	
8	変形や劣化などに対する定期的な検査を実施していないか？	レ	
9	撹拌等を伴う設備を用いるか？	レ	
10	異物などによる圧力放出弁詰まりを定期的に検査していないか？	レ	
11	撹拌不十分により温度・濃度の不均一や相分離が生じていないか？	レ	
12	ポンプ等を用いた化学物質の移送があるか？	レ	
13	キャビテーション等への対策が講じられていないか？	レ	
14	沈殿・堆積などを定期的に取り除いていないか？	レ	
15	センサーや計器、制御系の定期的な検査を実施していないか？	レ	
		結果	危険性 大きい

(2) プロセス・作業の危険性

1	作業・プロセスは高温条件下で行われているか？	
2	作業・プロセスは低温条件下で行われているか？	
3	作業・プロセスは高圧条件下で行われているか？	
4	作業・プロセスは低圧（または真空）条件下で行われているか？	
5	作業場または近傍で爆発火災や火花、静電気を伴う作業を行っているか？	レ
6	作業・プロセスは高電圧または高電流をともなうか？	レ
7	化学物質を大量に取り扱うか？	
8	作業・プロセスで液化ガスを用いるか？	
	結果　危険性	大きい

(4) リスク低減措置の導入状況

1	物質・作業に応じた適切な設計・材料選定がなされていないか？	レ
2	誤操作を防ぐ対策（フールプルーフ）が講じられていないか？	レ
3	異常（予期せぬ温圧状態等）を検知・警報する対策が講じられていないか？	レ
4	異常を災害させないための対策（フェールセーフ、インターロック等）が講じられていないか？	レ
5	避難設備や避難経路が確保されているか？	レ
6	初期消火のための消火設備や消火用具が確保されていないか？	レ
7	緊急時の初動体制が確立していないか？また訓練を通じて周知徹底がされていないか？	レ
8	緊急連絡網は最新版になっているか？	レ
9	緊急時における外部との通信手段は確保していないか？	レ
10	外部（行政機関、地域住民等）との緊急時の連携体制を構築していないか？	レ
	結果　災害の可能性	高い

※1　GHS情報が入力されている場合には、1～5まで入力無し。

リスクの程度判定結果※2　大きい

※2　本ツールを用いた判定結果ですので、この結果と事業者において収集した情報を踏まえて最終的なリスクの程度を判断するようにしてください。

その他収集した情報等（例：事故事例、現場でのヒヤリ・ハット事例）

図3.3.26　スクリーニング支援ツールのレポート

203

⑥　アセトンなど引火物を原材料として使用する製造設備の設計段階における静電気の危険性などの検討が不十分であったこと。

【対策】

①　絶縁性の素材の紙袋などから絶縁性の粉体を投入しない。もしくは静電気が発生しやすい投入方法を避ける。

②　導電性繊維を混入した袋を使用し、接地する、帯電防止剤を噴霧する、可燃性雰囲気が生じないように不活性ガスにより置換する、などを検討する。

③　確実な接地効果が得られるように、接地抵抗を1,000Ω以下とする。

④　接地状況の確認、帯電防止服、帯電防止靴の着用、床は鋼製床、帯電防止貼り床など導電性のものとする、作業方法、作業手順などの見直しを行う。

⑤　アセトンなど引火性の物を含有する物を取り扱う作業をするときは、作業指揮者に作業の直接指導、設備の点検、作業手順の順守状況の監視などを行わせる。

⑥　引火性の危険・有害性およびその防護対策などについて安全衛生教育を実施する。

⑹　災害事例3　アルミニウムマグネシウム合金を粉砕加工する作業

A製品のGHS分類を使う場合

アルミニウムマグネシウム合金を粉砕加工する作業中に粉じん爆発

アルミニウムマグネシウム合金を粉砕加工する作業中に粉じん爆発が発生したものである。

非鉄金属の粉砕加工は、地金を購入し、クラッシャーにより粗粉砕し、さらに細粉砕し、ふるい機により所定の粒度になるように選別して製品として出荷していた。

静電気帯電防止用の作業衣を着用した2名の作業員は、クラッシャー2号機を操作して細粉砕の作業を行っていた。粉砕加工の作業は、あらかじめ粗粉砕（直径10〜20mmほどの粒）されたアルミニウムマグネシウム合金500kgを粉砕加工室に設置された細粉砕用のクラッシャー1号機に小分けして投入し、さらに粉砕したものを細粉砕用のクラッシャー2号機に投入して60メッシュ（直径0.25mm）の粉末に加工するものであった。

　午前中に引き続きクラッシャー2号機により細粉砕の作業を再開した。クラッシャーの運転を開始してからまもなく、クラッシャー内で爆発が起こり、噴出した炎により火傷を負った。

　以下は事例をリスクアセスメント用に編集したものである。

【作業の概要】

①　非鉄金属を粉砕加工して溶接棒の原料などに使用される粉末を製造する作業。

②　地金をクラッシャーにより粗粉砕（直径10mm〜20mm程度の粒）する。

③　粗粉砕したアルミニウムマグネシウム合金500kgを作業者が細粉砕用のクラッシャーに小分けして投入し粉砕する。

④　細粉砕したものをさらに細粉砕用の粉砕機に作業者が小分けして投入する。

⑤　④で細粉砕したものを、ふるい機により所定の粒度を選別して製品とする。

【その他特記事項】

①　作業者は2名で静電気帯電防止用の作業衣を着用して作業を行っている。

②　クラッシャーの原料投入用のホッパーのダンパーが閉じられていたため、クラッシャーが空回転してしまうことがあった。

ア．⓪　**概要**

　実施者、実施日、作業等の概要を記載する。

イ．①　**化学物質の危険性**

㋐　GHS分類入力

　アルミニウムマグネシウム合金のGHS分類は水反応可燃性化学品：区分1〜3のいずれかであるので、水反応可燃性化学品をチェックし、「次へ」をクリックする。

　アルミニウムマグネシウム合金のモデルSDSを**図3.3.27**に、GHS分類の回答内容画面を**図3.3.28**に示す。

㋑　化学物質の危険性の回答

　「はい、いいえ質問」が表示されるので、ガイドブックを参照しながら、回答のラジオボタンをチェックし「次へ」をクリックする。アルミニウムマグネ

```
２．危険有害性の要約
　危険有害性の分類（GHS分類）
　　　　　　物理化学的危険性　　　水反応可燃性化学品　　　分類できない
　　　　　　　　　　　　　　　　　　　　　　　　　　　　（区分１・２・３のいづれか）
```

図3.3.27　アルミニウムマグネシウム合金のSDS第2項

回答内容（化学物質）		

化学物質	
-	

回答内容（GHS分類）

番号	GHS分類	回答
1	爆発物	☐
2	可燃性・引火性ガス	☐
3	エアゾール	☐
4	支燃性・酸化性ガス	☐
5	高圧ガス	☐
6	引火性液体	☐
7	可燃性固体	☐
8	自己反応性化学品	☐
9	自然発火性液体	☐
10	自然発火性固体	☐
11	自己発熱性化学品	☐
12	水反応可燃性化学品	☑
13	酸化性液体	☐
14	酸化性固体	☐
15	有機過酸化物	☐
16	金属腐食性物質	☐

図3.3.28　GHS分類の回答内容画面

表3.3.17　事例等紹介

番号	GHS分類	事例等
12	水反応可燃性化学品	禁水性の粉体アルミニウムが何らかの原因で発火したため、慌てて水を掛けたところ出火が激しくなり火災に至った。さらに、水を掛けることができないため消火活動が困難で、隣接する建物等に延焼した。 →ガイドブック 第２部1.1⑿ 水反応可燃性化学品及び付録図表Ａを確認

シウム合金の混触危険性、可燃性粉じんとしての粉じん爆発の危険性を考慮して、質問Q９、Q10を「はい」とした。

(ｳ)　化学物質の危険性の結果

　　化学物質の危険性の回答内容と「危険性；大きい」が表示される（**図3.3.29**）。また、GHS分類：水反応性化学品に関する災害事例とガイドブックの項目が示されるのでガイドブックを確認する（**表3.3.18**）。なお、GHSの危険性クラスの安全対策はGHSの注意書きが引用されているので、SDSの第２項の注意書きを参照することになる（**表3.3.19**）。

ウ．②　プロセス・作業の危険性

(ｱ)　プロセス・作業の危険性の回答

　　「はい、いいえ質問」が表示されるので、回答のラジオボタンをチェックし

「次へ」をクリックする。

　災害事例3のリスクアセスメント対象作業において、Q1～Q4の高温、低温、高圧、低圧条件には該当しないので「いいえ」を選択した。Q5の「作業場または近傍で裸火や火花、静電気を伴う作業を行っているか？」は、粉体の

図3.3.29　化学物質の危険性の回答内容画面

回答内容

番号	質問	回答
1	爆発性のある物質か？（爆発性に関わる原子団を持っているか？）	-
2	自己反応性のある物質か？（自己反応性に関わる原子団を持っているか？）	-
3	自然発火性のある物質か？	-
4	水と反応する物質か？	-
5	酸化性の物質か？	-
6	引火性の物質か？	-
7	可燃性の物質か？	-
8	過酸化物を生成する物質か？	いいえ
9	物質が意図せずに混合したとき、危険性が高まるおそれがあるか？	はい
10	可燃性粉じん（金属の粉体や紙粉など）か？	はい
11	重合をするおそれのある物質か？	いいえ

危険性
大きい

図3.3.29　化学物質の危険性の回答内容画面

表3.3.18　化学物質の危険性の事例等紹介

Q	質問	事例
9	物質が意図せずに混合したとき、危険性が高まるおそれがあるか？	酸化性物質と可燃性物質との接触のように、2種類以上の化学物質と接触し混合した場合、元の状態よりも危険な状態になる可能性がある。 →第2部第1章1.2(1)等を確認
10	可燃性粉じん（金属の粉体や紙粉など）か？	可燃性粉じんは、大気中に分散され、着火することにより、爆発を引き起こす可能性がある。 堆積すると、自然発火する可能性がある。 →第2部第1章1.1(7), 1.3(5)等を確認

表3.3.19　水反応可燃性化学品：区分1、2（GHS 改訂6版）

安全対策	応急措置	保管	廃棄
P223 水と接触させないこと。 P231+P232 湿気を遮断し、不活性ガス/...下で取り扱い保管すること。 P280 保護手袋/保護衣/保護眼鏡/保護面を着用すること。	P302+P335+P334 皮膚についた場合：固着していない粒子を皮膚から払いのけ、冷たい水に浸すこと P370 + P378 火災の場合：消火するために...を使用すること。	P402 + P404 乾燥した場所または密閉容器に保管すること。	P501 内容物/容器を...に廃棄すること。

投入作業で静電気が発生するので、ガイドブックに沿って「はい」を選択した。また、Q7の大量取扱いに「いいえ」を選択した。Q6、Q8の高電流、液化ガスの使用作業ではないことから「いいえ」を選択した。

(イ)　プロセス・作業の危険性の結果

プロセス・作業の危険性の回答内容と「危険性；大きい」が表示される（**図3.3.30**）。また、Q5に関する事例として「引火性気体などの物質に引火して爆発を引き起こす可能性がある。」が示され、ガイドブックの項目番号が示されるので、ガイドブックを確認する（**表3.3.20**）。

エ.　③　設備・機器の危険性

(ア)　設備・機器の危険性の回答

「はい、いいえ質問」が表示されるので、回答のラジオボタンをチェックし「次へ」をクリックする。

質問「Q1装置等に配管が接続されているか？」は、接続されていないので「接続されていない」を選択。質問「Q9撹拌を伴う設備を用いるか？」は、反応器は回転するので「用いる」を選択。質問「Q12ポンプ等を用いた化学物

回答内容

番号	質問	回答
1	作業・プロセスは高温条件下で行われているか？	いいえ
2	作業・プロセスは低温条件下で行われているか？	いいえ
3	作業・プロセスは高圧条件下で行われているか？	いいえ
4	作業・プロセスは低圧（または真空）条件下で行われているか？	いいえ
5	作業場または近傍で裸火や火花、静電気を伴う作業を行っているか？	はい
6	作業・プロセスは高電圧または高電流をともなうか？	いいえ
7	化学物質を大量に取り扱うか？	いいえ
8	作業・プロセスで液化ガスを用いるか？	いいえ

危険性

大きい

図3.3.30　プロセス・作業の危険性の回答内容画面

表3.3.20　プロセス・作業の危険性の事例等紹介

Q	質問	事例
5	作業場または近傍で裸火や火花、静電気を伴う作業を行っているか？	引火性気体などの物質に引火して爆発を引き起こす可能性がある。 →第2部第2章2.3(2)等を確認

質の移送があるか？」はポンプによる移送はないので「移送はない」を選択。その他の事項については、災害事例3において、Q4バルブの有無、Q5バルブの点検、Q6バルブ誤操作対策、Q7転倒防止、Q8変形劣化の検査、Q10圧力放出弁の検査、Q11濃度不均一や相分離、Q15センサーや計器、制御系の検査などの、不明な項目はチェックフローの使い方に沿って「はい」を選択した。なお、Q1で「いいえ」を選択したので、Q2、Q3は表示されない。Q12で「いいえ」を選択したので、Q13、Q14は表示されない。

(イ)　設備・機器の危険性の結果

　　設備・機器の危険性の回答内容と「危険性；大きい」が表示される（**図3.3.31**）。「はい」と回答した質問に対する事例とガイドブックの項目が示されるので、ガイドブックを確認する（**表3.3.21**）。

回答内容

番号	質問	回答
1	装置等に配管が接続されているか？	接続されていない
2	耐食性の配管を用いる等、腐食に対する対策を講じていない？	‐
3	振動等によるジョイント部の緩みを定期的に検査していない？	‐
4	装置や配管等にバルブがあるか？	バルブがある
5	異物などによるバルブ詰りを定期的に検査していない？	はい
6	表示などバルブの誤操作への対策を講じていない？	はい
7	容器等に転倒防止などへの対策を講じていない？	はい
8	変形や劣化などに対する定期的な検査は実施していない？	はい
9	撹拌を伴う設備を用いるか？	用いる
10	異物などによる圧力放出弁詰りを定期的に検査していない？	はい
11	撹拌不十分により温度、濃度の不均一や相分離が生じている？	はい
12	ポンプ等を用いた化学物質の移送があるか？	移送はない
13	キャビテーション等への対策が講じられていない？	‐
14	沈殿、堆積などを定期的に取り除いていない？	‐
15	センサーや計器、制御系の定期的な検査を実施していない？	はい

危険性
大きい

図3.3.31　設備・機器の危険性の回答内容画面

表3.3.21　設備・機器の危険性の事例等紹介

Q	質問	事例
5	異物などによるバルブ詰りを定期的に検査していない?	バルブに異物が混入し、バルブの開閉の不具合により流量不足、オーバーフロー。 作業員の誤操作によるバルブの開けっ放しに起因するオーバーフロー。 →第2部第3章3.1(2)等を確認
6	表示などバルブの誤操作への対策を講じていない?	バルブに異物が混入し、バルブの開閉の不具合により流量不足、オーバーフロー。 作業員の誤操作によるバルブの開けっ放しに起因するオーバーフロー。 →第2部第3章3.1(2)等を確認
7	容器等に転倒防止などへの対策を講じていない?	地震等で容器等が破損、化学物質の漏えいによる混合危険性。変形や劣化に伴う化学物質の漏えい。 →第2部第3章3.1(3)等を確認
8	変形や劣化などに対する定期的な検査は実施していない?	地震等で容器等が破損、化学物質の漏えいによる混合危険性。 変形や劣化に伴う化学物質の漏えい。 →第2部第3章3.1(3)等を確認
9	攪拌を伴う設備を用いるか?	「はい」の場合10、12
10	異物などによる圧力放出弁詰りを定期的に検査していない?	圧力放出弁に異物が混入することによる動作不良が生じると、内圧が上昇し、反応器が破裂する可能性がある。 →第2部第3章3.2(1)等を確認
11	攪拌不十分により温度、濃度の不均一や相分離が生じている?	温度の不均一によりホットスポット等が生じ、化学物質の自己分解に起因する反応容器の爆発が発生する可能性がある。不均一や相分離を均一にしようと攪拌速度を上げた場合、過剰に反応が進行し爆発する可能性がある。 →第2部第3章3.2(2)等を確認
15	センサーや計器、制御系の定期的な検査を実施していない?	計器類の故障による、不正確な圧力、温度等の管理に伴う異常状態の見落としと対応の遅れ。が示され、ガイドブックの確認が推奨される。 →第2部第3章3.2(4)等を確認

オ. ④　リスク低減措置の導入状況

(ア)　リスク低減措置の導入状況の回答

　　「はい、いいえ質問」が表示されるので、回答のラジオボタンをチェックし「次へ」をクリックする。

　　災害事例3の事例で、Q1適切な設計、材質の選定、Q2誤操作防止（フールプルーフ）対策、Q3異常の検知・警報対策、Q4異常を災害に発展させない対策（フェールセーフ、インターロック等）、Q5避難設備、避難路の確保、Q6初期消火のための消火設備、消火器具の確保、Q7緊急時の初動体制の確立、教育訓練による周知、Q8緊急連絡網、Q9緊急時の外部との通信手段、Q10緊急時の外部（行政機関、地域住民）との連携体制の構築などの、不明な

項目はチェックフローの使い方に沿って「はい」を選択した。

(イ)　リスク低減措置の導入状況の結果

　　リスク低減措置の導入状況の回答内容と「災害の可能性；高い」が表示される。「はい」と回答した質問に対する事例とガイドブックの項目が示されるので、ガイドブックを確認する。

　　災害事例3において、不明な項目の全てをチェックフローの使い方に沿って「はい」を選択したので、全項目の事例とガイドブックの参照すべき項目が示されている。このことにより、災害事例1と同じ結果となるので、詳細は災害事例1の**図3.3.17**および**表3.3.12**を参照されたい。

カ．⑤　その他収集した情報等の入力

　　収集した情報等、リスクアセスメントにおいて有用と考えられる情報を記載する（例：事故事例、現場でのヒヤリ・ハット事例）。

　　災害事例3の事例では、事例から情報が得られないので、不明としている。

キ．⑥　結果

　　①～④の評価およびレポートが提供される。

　　災害事例3の結果の概要は、「化学物質の危険性：危険性大きい」、「プロセス・作業の危険性；危険性 大きい」、「設備・機器の危険性：危険性 大きい」、「リスク低減措置の導入状況：災害の可能性 高い」となる（**図3.3.32**）。

　　参考までに、スクリーニング支援ツールのレポートを示した（**図3.3.33**）。レポート中の設備・機器の危険性、リスク低減措置の導入状況については、災害事例から詳細が読み取れないので、質問で「はい」を選択している。災害事例3に全てが当てはまるかどうかは不明であるが、関連する質問事項に関連する災害事

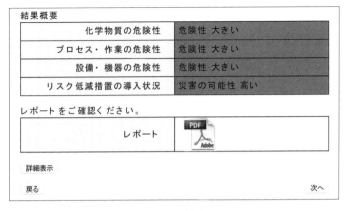

図3.3.32　結果画面

化学物質による爆発・火災等のリスクアセスメント
－スクリーニング支援ツール レポート－

実施日	
実施者	中央太郎
取り扱い物質	
CAS NO.	

作業等の概要　アルミニウムマグネシウム合金を粉砕加工する作業

(1) 化学物質の危険性

	チェック項目	該当	「はい」を選んだ事象・理由等
0	該当するGHS分類があるか？ ※1	レ	
1	爆発性のある物質か？（爆発性に関わる原子団を持っているか？）		
2	自己反応性のある物質か？（自己反応性に関わる原子団を持っているか？）		
3	自然発火性のある物質か？		
4	水と反応する物質か？		
5	酸化性の物質か？		
6	引火性の物質か？		
7	可燃性の物質か？		
8	過酸化物を生成する物質か？		
9	物質が意図せずに混合したとき、危険性が高まるおそれがあるか？	レ	
10	可燃性粉じん（金属の粉体や繊維粉など）か？	レ	
11	重合をするおそれのある物質か？		
	結果		危険性 大きい

(3) 設備・機器等の危険性

	チェック項目	該当	「はい」を選んだ事象・理由等
1	装置等に配管が接続されているか？		
2	耐食性の配管を用いる等、腐食に対する対策を講じていないか？		
3	振動等によるジョイント部の緩みを定期的に検査していないか？		
4	装置や配管等にバルブがあるか？	レ	
5	異物などによるバルブ詰りを定期的に検査していないか？	レ	
6	表示などバルブの誤操作への対策を講じていないか？	レ	
7	容器等に転倒防止などどの対策を講じていないか？	レ	
8	実形や劣化などに対する定期的な検査は実施していないか？	レ	
9	撹拌を伴う設備を用いるか？	レ	
10	異物などによる圧力放出弁詰りを定期的に検査していないか？	レ	
11	撹拌不十分により温度、濃度の不均一や相分離が生じているか？	レ	
12	ポンプ等を用いた化学物質の移送があるか？	レ	
13	キャビテーション等への対策が講じられていないか？		
14	沈殿、堆積など定期的に取り除いていないか？		
15	センサーや計器、制御系の定期的な検査を実施していないか？	レ	
	結果		危険性 大きい

(2) プロセス・作業の危険性

1	作業・プロセスは高温条件下で行われているか？	
2	作業・プロセスは低温条件下で行われているか？	
3	作業・プロセスは高圧条件下で行われているか？	
4	作業・プロセスは低圧（または真空）条件下で行われているか？	
5	作業場または近傍で摩火や火花、静電気を伴う作業を行っているか？	✓
6	作業・プロセスは高電圧または高電流をともなうか？	
7	化学物質を大量に取り扱うか？	
8	作業・プロセスで液化ガスを用いるか？	
	結果　危険性	大きい

(4) リスク低減措置の導入状況

1	物質・作業に応じた適切な設計、材料選定がなされていない？	✓
2	誤操作を防ぐ対策（フールプルーフ）が講じられていない？	✓
3	異常（予期せぬ危険状態等）を検知・警報する対策が講じられていない？	✓
4	異常を災害に発展させないための対策（フェールセーフ、インターロック等）が講じられていない？	✓
5	避難設備や避難路が確保されていない？	✓
6	初期消火のための消火設備や消火用具が確保されていない？	✓
7	緊急時の初動体制が確立していない？または教育や訓練を通じた周知機能がされていない？	✓
8	緊急連絡網が最新版になっていない？	✓
9	緊急時における外部との通信手段は確保していない？	✓
10	外部（行政機関、地域住民等）との緊急時の連携体制を構築していない？	✓
	結果　災害の可能性	高い

※1：GHS情報が入力されている場合には、1～7までは入力無し。

リスクの程度判定定結果※2

大きい

※2：本ツールを用いた判定結果ですので、この結果と事業者において収集した情報を踏まえて最終的なリスクの程度を判断するようにしてください。

その他収集した情報等（例：事故事例、現場でのヒヤリ・ハット事例）

図3.3.33　スクリーニング支援ツールのレポート

　例が示されているので、参考にすることができる。

　次ページ以降は化学物質の危険性、プロセス・作業の危険性、設備・機器の危険性、リスク低減措置の導入状況の結果が示されている。説明済みなので省略する。

ク．災害事例３　原因と対策（「職場のあんぜんサイト」より）

【原因】

①　クラッシャー内にアルミニウムとマグネシウム合金を粉砕する際に、相当細かい微粉が生成して堆積していたこと。

②　クラッシャーの運転再開時に、クラッシャー内に堆積していた微粉がクラッシャー内で舞い上がり、爆発下限界を超える濃度の粉じん雲が形成されたこと。

③　クラッシャーの運転再開時に原料投入用ホッパーのダンパーが閉じられたままであったため、クラッシャーが空回転したことにより発生した火花がクラッシャー内の粉じん雲に着火し、爆発したものと推測されること。

④　作業手順が定められていなかったため、作業員の経験に基づく判断による作業が行われていたこと。

⑤　クラッシャー内の定期的な点検整備が十分に行われていなかったため、空回転時に火花が発生しやすい状態であったこと。

⑥　粉じん爆発の危険性について、十分な知識を有していなかったこと。

【対策】

①　クラッシャーは密閉構造とし、爆発放散口を設けるなど、内部で爆発が生じた場合には安全に爆発圧力および炎を逃がすことができる構造とする。

②　ホッパーから原料が投入されないときは、クラッシャーの運転ができないインターロック機能を設ける。

③　クラッシャー各部の摩耗などにより生ずる火花の発生を防止するため、点検項目を定め、点検者を指名し、定期的に点検整備する。

④　クラッシャーは静電気の帯電を防止するため、確実に接地する。

⑤　作業者には静電気帯電防止用作業衣および静電気帯電防止靴を着用させる。床は導電性の接地工事を施したマットを敷き詰めるなどにより、人体などに帯電した静電気が除去されるようにする。

⑥　粉砕加工作業についての作業方法および手順を定めて作業者に周知徹底させる。

⑦　作業者に対して粉じん爆発の危険性およびその対策について教育を実施する。

第4編

化学物質の危険性又は有害性等の調査の結果に基づく措置等その他必要な記録等

第1章　化学物質のばく露の濃度の基準と測定の方法

　リスクアセスメント対象物を製造し、または取り扱う事業場におけるリスクアセスメントの実施の管理は、化学物質管理者の職務である。さらに、その結果等に基づき、リスクアセスメント対象物に労働者がばく露される程度を最小にすること、および濃度基準値が定められたリスクアセスメント対象物を製造または取り扱う業務を行う屋内作業場において、労働者がばく露される程度を濃度基準値以下とすることについても、化学物質管理者の職務とされている（安衛則第12条の5第1項第2号および第3号）。

　特に、令和6年4月1日から、事業者は、対象となる67物質について、屋内作業場において労働者がばく露される程度を厚生労働大臣が定める濃度の基準以下とすることが求められている。また、その濃度の基準の適用等に関する技術上の指針＊が公示されている（公示は、告示と異なりその本文については官報に掲載されない）。自律的な化学物質管理の下では、濃度基準値以下であることの確認は、事業者にゆだねられることとなるが、技術上の指針では、労働者のばく露の程度が濃度基準値以下であることを確認するための方法などが具体的に示されており、化学物質管理者は、原則として、この指針に従って対応することが期待されている。

　ここでは、濃度基準値の考え方と、技術上の指針に照らして確認測定が必要となる場合およびその方法について説明する。

1. 濃度基準値

(1) 濃度基準値が定められたリスクアセスメント対象物

　リスクアセスメント対象物を製造し、または取り扱う事業者は、安衛法第57条の3第1項の規定に基づき、化学物質の危険性又は有害性等の調査（以下、「リスクアセスメント」という。）を実施するとともに、リスクアセスメントの結果に基づ

＊　化学物質による健康障害防止のための濃度の基準の適用等に関する技術上の指針（令和5年4月27日技術上の指針公示第24号、令和6年5月8日改正）　https://www.mhlw.go.jp/content/11300000/001252601.pdf

き、リスクアセスメント対象物に労働者がばく露される程度を最小限度とすることが義務付けられている。特別則においては、対象となる化学物質や業務に応じて、講ずべき措置が限定的に列挙されているのに対し、新たな化学物質規制においては、講ずべき措置は、リスクアセスメントの結果に応じて、選択の幅が広いことが特徴である。すなわち、より危険性・有害性の低い代替物の使用、発散源を密閉する設備の設置、換気装置の設置および稼働、有効な呼吸用保護具の使用等のうちから、労働者のばく露低減のために効果的で合理的な方法を事業者が選択して措置することが求められる。

　全てのリスクアセスメント対象物に対するこのような一般的なばく露低減措置に加え、リスクアセスメント対象物のうち、濃度基準値が定められている物質を製造し、または取り扱う業務を行う屋内作業場においては、労働者のばく露の程度を濃度基準値以下とすることも求められている。濃度基準値は、国が順次厚生労働省告示で定めることとしており、これまでに179物質に対する濃度基準値が定められ、うち令和6年4月1日から適用されているのは67物質である（**表4.1.1**、**表4.1.2**）。今後、リスクアセスメント対象物が約2,316物質に拡大されるうちの4分の1程度について濃度基準値が定められると考えられる。

　濃度基準値は、国の「化学物質管理に係る専門家検討会」において、リスクアセスメント対象物のうち、欧米の基準策定機関の職業ばく露限界値（OEL）がある物質から、年度ごとに候補物質を選定し、検討がされている（**表4.1.3**）。

　国の検討会の報告書には、今後の濃度基準値の設定の考え方が示されており、個々の物質について、濃度基準値の検討見通しについての情報が入手可能である。濃度基準値が設定された物質については、自律的な管理の下、事業者において測定・分析を行うことが期待されることから、国は技術上の指針において、物質ごとに測定・分析手法を公表するとともに、国のホームページ（職場のあんぜんサイト）で物質ごとの測定法概要シートが公表されている＊。一定程度の知見のある専門機関について、内外の技術文献などを参考に測定・分析が可能であることを示すものであるが、より高度な知見をもつ専門機関において、同等以上の精度を有する他の方法で行うことを妨げるものではない。

　なお、濃度基準値が定められるまでの間は、日本産業衛生学会の許容濃度、米国産業衛生専門家会議（ACGIH）のばく露限界値（TLV-TWA）等が設定されている物質については、これらの値を参考にし、これらの物質に対する労働者のばく露

＊　https://anzeninfo.mhlw.go.jp/user/anzen/kag/noudokijyun.xlsx

表4.1.1　濃度基準値が定められた物質と確認測定の方法（令和6年4月現在）

標準的な試料採取方法および分析方法については、同等以上の精度を有する他の方法でもよい。

物質名	CAS番号	8時間濃度基準値	短時間濃度基準値	試料採取方法	分析方法	皮膚刺激性有害物質	皮膚吸収性有害物質
アクリル酸エチル	140-88-5	2 ppm	—	固体	GC	●	
アクリル酸メチル	96-33-3	2 ppm	—	固体	GC	●	●
アクロレイン	107-02-8	—	C/0.1ppm※1	固体※2	HPLC	●	●
アセチルサリチル酸（別名アスピリン）	50-78-2	5 mg/m³	—	ろ過	HPLC	●	
アセトアルデヒド	75-07-0	-	10 ppm	固体※2	HPLC	●	
アセトニトリル	75-05-8	10 ppm	-	固体	GC		●
アセトンシアノヒドリン	75-86-5	—	5 ppm	固体	GC		●
アニリン	62-53-3	2 ppm	—	ろ過※3	GC	●	●
1-アリルオキシ-2,3-エポキシプロパン	106-92-3	1 ppm	—	固体	GC	●	●
アルファ-メチルスチレン	98-83-9	10 ppm	—	固体	GC		
イソプレン	78-79-5	3 ppm	—	固体	GC		
イソホロン	78-59-1	—	5 ppm	固体	GC		
一酸化二窒素	10024-97-2	100 ppm	—	直接	GC-ECD/GC-MS		
イプシロン-カプロラクタム※4	105-60-2	5 mg/m³	—	ろ過／固体	GC	●eye	
エチリデンノルボルネン	16219-75-3	2 ppm	4 ppm	固体	GC	●	
2-エチルヘキサン酸	149-57-5	5 mg/m³	—	固体	HPLC	●	
エチレングリコール	107-21-1	10 ppm	50 ppm	固体	GC		●
エチレンクロロヒドリン	107-07-3	2 ppm	—	固体	GC		●
エピクロロヒドリン	106-89-8	0.5 ppm	—	固体	GC	●	●
塩化アリル	107-05-1	1 ppm	—	固体	GC	●	●
オルト-アニシジン	90-04-0	0.1 ppm	—	固体	HPLC	●	●
キシリジン	1300-73-8他	0.5 ppm	—	ろ過※3	GC		●
クメン	98-82-8	10 ppm	—	固体	GC		
グルタルアルデヒド	111-30-8	—	C/0.03ppm※1	固体※2	HPLC	●	
クロロエタン（別名塩化エチル）	75-00-3	100 ppm	—	固体	GC		
クロロピクリン	76-06-2	—	C/0.1ppm※1	固体	GC	●	
酢酸ビニル	108-05-4	10 ppm	15 ppm	固体	GC		
ジエタノールアミン	111-42-2	1 mg/m³	—	ろ過※3	HPLC	●	●

物質名	CAS番号	8時間濃度基準値	短時間濃度基準値	試料採取方法	分析方法	皮膚刺激性有害物質	皮膚吸収性有害物質
ジエチルケトン	96-22-0	ー	300 ppm	固体	GC		
シクロヘキシルアミン	108-91-8	ー	5 ppm	ろ過※3	IC	●	
ジクロロエチレン（1,1-ジクロロエチレンに限る。）	75-35-4	5 ppm	ー	固体	GC		
2,4-ジクロロフェノキシ酢酸	94-75-7	2 mg/㎥	ー	ろ過／固体	HPLC		●
1,3-ジクロロプロペン	542-75-6	1 ppm	ー	固体	GC	●	●
2,6-ジ-ターシャリ-ブチル-4-クレゾール	128-37-0	10 mg/㎥	ー	ろ過／固体	GC		
ジフェニルアミン※4	122-39-4	5 mg/㎥	ー	ろ過／固体	GC	●eye	
ジボラン	19287-45-7	0.01 ppm	ー	液体	ICP-AES	●	
N,N-ジメチルアセトアミド	127-19-5	5 ppm	ー	固体	GC		●
ジメチルアミン	124-40-3	2 ppm	ー	固体※2	HPLC	●	
臭素	7726-95-6	ー	0.2 ppm	ろ過※3	IC	●	
しょう脳	76-22-2	2 ppm	ー	固体	GC		
タリウム	7440-28-0	0.02 mg/㎥	ー	ろ過	ICP-MS	●	●
チオりん酸O,O-ジエチル-O-（2-イソプロピル-6-メチル-4-ピリミジニル）（別名ダイアジノン）	333-41-5	0.01 mg/㎥	ー	ろ過／固体	LC-MS	●	●
テトラエチルチウラムジスルフィド（別名ジスルフィラム）	97-77-8	2 mg/㎥	ー	ろ過／固体	HPLC	●	
テトラメチルチウラムジスルフィド（別名チウラム）	137-26-8	0.2 mg/㎥	ー	ろ過	HPLC	●	
トリクロロ酢酸	76-03-9	0.5 ppm	ー	固体	HPLC	●	
1-ナフチル-N-メチルカルバメート（別名カルバリル）	63-25-2	0.5 mg/㎥	ー	ろ過※3／固体	HPLC		●
ニッケル	7440-02-0	1 mg/㎥	ー	ろ過	ICP-AES	●	
ニトロベンゼン	98-95-3	0.1 ppm	ー	固体	GC		●
N-［1-（N-ノルマル-ブチルカルバモイル）-1H-2-ベンゾイミダゾリル］カルバミン酸メチル（別名ベノミル）	17804-35-2	1 mg/㎥	ー	ろ過／固体	HPLC	●	

物質名	CAS番号	8時間濃度基準値	短時間濃度基準値	試料採取方法	分析方法	皮膚刺激性有害物質	皮膚吸収性有害物質
パラ-ジクロロベンゼン（令和7年10月1日より「ジクロロベンゼン（パラ-ジクロロベンゼンに限る）」に改正）	106-46-7	10 ppm	—	固体	GC	●	
パラ-ターシャリ-ブチルトルエン	98-51-1	1 ppm	—	固体	GC		
ヒドラジン及びその一水和物	302-01-2	0.01 ppm	—	ろ過※3	HPLC	●	●
	7803-57-8					●	
ヒドロキノン	123-31-9	1 mg/m³	—	ろ過	HPLC	●	●
ビフェニル	92-52-4	3 mg/m³	—	固体	GC		●
ピリジン	110-86-1	1 ppm	—	固体	GC	●	
フェニルオキシラン	96-09-3	1 ppm	—	固体	GC	●	●
2-ブテナール	4170-30-3	—	C/0.3ppm※1	固体※2	HPLC	●	●
フルフラール	98-01-1	0.2 ppm	—	固体	HPLC/GC※5		●
フルフリルアルコール	98-00-0	0.2 ppm	—	固体	GC	●	●
1-ブロモプロパン	106-94-5	0.1 ppm	—	固体	GC		
ほう酸及びそのナトリウム塩（四ほう酸ナトリウム十水和物（別名ホウ砂）に限る。）	1303-96-4	ホウ素として0.1 mg/m³	ホウ素として0.75 mg/m³	ろ過	ICP-AES		
メタクリロニトリル	126-98-7	1 ppm	—	固体	GC		●
メチル-ターシャリ-ブチルエーテル（別名MTBE）	1634-04-4	50 ppm	—	固体	GC		
4,4'-メチレンジアニリン	101-77-9	0.4 mg/m³	—	ろ過※3	HPLC	●	●
りん化水素	7803-51-2	0.05 ppm	0.15 ppm	固体※2	Abs		
りん酸トリトリル（りん酸トリ（オルト-トリル）に限る。）	78-30-8	0.03 mg/m³	—	ろ過	HPLC		●
レソルシノール	108-46-3	10 ppm	—	ろ過／固体	HPLC	●	

備考
1　この表の「8時間濃度基準値」および「短時間濃度基準値」の値は、温度25度、1気圧の空気中における濃度を示す。
2　CAS番号（CAS登録番号、CAS RN）は参考として示したものであり、対象物質の当否の判断は、CAS番号ではなく、物質名に該当するか否かで行う。
3　※1の付されている短時間濃度基準値については、化学物質による健康障害防止のための濃度の基準の適用等に関する技術上の指針（令和5年4月27日付け技術上の指針公示第24号）5-1の(2)のイの規定を適用するとともに、同指針5-2の(3)の規定の適用の対象となる天井値として取り扱うものとする。
4　※2の付されている物質の試料採取方法については、捕集剤との化学反応により測定しようとする物質を採取する方法であること。

5　※3の付されている物質の試料採取方法については、ろ過材に含浸させた化学物質との反応により測定しようとする物質を採取する方法であること。

6　※4が付されている物質については、蒸気と粒子の両方を捕集すべき物質であり、当該物質の試料採取方法におけるろ過捕集方法は粒子を捕集するための方法、固体捕集方法は蒸気を捕集するための方法に該当するものであること。

7　※5の付されている物質の試料採取方法については、分析方法がガスクロマトグラフ分析方法の場合にあっては、捕集剤との化学反応により測定しようとする物質を採取する方法であること。

※試料採取
　固体：固体捕集方法、液体：液体捕集方法、ろ過：ろ過捕集方法、直接：直接捕集方法、分粒：分粒装置を用いるろ過捕集方法

※分析方法
　GC：ガスクロマトグラフ分析方法
　GC-ECD/GC-MS：ガスクロマトグラフ分析方法（電子捕獲型検出器または質量分析器付き）
　HPLC：高速液体クロマトグラフ分析方法　　　　IC：イオンクロマトグラフ分析方法
　ICP-AES：誘導結合プラズマ発光分光分析方法　ICP-MS：誘導結合プラズマ質量分析方法
　LC-MS：液体クロマトグラフ質量分析方法　　　Abs：吸光光度分析方法
　AAS：原子吸光分光分析方法　　　　　　　　　重量：重量分析方法
　エックス線：エックス線回析分析方法

※皮膚刺激性有害物質
　「eye」の記載があるものは「眼に対する重篤な損傷性/眼刺激性」のみ区分1に該当し、かつ、皮膚吸収性有害物質にも該当しないため、眼に対する保護具の使用のみ必要な化学物質である。

（令和5年厚生労働省告示第177号/令和5年技術上の指針公示第24号（令和6年5月8日改正）をもとに作成）

表4.1.2　濃度基準値が定められた物質と確認測定の方法等（令和7年10月適用）

標準的な試料採取方法および分析については、同等以上の精度を有する他の方法でもよい。

物質名	CAS番号	8時間濃度基準値	短時間濃度基準値	試料採取方法	分析方法	皮膚刺激性有害物質	皮膚吸収性有害物質
アクリル酸	79-10-7	2 ppm	－	固体	HPLC	●	●
アクリル酸ノルマル-ブチル	141-32-2	2 ppm	－	固体※2	GC	●	
2-アミノエタノール	141-43-5	20 mg/㎥	－	ろ過※3	HPLC	●	
3-アミノ-1H-1,2,4-トリアゾール（別名アミトロール）	61-82-5	0.2 mg/㎥	－	液体	HPLC	●	●
アリルアルコール	107-18-6	0.5 ppm	－	固体	GC		●
アリル-ノルマル-プロピルジスルフィド	2179-59-1	－	1 ppm	固体	GC	●	
3-（アルファ-アセトニルベンジル）-4-ヒドロキシクマリン（別名ワルファリン）	81-81-2	0.01 mg/㎥	－	ろ過	HPLC		●
3-イソシアナトメチル-3,5,5-トリメチルシクロヘキシル＝イソシアネート	4098-71-9	0.005 ppm	－	ろ過※3	HPLC	●	
イソシアン酸メチル	624-83-9	0.02 ppm	0.04 ppm	固体※2	HPLC	●	●
イソプロピルアミン	75-31-0	2 ppm	－	固体※2	HPLC	●	●
イソプロピルエーテル	108-20-3	250 ppm	500 ppm	固体	GC		
エチルアミン	75-04-7	5 ppm	－	固体※2	HPLC	●	●
エチル-セカンダリ-ペンチルケトン	541-85-5	10 ppm	－	固体	GC		
エチル-パラ-ニトロフェニルチオノベンゼンホスホネイト（別名EPN）	2104-64-5	0.1 mg/㎥	－	ろ過／固体	GC		●
エチレングリコールモノブチルエーテルアセタート	112-07-2	20 ppm	－	固体	GC		●
エチレングリコールモノメチルエーテルアセテート	110-49-6	1 ppm	－	固体	GC		●
エチレンジアミン	107-15-3	10 ppm	－	固体※2	HPLC	●	●
2,3-エポキシプロピル＝フェニルエーテル	122-60-1	0.1 ppm	－	固体	GC	●	●
塩化ホスホリル	10025-87-3	0.6 mg/㎥	－	液体	IC	●	
1,2,4,5,6,7,8,8-オクタクロロ-2,3,3a,4,7,7a-ヘキサヒドロ-4,7-メタノ-1H-インデン（別名クロルデン）※4	57-74-9	0.5 mg/㎥	－	ろ過／固体	GC-ECD／GC-MS		●
オゾン	10028-15-6	－	0.1 ppm	ろ過※3	IC		
過酸化水素	7722-84-1	0.5 ppm	－	ろ過※3	Abs	●	
カーボンブラック	1333-86-4	レスピラブル粒子として0.3mg/㎥	－	分粒	重量		
ぎ酸メチル	107-31-3	50 ppm	100 ppm	固体	GC		●
クロム	7440-47-3	0.5 mg/㎥	－	ろ過	AAS／ICP-AES	●	

物質名	CAS番号	8時間濃度基準値	短時間濃度基準値	試料採取方法	分析方法	皮膚刺激性有害物質	皮膚吸収性有害物質
2-クロロ-4-エチルアミノ-6-イソプロピルアミノ-1,3,5-トリアジン（別名アトラジン）	1912-24-9	2 mg/㎥	−	ろ過／固体	GC-ECD／GC-MS	●	
クロロ酢酸	79-11-8	0.5 ppm	−	固体	IC	●	●
クロロジフルオロメタン（別名HCFC-22）	75-45-6	1,000 ppm	−	固体	GC		
2-クロロ-1,1,2-トリフルオロエチルジフルオロメチルエーテル（別名エンフルラン）	13838-16-9	20 ppm	−	固体※2	GC		
酢酸	64-19-7	−	15 ppm	固体	IC	●	
酢酸ブチル（酢酸ターシャリ-ブチルに限る。）	540-88-5	20 ppm	150 ppm	固体	GC		
三塩化りん	7719-12-2	0.2 ppm	0.5 ppm	液体	Abs	●	
酸化亜鉛	1314-13-2	レスピラブル粒子として0.1mg/㎥	−	分粒	エックス線		
酸化カルシウム	1305-78-8	0.2 mg/㎥	−	ろ過	AAS	●eye	
酸化メチル	141-79-7	2 ppm	−	固体	GC		
ジアセトンアルコール	123-42-2	20 ppm	−	固体	GC		
2-シアノアクリル酸メチル	137-05-3	0.2 ppm	1 ppm	固体※2	HPLC	●	
2-（ジエチルアミノ）エタノール	100-37-8	2 ppm	−	固体	GC	●	●
ジエチルアミン	109-89-7	5 ppm	15 ppm	固体	HPLC	●	●
ジエチル-パラ-ニトロフェニルチオホスフェイト（別名パラチオン）	56-38-2	0.05 mg/㎥	−	ろ過／固体	GC		●
ジエチレングリコールモノブチルエーテル※4	112-34-5	60 mg/㎥	−	ろ過／固体	GC		
シクロヘキサン	110-82-7	100 ppm	−	固体	GC		
ジクロロエタン（1,1-ジクロロエタンに限る。）	75-34-3	100 ppm	−	固体	GC		
ジクロロジフルオロメタン（別名CFC-12）	75-71-8	1,000 ppm	−	固体	GC		
ジクロロテトラフルオロエタン（別名CFC-114）	76-14-2	1,000 ppm	−	固体	GC		
ジクロロフルオロメタン（別名HCFC-21）	75-43-4	10 ppm	−	固体	GC		
ジシクロペンタジエン	77-73-6	0.5 ppm	−	固体	GC		
ジチオりん酸O,O-ジメチル-S-[（4-オキソ-1,2,3-ベンゾトリアジン-3（4H）-イル）メチル]（別名アジンホスメチル）	86-50-0	1 mg/㎥	−	ろ過／固体	GC	●	●
ジフェニルエーテル	101-84-8	1 ppm	−	固体	GC		
N,N-ジメチルアニリン	121-69-7	25 mg/㎥	−	固体※2	GC		●
水酸化カルシウム	1305-62-0	0.2 mg/㎥	−	ろ過	AAS	●eye	

物質名	CAS番号	8時間濃度基準値	短時間濃度基準値	試料採取方法	分析方法	皮膚刺激性有害物質	皮膚吸収性有害物質
すず及びその化合物（ジブチルスズ＝オキシド、ジブチルスズ＝ジクロリド、ジブチルスズ＝ジラウラート、ジブチルスズビス（イソオクチル＝チオグリコレート）及びジブチルスズ＝マレアートに限る。）	818-08-6	すずとして0.1mg/㎥	－	ろ過／固体	AAS	●eye	
	683-18-1			ろ過／固体	GC	●	
	77-58-7			ろ過	AAS		
	25168-24-5			ろ過／固体	HPLC／AAS	●	
	78-04-6			ろ過	AAS	●	
すず及びその化合物（テトラブチルスズに限る。）	1461-25-2	すずとして0.2mg/㎥	－	ろ過／固体	HPLC／AAS		
すず及びその化合物（トリフェニルスズ＝クロリドに限る。）	639-58-7	すずとして0.003mg/㎥	－	ろ過	HPLC／ICP-AES		
すず及びその化合物（トリブチルスズ＝クロリド及びトリブチルスズ＝フルオリドに限る。）	1461-22-9	すずとして0.05mg/㎥	－	ろ過／固体	HPLC／AAS		
	1983-10-4			ろ過	AAS		
すず及びその化合物（ブチルトリクロロスズに限る。）	1118-46-3	すずとして0.02mg/㎥	－	ろ過／固体	GC	●	
セレン	7782-49-2	0.02 mg/㎥	－	ろ過	ICP-AES		
テトラエチルピロホスフェイト（別名ＴＥＰＰ）	107-49-3	0.01 mg/㎥	－	固体	GC		●
テトラクロロジフルオロエタン（別名ＣＦＣ－１１２）	76-12-0	50 ppm	－	固体	GC		
トリエタノールアミン	102-71-6	1 mg/㎥	－	ろ過	GC	●	
トリクロロエタン（１，１，２－トリクロロエタンに限る。）	79-00-5	1 ppm	－	固体	GC		●
１，１，２－トリクロロ－１，２，２－トリフルオロエタン	76-13-1	500 ppm	－	固体	GC		
１，１，１－トリクロロ－２，２－ビス（４－メトキシフェニル）エタン（別名メトキシクロル）	72-43-5	1 mg/㎥	－	ろ過／固体	GC-ECD／GC-MS		●
２，４，５－トリクロロフェノキシ酢酸	93-76-5	2 mg/㎥	－	ろ過	HPLC		●
トリニトロトルエン	118-96-7	0.05 mg/㎥	－	固体	GC-ECD／GC-MS	●	●
トリブロモメタン	75-25-2	0.5 ppm	－	固体	GC		
トリメチルアミン	75-50-3	3 ppm	－	固体※2	GC	●	
トリメチルベンゼン	25551-13-7	10 ppm	－	固体	GC		
二酸化窒素	10102-44-0	0.2 ppm	－	固体※2	IC		
ニトロエタン	79-24-3	10 ppm	－	固体	GC		
ニトログリセリン	55-63-0	0.01 ppm	－	固体	GC	●	●
ニトロプロパン（１－ニトロプロパンに限る。）	108-03-2	2 ppm	－	固体	GC		●
ニトロメタン	75-52-5	10 ppm	－	固体	GC		
ノナン（ノルマル-ノナンに限る。）	111-84-2	200 ppm	－	固体	GC		

物質名	CAS番号	8時間濃度基準値	短時間濃度基準値	試料採取方法	分析方法	皮膚刺激性有害物質	皮膚吸収性有害物質
ノルマル-ブチルエチルケトン	106-35-4	70 ppm	－	固体	GC		
パラ-アニシジン	104-94-9	0.5 mg/㎥	－	固体	HPLC		●
パラ-ニトロアニリン	100-01-6	3 mg/㎥	－	ろ過	HPLC		●
ビニルトルエン	25013-15-4	10 ppm	－	固体※2	GC		
N-ビニル-2-ピロリドン	88-12-0	0.01 ppm	－	固体	GC	●	●
フェニレンジアミン（パラ-フェニレンジアミン及びメタ-フェニレンジアミンに限る。）	106-50-3	0.1 mg/㎥	－	ろ過※3	HPLC	●	
	108-45-2					●	●
フェノチアジン	92-84-2	0.5 mg/㎥	－	ろ過	HPLC	●	●
ブタノール（ターシャリーブタノールに限る。）	75-65-0	20 ppm	－	固体	GC		
フタル酸ジエチル※4	84-66-2	30 mg/㎥	－	ろ過／固体	GC	●	
フタル酸ジ-ノルマル-ブチル	84-74-2	0.5 mg/㎥	－	ろ過／固体	GC		
フタル酸ビス（2-エチルヘキシル）（別名ＤＥＨＰ）	117-81-7	1 mg/㎥	－	ろ過／固体	GC		●
プロピオン酸	79-09-4	10 ppm	－	固体	GC	●	
プロピレングリコールモノメチルエーテル	107-98-2	50 ppm	－	固体	GC		
ブロモトリフルオロメタン	75-63-8	1,000 ppm	－	固体	GC		
ヘキサクロロエタン	67-72-1	1 ppm	－	固体	GC		●
1,2,3,4,10,10-ヘキサクロロ-6,7-エポキシ-1,4,4 a,5,6,7,8,8 a-オクタヒドロ-エンド-1,4-エンド-5,8-ジメタノナフタレン（別名エンドリン）	72-20-8	0.1 mg/㎥	－	ろ過／固体	GC-ECD／GC-MS		●
ヘキサメチレン＝ジイソシアネート	822-06-0	0.005 ppm	－	ろ過※3	HPLC	●	
ヘプタン（ノルマル-ヘプタンに限る。）	142-82-5	500 ppm	－	固体	GC		
1,2,4-ベンゼントリカルボン酸1,2-無水物	552-30-7	0.0005 mg/㎥	0.002 mg/㎥	ろ過※3	HPLC	●	●
ペンタン（ノルマル-ペンタン及び2-メチルブタンに限る。）	109-66-0	1,000 ppm	－	固体	GC		
	78-78-4						
無水酢酸	108-24-7	0.2 ppm	－	ろ過※3	GC	●	
無水マレイン酸	108-31-6	0.08 mg/㎥	－	ろ過※3	HPLC	●	
メタクリル酸	79-41-4	20 ppm	－	固体	HPLC	●	●
メタクリル酸メチル	80-62-6	20 ppm	－	固体	GC	●	
メチラール	109-87-5	1,000 ppm	－	固体	GC		
N-メチルアニリン	100-61-8	2 mg/㎥	－	液体	GC		●
メチルアミン	74-89-5	4 ppm	－	固体※2	HPLC	●	
N-メチルカルバミン酸2-イソプロピルオキシフェニル（別名プロポキスル）※4	114-26-1	0.5 mg/㎥	－	ろ過／固体	HPLC		
5-メチル-2-ヘキサノン	110-12-3	10 ppm	－	固体	GC		

物質名	CAS番号	８時間濃度基準値	短時間濃度基準値	試料採取方法	分析方法	皮膚刺激性有害物質	皮膚吸収性有害物質
２-メチル-２,４-ペンタンジオール	107-41-5	120 mg/㎥	—	固体	GC		
メチレンビス（４,１-シクロヘキシレン）＝ジイソシアネート	5124-30-1	0.05 mg/㎥	—	ろ過※３	HPLC	●	
１-（２-メトキシ-２-メチルエトキシ）-２-プロパノール	34590-94-8	50 ppm	—	固体	GC		●
沃素	7553-56-2	0.02 ppm	—	固体※２	IC	●	
りん酸	7664-38-2	1 mg/㎥	—	ろ過	IC	●	
りん酸ジメチル＝１-メトキシカルボニル-１-プロペン-２-イル（別名メビンホス）	7786-34-7	0.01 mg/㎥	—	ろ過／固体	GC		●
りん酸トリ-ノルマル-ブチル※４	126-73-8	5 mg/㎥	—	ろ過／固体	GC	●	●
りん酸トリフェニル	115-86-6	3 mg/㎥	—	ろ過	GC		
六塩化ブタジエン	87-68-3	0.01 ppm	—	固体	GC-ECD／GC-MS	●	●

備考
　220ページの表4.1.1の「備考」を参照

（令和５年厚生労働省告示第177号/令和５年技術上の指針公示第24号（令和６年５月８日改正）をもとに作成）

表4.1.3　濃度基準値設定対象物質リスト

検討年度	検討数 （　）は前年度 積み残し数	設定数	選定の基準等
令和4年度	118	67	・国がリスク評価を実施済 ・令和5年厚生労働省告示第177号
令和5年度	154 （33）	112	・ACGIH TLV-TWA がある ・測定・分析方法に関する情報がある
令和6年度	169 （57）	―	・吸入に関するばく露限度がある ・測定・分析方法に関する情報がある

これ以外に、測定・分析方法に関する情報が得られていない約390物質がある

（出典：「化学物質管理に係る専門家検討会報告書」）

を当該許容濃度等以下とすることが望ましいとされている。

(2)　労働者がばく露する化学物質の濃度

　作業場内の化学物質の気中濃度は、作業場内で均一なわけではなく、労働者がいる場所により異なる。このため、労働者がばく露する化学物質の濃度は、作業場内の平均的な濃度ではなく、個人ばく露測定など、労働者の呼吸域に測定機器を装着して測定することにより、作業場の化学物質の濃度分布に応じ、労働者が実際に動き回ることによるばらつきを考慮した値である。

　また、労働者が防毒マスク等の呼吸用保護具を着用した場合は、労働者が吸入する空気は、防毒マスクの吸収缶等により清浄化されることになるから、実際にばく露する化学物質の濃度は、呼吸域で測定する個人ばく露測定等の濃度よりも小さい値となるはずである。

　したがって、濃度基準値と比較すべき労働者のばく露の程度（化学物質の濃度）は、次のとおりとなる。

・呼吸用保護具なし：労働者の呼吸域において測定される濃度

　　　　　　　（個人ばく露測定など）

・呼吸用保護具あり：呼吸用保護具の内側の濃度

　　　　　　　（呼吸域における濃度が濃度基準値を上回っても可）

　労働者の呼吸域における濃度は、個人ばく露測定などにより容易に測定されるが、呼吸用保護具の内側の濃度の測定を行うことは困難である。このため、労働者の呼吸域における濃度を、呼吸用保護具がもつ標準的な浄化性能を示す指定防護係数で除すことにより、呼吸用保護具の内側の濃度を算定することとしてよい。

　指定防護係数については、第5章を参照のこと。

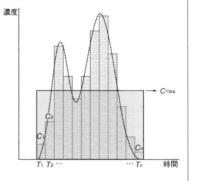

○**時間加重平均値とは**

　複数の測定値がある場合に、それぞれの測定を実施した時間（測定時間）に応じた重み付けを行って算出される平均値

$$C_{TWA} = \frac{(C_1 \cdot T_1 + C_2 \cdot T_2 + \cdots + C_n \cdot T_n)}{(T_1 + T_2 + \cdots + T_n)}$$

　C_{TWA}：時間加重平均値
　T_1、T_2、…、T_n：濃度測定における測定時間
　C_1、C_2、…、C_n：それぞれの測定時間に対する測定値

| $T_1 + T_2 + \cdots + T_n =$ 8時間　→　8時間時間加重平均値 |
| $T_1 + T_2 + \cdots + T_n =$ 15分間　→　15分間時間加重平均値 |

○**計算例**

　1日8時間の労働時間のうち、化学物質にばく露する作業を行う時間（ばく露作業時間）が4時間、ばく露作業時間以外の時間が4時間の場合で、濃度測定の結果、2時間の濃度が0.1mg/㎥、残り2時間の濃度が0.21mg/㎥、4時間の濃度が0mg/㎥であった場合

$$C_{TWA} = \frac{0.1mg/㎥ \times 2時間 + 0.21mg/㎥ \times 2時間 + 0mg/㎥ \times 4時間}{2時間 + 2時間 + 4時間}$$

$$= 0.078mg/㎥$$

（出典：厚生労働省報道発表資料）

図4.1.1　時間加重平均値

(3)　時間加重平均値とは

　通常、化学物質の濃度の測定値は、瞬時値ではなく、一定の測定時間における平均的濃度として表される。例えば、15分間の測定時間に得られた一定量の空気に含まれる化学物質の量を測定し、体積比（ppm）または質量（mg/㎥）として表す。

　時間加重平均値は、時間を異にする複数の測定値がある場合に、それぞれの測定時間に応じた重みづけを行って算出される平均値である（**図4.1.1**）。

(4)　濃度基準値の考え方

　吸入ばく露についてのリスク判定は、労働者のばく露の程度を濃度基準値と比較することにより行う。ばく露の程度が、濃度基準値を超えていなければリスクは高くないと考えてよい。ばく露の程度の把握は、個人ばく露濃度の測定、作業環境測定等の場の測定、実測をせずに計算やモデルで推定する方法などがあり、推定する場合の精度や実測におけるばらつき、測定精度についても考慮が必要である。

　なお、濃度基準値の設定に当たっては、ヒトや実験動物から得られた毒性データから、ヒトに健康影響がほぼ出ないとされる閾値を推定している。不確実性などを考慮し、その時点で入手可能な、信頼できる文献などの知見に基づくものである。ヒトに対する発がん性や生殖毒性などについては、毎年新たな知見が出されてお

表4.1.4　濃度基準値の種類と比較すべき化学物質の濃度（義務的事項）

	濃度基準値の種類	ばく露の程度	説明
①	8時間濃度基準値 （長期的な健康影響の防止）	8時間時間加重平均値	8時間のばく露における化学物質の濃度の測定時間ごとの加重平均値
②	短時間濃度基準値 （急性健康影響の防止）	15分間時間加重平均値	最も高くなると思われる15分間のばく露における化学物質の測定時間ごとの加重平均値

注）①、②のいずれかが設定されたものについては、それを超えないこと。
　　①、②ともに設定されたものについては、それぞれを超えないこと。

り、濃度基準値に影響を与える新たな知見が得られた場合は、濃度基準値について再度検討を行うこととされている。これらの知見が信頼性の高い論文等で発表されると、各国の関係機関や国際機関等で議論されたり採用されたりすることがある。自らが製造している化学物質については最新の情報を収集するよう努めるべきである。

(5)　濃度基準値に関する義務的事項

　濃度基準値の取扱いは、義務的事項（告示第2号関係）と努力義務（告示第3号関係）とに分けられ、特に努力義務の部分は複雑である。まずは、義務的事項について整理しておく。

　表4.1.4に示したとおり、濃度基準値には、長期的な健康影響を防止するための「8時間濃度基準値」と、急性健康影響防止の観点から定められた短時間濃度基準値とがあり、2つとも設定された物質と、一方のみが設定された物質とがある。

　ばく露における化学物質の濃度は、定められた濃度基準値を超えてはならない。すなわち、

　①　8時間のばく露における化学物質の平均濃度（8時間時間加重平均値）は、8時間濃度基準値を超えてはならない。

　②　濃度が最も高くなると思われる15分間のばく露における化学物質の平均濃度（15分間時間加重平均値）は、短時間濃度基準値を超えてはならない。

ア．特別則の適用のある物質

　特化則等の特別則の適用のある物質については、特別則により規制がされていることから、濃度基準値は設定されないものと考えてよい。

　管理濃度が定められている物質については、作業環境測定により測定したその物質の第一評価値を管理濃度と比較することにより、リスクを見積もることができる。

イ．ヒトに対する発がん性が明確な物質

　発がんは確率的影響であるため、長期的な健康影響が発生しない安全な閾値と

表4.1.5　ヒトに対する発がん性が明確で、濃度基準値を設定できないとされた
　　　　物質のリスト

物質名	CAS番号	試料採取方法	分析方法	皮膚刺激性有害物質	皮膚吸収性有害物質
2,3-エポキシ-1-プロパノール	556-52-5	固体	GC		●
塩化ベンジル	100-44-7	固体	GC	●	
1,2,3-トリクロロプロパン	96-18-4	固体	GC		●
ノルマル-ブチル＝2,3-エポキシプロピルエーテル	2426-08-6	固体	GC	●	●
砒素及びその化合物（アルシンに限る）	1303-00-0	固体	AAS		
フェニルヒドラジン	100-63-0	液体	HPLC		
フェニレンジアミン（オルト-フェニレンジアミンに限る）	95-54-5	ろ過*	HPLC	●	
2-ブロモプロパン	75-26-3	固体	GC		●
メタクリル酸2,3-エポキシプロピル	106-91-2	固体	GC	●	●

※資料採取
　固体：固体捕集方法、液体：液体捕集方法、ろ過：ろ過捕集方法
　＊の付されている物質の試料採取方法については、ろ過材に含侵させた化学物質との反応により測定し
　ようとする物質を採取する方法であること。
※分析方法
　GC：ガスクロマトグラフ分析方法、HPLC：高速液体クロマトグラフ分析方法、AAS：原子吸光分析方法
　　　　　　　　（出典：令和5年技術上の指針公示第24号（令和6年5月8日改正）をもとに作成）

して濃度基準値を設定することは困難とされた。このため、ヒトに対する発がん性が明確な物質については、濃度基準値が設定されない。令和5年度までに検討された272物質のうちでは、**表4.1.5**に掲げる9物質がこれに相当する。

　これらの物質については、事業者は、有害性の低い物質への代替、工学的対策、管理的対策、有効な保護具の使用等により、労働者がこれらの物質にばく露される程度を最小限度としなければならない。

⑹　濃度基準値に関する努力義務

　8時間濃度基準値は、長期間ばく露することにより健康障害が生ずることが知られている物質について設定されており、この濃度以下のばく露においては、おおむね全ての労働者に健康障害を生じないものと考えられている。一方、短時間濃度基準値は、短時間でのばく露により急性健康障害が生ずることが知られている物質について設定されている。両方が設定されている物質については、短時間濃度基準値は8時間濃度基準値よりも高い（多くは数倍程度の）値に設定されている。

　毒性学の見地からは、①高い濃度のばく露が短時間に複数回繰り返されることにより急性健康障害が発生しやすいこと、②8時間濃度基準値は、時間的に均等なばく露を想定して設定されており、短時間濃度基準値が設定されていない物質についても、短時間に高濃度のばく露を受けることは避けるべきこと、が指摘されている。

　このほか、天井値や、複数の化学物質による相互作用も含め、濃度基準値に関す

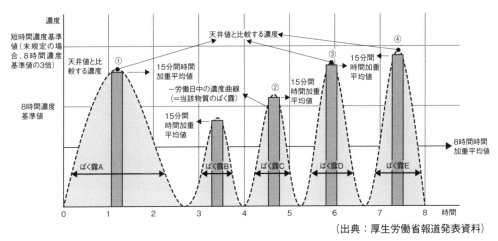

（出典：厚生労働省報道発表資料）

図4.1.2　8時間濃度基準値および短時間濃度基準値との比較

る各種努力義務が定められている。事業者は、前述の濃度基準値に関する義務的事項を満たした上で、努力義務とされている事項についても遵守することが望ましい。

ア．高濃度ばく露の回数

　対象：8時間濃度基準値および短時間濃度基準値が定められている物質

　15分間時間加重平均値が8時間濃度基準値を超えるばく露となる回数が、1日の労働時間中に4回を超えず、かつそのようなばく露の間隔を1時間以上とする（短時間濃度基準値を超えないこと）（**図4.1.2**）。

イ．高濃度ばく露の程度

　対象：8時間濃度基準値は定められており、短時間濃度基準値が定められていない物質

　15分間時間加重平均値が8時間濃度基準値の3倍を超えないようにする（回数についての規制はなし）。

ウ．天井値

　対象：短時間濃度基準値が天井値として定められている物質

　いかなる短時間のばく露においても超えないようにする（**図4.1.3**）。リアルタイムモニタ等の計測機器により、濃度の連続測定を行って管理することが望ましい。

エ．混合物の取扱い

　対象：同一の毒性作用機序によって同一の標的臓器に作用する物を2種類以上含有する混合物

　　　（事業者において、GHS分類による特定標的臓器毒性の情報その他の知

見を参照する。）

次の換算値が１を超えないようにする。

$$C = \frac{C_1}{L_1} + \frac{C_2}{L_2} + \cdots\cdots$$

この式において、C、C_1、C_2および L_1、L_2は、それぞれ次の値を表すものとする。

C：換算値

C、C_1、C_2……：物の種類ごとの ８時間時間加重 平均値

L、L_1、L_2……：物の種類ごとの８時間濃度基準値

短時間濃度基準値についても同じ。

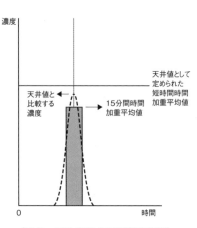

（出典：厚生労働省報道発表資料）

図4.1.3　天井値との比較

２．技術上の指針

「化学物質による健康障害防止のための濃度の基準の適用等に関する技術上の指針」（令和５年４月27日　技術上の指針公示第24号。令和６年５月８日改正）は、濃度基準値とその適用、確認測定の方法、濃度測定における試料採取方法・分析方法、有効な保護具の適切な選択および使用等について規定している。

表4.1.6　濃度基準値に関する努力義務

	規定	対象	努力義務事項
①	高濃度ばく露の回数	８時間濃度基準値あり 短時間濃度基準値あり	15分間時間加重平均値について、８時間濃度基準値を超える回数が４回を超えないこと。その間隔が１時間以上であること。
②	高濃度ばく露の程度	８時間濃度基準値あり 短時間濃度基準値なし	15分間時間加重平均値について、８時間濃度基準値の３倍を超えないこと。
③	天井値としての短時間濃度基準値	短時間濃度基準値：天井値	天井値について、いかなる短時間のばく露も超えないこと。
④	混合物の取扱い	同一の機序で同一の標的臓器の有害性を有する複数の物質の混合物	物質ごとに計算して加算した換算値が１を超えないこと。

表4.1.7　リスクの見積りに用いられるリスクアセスメント手法の例

手法の例	特徴	留意点
簡易ツールによる推定 　CREATE-SIMPLE 　ECETOC-TRA 　JISHA方式など	・各種作業条件を入力してばく露濃度を推定できる ・簡易に評価できるため、多数の化学物質を対象とするスクリーニングに便利 ・記録の保存が容易	・実測値と異なる結果となることがある（入力データが乏しい場合など） ・入力データや適用の妥当性についての責任は使用者にある ・ツールごとに適用上の制約がある
数理モデルによる計算 　1-ゾーンモデル 　2-ゾーンモデル	・揮発量、作業方法、拡散や換気状況などのデータに基づき濃度を計算する	・衛生工学の知識が必要 ・適用の妥当性の判断が難しい
検知管による簡易測定	・操作が容易で安価 ・即時に結果が得られる ・共存ガスによる影響がある場合は、濃度が十分に低いことの確認として使える	・対象物質が220物質程度に限られる ・測定時間は固定（30分間または60分間） ・特別則に基づく作業環境測定とするには、作業環境測定士が行う必要がある
リアルタイムモニタを用いた簡易測定	・操作が比較的容易 ・即時に結果が得られる ・共存ガスによる影響がある場合は、濃度が十分に低いことの確認として使える	・機器が高価で定期的な校正を要する ・対象物質が限られる ・濃度の時間的変動を把握することが可能
個人ばく露測定 （パッシブサンプラーを含む）	・結果の確実性が高い ・各種措置の根拠として活用できる ・パッシブサンプラーは高価な測定機材が不要 ・国内外の技術的基準と互換	・装着者に負担がかかる（特に液体捕集方法） ・均等ばく露作業者の設定を正しく行う必要がある（国が検討中） ・技術的基準を逸脱した測定は、結果の信頼性が低い
作業環境測定 （個人サンプリング法を含む）	・工学的措置のための基礎データとなる ・特別則に基づく作業環境測定としても利用できる ・法令基準に定めがある	・特別則に基づく作業環境測定とするには、作業環境測定士が行う必要ある

(1)　技術上の指針に基づき、事業者が実施すべき事項

ア．リスクの見積り

　使用する全てのリスクアセスメント対象物について、危険性又は有害性を特定し、労働者がばく露される程度を把握した上でリスクを見積もる。

　リスクの見積りは、さまざまな方法があり、化学物質管理者の管理の下、リスクアセスメント指針*に基づき行う（**表4.1.7、図4.1.4**）（第3編第1章を参照）。

　リスクの見積りの段階で、全てのリスクアセスメント対象物に対して測定が求められるものではないが、一定以上のリスクがないこと（危険性が許容できる範囲にある、毒性に対してばく露の程度が十分に小さいなど）を判断できる必要が

＊　平成27年9月18日公示第3号「化学物質等による危険性又は有害性等の調査等に関する指針」

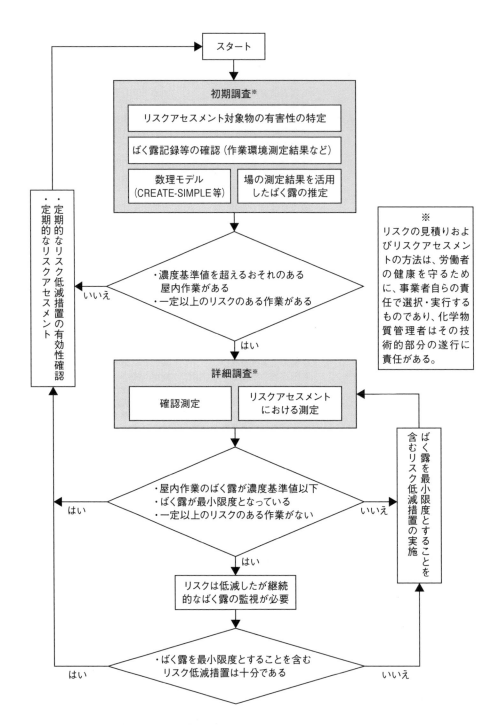

（資料：厚生労働省「化学物質管理者講習テキスト」（第1版）令和5年3月
　　　化学物質による健康障害防止のための濃度の基準の適用等に関する技術上の指針）

図4.1.4　吸入ばく露のリスクアセスメントのフロー

表4.1.8　確認測定の基本的な考え方（技術上の指針に準拠）

		備考
確認測定の実施基準（アクションレベル）	化学物質管理者が実施したいずれかのリスクアセスメント（表4.1.6）で、呼吸域における濃度が濃度基準値の2分の1を超える場合に実施する	屋内作業に限る 技術上の指針の改訂により、アクションレベルの基準には、呼吸用保護具によるばく露低減措置を含めないこととされた
確認測定の方法	技術上の指針に示された個人ばく露測定による	測定値の正確さでなく、濃度基準値以下であることの確からしさを求める
措置	呼吸域における濃度が濃度基準値を超える場合は、労働者のばく露の程度を濃度基準値以下とする措置を講ずる	ここでは、呼吸用保護具によるばく露防止措置（指定防護係数みなし）を含めてよい
法令上の位置付け	安衛則第577条の2第2項「濃度の基準以下としなければならない」を証する1つの方法。 超えると事故扱いとなり、リスクアセスメント対象物健康診断（第4項健診）が必須となる	法第57条の3（リスクアセスメント）でなく、第22条（健康障害防止措置）を根拠とする

労働者の呼吸域：使用する呼吸用保護具の外側であって、両耳を結んだ直線の中央を中心とした、半径30センチメートルの、顔の前方に広がった半球の内側

ある。

イ．濃度基準値が設定されている物質についての確認測定の考え方

　濃度基準値が設定されている物質（令和6年4月1日現在の適用対象は67物質）については、屋内作業において、労働者がその物質にばく露される程度が濃度基準値を超えることは許容されない（リスクを容認できないのみならず、結果として濃度基準値を超えていることが判明すれば、安衛則第577条の2第2項に抵触する）。

　このため、技術上の指針に照らして対応するとすれば、リスクの見積りア．の過程において、労働者がその物質にばく露される程度が濃度基準値を超えるおそれがある屋内作業を把握した場合は、確認測定を実施することとなる。確認測定の基本的な考え方を表4.1.8に示す。

　ここで、確認測定を実施するかどうかを判断するための判断基準（確認測定に移行するアクションレベル）は、令和6年5月8日の技術上の指針の改正により、「労働者がその物質にばく露される程度が濃度基準値の2分の1を超える」かどうかではなく、「労働者の呼吸域におけるその物質の濃度が濃度基準値の2分の1を超える」場合に変更された。すなわち、均等ばく露作業に従事する労働者の（呼吸用保護具を装着する前の）呼吸域における物質の濃度について、簡易ツールや数理モデルによる推定も含めた評価を行って、8時間濃度基準値の2分の1程度

を超えると評価される場合である。例えば、CREATE-SIMPLEにより算出された推定ばく露濃度を用いる場合は、呼吸用保護具を使用しない場合のデータを用いる必要がある。CREATE-SIMPLE Ver.3.0からその機能が付加されたが、以前のバージョンを用いた算出の場合、特に留意すること（最終的に濃度基準値を超えるか否かの判定は、呼吸用保護具の内側の濃度により行うことに変わりはない）。

ウ．必要なリスク低減措置の実施

　これらの結果に基づき、労働者の危険または健康障害を防止するための措置（リスク低減措置）を実施する。リスク低減措置には、危険性又は有害性の低い物質への代替、工学的対策、管理的対策、有効な保護具の使用という優先順位に従い、労働者がリスクアセスメント対象物にばく露される程度を最小限度とすることを含む。

　また、濃度基準値が設定されている物質については、労働者がその物質にばく露される程度を濃度基準値以下にすることは、努力義務ではなく義務的措置であることに留意する。

┌─ コラム ─────────────────────────

簡易ツールの適用と実態

　令和6年4月から濃度基準値に係る規定が施行され、多くの事業場でCREATE-SIMPLEなど簡易ツールが利用されるようになった。また、同年2月に公開されたCREATE-SIMPLE ver.3.0では、混合物中の成分の一斉評価機能や短時間ばく露評価機能が追加されるなど、使い勝手が各段に向上した。簡単で便利ではあるが、作業状況に応じて限られた入力情報を利用するツールであるため、不確定要素が大きいとリスクが高めとなる傾向がある。例えば、CREATE-SIMPLEで、混合物などをGHS分類でそのまま評価しようとする場合など、経験を積んだ現場管理者が首をかしげるような高い推定ばく露濃度となることがある。

　さまざまなリスクアセスメント手法の中から、適したものを選定して適用するのは化学物質管理者の役割である。結果により都合の良い手法を選定してはならないことはいうまでもないが、より正確な推定のために適した手法を選択して適用することは重要である。簡易ツールは、個別規制が早くから撤廃された海外ではすでに定着しており、事業場の化学物質管理システムと連動し、保管使用記録のある化学物質をクリックすると複数の簡易ツールが起動し自動計算するものも開発されている。リスクアセスメントは一度実施すればよいというものではなく、使用化学物質が置き換わる可能性も考慮し、事業場内の化学物質管理における簡易ツールを効率よく利用したいものである。

└──────────────────────────────

⑵　リスクアセスメントとその結果に基づくリスク低減措置

ア．濃度基準値が設定された物質

　　リスクの見積りの過程で、均等ばく露作業に従事する労働者の呼吸域における物質の濃度を評価する。呼吸域における物質の濃度の評価は、リスクアセスメントによる作業内容の調査、場の測定の結果、検知管やリアルタイムモニタによる簡易測定の結果、CREATE-SIMPLEなどの簡易ツールを用いた推定値の算出、1-ゾーンモデル、2-ゾーンモデルその他の数理モデルによる工学的な濃度推定、生体試料を用いた生物学的モニタリングによるばく露把握などにより行われる。

　　厚生労働省が推奨する簡易リスクアセスメントツールおよび数理モデルを用いた工学的な濃度推定については、第3編を参照のこと。特に、CREATE-SIMPLEについては、その実務的な適用方法についても紹介している。

　労働者のばく露の程度が濃度基準値であることを確認する方法にはさまざまなものがあり、自律的な化学物質管理の下では、事業者において決定されるものである。しかし、労働基準監督機関等に対して、それを明らかにする必要があるという観点からは、これら安衛則の規定の遵守に加え、技術上の指針を活用し、その手順に沿った方法により、労働者が化学物質にばく露される程度を最小限度とするよう努めることが求められる。

イ．確認測定の実施

　　確認測定は、屋内作業において、ア．により労働者の呼吸域における物質の濃度が濃度基準値の2分の1を超えると評価された物質について行う。

　　実際には、有害物質へのばく露がほぼ均一であると見込まれる作業（均等ばく露作業）に従事する労働者の呼吸域におけるばく露濃度を評価し、呼吸用保護具による防護を考慮する前の労働者のばく露の程度が、8時間濃度基準値の2分の1程度を超えると評価された場合は、確認測定を実施する。

　　確認測定は、労働者がその物質にばく露される程度が濃度基準値以下であることを確認するための測定である。ここで、労働者の呼吸域とは、労働者が使用する呼吸用保護具の外側であって、労働者の両耳を結んだ直線の中央を中心とした、半径30センチメートルの、顔の前方に広がった半球の内側をいう。図4.1.5のようなイメージである。実際に測定される濃度のばらつきを考慮して、その濃度の平均値の上側信頼限界（95％）が常に濃度基準値以下にあることの確認までは求めら

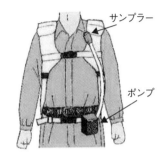

サンプラー

ポンプ

（出典：厚生労働省資料）

図4.1.5　確認測定の器具

れない。

　濃度基準値は、通常利用可能な機器材を用いて一定以上の水準の専門機関が測定分析を行えることを確認した上で、国が告示で定めたものであるため、設定物質に対する確認測定の測定・分析手法例の概要は、専門家検討会での審議を踏まえ、国自らが責任をもって公表している。濃度基準値が設定された物質を使用する事業場においても、「職場のあんぜんサイト」から物質名で検索して概要を知ることができる。

　確認測定の実務については、リスクアセスメント対象物を広く測定・分析している専門機関に外部委託することが多いため詳述しないが、化学物質管理者としては、その概要を把握しておくべきであるため、実務上重要と思われるポイントを**表4.1.9**に示す。

　確認測定の結果、労働者の呼吸域における物質の濃度に応じて、2回目以降の確認測定の頻度を決定する。2回目以降は、呼吸用保護具の要求防護係数の算出等の必要がないため、必ずしも個人ばく露測定によらず、定点の連続モニタリングや場の測定で確認測定に代えることも認められる。

①　測定された呼吸域における濃度が、濃度基準値を超えている作業場

表4.1.9　技術上の指針に準拠した確認測定における実務上のポイント

項目	主なポイント	該当箇所
測定対象者の選定	・均等ばく露作業ごとに選定する ・最大ばく露労働者に着目する 　8時間濃度基準値：最低限2名 　短時間濃度基準値：1名 　特定できない場合は、人数の5分の1 ・複数データが平均値の0.5～2倍の間に収まるべきこと	3-1
試料空気の採取時間 （8時間濃度基準値）	・連続する8時間の測定を原則とする ・均一ばく露が明らかな場合に限り短縮可 　（過去の測定結果、作業工程の観察等により判断） ・短時間作業の場合は、ばく露作業の時間のみ	4-3-1
試料空気の採取時間 （短時間濃度基準値）	・最もばく露の程度が高いと推定される15分間を含む3回程度	4-3-2
試料採取機器の装着	・労働者の身体に装着する ・採取口は、呼吸域から30cm以内の前方半円内に装着	4-2-1
測定/分析方法	・物質別に示された方法または同等以上の精度を有する方法	4-1
確認測定の頻度	・呼吸域の濃度で判断 　濃度基準値超：6カ月以内ごと（要呼吸用保護具） 　濃度基準値の2分の1超：事業者設定の一定間隔	3-2
その他	・測定対象者に有効な呼吸用保護具を着用させる ・蒸気及びエアロゾル粒子が同時に存在する場合は、両方の試料採取が必要な場合がある	3-1 4-2-2

　少なくとも6月に1回、確認測定を実施する。

②　測定された呼吸域における濃度が、濃度基準値の2分の1を上回り、濃度基準値を超えない作業場

　一定の頻度で確認測定を実施することが望ましい。

　頻度については、事業者が判断することとされており、化学物質リスクアセスメント指針等に規定するリスクアセスメントの実施時期を踏まえつつ、リスクアセスメントの結果、定点の連続モニタリングの結果、工学的対策の信頼性、製造しまたは取り扱う化学物質の毒性の程度等を勘案し、労働者の呼吸域における物質の濃度に応じた頻度となるようにする。

　なお、局所排気装置等を整備する等により作業環境を安定的に管理し、定点の連続モニタリング等によって環境中の濃度に大きな変動がないことを確認している場合は、作業の方法や局所排気装置等の変更がない限り、確認測定を定期的に実施することは要しない。

ウ．確認測定の実施者

　確認測定は、欧米で普及している個人ばく露測定の手法を用いて、濃度基準値以下であることを確認するための方法である。労働者のばく露される程度が濃度基準値以下であることを確認できればよいため、労働者のばく露濃度を正確に測定するための方法よりもいくつかの点で簡略化されている。

　なお、確認測定の実施者については、法令上の定めはないが、特別則の作業環境測定の結果の評価が第三管理区分となった作業場所について行う個人ばく露測定の実施者については、令和8年10月1日以降、追加講習を修了した作業環境測定士またはオキュペイショナル・ハイジニストの資格を有する者が行うことなどが定められていることに留意する。

エ．濃度基準値が設定されていない物質

　リスクの見積りにおいて、濃度基準値が設定されていない物質や混合物の場合は、濃度基準値に代えて、他の基準策定機関が定めるばく露限界値などを活用することが考えられる。必ずしも個々の物質に対してばく露濃度を正確に推定する必要はなく、混合物として評価することにより、リスクが一定以上でないことを確認する方法もある。ただし、化学物質の毒性の程度（特に発がん性が明らかな物質やばく露限界値が極めて低い物質等）によっては、慎重に評価を行う必要がある。

　リスクの見積りの結果、一定以上のリスクがある場合等、労働者のばく露状況

＜活用可能な基準策定機関が定めるばく露限界値の例＞
○ACGIH® ：American Conference of Governmental Industrial Hygienists
　　　　　（米国産業衛生専門家会議）
　　米国の労働衛生学術団体だが、年会費を支払うことで会員になれる
　　TLV（Threshold Limit Values ばく露限界値）には、
　　　TLV-TWA（Time-weighted average時間加重平均値）
　　　TLV-STEL（Short-term exposure limit短時間ばく露限界値）
　　　TLV-C（Ceiling天井値）
　がある。告示の濃度基準値と異なり、TLV-TWAが定められずにTLV-STEL
　やTLV-Cが定められることはない。

　『2024 TLVs and BEIs』（会員に配布。現在のところ会員外にオンライン頒布）
　　　　　　　　ACGIH英語ホームページ　https://www.acgih.org/
○DFG：Deutsche Forschungsgemeinschaft（ドイツ研究振興協会）
　ドイツ学界（大学、研究機関、学術団体、科学アカデミー）が加盟する自治組織で、
　ドイツ政府からの助成資金等により運営。
　『MAK- und BAT-Werte-Liste 2023』（原文）
　https://series.publisso.de/sites/default/files/documents/series/mak/lmbv/
　Vol2023/Iss1/Doc001/mbwl_2023_deu.pdf

　『List of MAK & BAT Values 2023』（英訳）
　https://series.publisso.de/sites/default/files/documents/series/mak/lmbv/
　Vol2023/Iss2/Doc002/mbwl_2023_eng.pdf

○HSE：Health and Safety Executive（英国安全衛生庁）
　英国政府関係機関
　『WELs』（EH40/2005 Workplace exposure limit職域ばく露限界値）
　　　　　https://www.hse.gov.uk/pubns/priced/eh40.pdf

を正確に評価する必要がある場合には、その物質の濃度を測定する。試料採取方法や分析方法が確立していない物質も含まれることに留意する。

オ．建設作業等におけるリスクアセスメントの実施

　建設作業等、毎回異なる環境で作業を行う場合については、個々の作業に対するリスクの見積りに代えて、典型的な作業についてのリスクの見積りと対策を行うことを定めたマニュアルをあらかじめ作成することにより、リスクアセスメントを実施することができる。これにより、作業ごとに、労働者がばく露される濃度を測定することなく、マニュアルに定めた措置を適切に実施することで、必要なばく露低減措置を講ずることができる。

　典型的な作業についてのマニュアルは、業界団体において順次作成されているが、該当する作業についてのマニュアルがない場合は、自ら実測するなどしてデータを蓄積する必要がある。実測を伴うデータ収集に当たっては、十分な知見を有する作業環境測定機関、労働災害防止団体等に委託して実施することも考慮する。

　以下の建設業における化学物質のリスク管理マニュアルが示されている。

「令和5年度建設業における化学物質管理のあり方に関する検討委員会報告書」
（建設業労働災害防止協会　令和6年3月）

　なお、ばく露低減措置として呼吸用保護具の使用を含める場合には、要求防護係数に対して十分な余裕を持った指定防護係数を有する有効な呼吸用保護具の使用を定める必要がある。近年、高い指定防護係数を有する呼吸用保護具が開発され、選択肢が増えてきている。

3．その他の講ずべき措置

⑴　関係労働者の意見の聴取等

　労働者のばく露の程度を最小限度とすることと、労働者のばく露の程度を濃度基準値以下とすることについては、関係労働者の意見を聴取するとともに、衛生委員会において、それらの措置を審議することが義務付けられている（安衛則第577条の2第10項、第22条第11号）。

⑵　リスクアセスメント対象物以外の化学物質

　事業者は、リスクアセスメント対象物以外の化学物質についても、リスクアセスメントを実施し、およびその結果等に基づき労働者がばく露される程度を最小限度にするよう努めることとされている（安衛則第577条の3）。

第2章　化学物質の危険性又は有害性等の調査の結果に基づく労働者の危険又は健康障害を防止するための措置等及び当該措置等の記録

1．リスクアセスメントの結果に基づく措置

⑴　リスク低減措置の検討

　リスクアセスメント対象物に対するリスクアセスメントを実施したときは、その結果に基づき、労働者の危険または健康障害を防止するための措置の内容を検討する。労働者の危険を防止するために必要な措置には、爆発性の物、発火性の物、引火性の物等による危険を防止するための措置が含まれる（安衛法第20条第2号）。また、労働者の健康障害を防止するために必要な措置には、原材料、ガス、粉じん等による健康障害を防止するための措置が含まれる（安衛法第22条第1号）。これらは、化学物質管理者の職務であることに留意する必要がある。

　検討に際し、**表4.2.1**に掲げる優先順位でリスク低減措置の内容を検討する。

　検討したリスク低減措置については、速やかに実施するよう努める。事業場内での調整、予算措置、設備工事などに一定の時間を要することが多いが、爆発・火災、死亡、後遺障害、重篤な疾病のおそれがあるリスクに対しては、直ちに暫定的な措置を実施すること。

　実施すべき措置の詳細については、2．の⑴および⑵に示す。

表4.2.1　リスク低減措置の検討の優先順位

優先順位	検討内容
1	危険性又は有害性のより低い物質への代替、化学反応のプロセス等の運転条件の変更、取り扱う化学物質等の形状の変更等またはこれらの併用によるリスクの低減
2	化学物質等に係る機械設備等の防爆構造化、安全装置の二重化等の工学的対策または化学物質等に係る機械設備等の密閉化、局所排気装置の設置等の衛生工学的対策
3	作業手順の改善、立入禁止等の管理的対策
4	化学物質等の有害性に応じた有効な保護具の使用

⑵　リスクアセスメント結果等の労働者への周知

　リスクアセスメントを行ったときは、リスクアセスメント対象物を製造し、または取り扱う業務に従事する労働者に周知させる必要がある。

ア．周知させるべき事項

　　リスクアセスメントを行ったときは、次に掲げる事項を、化学物質等を製造し、または取り扱う業務に従事する労働者に周知させなければならない。

　　　・リスクアセスメント対象物の名称

　　　・対象業務の内容

　　　・リスクアセスメントの結果（特定した危険性又は有害性、見積もったリスク）

　　　・実施するリスク低減措置の内容

　　　※雇入れ時および配置替え時の教育の際に、これらの事項を含める。

イ．周知の方法

　　周知の方法は、次に掲げるいずれかの方法により行う。

　　　・作業場の見やすい場所に常時掲示、または備え付け

　　　・書面を労働者に交付

　　　・電子媒体で記録し、作業場に、常時確認可能な機器（情報機器端末など）を設
　　　　置

　　　※リスクアセスメントの対象の業務が継続し、上記の労働者への周知などを
　　　　行っている間は、それらの周知事項を記録し、保存しておく。

⑶　リスクアセスメント結果等の記録および保存

　新たな化学物質規制においては、リスクアセスメントの結果等の労働者への周知に加え、リスクアセスメントの結果等の記録の作成および保存が義務付けられた。（安衛則第34条の２の８）。

　記録は、リスクアセスメントを行った日から３年間保存することとされているが、３年以内にそのリスクアセスメント対象物についてリスクアセスメントを行わない場合は、次にリスクアセスメントを行うまでの期間保存する必要がある。

　記録すべき事項は、⑵のアと同様である。

２．リスク低減措置

⑴　リスク低減措置の実施Ⅰ　危険性への対応

　化学物質の危険性に対するリスク低減措置検討・実施においては、次に述べると

表4.2.2　多重防護の考え方

リスク低減措置の目的	説明
(a)異常発生防止対策	主に原因系（引き金事象）の発生を防ぐための対策であり、設備・装置・道具に不具合を生じさせない、あるいは作業者がミスをしても正常な状態に保つ（爆発性雰囲気を形成させない、着火源を発現させないなど）。
(b)事故発生防止対策	爆発性雰囲気が形成される作業場所で着火源が発現しないようにすること。着火源が発現している作業場に爆発性雰囲気が流れ込まないようにすること。
(c)被害の局限化対策	たとえ火災・爆発が発生しても、それによる影響をできる限り小さくする（建屋や設備の被害や周辺住民への被害を軽減する、または避難などにより作業者が被災するのを防ぐ）。
(d)異常発生検知手段	爆発性雰囲気の形成や着火源の発現を検知する。検知した結果をもとに、(a)異常発生防止策、(b)事故発生防止対策、または(c)被害の局限化対策でどのように対応するかをセットで考える。

おり、①異常発生を防止し、②事故発生を防止し、③事故が発生してもできる限り被害を局限化するという順序で実施する。また、そのためには、異常の早期把握が欠かせないことから、不安全状態を検知するためのセンサーや警報装置の設置も並行して実施すべきである。

ア．多重防護の考え方

　　多重防護の考え方の基本は、火災・爆発等発生に至るシナリオの進展をできるだけ早い（影響が小さい）段階で止めることであり、いわば「三重の扉と警報」とで確実に防護するという考え方である。**表4.2.2**に示す4つの対策から成る。

　　これら4つの対策は、その順序が重要である。まずは、火災・爆発等の原因となる設備・装置・道具の不安全状態、すなわち「(a)異常を発生させないこと」、あるいは作業者のミスが異常な状態につながらないようにしておくことである。後者には、爆発性雰囲気を形成させない、着火源を発現させないといった根本的な対策がある。

　　次に、火災・爆発等の事故が発生するような状況を防止する、すなわち、爆発性雰囲気と着火源とが同時に生ずることがないようにすることで、「(b)事故（火災・爆発等）を発生させないこと」である。

　　これらが機能せず、事故が発生してしまった場合でも、「(c)事故が発生してもできる限り被害を局限化すること」もまた重要である。ここでいう被害には、建屋や設備の被害、周辺住民への被害、作業者の被災などが考えられるが、相互に影響し合うこともある。

　　これら3つの順序を考慮して対策を講ずることにより、火災・爆発等の発生に至るシナリオの発生頻度を下げるとともに、火災・爆発等発生による重篤度を下げることができる。これにより、なぜそのリスク低減措置を実施するのかという目的を明確にすることもできる。

　一方、早い段階での対策には、異常の早期把握が欠かせない。「(d)異常発生検知手段」の確保としては、不安全状態となっていることを検知するためのセンサー（温度計、圧力計、濃度計など）や警報装置（センサーによりそれぞれの値を検知し、設定値を超えた場合にはアラームで知らせる）を設置することが考えられる。例えば、濃度計を設置することで、作業場に形成されている爆発性雰囲気の濃度が設定値以上となっていることを検知したらアラームを鳴らし、作業の中断を促す（工学的に連動させる場合もある）。これら一連の設備は、防爆構造でなければならない。

イ．リスク低減措置の種類と優先順位

　「化学物質等による危険性又は有害性等の調査等に関する指針」（第10項）には、検討すべきリスク低減措置が示されている。

　原則として、優先順位が高いほうから措置を講ずることが望ましい。本質安全化対策と比較すると、工学的対策では依然として危険リスクが存在すること、管理的対策では、作業者が操作を誤るといったリスクがある。

ウ．化学物質の危険性に対するリスク低減措置の基本

　リスクアセスメントを実施した結果、火災・爆発等発生に至るシナリオに対するリスクレベルが高ければ、追加のリスク低減措置を検討・実施する。最初に、SDSに記載されている対策などを確認し、化学物質取扱作業の内容や作業条件（作業環境）に合わせた対策を実施する。次に、リスクアセスメントにより得られた火災・爆発等の発生につながるシナリオの進展を防ぐ（リスクレベルを下げる）ためのリスク低減措置について検討する。火災・爆発等が発生する条件は、主に次の2点が考えられ、これらを防止するためのリスク低減措置を検討し、実施する。以下、2点に分けて説明する。

・燃焼の3要素が揃う（2種類の不安全状態が同時に発生する）こと
・異常反応（暴走反応、混合反応）が起こること

(ア)　燃焼の3要素が揃うことを防ぐ（不安全状態となるのを防ぐ）

　塗装作業などの開放系作業では空気（酸素）を除去することはできないため、可燃物（爆発性雰囲気）の除去と着火源の除去について考えるとよい（**表4.2.3～表4.2.5**）。

　可燃性の粉じんを取り扱っている場合には粉じん爆発の発生防止策の検討も必要となる。また、化学プラントなどの密閉系の装置に対しては、「不活性ガスによる置換・シール」などを行う。これらは化学物質取扱作業において、不

表4.2.3　爆発性雰囲気形成防止対策の例

対策	対策例
ガス・蒸気爆発性雰囲気の抑制	・不要な可燃性ガス・液体の残留を除去する ・可燃性ガス・液体の漏洩を防止する ・可燃性ガス・蒸気の放出を管理する ・換気によって可燃性ガス・蒸気の滞留を防止する 【換気設備の例】外付け式フード（下方吸引（換気作業台など）、側方吸引）、プッシュプル型換気装置、囲い式フード（ドラフトチャンバーなど） 【異常発生検知手段の例】濃度計・ガス検知器 ※ 爆発性雰囲気の形成を確実に検知することができる場所に適切に設置していること ※ 爆発下限濃度（LEL）の4分の１未満の濃度に制御すること
粉じん爆発性雰囲気の抑制	・適切な粉体の粒径を選定する ・粉体の微細化を防止する ・粉体の滞留・堆積を防止する（排気／換気装置内への堆積を含む） ・取扱いの規模を制限する ・設備を区画化する ・設備内の不要な突起物を除去する ・可燃性粉体の漏洩を防止する ・可燃性粉体の飛散・堆積を防止する 【換気設備の例】外付け式フード（下方吸引（換気作業台など）、側方吸引）、プッシュプル型換気装置、囲い式フード（ドラフトチャンバーなど）
不活性ガスによる置換・シール	【不活性ガスの種類】 ・窒素ガス、炭酸ガス、水蒸気等の適切な不活性ガスを使用する 【管理酸素濃度】 ・酸素濃度の連続監視を行う場合、限界酸素濃度（LOC）が５vol%以下でないならば、LOCより少なくとも２vol%低い安全マージンを確保する。LOCが５vol%以下ならば、LOCの60%を超えないように管理する ・酸素濃度の連続監視をしない場合、LOCが５vol%以下でないならば、LOCの60%以下で管理する。LOCが5vol%以下ならば、LOCの40%を超えないように管理する 【置換・シールの方法】 ・対象となる設備・操作の種類に応じて、バッチ式（作業・操作のつど不活性ガスを供給して置換・シールする方法）または連続式（常時、連続的に不活性ガスを供給して置換・シールをする方法）を実施する 【不活性ガスの供給設備】 ・供給設備は適切な位置を選定し、設置する ・供給設備における不活性ガスは適切な量を保有する ・供給設備におけるガスが適切な圧力を適切に確保する ・商用電源の停電が生じた場合でも保安用不活性ガスを供給し続けることができるように、非常用電源を具備する 【爆発上限による管理】 ・以下を満たすようにして、少なくとも25vol%の天然ガスまたはメタンを供給し、爆発上限以上の濃度にする ・ベントヘッド周辺の気圧は大気圧程度である ・爆発上限（UFL）が水素－空気のUFL（75vol%）以上となる蒸気を含まないこと ・空気より高い濃度の酸素が供給されないようにする 【爆発下限による管理】 ・爆発下限（LFL）の25%以下にする、このとき、工程の温度と圧力を考慮しなければならない。ただし自動のインターロック設備がある場合はLELの60%以下でもよい ※酸素濃度、爆発上限、爆発下限による管理を行う際は、酸素濃度、爆発上限、爆発下限が測定できる検知器を設置し、検知すべきパラメータを設定するとともに、検知した際の警報システムを構築し、異常発生防止対策や事故発生防止対策につなげる

（資料：労働安全衛生研究所技術資料 JNIOSH-TD-No.7の表1.8より）

表4.2.4　火災・爆発発生の着火源となり得る要因と対策の例

種類		着火源となる要因	対策の例
電気的着火源	(a) 電気火花	・加熱装置・自動温度調節器等のリレー接点に飛ぶ電気火花 ・照明用機器の破壊の際のアーク ・電気溶接用ノズルのアーク非防爆型の電気機器や漏電している電気機器の火花 ・非防爆機器（携帯電話、スマートフォンなど）の使用	・防爆構造の電気機器類の使用
	(b) 静電気火花	・物体に電荷が蓄積し帯電が起こり、その電荷によって形成された電界強度がある程度以上になると、絶縁破壊を起こし、静電気火花（放電）が発生する.	・すべての導体の接地 ・作業者の接地と帯電防止 ・不導体の排除 ・電荷発生の抑制 ・除電 ・静電気に関連した測定
高温着火源	(c) 高温表面	・電熱器、加熱導管、高温金属などの露出した高温表面 ・溶接・ガス切断等の時に飛び散る火の粉 ・溶接・切断を行っている鋼板の裏側表面など	・高温装置の保守点検、過負荷の有無の監視（センサー） ・設備・装置における機械的摩擦による高温部の有無の監視 ・溶接・ガス切断等の作業の適切な制限
	(d) 熱輻射	・物質が燃焼している近く ・電熱器やボイラの近く ・焦点を結んだ太陽光線 など	・周囲からの高温物の除去 ・遮熱材の使用
衝撃的着火源	(e) 衝撃・摩擦	・金属（特に軽金属合金製）同士の打撃・衝撃 ・運動部への異物の混入による摩擦 など ・流動摩擦	・軽金属合金製品の使用の禁止 ・設備・装置内の可燃物・異物の除去 ・流動摩擦対策「バルブをゆっくり操作」、「系内の可燃物の除去（清掃）」など
	(f) 断熱圧縮	・配管などの閉空間への高圧ガスの急激な流入による断熱圧縮など	・バルブをゆっくり操作 ・可燃物の除去（清掃）
物理化学的着火源	(g) 裸火	・厨房のコンロ ・暖房用のストーブ ・灯明 ・マッチ・ライター ・タバコの火 ・酸素アセチレン炎やトーチランプの炎 ・ボイラ ・各種の炉の中の燃料の燃焼炎 ・分析機器内の小火炎 など	・作業環境に応じた火気使用の制限 ・火気持込み等に関する十分な管理
	(h) 自然発火	・空気や水に触れると直ちに発火するもの ・可燃性物質自体の内部に化学反応熱が蓄積することによって着火する場合 など	・小分けによる蓄熱の防止 ・適切な温度管理（センサー） ・強制的な冷却の実施

（資料：労働安全衛生研究所技術資料 JNIOSH-TD-No.7 表1.9より）

表4.2.5　静電気火花発現防止対策の基本と対策の例

対策	説明、対策例
すべての導体の接地	導体は帯電すると静電気災害の原因となる火花放電等を発生するので、すべての導体と導電性材料を接地しなければならない。 　接地は導体と大地間を電気的に接続することにより導体の帯電を防止する対策である。ボンディングは導体同士を電気的に接続することであり、直接の接地が容易でない導体と接地した導体をボンディングすることにより接地する方法である。ボンディングの結果として導体間の電位は同電位になる。 ・装置、設備等設置された導体構造物の接地 ・絶縁された金属の排除：不導体上の金属（プラスチックパイプや容器のフランジ、絶縁性床上の金属ドラムなど）の接地
作業者の接地と帯電防止	作業者も静電気放電の原因となるので、帯電防止作業靴、導電性床の使用により作業者の帯電（電荷の蓄積）を抑制する。 ・帯電防止作業靴・導電性床の利用による人体の接地 ・帯電防止作業服の着用
不導体の排除	不導体は接地をしても電荷緩和がほとんどないので接地の効果がない。不導体に発生した電荷は蓄積され静電気災害の原因となる。不導体は導電性材料に代えて、これを接地して不導体の使用は避ける、あるいは不導体（例えば、絶縁性液体）に帯電防止剤を添加するなどして導電性を向上させることにより、静電気に起因するリスクを低減できる。 　不導体を接地導体で覆うことにより、または、接地導体により区画化することにより、不導体の帯電の影響を小さくして静電気に起因するリスクを抑制する。例えば、絶縁ホースにスパイラル状に巻かれた接地導線もこれにあたる。 ・導電性材料の容器・パイプ・フィルタなどを利用し、これらを接地 ・静電遮へい ・絶縁性液体の帯電防止剤や導電性液体を添加
電荷発生の抑制	一般に、電荷の発生は接触の面積、摩擦の速度に依存して多くなるので、速度を遅くするなど作業工程を見直すことにより電荷発生を抑制できる。 ・作業の運転速度や液体・粉体の輸送の流速の制限 ・帯電しやすい液体では乱流や噴出を避ける
除電	除電器を利用した電荷の抑制である。除電器で発生したイオンにより帯電物体の電荷を中和する。帯電物体の周辺の媒質の導電率を高く（電荷緩和を促進）するのと等価である。不導体の除電に有効である。ただし、除電器単独でのリスク低減措置とはせず、必ず他の対策と併用すること。
静電気に関連した測定	上記の対策の指標となる導電性、帯電電位、漏洩抵抗について、以下の測定により確認する。防爆型の測定器を用いている場合でも着火源となる可能性があるため、作業場に可燃性ガスや溶剤蒸気および粉じんが立ち込めているようなときには、絶対に測定を行わないこと。 ・すべての導体が接地されているか、テスターなどで確認 ・原料などが入った袋や作業者などの帯電電位を静電電位測定器で測定 ・床や作業台、台車等の漏洩抵抗を絶縁抵抗計で測定

（資料：労働安全衛生研究所技術資料 JNIOSH-TD-No.7 表1.10より）

安全状態となることを避けることを目的としている。

　リスク低減措置は8種類に分類（**表4.2.4**）することができ、作業条件に合わせて全ての対策を検討する。

　爆発性雰囲気が形成されていても、着火源を発現させなければ燃焼の3要素が揃うことはなく、火災・爆発等の発生を防ぐことができる。一方、火気取扱作業（例えば、溶断作業）を行っている場所には着火源が存在しており、この場所に爆発性雰囲気が流れ込み、燃焼の3要素が揃う場合もある。このため、必ず、爆発性雰囲気形成防止対策と着火源防止対策の両方を実施することが望ましい。

　なお、火気取扱作業に際しては、同作業場で行われている別の作業などにおいて可燃性・引火性の物質が取り扱われていないか、注意を払う必要がある。

（イ）　異常反応（暴走反応、混合反応）を防ぐ

　化学プラントでの異常反応が起こることを防ぐためには、反応温度・圧力の適切な制御、設備のメンテナンス（配管の腐食対策なども含む）、化学物質の適切な保管などが考えられるが、ここでは省略する。

(2)　リスク低減措置の実施Ⅱ　有害性への対応

　リスク評価の結果、許容できないリスクレベルと評価された場合には、次に示す優先順位にしたがってリスク低減措置を検討し、具体的に実施する必要がある。

　いくつかの低減措置が考えられる場合には、措置を講ずることを求めることが著しく合理性を欠くと考えられる場合を除き、可能な限り高い優先順位のリスク低減措置を実施する必要がある。また、死亡、後遺障害、重篤な疾病をもたらすおそれのあるリスクについては、暫定的な措置を直ちに講ずるほか、検討したリスク低減措置を速やかに実施するよう努める。

　現実には、有害性の低い化学物質への代替、あるいは衛生工学的対策を施したとしても、管理的対策（例えば、ラベルを教材にした危険有害性の教育、あるいは急所を押さえた設備の操作マニュアルの整備、そしてマニュアルに沿った訓練の実施など）、また個人用保護具の使用（例えば、間欠的に行う飛散が著しい作業においては、呼吸用保護具を使用するなど）を補完的措置として施さなければならない作業場は多い。本質安全化、衛生工学的対策を選択した場合にも、作業内容をよく検討し、補完的に施さなければならない事柄があるのかどうかを確認し、必要に応じてそれらを実行しなければならない。

　なお、有機則、特化則、粉じん則、鉛則、四アルキル鉛則および石綿則等の特別

則の対象物質については、専属の化学物質管理専門家が配置されている等の一定の要件を満たすとして所轄都道府県労働局長による適用除外の認定を受けた場合を除き、該当する特別則に規定する措置を講ずる必要がある。

ア．代替物の使用

　危険性又は有害性を有する化学物質の使用を中止することは、化学物質の危険性又は有害性そのものを除去したり減じたりすることであり、危険な機械設備の使用中止と同様に、本質的な対策となる。化学反応のプロセスなどの運転条件の変更や、同じ物質でも飛散しやすい粉体状の物から粒子状の物への変更もまた有効である。そして、これらを併用することとしてもよい。

　しかし、その化学物質の使用を中止して別の化学物質に代替するときは、GHS区分等により、危険性又は有害性がより低い物質への代替であることの確認が必要である。特に、世界的に使用実績が乏しい化学物質は、GHS区分の元となるデータや各種有害性情報が不足していることも多いが、それを有害性が低いと誤ってとらえてはならない。また、有害性がより低い物質を選定して代替した結果、不燃性であった化学物質から引火性の化学物質になることで危険性が増加するという結果にもなり得る。

イ．発散源を密閉する設備等の高度な工学的対策

　化学物質の発散源を密閉する設備は、労働者が化学物質に接触することを防止することとなるため、望ましい工学的対策といえる。多くの場合、完全な密閉化は作業を行う上で困難な場合が多く、原材料や製造物の出し入れにおいて密閉されないことがあることに留意が必要である。

　発散源の密閉は、必ずしも生産設備に限るものではない。化学物質の容器の蓋を閉める、化学物質を含浸させた布や紙（ウエスなど）を捨てたゴミ箱を蓋付きのものにするなど、作業場内で見過ごされがちな発散源についても、密閉を徹底することにより、作業場の化学物質の濃度を抑制することができる。

　なお、前述の危険リスクへの対応に分類されるが、化学物質が可燃性、引火性の場合に、設備等を防爆構造とする、安全装置を二重化するなどの措置も同様に望ましい工学的措置である。

ウ．換気装置の設置および稼働等の工学的対策

　労働者が化学物質に接触する程度を抑える方法もある。作業に支障があるため発散源を密閉することができない場合においても、周囲を可能な限り囲った上で内部の空気を強制的に排気する「囲い式フードを有する局所排気装置」や、作業

の制約をなくすため開口面を広くする代わりに十分な風速により化学物質を吸引
する能力を確保する「外付け式フードを有する局所排気装置」を設置し稼働する
ことにより、化学物質の発散を抑制することができる。また、有機溶剤を含有す
る塗料を用いた大型の物の吹き付け塗装など、発散面が広く局所排気装置の設置
が困難な場合に対応するため、緩やかで均一な気流により化学物質の発散を抑制
する「プッシュプル型換気装置」もある。局所排気装置やプッシュプル型換気装
置は、複雑な設計と設備工事が必要となるが、正しい設計と稼働、保守管理によ
り作業場内への化学物質の発散を抑制することができるため、呼吸用保護具を使
用する必要がないなど、労働者への負担が小さい。

　このほか、化学物質が作業場内に発散はするものの、作業場内に清浄な空気を
送り込み、または作業場内の空気を排出することにより作業場内の空気を清浄な
空気で希釈する「全体換気装置」も、工学的対策としては有効であり、大掛かり
な設備が不要なことから広く普及している。全体換気装置を稼働させるときは、
作業場内の化学物質の濃度分布にも留意し、作業に従事する労働者の呼吸域の濃
度によっては呼吸用保護具を使用する必要がある。

　以下に、局所排気装置、プッシュプル型換気装置および全体換気装置につい
て、簡潔に紹介する。

(ｱ)　局所排気装置

　局所排気とは、「発散源に近いところに空気の吸込口（フード）を設けて、
局所的かつ定常的な吸込み気流をつくり、気中の有害物質を、周囲に拡散する
前の（高濃度の）状態で吸い込み、作業者が有害物質にばく露しないようにす
る」ことをいう。したがって、有害物質が作業場内に広く発散することがない
ため、空気を清浄に保つことができる。

　局所排気装置は、ファンを運転して吸込み気流を起こし、発散した有害物質
を周囲の空気と一緒にフードに吸い込む構造となっている。フードから吸い込
んだ空気は、有害物質を除去した上で外気に排出される（**図4.2.1**）。フード
の形状は重要で、発散源を囲む囲い式フードが望ましいが、周囲を囲えない場
合には発散源にできるだけ近い位置に外付け式フードを設ける。フードから吸
い込んだ空気は、ダクトで運ばれ空気清浄装置または除じん装置により有害物
質を除去した上で、外気に排出される。

　局所排気装置の性能は、フードの型式のほか、有害物質を捕捉するために必
要な風速（制御風速）、吸込み気流の排風量、ダクトの形状や流速、ファンの

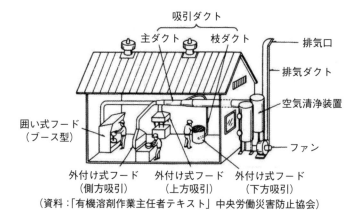

（資料：「有機溶剤作業主任者テキスト」中央労働災害防止協会）

図4.2.1　局所排気装置（沼野）

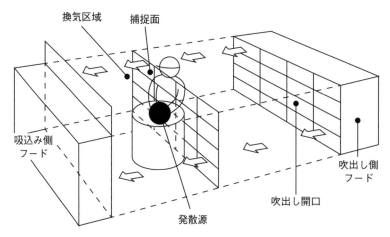

（資料：「有機溶剤作業主任者テキスト」中央労働災害防止協会を一部修正）

図4.2.2　プッシュプル型換気装置の構造

形状等により影響を受ける。

(イ)　プッシュプル型換気装置

　　局所排気装置は、発散源に近いところにフードを設ける必要があるため、作業性が悪くなることがある。また、外付け式フードについては吸込み効果は開口部近傍に限られるほか、乱れ気流の影響を受けて吸込み効果が失われたり、風速が大きいために作業に支障が出たりすることもある。

　　そこで、作業性を損なわずに乱れ気流の影響を避ける１つの方法として、フードの吸込み気流のまわりを同じ向きの緩やかな吹出し気流で包んで乱れ気流を吸収し、同時に吹き出し気流の力により有害物質を発散源からフードの近くまで運んで吸い込みやすくする方法がある。これがプッシュプル換気である（**図4.2.2**）。

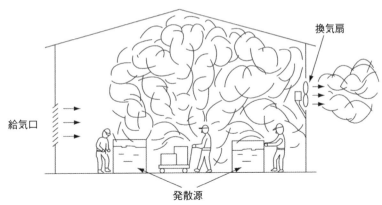

（資料：「有機溶剤作業主任者テキスト」中央労働災害防止協会）
図4.2.3　全体換気（沼野）

　プッシュプル型換気装置は、有害物質の発散源を、吹出し側フードからの緩やかで一様な気流で包み込み、吸込み側フードに送るものであるため、発散源は換気区域内にあればよく、吸込み側フードから離れていても差し支えない。ただし、特に、両フードの間が壁等で密閉されていない開放型については、吹出し気流と吸込み気流との流量のバランスなど高度な技術を必要とする。

㈨　全体換気

　全体換気は希釈換気とも呼ばれ、給気口から入った清浄な空気は、有害物質を含む作業場内の空気と混合希釈を繰り返しながら、外部に排気され、結果として作業場内の有害物質の濃度を下げる方法である（**図4.2.3**）。

　有害物質を含む空気における全体換気においては、通常、壁付き換気扇（全体換気装置）を置き強制排気をすることとなるが、給気口から発散源を通り全体換気装置までの気流の流れに気を配る必要がある。特に、発散源より風下側の有害物質の濃度は、平均濃度より高くなる可能性があることに留意すること。

　全体換気によりばく露低減を図るときの留意点は、次のとおりである。

・希釈に必要な換気量を確保すること。

・給気口と換気扇は、給気が作業場全体を通って排気されるように配置すること。そのために複数の換気扇に分散することが望ましいこと。

・換気扇をできるだけ床に近い低い位置に設置すること。

・発散源をできるだけ換気扇の近くに集めること。

・作業者は、常に作業場内の気流を意識して発散源の風下に入らないように作業を行うこと。

　　　　・作業者のばく露の程度に応じて、有効な呼吸用保護具を使用させること。

　　　　・呼吸用保護具の使用に当たっては、保護具着用管理責任者の選任が必要となること。

エ．作業の方法等の改善

　　作業の方法により、労働者が化学物質に接触する程度が異なるため、これを改善することによりばく露の程度を最小とすることができる。作業中の労働者の作業姿勢は化学物質の発散源と労働者の呼吸域との距離に影響し、その時間はばく露量に影響する。作業の熟練度や作業の手順によりばらつきが出るものの、個々の労働者に任せることなく、作業標準を定めるなどにより、作業管理として改善を図る必要がある。また、着火源となる物の持込みや関係者以外の立入りを禁止したり、1日の作業時間を制限してそれ以外は隔離したりすることも、重要な作業管理である。

オ．有効な呼吸用保護具の使用

　　新たな化学物質規制は、作業場の化学物質の濃度でなく労働者がばく露する程度を抑制することが求められているため、ア.からエ.までのような措置により作業場の化学物質の濃度が十分に低くならない場合は、有効な呼吸用保護具を使用する措置も選択肢の1つとなる。

　　呼吸用保護具を使用してばく露低減措置を講ずる場合は、使用する化学物質の種類やばく露の状況に応じて、呼吸用保護具を正しく選択し、正しい使用を確保し、正しく保守管理することにより初めて所要の効果を得ることができる。このため、作業場ごとに保護具着用管理責任者を選任してこれらを徹底させる必要がある。

3．化学物質への直接接触の防止

　　酸、アルカリをはじめとする皮膚や眼に障害を与えるおそれがあることが明らかな化学物質と、一部の染料、顔料など皮膚から吸収もしくは皮膚に侵入して、健康障害を生ずるおそれがあることが明らかな化学物質については、混合物も含め、その製造や取扱いの業務において、労働者に皮膚等への直接接触を防止する保護具を使用させることが義務付けられた。また、それ以外の化学物質についても、健康障害を生ずるおそれがないことが明らかでない限りは、皮膚等への直接接触を防止する保護具を使用させるよう努めることとされている。

　　皮膚等障害防止用の保護具としては、保護衣、保護手袋、履物、保護眼鏡が掲げられており、従来からの保護具の備え付けについての規定に加えて強化されてい

る。化学物質によっては、皮膚をただれさせたりアレルギー性皮膚炎を引き起こしたりするほか、痛みを伴わずに皮膚から侵入して体内を循環することで長期間にわたり臓器を傷つけ、職業がんの原因となるものもあることに留意が必要である。

　ここでは、有害化学物質への直接接触の防止を法令に基づく措置として述べる。具体的な皮膚障害等防止用の保護具の選択、使用および保守管理については、第5章にて詳述する。

(1)　特別則および安衛則の従前からの規定

　従来から、特化則において、皮膚障害等のおそれのある特定化学物質を製造し、取り扱う作業やその周辺で行われる作業については、労働者のために、不浸透性の保護衣、保護手袋、保護長靴などの備え付けが義務付けられている。さらに、**表4.2.6**に掲げる特定化学物質に対して、皮膚に障害を与える、皮膚から吸収されることにより障害をおこすおそれのある作業については、従事する労働者に保護眼鏡、不浸透性の保護衣、保護手袋および保護長靴を使用させなければならないとし

表4.2.6　作業に応じ＊、不浸透性の保護手袋等の使用が必要な特定化学物質

第一類物質	1　ジクロルベンジジン及びその塩 3　塩素化ビフェニル（別名PCB） 4　オルト-トリジン及びその塩	6　ベリリウム及びその化合物 7　ベンゾトリクロリド
第二類物質	1　アクリルアミド 2　アクリロニトリル 3　アルキル水銀化合物（アルキル基がメチル基又はエチル基である物に限る。） 4　エチレンイミン 8の2　オルト-トルイジン 9　オルト-フタロジニトリル 11の2　クロロホルム 16　シアン化カリウム 17　シアン化水素 18　シアン化ナトリウム 18の2　四塩化炭素 18の3　1,4-ジオキサン 19　3,3'-ジクロロ-4,4'-ジアミノジフェニルメタン 19の3　ジクロロメタン（別名二塩化メチレン） 19の4　ジメチル-2,2-ジクロロビニルホスフェイト（別名DDVP） 19の5　1,1-ジメチルヒドラジン	20　臭化メチル 22　水銀及びその無機化合物（硫化水銀を除く。） 22の2　スチレン 22の3　1,1,2,2-テトラクロロエタン（別名四塩化アセチレン） 22の4　テトラクロロエチレン（別名パークロルエチレン） 23　トリレンジイソシアネート 23の2　ナフタレン 25　ニトログリコール 27　パラ-ニトロクロルベンゼン 28　弗化水素 30　ベンゼン 31　ペンタクロルフエノール（別名PCP） (33)　シクロペンタジエニルトリカルボニルマンガン又は2-メチルシクロペンタジエニルトリカルボニルマンガン 34　沃化メチル 36　硫酸ジメチル

数字は、安衛法令上の号別
＊物質に直接触れる作業や、手作業で激しくかき混ぜるなど身体に飛散することが常態として予想される作業をいう。作業内容等に応じて必要なものを選択すること。

表4.2.7　皮膚等障害化学物質等の例

分類	皮膚刺激性有害物質		皮膚吸収性有害物質	
酸	ぎ酸	酢酸		
アルカリ	水酸化ナトリウム	水酸化カリウム		
芳香族炭化水素			トルエン	キシレン
アミン	アニリン　　　　ピリジン メチルアミン		アニリン　　　　ピリジン トリエチルアミン	
アルコール			1-ブタノール　　ベンジルアルコール プロピルアルコール　メタノール	
アルデヒド	アクロレイン	アセトアルデヒド	アクロレイン	フルフラール
グリコールエーテル			エチルセロソルブ　ブチルセロソルブ メチルセロソルブ	
金属	タリウム及びその化合物 ニッケル（金属）　　塩化亜鉛		タリウム及びその化合物	
イソシアネート	MDI	フェニルイソシアネート	MDI	

※一部の化学物質については慣用名で表示した。

ている。また、安衛則において、皮膚や眼（以下、「皮膚等」という。）に障害を与える物を取り扱う業務、または有害物が皮膚から吸収・侵入して、健康障害や感染を起こすおそれのある業務に対し、皮膚障害等防止用の保護具の備え付けが義務付けられている。

(2)　皮膚等障害化学物質等

　今般、改正安衛則においては、皮膚等に障害を与えるおそれや皮膚から吸収・侵入して、健康障害を生ずるおそれがあることが明らかな化学物質とその混合物（皮膚等障害化学物質等）については、製造・取扱いに従事する労働者に不浸透性の保護衣、保護手袋、履物または保護眼鏡等適切な保護具の使用が義務付けられた。

　皮膚等障害化学物質等には、「皮膚刺激性有害物質」と「皮膚吸収性有害物質」の2つがあり、それぞれ対象物質が決められている＊（**表4.2.7**、**図4.2.4**）。なお、皮膚等障害化学物質等の「等」とは、化学物質を含有する製剤等すなわち混合物を示すが、通達の一部改正により、含有量が裾切値未満のものは、皮膚等障害化学物質等には該当しないことが明記された。

　皮膚刺激性有害物質：皮膚または眼に障害を与えるおそれがあることが明らかな

＊　「皮膚等障害化学物質等に該当する化学物質について」（令和5年7月4日付け基発0704第1号、令和5年11月9日改正）

	皮膚刺激性有害物質	皮膚吸収性有害物質
対象物質数 計1,064 （通達ベース）	744＋共通124	196＋共通124
確認方法	SDSのGHS分類で確認	通達のリストで確認
代表的な特性	皮膚や眼を傷つける （酸、アルカリ、アレルギー性金属など）	皮膚にとどまる 皮膚を経て内臓に至る（染料、顔料など）
健康影響	皮膚や眼の局所影響 ・化学熱傷 ・接触性皮膚炎など	全身影響 ・意識障害 ・特定臓器障害（肝機能障害、腎臓障害、膀胱がんなど）
刺激と吸収 イメージ図	 刺激 ⇦化学物質	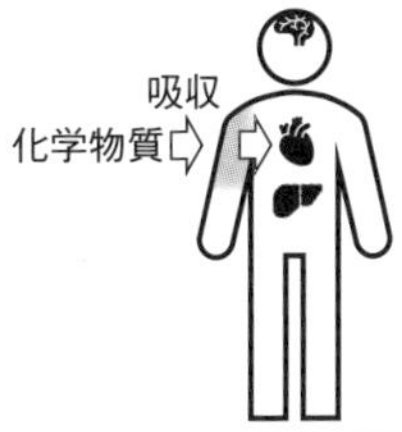 吸収 化学物質⇨

（出典：厚生労働省「皮膚障害等防止用保護具の選定マニュアル」令和６年（一部改変））

図4.2.4　皮膚刺激性と皮膚吸収性の違い

化学物質をいう。具体的には、国が公表するGHS分類の結果および譲渡提供者より提供されたSDS等に記載された有害性情報のうち、①「皮膚腐食性・刺激性」、②「眼に対する重篤な損傷性・眼刺激性」、③「呼吸器感作性又は皮膚感作性」のいずれかで区分１（1A、1Bを含む）に分類されている化学物質である。裾切値は１パーセントとされている。国が公表するGHS分類の結果があるものとして、令和６年３月現在で868物質であるが、うち124物質は、以下の皮膚吸収性有害物質にも該当するものである。

　皮膚吸収性有害物質：皮膚から吸収され、もしくは皮膚に侵入して、健康障害を生ずるおそれがあることが明らかな化学物質である。裾切値は物質により１パーセント、0.1パーセント（国のGHS分類で生殖細胞変異原性区分１または発がん性区分１のもの）または0.3パーセント（同様に生殖毒性区分１のもの）とされている。令和６年３月現在で320物質（通達上で示された物質名としては296）である。

　なお、特化則や四アルキル鉛則において、皮膚または眼の障害を防止するために不浸透性の保護衣等の使用が義務付けられている物質については、皮膚等障害化学物質等から除かれている。

　皮膚吸収性有害物質、皮膚刺激性有害物質（国が公表するGHS分類の結果があるものに限る）および特化則等の特別規則において不浸透性の保護衣等の使用が義務付けられている物質の一覧については、厚生労働省ホームページに公表され、随時

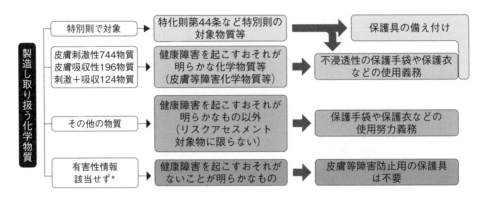

＊GHS分類と提供されたSDS等に、「皮膚腐食性・刺激性」「眼に対する重篤な損傷性・眼刺激性」「呼吸器感作性又は皮膚感作性」のいずれも区分に該当しないとされ、経皮による健康有害性のおそれがないもの

図4.2.5　皮膚等に対する有害性ごとの措置義務

更新されるので、参照するとよい＊。

(3)　その他の化学物質等

　国のGHS分類や提供されたSDSをみると、「皮膚腐食性・刺激性」「眼に対する重篤な損傷性・眼刺激性」「呼吸器感作性又は皮膚感作性」のいずれにも該当しない「皮膚や眼に健康障害を起こすおそれがないことが明らかな物質」は、ごくわずかであることがわかる。改正安衛則は、皮膚等障害化学物質等でない化学物質についても、健康障害を起こすおそれがないことが明らかな物質を除き、その製造や取扱いの業務に従事する労働者に対し、保護衣、保護手袋、履物または保護眼鏡等適切な保護具を使用させるよう努めることとされている（**図4.2.5**）。

　皮膚等障害化学物質等に該当しないからという理由で、素手で化学物質を取り扱い皮膚に大量に付着させてしまうと、後日、その化学物質の有害性（特に発がんなどの遅発性影響）が判明し、過去のばく露が問題となる可能性がある。化学物質のばく露の程度を最小限度にするという基本的考え方は、皮膚への直接接触の防止においても共通である。

　実際に、保護衣、保護手袋、履物および保護眼鏡を必要とする場面がどの程度あるかについては、作業内容等により異なると考えられる。例えば、化学物質の飛沫がはねて衣服にかかる可能性を考慮して保護衣を不浸透性のものとするか撥水性のある白衣や作業服とするか、全身化学防護服とするかエプロンタイプの部分化学防

＊　「皮膚等障害化学物質（労働安全衛生規則第594条の２（令和６年４月１日施行））及び特別規則に基づく不浸透性の保護具等の使用義務物質リスト」
　　（https://www.mhlw.go.jp/content/11300000/001164701.xlsx）

護服とするかなど、保護具着用管理責任者らが実態に応じて判断する余地がある。

⑷　皮膚等障害防止用の保護具の備え付けと労働者の使用義務

　上に述べた保護具の備え付け、皮膚等障害化学物質等についての保護具の使用義務、その他の化学物質についての保護具の使用努力義務に関しては、業務の一部を請負人に請け負わせるときに、その請負人に対し、保護具の備え付けや使用が必要である旨を周知させなければならないとされている。工場設備の点検修理や清掃を外部委託する場合など、請負業者側が、使われている化学物質を知らされないまま作業を行うことのないよう、請負人や関係労働者が化学物質への直接接触を防止するために、必要な周知を行うこと。

4．リスクアセスメント対象物健康診断
⑴　リスクアセスメント対象物健康診断とその結果に基づく措置等

　特別則における健康管理は、常時作業に従事する労働者に対して、雇入時等の際およびその後定期に、特殊健康診断の実施が義務付けられている。一方、安衛則に規定するリスクアセスメント対象物については、ばく露を最小限度とすること、一部の物質については労働者のばく露の程度を濃度基準値以下とすることなどが定められているから、ばく露防止対策が適切に実施され、労働者の健康障害発生リスクが許容される範囲を超えないと判断すれば、基本的にリスクアセスメント対象物健康診断を実施する必要はない。

　ここでは、リスクアセスメント対象物健康診断の実施が必要となる場合とその対応など、事業者が知っておくべき事項について述べる。なお、特別則に基づき実施する特殊健康診断、および安衛則第48条に基づき実施する歯科健康診断の対象物質については、リスクアセスメント対象物健康診断を重複して実施する必要はない。

ア．リスクアセスメント対象物健康診断の種類と目的

　リスクアセスメント対象物健康診断は、リスクの程度に応じて健康診断の実施を事業者が判断するしくみである。また、リスクアセスメント対象物健康診断の項目についても、特殊健康診断のように法令で一律に規定されたものではなく、「リスクアセスメント対象物健康診断に関するガイドライン*」（以下「健診ガイドライン」という）等を踏まえて医師または歯科医師が必要と認めるものを事業者が実施する。

＊　令和5年10月17日付け基発1017第1号。https://www.mhlw.go.jp/content/11300000/001171288.pdf

　事業者は、リスクアセスメント対象物を製造し、または取り扱う業務に常時従事する労働者に対し、リスクアセスメントの結果に基づき、関係労働者の意見を聴き、必要があると認めるときは、リスクアセスメント対象物健康診断を行う必要がある（安衛則第577条の２第３項）。また、濃度基準値が設定されたリスクアセスメント対象物については、濃度基準値を超えてばく露したおそれがあるときは、速やかに、その労働者に対する健康診断を実施しなければならない（同条第４項）。これらの規定は、令和６年４月１日から施行されている。

　これらは、特別則における雇入時等および定期の特殊健康診断や、緊急診断に相当するものと考えられ、健診ガイドラインでは、それぞれ第３項健診、第４項健診として、目的や実施の要否などの考え方を示している。

イ．第３項健診

(ア)　実施の要否の判定、対象者の選定

　第３項健診の実施の要否の判定は、表4.2.8に示す状況を勘案して、労働者の健康障害リスクが許容できる範囲を超えるか否かを検討する。また、次のいずれかに該当する場合は、第３項健診を実施することが望ましいとされている。

- ・濃度基準値の設定がある物質について、濃度基準値告示に定める努力義務（例えば、８時間濃度基準値を超える短時間ばく露が１日に５回以上あるなど）
- ・工学的措置や保護具でのばく露の制御が不十分と判断される場合
- ・濃度基準値がない物質について、漏洩事故等により大量ばく露した場合
- ・リスク低減措置が適切に講じられているにもかかわらず、何らかの健康障害が顕在化した場合

表4.2.8　第３項健診の実施の要否の判定で勘案すべき状況

勘案すべき状況	補足説明
化学物質の有害性およびその程度	・ラベル、SDSから把握
ばく露の程度や取扱量	・呼吸域濃度 ・呼吸用保護具の内側の濃度
労働者のばく露履歴	・作業期間、作業頻度、ばく露に係る作業時間
作業の負荷の程度	
工学的措置の実施状況	・局所排気装置が正常に稼働しているか等
呼吸用保護具の使用状況	・要求防護係数による選択状況 ・フィットテストの実施状況
化学物質の取扱方法	・皮膚等障害化学物質等について、保護具の使用状況、直接接触のおそれや頻度

　濃度基準値告示に定める努力義務については、第４編第１章１.(6)を参照の
こと。

　また第３項健診の実施の要否に当たっては、労働者のばく露の状況や、リス
クアセスメントの結果に基づき講じた工学的措置や保護具によるばく露防止対
策などのリスク低減措置が適切に講じられていることが前提である。このため
１年を超えない期間ごとに１回、定期的に記録を作成する際に、これらが適正
になされているかを確認し、第３項健診の実施の要否を判断すべきである。

　なお、すでに製造し、または取り扱っていた物質がリスクアセスメント対象
物として新たに追加された場合など、リスクアセスメント対象物を製造し、取
り扱う業務について過去にリスクアセスメントを実施したことがない事例も考
えられる（リスクアセスメント指針の５の(2)でリスクアセスメントを行うよう
努めることとされている）。この場合は、健診ガイドラインにおいて、令和７
年３月31日までにリスクアセスメントを実施し、第３項健診の要否を判断する
ことが望ましいとされている。

　対象者の選定は、個人ごとに、健康障害発生リスクを評価し、健康診断の実
施の要否を判断することが原則であるが、同様の作業を行っている労働者につ
いては、まとめて評価・判断することも可能とされている。また、漏えい事故
等によるばく露の場合、ばく露した労働者のみを対象者としてよい。

(イ)　実施時期、実施頻度

　第３項健診の実施時期は、(ア)で健診が必要と判断されたときである。

　実施頻度は、産業医または医師等の意見に基づき事業者が判断するとされて
おり、急性の健康障害発生リスク、発がんに関する健康障害発生リスク、その
他の３つに分け、実施頻度を例示している（**表4.2.9**）。

(ウ)　検査項目

　検査項目は、医師等が必要と認める項目である。具体的な検査項目の設定に

表4.2.9　第３項健康診断の実施頻度の例

健康障害発生リスク	実施頻度の例
次の急性の健康障害発生リスクが許容される範囲を超えると判断された場合 ・皮膚腐食性/刺激性 ・眼に対する重篤な損傷性/眼刺激性 ・呼吸器感作性　　・皮膚感作性　　・特定標的臓器毒性（単回ばく露）	6カ月以内ごと
がん原性物質またはGHS分類の発がん性の区分が区分１の化学物質にばく露し、健康障害発生リスクが許容される範囲を超えると判断された場合	1年以内ごと
その他の健康障害発生リスクが許容される範囲を超えると判断された場合（歯科領域の健康障害を含む）	3年以内ごと

表4.2.10　第3項健康診断の検査項目

分　　　類	検査項目
①　実施	業務歴の調査 作業条件の簡易な調査等によるばく露の評価 自他覚症状の有無の検査
②　必要に応じて実施	標的とする健康影響に関するスクリーニングに係る検査
③　歯科領域の検査が必要	歯科医師による問診および歯牙・口腔内の視診

当たっては、参考として、**表4.2.10**のような検査項目が示されている。

ウ．第4項健診

㋐　実施の要否の判定、対象者の選定

第4項健診は、濃度基準値が設定された物質に対する健康診断である。労働者が濃度基準値を超えてばく露したおそれがある次のような場合に、速やかに健診を実施する。

・工学的措置が適切に実施されていないことが判明した場合

・必要な呼吸用保護具を使用していないことが判明した場合

・呼吸用保護具の使用方法が不適切で要求防護係数が満たされていないと考えられる場合

・工学的措置や呼吸用保護具でのばく露の制御が不十分な状況が生じていることが判明した場合

・漏洩事故等により、濃度基準値がある物質に大量ばく露した場合

対象者の選定については、第3項健診と同じである。

㋑　実施時期

第4項健診は、濃度基準値を超えてばく露したおそれが生じた時点で、速やかに行う。実際には、健康診断実施機関等との調整により合理的に実施可能な範囲で行うことになろう。また、濃度基準値以下となるよう有効なリスク低減措置を講ずることは当然として、急性以外の健康障害のおそれについても考慮する必要がある。がんなどの遅発性健康障害などの懸念がないかなど、産業医等の意見を踏まえ、必要に応じて、必要な期間、継続的に健康診断を実施することも検討する。

㋒　検査項目

濃度基準値のうち、8時間濃度基準値は、長期的な健康影響の防止を念頭に置いた値である。8時間濃度基準値を超えてばく露した場合で、直ちに健康影響が発生している可能性が低いと考えられる場合は、**表4.2.11**の①の検査項

表4.2.11　第4項健康診断の検査項目

分　　類	検査項目
①　実施	業務歴の調査 作業条件の簡易な調査等によるばく露の評価 自他覚症状の有無の検査
②　状況により実施	・ばく露の程度を評価するための生物学的モニタリング（有効な場合） ・標的影響のスクリーニング（急性以外の標的影響が懸念される場合）
③　歯科領域の検査が必要	歯科医師による問診および歯牙・口腔内の視診

目を実施する。

エ．配置前の健康診断等

　リスクアセスメント対象物健康診断には含まれないが、（全ての労働者に対して実施する）一般健康診断の検査項目としての自他覚症状の有無の検査等を活用して、配置前の健康状態を把握することは有意義である。

　遅発性の健康障害が懸念される場合には、配置転換後であっても、必要に応じて、医師等の判断に基づき定期的に健康診断を実施することが望ましい。

オ．その他

　㈠　リスクアセスメント対象物健康診断の対象とならない労働者については、一般定期健康診断として実施する業務歴の調査や自他覚症状の有無の検査を活用することが望ましい。

　㈡　リスクアセスメント対象物健康診断の費用については、事業者が負担する。派遣労働者については、派遣先事業者において負担する。これらは、特別則に基づく特殊健康診断と同様の取扱いである。

カ．リスクアセスメント対象物健康診断個人票

　リスクアセスメント対象物健康診断を行ったときは、その結果に基づき、リスクアセスメント対象物健康診断個人票を作成して、5年間保存する必要がある（**図4.2.6**）。ただし、がん原性物質（がん原性がある物として厚生労働大臣が定めるもの）に係るものについては、保存すべき期間は30年間とされている。がん原性物質についての詳細は、第3章を参照のこと。

キ．医師等の意見の聴取

　リスクアセスメント対象物健康診断の結果のうち、その項目に異常の所見があると診断された労働者に係るものについては、その労働者の健康を保持するために必要な措置について、医師または歯科医師の意見を聴かなければならない。

様式第24号の２（第577条の２関係）(表面)

リスクアセスメント対象物健康診断個人票

氏　　　名		生 年 月 日	月	年日	雇入年月日	月	年日
		性　　　別	男・女				
製造し、又は取り扱うリスクアセスメント対象物の名称							

	健 康 診 断 実 施 者		医師　・　歯科医師			
医師又は歯科医師による健康診断	健　診　年　月　日	月 年日	月 年日	月 年日	月 年日
	健　診　の　種　別	（第　　項）	（第　　項）	（第　　項）	（第　　項）
	医師又は歯科医師が必要と認める項目				
	医師又は歯科医師の診断				
	健康診断を実施した医師又は歯科医師の氏名				
	医師又は歯科医師の意見				
	意見を述べた医師又は歯科医師の氏名				
	備　　　　　考				

図4.2.6　リスクアセスメント対象物健康診断個人票
（安衛則様式第24号の２）

安衛則様式第24号の2（第577条の2関係）（裏面）

［備考］
1　記載すべき事項のない欄又は記入枠は、空欄のままとすること。
2　「健康診断実施者」の欄中、「医師」又は「歯科医師」のうち、該当しない文字を抹消すること。
3　「健診の種別」の欄の「（第 項）」内には、労働安全衛生規則第577条の2第3項の健康診断（リスクアセスメントの結果に基づき、関係労働者の意見を聴き、必要があると認めるときに行う健康診断）を実施した場合は「3」を、同条第4項の健康診断（厚生労働大臣が定める濃度の基準を超えてリスクアセスメント対象物にばく露したおそれがあるときに行う健康診断）を実施した場合は「4」を記入すること。
4　「医師又は歯科医師が必要と認める項目」の欄は、リスクアセスメント対象物ごとに医師又は歯科医師が必要と判断した検診又は検査等の名称及び結果を記入すること。
5　「医師又は歯科医師の診断」の欄は、異常なし、要精密検査、要治療等の医師又は歯科医師の診断を記入すること。
6　「医師又は歯科医師の意見」の欄は、健康診断の結果、異常の所見があると診断された場合に、就業上の措置について医師又は歯科医師の意見を記入すること。

図4.2.6　リスクアセスメント対象物健康診断個人票（続き）

医師または歯科医師の意見の聴取は、リスクアセスメント対象物健康診断が行われた日から3カ月以内に行い、その意見をリスクアセスメント対象物健康診断個人票に記載する必要がある。

医師または歯科医師に意見聴取を行う上で必要となる労働者の業務に関する情報を求められたときは、速やかに提供すること。

ク．健康診断の結果に基づき講ずべき措置

事業者は、医師または歯科医師の意見を勘案し、必要があると認めるときは、就業場所の変更、作業の転換、労働時間の短縮等の措置を講ずるほか、作業環境測定の実施、施設または設備の設置または整備、衛生委員会等への当該意見の報告等の措置を講ずる必要がある。

ケ．結果の通知

リスクアセスメント対象物健康診断の結果については、対象労働者に対し、遅滞なく通知する必要がある。

コ．関係労働者の意見聴取

事業者は、リスクアセスメント対象物に労働者がばく露される程度を最小限度とした措置、リスクアセスメント対象物に労働者がばく露される程度を濃度基準値以下とした措置（濃度基準値が設定されたリスクアセスメント対象物を製造し、または取り扱う業務を行う屋内作業場に限る）および健康診断の結果に基づき講じた措置について、関係労働者の意見を聴くための機会を設ける必要がある。

表4.2.12　リスクアセスメントの結果に基づき講じた措置等の記録（がん原性物質以外）

号別	記録すべき事項	保存期間
1	リスクアセスメント対象物に労働者がばく露される程度を最小限度とした措置の状況 リスクアセスメント対象物に労働者がばく露される程度を濃度基準値以下とした措置の状況^{注1)} 健康診断の結果に基づき講じた措置^{注2)} の状況	3年
2	業務に従事する労働者のばく露の状況	
4	関係労働者の意見の聴取状況	

注１）　濃度基準値が設定されたリスクアセスメント対象物を製造し、または取り扱う業務を行う屋内作業場に限る。
注２）　リスクアセスメント対象物健康診断の結果に基づき、必要な措置を実施した場合に限る。
注３）　号別は、安衛則第577条の2第11項の号を示す。

⑵　リスクアセスメントの結果に基づく措置等の記録と保存

　リスクアセスメントの結果に基づく措置等については、次のとおり記録と保存を行うとともに、労働者への周知を行う必要がある。なお、がん原性物質に係る記録と保存については、第3章を参照のこと（安衛則第577条の２第11項）。

ア．がん原性物質以外のリスクアセスメント対象物に係る記録と保存

　リスクアセスメントの結果に基づき講じた労働者の危険または健康障害を防止するための措置等に関し、次に掲げる事項を、１年を超えない期間ごとに１回、定期に、記録を作成し、３年間保存する必要がある（**表4.2.12**）。

イ．労働者への周知

　事業者は、リスクアセスメント対象物に労働者がばく露される程度を最小限度とした措置、リスクアセスメント対象物に労働者がばく露される程度を濃度基準値以下とした措置（濃度基準値が設定されたリスクアセスメント対象物を製造し、または取り扱う業務を行う屋内作業場に限る。）および４⑴コ．に示す関係労働者の意見の聴取状況につき、リスクアセスメント対象物を製造し、または取り扱う業務に従事する労働者に周知させる必要がある。

　周知の方法については、１⑵イ．と同様である。

第3章 がん原性物質等の製造等業務従事者の記録

1．発がんのおそれのある化学物質

　がんの発症要因はさまざまであるが、化学物質のばく露など職場の有害要因ががんの発症に影響を与えることがある。これまでに、化学物質のばく露に起因して、がんを発症したとされる労働災害も発生しているが、発がん性のある化学物質が全て判明しているわけではない。現在までに得られた発がんに関する知見は、日本の特別則で個別規制されている物質や世界的に生産量、使用量が多い物質に偏っている可能性があり、特別則の対象物質以外のリスクアセスメント対象物やGHS分類がなされていない物質（実験室で新たに開発される物質を含む。）の中には、発がん性を有するものが含まれていると考えるべきである。

⑴　化学物質の発がん性に関する知見

　化学物質のヒトに対する発がん性については、急性毒性と異なり、低用量の長期間ばく露に着目する必要があること、ヒトの一生を通じてばく露と疾病との関係を把握する必要があることなどから、知見が十分とは言えない。世界中で調査や解明の取組みが続けられており、今後も信頼性の高い疫学調査結果や発がんメカニズムの解明が発表されることが想定される。

　ヒトに対する発がん性を議論する上では、試験動物とヒトでの発がん性データの整備状況、ヒトに対する疫学調査の信頼性、発がんメカニズムの解明状況などに着目した慎重な取扱いが必要であること、ヒトに対する発がん性についてデータ不足で分類できない物質が依然として多い（分類不能は発がん性がないことを意味しない）ことに留意する必要がある。

⑵　国際がん研究機関（IARC）

　ヒトに対する発がん性については、世界保健機関（WHO）のがん専門機関である国際がん研究機関（IARC：International Agency for Research on Cancer）が学

表4.3.1　IARC発がん分類

Classification	Definition	定義の仮訳	該当する化学物質の例
Group 1	Carcinogenic to humans	ヒトに対する発がん性がある	ベンゼン、ベンジジン、ベリリウム、トリクロロエチレン、1,2-ジクロロプロパン
Group 2A	Probably carcinogenic to humans	ヒトに対する発がん性がおそらくある	テトラクロロエチレン、テトラフルオロエチレン、ジクロロメタン
Group 2B	Possibly carcinogenic to humans	ヒトに対する発がん性がある可能性がある	四塩化炭素、クロロホルム、1,4-ジオキサン、エチルベンゼン
Group 3	Not classifiable as to its carcinogenicity to humans	ヒトに対する発がん性について分類できない	

術論文等をもとに発がん評価と分類を随時取りまとめており、各国の規制当局やACGIH、DFGなど学術団体による発がん分類のよりどころとなっている。IARCの発がん分類は、**表4.3.1**のとおりであり、発がん性の強さではなく、ヒトに対する発がん性があるかどうかの証拠の確からしさに着目した分類である。

　IARCによるヒトに対する発がん性の評価は、アドバイザリーグループが決定した5年ごとの優先対象リスト（化学物質に限らない）を基本とし、1年前までに検討対象を公表して評価員を募集する。おおむね20人の中立性が確保された専門家（学術論文を査読する学識や研究者など）を招集し、

　① 　ばく露実態（物性、測定分析、生産・使用量、ばく露、規制基準、疫学調査におけるばく露評価）、

　② 　ヒトの発がん調査（各種疫学調査の評価）、

　③ 　試験動物の発がん調査（動物試験データの評価）、

　④ 　発がんメカニズム（体内挙動と代謝等のプロセス、発がん要因の特定）

のそれぞれについて検討し、最終的に発がん分類を評決で決定する。業界などのオブザーバーも議論に参加できるが評決できない。詳しくは、「IARC Monographs」の「Preamble」に記載されている。なお、発がん分類のうちGroup4は、2019年のPreamble見直しにより削除された。

【IARC Monographs Preamble 2019（英文版）】

https://monographs.iarc.who.int/wp-content/uploads/2019/07/Preamble-2019.pdf

⑶　ACGIHによる発がん分類

ACGIH（American Conference of Governmental Industrial Hygienists、米国産業衛生専門家会議）は、

A1　ヒトへの発がんは確実

A2　ヒトへの発がんは疑わしい

A3　動物への発がんは確実だがヒトへの発がんは不明

のほか

A4　ヒトの発がんにつき分類不能

A5　ヒトへの発がんのおそれなし

に分類し、発がん物質へのばく露を最小限にするよう勧告している。特に、TLVのないA1発がん物質については、可能な限りばく露をゼロにすべきとしている。TLVのあるA1発がん物質並びにA2およびA3発がん物質については、（気道に限らず）あらゆる経路によるばく露をTLVより確実に低くすべきとしている。
【ACGIH Guide to Occupational Exposure Values 2024（英文）】

⑷　DFGによる発がん分類

DFG（Deutsche Forschungsgemeinschaft、ドイツ研究振興協会）は発がん分類を

区分1　ヒトへの発がんを誘発し、発がんリスクに寄与

区分2　長期動物試験データその他でヒトへの発がん性があると考えられる

区分3　ヒトへの発がんの可能性はあるがデータ不足

区分4　ヒトまたは動物への発がんを誘発するが、発がんリスクへの寄与はなし

区分5　ヒトまたは動物への発がんを誘発するが、MAK/BAT（DFGによる最大職場濃度/生物学的許容値）が守られる限りは発がんリスクへの寄与はわずか

などとしている。区分はIARCの発がん分類と一致するものではなく、分類基準を注意深く確認する必要がある。
【List of MAK and BAT Values 2023（英文版）】

https://series.publisso.de/sites/default/files/documents/series/mak/lmbv/Vol2023/Iss2/Doc002/mbwl_2023_eng.pdf

２．がん原性物質

　化学物質の製造、取扱い等に伴う職業がんは、昭和30年代から大きな社会問題を繰り返し引き起こし、そのたびに規制が強化されてきた。特別則に基づく個別規制については、特化則で規定する特別管理物質などの定めがあるが、自律的な化学物質管理に伴い新たに規制対象となったリスクアセスメント対象物についても、ヒトに対する発がん性を有する物質が含まれている。このため、リスクアセスメント対象物のうち、がん原性がある物として厚生労働大臣が告示で定めるがん原性物質については、特化則の特別管理物質と同様の管理が求められるものである。

⑴　がん原性物質の考え方

　がん原性物質は、厚生労働省告示において、リスクアセスメント対象物のうち、国が行う化学物質の有害性の分類[*1]の結果、発がん性の区分が区分１（区分１Aまたは区分1Bを含む）に該当する物（エタノール[*2]および特化則の特別管理物質[*3]を除く）とされている。GHS分類における発がん性の区分が区分１とは、ヒトに対する発がん性が知られているまたはおそらく発がん性がある物質である。

　令和６年４月１日時点でがん原性物質として適用されるリスクアセスメント対象物は198物質であり、リスクアセスメント対象物ではあっても特化則の特別管理物質44物質は含まれていない。従前からある特化則の特別管理物質と、安衛則に基づくがん原性物質との比較を**表4.3.2**に示す。備考欄に記載のあるものを除き、安衛則別表第２に規定する通知の裾切値[*4]以上を含むものが対象となる。附録３に示す厚生労働省ホームページに記載されたがん原性物質リストを参照のこと。ただし、事業者がこれらの物を臨時に取り扱う場合は、30年間保存の対象から除外される。

　化学物質のヒトに対する発がん性については、国際的にも未だ知見が出そろっていないことに留意し、法令で規制された物質（特別管理物質とがん原性物質）以外についても、労働者のばく露する程度を最小限度とする、皮膚等への接触を可能な限り防止するなど、今後新たな知見が判明する可能性を想定して取り扱うべきである。

＊１　化学物質の有害性の分類は、JIS Z 7252の附属書Bに定めるGHSに基づく化学品の分類方法による。
＊２　エタノールは、国によるGHS分類で発がん性区分1Aとされているが、アルコール飲料として経口摂取した場合の健康有害性に基づくものであるため対象から除外されている。
＊３　特別管理物質については、特化則において作業記録等の30年間保存がすでに義務付けられているため対象から除外されている。
＊４　令和７年４月１日からは厚生労働省告示に示される裾切値（令和５年厚生労働省告示第341号「労働安全衛生法施行令第18条第３号及び第18条の２第３号の規定に基づき厚生労働大臣の定める基準」）。https://www.mhlw.go.jp/content/11300000/001164664.pdf

図4.3.1　がん原性物質の範囲のイメージ

表4.3.2　特別管理物質とがん原性物質の比較

種類	特別管理物質	がん原性物質
母体	特定化学物質81物質	特別則以外のリスクアセスメント対象物773物質
	人体に発がんなど遅発性の健康障害を与えるもの。特別有機溶剤を含む。	GHSで発がん区分1に分類されたもの（飲用リスクとしてのエタノールを含まない）。
根拠法令と物質数	特化則第38条の3 44物質	安衛則第577条の2第11項 198物質（令和6年4月1日適用分）
物質の例	塩化ビニル、クロロホルム、四塩化炭素、スチレン、ジクロロメタン、ベンゼン、メチルイソブチルケトン	アクリルアミド、ビフェニル、1,3-ブタジエン、アクリロニトリル、酢酸ビニル、ヒドラジン、塩素化ビフェニル
特別の措置	・1月ごとの作業記録 ・各種記録の30年間保存	・1年ごとの作業記録 ・各種記録の30年間保存
備考	母体は増加しないが、新知見により変更可能性	告示に物質名が示されていない 母体対象物やGHS分類とともに増加する可能性

注）がん原性物質のリストは、厚生労働省ホームページで確認できる。右上の更新日に注意（予告なく更新される）。

(2) リスクアセスメントの結果に基づき講じた措置等の記録と保存

　化学物質のばく露による発がんは、微量であっても発症可能性を高めるおそれがあるため、許容されるばく露レベルを設定することができず、皮膚等への接触も許容することができない。また、ばく露から長期間を経て発症（がんの種類により少なくとも2年、5年以上などとされ、20年後に発病する事例もある）することを考慮し、リスクアセスメントの結果に基づき講じた労働者の危険または健康障害を防止するための措置等に関し、記録とその30年間の保存が義務付けられているものがある。**表4.3.3**に掲げる事項を、1年を超えない期間ごとに1回、定期に、記録を作成し、3年間または30年間保存する必要がある。

　特に、ばく露の状況の記録は、仮作成した日々の記録をそのまま綴るのではなく、長期間保存後に閲覧される可能性を想定し、簡潔かつ明瞭に記載する必要がある。作業記録の様式に定めはないが、法定事項をもれなく記載すること。**図4.3.2**に作業記録の例を示す。**表4.3.3**の1および4についても措置等の記録として作成

表4.3.3　リスクアセスメントの結果に基づき講じた措置等の記録（がん原性物質）

号別	記録すべき事項	保存期間
1	リスクアセスメント対象物に労働者がばく露される程度を最小限度とした措置の状況 リスクアセスメント対象物に労働者がばく露される程度を濃度基準値以下とした措置の状況[*1] 健康診断の結果に基づき講じた措置[*2]の状況	3年
2	業務に従事する労働者のばく露の状況	30年
3	労働者の氏名、従事した作業の概要、作業に従事した期間 がん原性物質により著しく汚染された事態の概要および事業者が講じた応急の措置の概要[*3]	30年
4	関係労働者の意見の聴取状況	3年

＊1　濃度基準値が設定されたリスクアセスメント対象物を製造し、または取り扱う業務を行う屋内作業場に限る。
＊2　リスクアセスメント対象物健康診断の結果に基づき、必要な措置を実施した場合に限る。
＊3　がん原性物質により著しく汚染される事態が生じたときに限る。
＊4　号別は、労働安全衛生規則第577条の2第11項の号を示す。

作業記録の例

作業記録の様式に定めはなく、法定事項が含まれていればよい。
がん原性物質を対象に、月別に作成した例
労働者のばく露の状況を含む

□□（株）◎◎工場　　　　年　　　月分　　　　　　　　　　　　　保存期間：30年

労働者氏名	従事した作業の概要	作業に従事した期間	ばく露の状況	著しく汚染される事態の有無	著しく汚染される事態の概要および応急措置の概要
○○○	作業内容：合成皮革の貼り合わせ作業 作業時間：7時間/日 塗布液の使用量：500L/日 使用温度：室温30℃ 対象物質：○○10% 換気設備：全体換気装置 保護具：保護手袋、半面形防毒マスク	○月○日～○月○日	数理モデルで濃度基準値以下を確認 保護手袋を正しく使用 汚染時の吸入、皮膚からのばく露は極めて小さい	有り ○月○日 ○時○分頃	塗工室において塗布液の補充作業中に塗布液をこぼして左脚に2Lほどかかる。 直ちに脱衣し水洗浄後、病院を受診（塗布液のSDS添付）
●●●	作業内容：ウエスを用いた脱脂洗浄作業 作業時間：6時間/日 塗布液の使用量：1L/日 使用温度：室温30℃ 対象物質：○○100% 換気設備：外付け式局所排気装置 保護具：保護手袋	○月○日～○月○日	測定により濃度基準値以下を確認 保護手袋を正しく使用 汚染時の吸入ばく露により濃度基準値を超えた可能性	有り ○月○日 ○時○分～○時○分	局所排気装置のダンパーを閉じたままであったため、その間、洗浄溶媒の蒸気にばく露したおそれ。 2日後に健康診断を受診（洗浄液のSDS添付）

図4.3.2　作業記録の例

し、3年間保存する。

ア．労働者への周知

　事業者は、リスクアセスメント対象物に労働者がばく露される程度を最小限度とした措置、リスクアセスメント対象物に労働者がばく露される程度を濃度基準値以下とした措置（濃度基準値が設定されたリスクアセスメント対象物を製造し、または取り扱う業務を行う屋内作業場に限る）および第2章4(1)コ.に示した関係労働者の意見の聴取状況につき、リスクアセスメント対象物を製造し、または取り扱う業務に従事する労働者に周知させる必要がある。

　周知の方法については、第2章1(2)イ.と同様である。

(3)　がん原性物質に係るその他の記録と保存

　がん原性物質に係る記録については、前述の措置等の記録以外にも、リスクアセスメント対象物健康診断個人票を30年間保存する必要があることに留意する。リスクアセスメント対象物健康診断については、第2章の4を参照のこと。

(4)　がん原性指針との関係

　(1)および(2)で述べたのは、安衛則に規定するリスクアセスメント対象物としてのがん原性物質（特化則に規定する特別管理物質を含まない）に対する規定である。

　一方、がんその他の重度の健康障害を労働者に生ずるおそれのあるものについては、がん原性指針（平成24年厚生労働省公示第23号）が公表され、各事業場において、健康障害防止のための対策が示されている。がん原性指針の対象物質は、①ヒトに対するがん原性は確定していないものの、労働者が当該物質に長期間ばく露した場合にがんを生ずる可能性が否定できない化学物質（日本バイオアッセイ研究センターにおける哺乳動物を用いた長期毒性試験の結果から、哺乳動物にがんを生じさせることが判明した化学物質）、②特化則に規定する特別管理物質として、一部の業務について発がん性に着目した健康障害防止措置が義務付けられているが、法令により規制の対象とされなかった業務においても所要の措置を講じる必要が生じた化学物質が含まれている。

　したがって、事業者は、まずはリスクアセスメント対象物のがん原性物質および特化則の特別管理物質について、法令に基づく作業記録等の措置を講じなければならない。その次に、がん原性指針のみで掲げられた物質について、がん原性指針に従って必要な対策を講ずることが望まれる。

第4章 労働者に対する化学物質管理に必要な教育の方法

1．化学物質管理に必要な教育

　労働災害は、「物の不安全な状態」と「人の不安全な行動」が接触したときに発生するとされている。化学物質を原因とする労働災害について考えると、「物」には、化学物質のガス、蒸気、粉じんなどが含まれることから、設備の改善や化学物質のばく露の程度を確認する作業環境管理により、不安全な状態を解消し、または軽減することが求められる。

　一方、化学物質管理における「人の不安全な行動」の原因は、作業者が、化学物質管理に関する知識や経験が十分でないことや、知識はあったが正しく対応しないことが考えられる。また、作業者が、「物の不安全な状態」を作り出すこともある。

　化学物質管理において、作業者による不安全な行動を排除し、物の不安全な状態を作らせないためには、労働衛生教育により、意識の向上を図る必要がある。

⑴　化学物質管理に必要な教育

　リスクアセスメント対象物を製造し、または取り扱う事業場において、関係する業務に従事する労働者に対し、必要な教育に関することは、化学物質管理者の職務とされている（安衛則第12条の5第1項第7号）。では、必要な教育には何が含まれるのか。

　化学物質管理者は、化学物質の管理に係る技術事項を管理することとされており、その職務については、第1編「これからの化学物質管理と実施体制」に示したところであるが、それぞれの項目は、労働者に対する教育と密接に関連している。例えば、リスクアセスメント対象物の容器に貼付されたラベルや絵表示については、関係する全ての労働者が正しく理解できるようにする必要があり、リスクアセスメントの結果を見て対策をとることができなければならない。また、安全データシートSDSは、化学物質管理者自身や保護具着用管理責任者に加え、職長その他の管理者が内容を理解してリスクアセスメントを実施し、必要な措置を

検討し実施する必要がある。労働者は、SDSの詳細を理解することまでは求められないが、その掲示場所や備え付け場所が周知され、必要に応じて、あるいは災害発生時等に直ちに参照できるようにしておくべきである。

　また、保護具着用管理責任者は、呼吸用保護具を着用する労働者に対して、作業環境中の有害物質の種類、発散状況、濃度、作業時のばく露の危険性の程度等について教育を行うこととされているが、化学物質管理者の管理の下で行う必要がある。

(2)　労働衛生管理の基本原則

　労働災害を防止するために必要な労働衛生管理の基本原則として、

① 　労働衛生管理体制の確立

② 　作業環境管理

③ 　作業管理

④ 　健康管理

⑤ 　労働衛生教育

がある。

　労働衛生管理体制とは、事業者責務である労働者の健康障害防止対策を進める事業場内の実施体制である。総括安全衛生管理者、衛生管理者、産業医、作業主任者等、それに衛生委員会といったスタッフや組織に加え、新たな化学物質規制の導入に伴い、化学物質管理者や保護具着用管理責任者が加わった。化学物質は、事業場のこれら関係者に十分な知識や経験がないとする事業場が多いことから、化学物質管理者がこれら関係者に対する情報提供を行うことも重要である。

　作業環境管理は、作業環境中のさまざまな有害要因を取り除いて適正な作業環境を確保するもので、作業環境中への有害物の発散抑制、作業環境中の有害物質の濃度の測定や換気装置の設置・稼働などの工学的措置が該当する。作業管理は、有害要因を適切に管理することにより、有害要因が労働者に及ぼす影響をできるだけ小さくするもので、作業方法や作業手順の見直し、作業時間の短縮のほか、保護具の使用も含まれる。健康管理は、労働者の健康状態に着目して健康障害の予防や早期発見を行うもので、健康診断の実施とその結果に基づく事後措置などが該当する。これら3つの管理を「労働衛生の三管理」という。

　労働衛生教育は、こうした事業場の安全衛生管理体制や労働衛生の三管理により行われる労働衛生対策を労働者や管理者に正しく教えて理解させることにより、作

業者自身が健康障害防止のために寄与することにつながる。教育すべき内容には、化学物質の危険有害性、化学物質のばく露と健康影響、急性中毒の初期症状、労働災害が発生した場合の対応などが考えられる。

⑶　不安全な行動を解消するための教育

化学物質の取扱いにおける不安全な行動は、大規模な労働災害や事故につながりかねない。不安全な行動の背景には、

①　知識が十分でなかった

②　知識が対策（正しい行動）に結びつけられなかった

③　知識はあったが、対策をとることを怠った

④　うっかり間違えてしまった

といった状況が考えられる。⑴で述べたラベル表示に含まれる絵表示については、①のように知識が正確でないと、他の絵表示と区別がつかないことがある。また、化学物質の有害性については、有害であることを知っていても、どの程度有害であるかがわからないと、②や③になってしまう。④を解消するためには、知識に加え、日ごろから正しい行動をとるための訓練が必要である。

２．教育の実施

⑴　教育の種類、実施時期、内容

労働安全衛生法令に基づき、事業者が実施しなければならない教育として、次のようなものがある。

・雇入れ時教育、作業内容変更時教育

・特別教育

・職長等教育

・危険有害業務従事者に対する教育

・安全衛生業務従事者に対する能力向上教育

化学物質管理に必要な教育を実施するに先立ち、これら必要な教育を実施していることを確認しておく。

⑵　教育の実施計画の策定等

化学物質管理者は、労働者に対する教育の実施における計画の策定等の管理をすることが求められる。

① 教育の実施計画の策定

　　自律的な化学物質管理においては、労働者に対する化学物質管理の教育について
も、事業場の実情に即した内容、手法および頻度で計画し、実施することが求め
られる。教育等の種類ごとに、対象者、実施日、実施場所、講師および教材等
を定めた年間の実施計画を作成する。あらかじめ必要な予算を確保するととも
に、所属先と業務面での調整を行っておく。人材育成の観点からは、業務経験や
熟練度に応じた計画的な教育が望まれる。

　　教育の内容により、あるいは効率や品質を考慮し、外部の教育研修機関を活用
することも可能である。

② 教育の実施結果の保存

　　教育の実施結果は、台帳等にその結果を記録して保存する。外部の教育研修機
関を利用した場合は、修了証等により実施記録を保存する。

③ 教育の実務担当者の指名

　　教育の実務については、化学物質管理者が実務担当者を指名してこれを行わせ
ることができる。

④ 教育等の内容の充実

　　教育内容の充実の観点から、次のような点に特に留意する。

・講師は、十分な専門的知識を有する者のうちから選任する。該当する科目だけ
　でなく、安全衛生業務に広く精通している者を活用することが望ましい。

・教材は、単なる知識の羅列でなく、労働災害事例等に即した具体的な内容とす
　べきである。業種や作業の内容が、業務の実態に近いものである必要がある。

第5章 保護具の種類、性能、使用方法及び管理

1．呼吸用保護具の種類と防護係数

⑴ 呼吸用保護具の種類

　呼吸用保護具にはさまざまな種類と性能のものがあり、使用できる環境条件や、対象物質、使用可能時間等が異なる。また、通常の作業用のほか、緊急時の救出作業用のものもあるので、使用に際しては、用途に適した正しい選択をしなければならない。

　呼吸用保護具は、大きく分けて、ろ過式（防じんマスク、防毒マスク等）と、給気式（離れた位置からホースを通して新鮮な空気を供給し、呼吸に使用する送気マスクや、空気または酸素を充塡したボンベを作業者が背負ってボンベ内空気等を呼吸に使用する空気呼吸器等）がある。

　ろ過式の呼吸用保護具は、作業環境中に浮遊する粒子状物質や気体状物質を除去して清浄な空気を作業者に供給するものである。作業環境中に浮遊する粉じん、ミスト等の粒子状物質に対しては、吸気においてろ過材を経由させて除去する防じんマスクや、ろ過材で清浄化した空気を電動ファンにより作業者に供給する防じん機能を有する電動ファン付き呼吸用保護具（P-PAPR）が広く用いられている。作業環境中の有害ガスや蒸気に対しては、吸気において吸収缶を経由させて除去する防毒マスクが用いられているほか、令和5年3月の政令改正により、吸収缶で清浄化した空気を電動ファンにより作業者に供給する防毒機能を有する電動ファン付き呼吸用保護具（G-PAPR）についても使用できるようになった。

　ろ過式の呼吸用保護具は、いずれも作業環境中の空気をろ過材や吸収缶により清浄化する方式であるから、酸素濃度18%未満の酸素欠乏空気の下で使用してはならない。

　呼吸用保護具の種類を**図4.5.1**に示す。

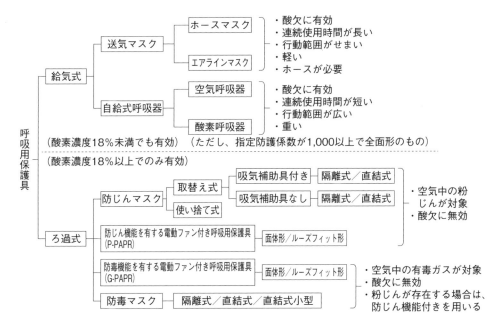

（資料：「特定化学物質・四アルキル鉛等作業主任者テキスト」（中央労働災害防止協会）をもとに作成）

図4.5.1　呼吸用保護具の種類

(2)　呼吸用保護具の選択方法

　呼吸用保護具の選択は、保護具着用管理責任者が、作業環境の状況等に対応して適正に行う必要がある。呼吸用保護具の選択に際しての基本的考え方は、次のとおりである。

ア．空気中の酸素濃度が18%以上であることが明らかでない場合

　空気中の酸素濃度が18%未満である作業場、あるいは酸素濃度が18%以上であることが明らかでない作業場では、ろ過式呼吸用保護具を使用させてはならない。労働者や職長等の管理者に対し、あらかじめ作業場所に酸素欠乏のおそれがないことを確認させること。おそれがある場合は、指定防護係数が1,000以上の全面形面体を有する有効な給気式呼吸用保護具を使用させる。JIS T 8150（呼吸用保護具の選択、使用及び保守管理方法）に、循環式呼吸器、空気呼吸器、エアラインマスクおよびホースマスクが示されている。

イ．空気中の有害物質の種類や濃度がわからない場合

　空気中の酸素濃度が18%以上であっても、有害物質の種類や濃度がわからない場合については、ア．と同様に有効な給気式呼吸用保護具を使用させる。防毒マ

スクやG-PAPRその他のろ過式呼吸用保護具を使用させてはならない。

ウ．粒子状物質

空気中の酸素濃度が18％以上であり、有害物質の種類が粒子状物質である場合は、防じんマスクまたはP-PAPRを使用させる。粉じん作業であっても、他の作業の影響等によって有毒ガス等が流入する場合には、改めて作業場の作業環境の評価を行い、適切な防じん機能を有するエ．またはア．に示す呼吸用保護具により対応する。

エ．気体状物質

空気中の酸素濃度が18％以上であり、有害物質の種類が気体状物質である場合は、有害物質の気体（ガスまたは蒸気）の濃度に着目する。ガスまたは蒸気の濃度が2％以下である場合に限り、使用可能な吸収缶を有する防毒マスクを選択することができる。また、吸収缶の性能は、有害物質の濃度だけでなく、有害物質の種類によっても制約があることに留意する。使用可能な吸収缶を有する防毒マスクを選択することができない場合は、有効な給気式呼吸用保護具を選択することとなる。

オ．引火性の蒸気、可燃性のガス等

有害物質の気体の種類および濃度に応じて、使用可能な吸収缶を有する防毒マスクを選択する。電動ファン付き呼吸用保護具は、ファンを駆動するためのモーターや電池を備えており、火花が着火源となるおそれがある。引火性蒸気の濃度が爆発範囲にある場合は、防爆機能を有する電動ファン付き呼吸用保護具に限り使用することができる。引火性の物の蒸気または可燃性ガスが爆発の危険のある濃度に達するおそれのある箇所において電気機械器具を使用するときは、所定の防爆機能を有する防爆構造電気機械器具でなければ使用してはならないとされている（安衛則第280条第1項）。

カ．粉じん爆発のおそれ

可燃性の粉じんまたは爆燃性の粉じんが存在して爆発の危険のある濃度に達するおそれのある箇所および爆発の危険のある場所で電気機械器具を使用するときは、所定の防爆機能を有する防爆構造電気機械器具でなければ使用してはならないとされている（安衛則第281条第1項、第282条第1項）。

┌─ コラム ─────────────────────────

粉じん爆発の恐ろしさ
～対象物と爆発のスピード～

粉じん爆発は、石炭産業が全盛の時代に、炭坑内に浮遊した炭じんと呼ばれる石炭の細かい粉末による炭じん爆発として広く知られていた経緯があり、身近なものとしてとらえられることは少ない。しかし、粉じんは表面積が極めて大きいために、炭じんに限らず、工場や工事現場で日常的に使われるさまざまな物質の粉じんが「可燃性粉じん」であることに注意する必要がある。例えば、小麦粉、でんぷん、ショ糖、エポキシ樹脂、各種化学品のほか、導電性の粉じん（鉄、銅、コークス、カーボンブラッ

クなど）も該当する。

可燃性の粉じんは空気中の酸素と化合して燃焼する粉じんであるのに対し、爆発性の粉じんは空気中の酸素が少なくても着火、爆発するおそれのある粉じんで、マグネシウム粉、アルミニウム粉などが該当する。

粉じん爆発は、反応部位の周辺に熱が伝わり連鎖的な反応が起こるという点ではガスや蒸気による爆発と同様であるが、熱伝導だけでなく輻射熱や光エネルギーによっても発火することがあるため、連鎖のスピードが極めて速い特徴がある。

└───────────────────────────

(3) 防護係数、指定防護係数

ア．防護係数とは

呼吸用保護具を装着したときに、有害物質からどの程度防護できるかを示すものとして防護係数がある。防護係数は、次の式で表される。

$$PF = \frac{C_0}{C_i}$$

PF：防護係数
C_0：面体等の外側の有害物質濃度
C_i：面体等の内側の有害物質濃度

防護係数は、呼吸用保護具を装着した際の面体等の内側と外側における有害物質濃度の比であり、防護係数が高いほど、面体等の内部への有害物質の漏れ込みが少ない、すなわち防護性能が高い呼吸用保護具といえる。

また、C_iを濃度基準値として設定すれば、その呼吸用保護具がどの程度の作業環境まで使用できるかを予想することができる（別途安全率を見込む必要はある）。

呼吸用保護具を選択する際には、実際の作業場において、防護係数を計測することが困難である場合も多いため、通常は、令和5年基発0525第3号（別表第1～第3）やJIS T 8150（呼吸用保護具の選択、使用及び保守管理方法）に示されている指定防護係数を用いる。指定防護係数は、訓練された装着者が、正常に機能する呼吸用保護具を正しく装着した場合に、少なくとも得られると期待される防護係数である（**表4.5.1**）。

イ．要求防護係数に基づく呼吸用保護具の選択

個人サンプリング法などにより労働者の呼吸域の濃度を測定し、有害物のばく

表4.5.1　指定防護係数一覧

●ろ過式呼吸用保護具の指定防護係数

呼吸用保護具の種類					指定防護係数
防じんマスク	取替え式	全面形面体	RS3又はRL3		50
			RS2又はRL2		14
			RS1又はRL1		4
		半面形面体	RS3又はRL3		10
			RS2又はRL2		10
			RS1又はRL1		4
	使い捨て式		DS3又はDL3		10
			DS2又はDL2		10
			DS1又はDL1		4
防毒マスク注1	全面形面体				50
	半面形面体				10
防じん機能を有する電動ファン付き呼吸用保護具（P-PAPR）	面体形	全面形面体	S級	PS3又はPL3	1,000
			A級	PS2又はPL2	90
			A級又はB級	PS1又はPL1	19
		半面形面体	S級	PS3又はPL3	50
			A級	PS2又はPL2	33
			A級又はB級	PS1又はPL1	14
	ルーズフィット形	フード又はフェイスシールド	S級	PS3又はPL3	25
			A級	PS3又はPL3	20
			S級又はA級	PS2又はPL2	20
			S級、A級又はB級	PS1又はPL1	11
防毒機能を有する電動ファン付き呼吸用保護具（G-PAPR）注2	防じん機能を有しないもの	面体形	全面形面体		1,000
			半面形面体		50
		ルーズフィット形	フード又はフェイスシールド		25
	防じん機能を有するもの	面体形	全面形面体	PS3又はPL3	1,000
				PS2又はPL2	90
				PS1又はPL1	19
			半面形面体	PS3又はPL3	50
				PS2又はPL2	33
				PS1又はPL1	14
		ルーズフィット形	フード又はフェイスシールド	PS3又はPL3	25
				PS2又はPL2	20
				PS1又はPL1	11

注1：P-PAPRの粉じん等に対する指定防護係数は、防じんマスクの指定防護係数を適用する。有毒ガス等と粉じん等が混在する環境に対しては、それぞれにおいて有効とされるものについて、面体の種類が共通のものが選択の対象となる。

注2：G-PAPRの指定防護係数の適用は、次による。なお、有毒ガス等と粉じん等が混在する環境に対しては、①と②のそれぞれにおいて有効とされるものについて、呼吸用インタフェースの種類が共通のものが選択の対象となる。

　① 有毒ガス等に対する場合：防じん機能を有しないものの欄に記載されている数値を適用。

　② 粉じん等に対する場合：防じん機能を有するものの欄に記載されている数値を適用。

● その他の呼吸用保護具の指定防護係数

呼吸用保護具の種類			指定防護係数
循環式呼吸器	全面形面体	圧縮酸素形かつ陽圧形	10,000
		圧縮酸素形かつ陰圧形	50
		酸素発生形	50
	半面形面体	圧縮酸素形かつ陽圧形	50
		圧縮酸素形かつ陰圧形	10
		酸素発生形	10
空気呼吸器	全面形面体	プレッシャデマンド形	10,000
		デマンド形	50
	半面形面体	プレッシャデマンド形	50
		デマンド形	10
エアラインマスク	全面形面体	プレッシャデマンド形	1,000
		デマンド形	50
		一定流量形	1,000
	半面形面体	プレッシャデマンド形	50
		デマンド形	10
		一定流量形	50
	フード又はフェイスシールド	一定流量形	25
ホースマスク	全面形面体	電動送風機形	1,000
		手動送風機形又は肺力吸引形	50
	半面形面体	電動送風機形	50
		手動送風機形又は肺力吸引形	10
	フード又はフェイスシールド	電動送風機形	25

● 高い指定防護係数で運用できる呼吸用保護具の種類の指定防護係数 注3

呼吸用保護具の種類				指定防護係数
防じん機能を有する電動ファン付き呼吸用保護具（P-PAPR）	半面形面体		S級かつPS3又はPL3	300
	フード		S級かつPS3又はPL3	1,000
	フェイスシールド		S級かつPS3又はPL3	300
防毒機能を有する電動ファン付き呼吸用保護具（G-PAPR） 注2	防じん機能を有しないもの	半面形面体		300
		フード		1,000
		フェイスシールド		300
	防じん機能を有するもの	半面形面体	PS3又はPL3	300
		フード	PS3又はPL3	1,000
		フェイスシールド	PS3又はPL3	300
フードを有するエアラインマスク			一定流量形	1,000

注3：この表の指定防護係数は、JIS T 8150 の附属書JC に従って該当する呼吸用保護具の防護係数を求め、この表に記載されている指定防護係数を上回ることを該当する呼吸用保護具の製造者が明らかにする書面が製品に添付されている場合に使用できる。

（令和5年5月25日付け基発0525第3号をもとに作成）

　露限界値（濃度基準値、ACGIHのTLV、DFGのMAKなど）に照らすことにより、呼吸用保護具の要求防護係数を算出することができる。金属アーク等溶接作業を継続して行う屋内作業場や、濃度基準値が設定されている物質を使用する屋内作業場においては、算出された要求防護係数を上回る指定防護係数を有する呼

吸用保護具を使用しなければならない。

　濃度基準値には、8時間濃度基準値と短時間濃度基準値とがあり、その他のばく露限界値についても、8時間ばく露限界値（ACGIHのTLV-TWAなど）と短時間ばく露限界値（ACGIHのSTELなど）があることに留意する必要がある。

　がん原性物質や発がん性が明らかであるために濃度基準値が設定されていない物質については、健康障害のおそれがない閾値がないことを考慮し、労働者のばく露をできるだけ低減するよう留意すること。

ウ．特別則等の規定に基づく呼吸用保護具の選択

　有機則、鉛則、四アルキル鉛則、特化則、電離則、粉じん則および廃棄物の焼却施設に係る作業における安衛則の規定（第592条の5に規定するダイオキシン類のばく露防止）のほか、労働安全衛生法令に定める防じんマスク、防毒マスク、P-PAPR、G-PAPRについては、法令に定める有効な性能を有するものを労働者に使用させなければならない。

2．防じんマスクと防じん機能を有する電動ファン付き呼吸用保護具（P-PAPR）

⑴　法令上の位置付け

　防じんマスクは、新たな化学物質規制において、労働者のばく露の程度を最小限度にする、あるいは濃度基準値以下にするための手法の1つと位置付けられている。防じんマスクは、粉じん、ミスト、ヒューム等の粒子状物質が存在する有害な作業環境下での作業において、ろ過材により除去した清浄な空気を作業者が吸い込むことにより、じん肺や化学物質による中毒その他の健康障害を防止する呼吸用保護具である。

　P-PAPRは、ろ過材により除去した清浄な空気を、電動ファンにより作業者に供給する呼吸用保護具である。作業者の呼吸により面体内が陰圧になることがないため、面体と作業者の顔面との隙間からの漏れが小さい。

　防じんマスクについては「防じんマスクの規格」（昭和63年労働省告示第19号）、P-PAPRについては「電動ファン付き呼吸用保護具の規格」（平成26年厚生労働省告示第455号）により、それぞれ構造と性能が定められ、規格を具備したもの以外は、譲渡や貸与が禁止されている。規格を具備しているとして厚生労働大臣または登録型式検定機関の行う型式検定に合格した防じんマスクであることは、面体やろ過材に付されている型式検定合格標章により確認することができる。

表4.5.2　防じんマスクの種類

取替え式防じんマスク	吸気補助具付き防じんマスク	隔離式防じんマスク	吸気補助具、ろ過材、連結管、吸気弁、面体、排気弁およびしめひもからなり、かつ、ろ過材によって粉じんをろ過した清浄空気を吸気補助具の補助により連結管を通して吸気弁から吸入し、呼気は排気弁から外気中に排出するもの
		直結式防じんマスク	吸気補助具、ろ過材、吸気弁、面体、排気弁およびしめひもからなり、かつ、ろ過材によって粉じんをろ過した清浄空気を吸気補助具の補助により吸気弁から吸入し、呼気は排気弁から外気中に排出するもの
	吸気補助具付き防じんマスク以外のもの	隔離式防じんマスク	ろ過材、連結管、吸気弁、面体、排気弁およびしめひもからなり、かつ、ろ過材によって粉じんをろ過した清浄空気を連結管を通して吸気弁から吸入し、呼気は排気弁から外気中に排出するもの
		直結式防じんマスク	ろ過材、吸気弁、面体、排気弁およびしめひもからなり、かつ、ろ過材によって粉じんをろ過した清浄空気を吸気弁から吸入し、呼気は排気弁から外気中に排出するもの
使い捨て式防じんマスク			一体となったろ過材および面体ならびにしめひもからなり、かつ、ろ過材によって粉じんをろ過した清浄空気を吸入し、呼気はろ過材（排気弁を有するものにあっては排気弁を含む。）から外気中に排出するもの

(資料：「特定化学物質・四アルキル鉛等作業主任者テキスト」中央労働災害防止協会)

(2)　防じんマスクの構造

　防じんマスクは、大きく分けて、ろ過材の交換が可能な取替え式防じんマスクと、ろ過材と面体が一体となった使い捨て式防じんマスクに区分される。防じんマスクの規格における防じんマスクの種類を表4.5.2に示す。

ア．取替え式防じんマスク

　取替え式防じんマスクは、ろ過材、吸気弁、排気弁、しめひもを取り替えられる構造となっており、ろ過材や弁などの部品を交換することにより必要な性能を維持することができる。また、面体には耐久性のある素材が用いられているほか、さまざまな面体の使用や構造のものから作業環境にあったものを選択することができる。取替え式防じんマスクの面体には、顔面全体を覆う全面形と、鼻および口辺のみを覆う半面形がある（図4.5.2）。半面形は装着が容易で作業性がよく価格が安いため広く普及している。眼も防護したい場合や高い防護性能を必要とする場合は、顔面との密着性がよい全面形を選択する。

　なお、吸気補助具付きの取替え式防じんマスクは、作業者の呼吸による清浄空気の吸入と排出を、バッテリーを利用したファンにより補助する機能を持つもので型式検定合格標章に「補」が記載されている。

イ．使い捨て式防じんマスク

　使い捨て式防じんマスクは、ろ過材を型くずれしにくいよう成形することにより面体としても用いる一体型の構造となっている（**図4.5.2**）。軽量で作業性がよく使用後の保守管理が不要であるため広く普及しているが、使用に伴い型くずれするため、使用限度時間が定められている。

⑶　防じんマスクの性能と選択

　防じんマスクは、ろ過材の繊維の隙間を通過しようとする粒子を、その慣性や静電力で繊維に吸着させてろ過するため、対象とする粒子状物質の種類や粒径により粒子捕集効率が異なる。このため防じんマスクの規格では、固体と液体のそれぞれの粒子を用いた粒子捕集効率試験で満たすべき粒子捕集効率を定めている。粒子捕集効率が高いほど防護性能が高いが、一般に吸気抵抗が高くなり息苦しくなる。

　防じんマスクは、その性能により、取替え式防じんマスクではRS1、RS2、RS3（固体捕集用）およびRL1、RL2、RL3（液体捕集用）に、使い捨て式防じんマスクではDS1、DS2、DS3（固体捕集用）および DL1、DL2、DL3（液体捕集用）に区分されている。作業環境中の粒子状物質の種類や濃度に応じて、必要な防護性能を確保するとともに、作業強度により吸気抵抗や排気抵抗を考慮して防じんマスクを選定する必要がある。

　粒子状物質および作業の種類から考えた使用可能な防じんマスク等の区分を参考までに**表4.5.3**に示す。

⑷　防じんマスクの装着の確認（フィットテスト）

　防じんマスクの選択に当たっては、前述のように作業環境に適合した種類および

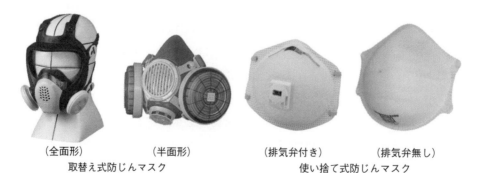

（全面形）	（半面形）	（排気弁付き）	（排気弁無し）
取替え式防じんマスク		使い捨て式防じんマスク	

図4.5.2　防じんマスクの例

表4.5.3　粉じん等の種類および作業内容に応じて選択可能な防じんマスクおよびP-PAPR

粉じん等の種類および作業内容	オイルミストの有無	防じんマスク		
		種類	呼吸用インタフェースの種類	ろ過材の種類
○ 安衛則第592条の5 　廃棄物の焼却施設に係る作業で、ダイオキシン類の粉じんばく露のおそれのある作業において使用する防じんマスクおよびP-PAPR	混在しない	取替え式	全面形面体	RS3、RL3
			半面形面体	RS3、RL3
	混在する	取替え式	全面形面体	RL3
			半面形面体	RL3
○ 電離則第38条 　放射性物質がこぼれたとき等による汚染のおそれがある区域内の作業または緊急作業において使用する防じんマスクおよびP-PAPR	混在しない	取替え式	全面形面体	RS3、RL3
			半面形面体	RS3、RL3
	混在する	取替え式	全面形面体	RL3
			半面形面体	RL3
○ 鉛則第58条、特化則第38条の21、特化則第43条および粉じん則第27条 　金属のヒューム（溶接ヒュームを含む。）を発散する場所における作業において使用する防じんマスクおよびP-PAPR[※1]	混在しない	取替え式	全面形面体	RS3、RL3、RS2、RL2
			半面形面体	RS3、RL3、RS2、RL2
		使い捨て式		DS3、DL3、DS2、DL2
	混在する	取替え式	全面形面体	RL3、RL2
			半面形面体	RL3、RL2
		使い捨て式		DL3、DL2
○ 鉛則第58条および特化則第43条 　管理濃度が0.1 mg/㎥以下の物質の粉じんを発散する場所における作業において使用する防じんマスクおよびP-PAPR[※1]	混在しない	取替え式	全面形面体	RS3、RL3、RS2、RL2
			半面形面体	RS3、RL3、RS2、RL2
		使い捨て式		DS3、DL3、DS2、DL2
	混在する	取替え式	全面形面体	RL3、RL2
			半面形面体	RL3、RL2
		使い捨て式		DL3、DL2
○ 石綿則第14条 　負圧隔離養生および隔離養生（負圧不要）の外部（または負圧隔離および隔離養生措置を必要としない石綿等の除去等を行う作業場）で、石綿等の除去等を行う作業＜吹き付けられた石綿等の除去、石綿含有保温材等の除去、石綿等の封じ込めもしくは囲い込み、石綿含有成形板等の除去、石綿含有仕上塗材の除去＞において使用する防じんマスクおよびP-PAPR[※2]	混在しない	取替え式	全面形面体	RS3、RL3
			半面形面体	RS3、RL3
	混在する	取替え式	全面形面体	RL3
			半面形面体	RL3
○ 石綿則第14条 　負圧隔離養生および隔離養生（負圧不要）の外部（または負圧隔離および隔離養生措置を必要としない石綿等の除去等を行う作業場）で、石綿等の切断等を伴わない囲い込み／石綿含有形板等の切断等を伴わずに除去する作業において使用する防じんマスク	混在しない	取替え式	全面形面体	RS3、RL3、RS2、RL2
			半面形面体	RS3、RL3、RS2、RL2
	混在する	取替え式	全面形面体	RL3、RL2
			半面形面体	RL3、RL2
○ 石綿則第14条 　石綿含有成形板等及び石綿含有仕上塗材の除去等作業を行う作業場で、石綿等の除去等以外の作業を行う場合において使用する防じんマスク	混在しない	取替え式	全面形面体	RS3、RL3、RS2、RL2
			半面形面体	RS3、RL3、RS2、RL2
	混在する	取替え式	全面形面体	RL3、RL2
			半面形面体	RL3、RL2
○ 除染電離則第16条 　高濃度汚染土壌等を取り扱う作業であって、粉じん濃度が10mg/㎥を超える場所において使用する防じんマスク[※3]	混在しない	取替え式	全面形面体	RS3、RL3、RS2、RL2
			半面形面体	RS3、RL3、RS2、RL2
		使い捨て式		DS3、DL3、DS2、DL2
	混在する	取替え式	全面形面体	RL3、RL2
			半面形面体	RL3、RL2
		使い捨て式		DL3、DL2

粉じん等の種類及び作業内容	オイルミストの有無	P-PAPR			
		種類	呼吸用インタフェースの種類	漏れ率の区分	ろ過材の種類
○ 安衛則第592条の5 廃棄物の焼却施設に係る作業で、ダイオキシン類の粉じんばく露のおそれのある作業において使用する防じんマスクおよびP-PAPR	混在しない	面体形	全面形面体	S級	PS3、PL3
			半面形面体	S級	PS3、PL3
		ルーズフィット形	フード	S級	PS3、PL3
			フェイスシールド	S級	PS3、PL3
	混在する	面体形	全面形面体	S級	PL3
			半面形面体	S級	PL3
		ルーズフィット形	フード	S級	PL3
			フェイスシールド	S級	PL3
○ 電離則第38条 放射性物質がこぼれたとき等による汚染のおそれがある区域内の作業または緊急作業において使用する防じんマスクおよびP-PAPR	混在しない	面体形	全面形面体	S級	PS3、PL3
			半面形面体	S級	PS3、PL3
		ルーズフィット形	フード	S級	PS3、PL3
			フェイスシールド	S級	PS3、PL3
	混在する	面体形	全面形面体	S級	PL3
			半面形面体	S級	PL3
		ルーズフィット形	フード	S級	PL3
			フェイスシールド	S級	PL3
○ 石綿則第14条 負圧隔離養生および隔離養生（負圧不要）の内部で、石綿等の除去等を行う作業＜吹き付けられた石綿等の除去、石綿含有保温材等の除去、石綿等の封じ込めもしくは囲い込み、石綿含有成形板等の除去、石綿含有仕上塗材の除去＞において使用するP-PAPR	混在しない	面体形	全面形面体	S級	PS3、PL3
			半面形面体	S級	PS3、PL3
		ルーズフィット形	フード	S級	PS3、PL3
			フェイスシールド	S級	PS3、PL3
	混在する	面体形	全面形面体	S級	PL3
			半面形面体	S級	PL3
		ルーズフィット形	フード	S級	PL3
			フェイスシールド	S級	PL3
○ 石綿則第14条 負圧隔離養生および隔離養生（負圧不要）の外部（または負圧隔離および隔離養生措置を必要としない石綿等の除去等を行う作業場）で、石綿等の除去等を行う作業＜吹き付けられた石綿等の除去、石綿含有保温材等の除去、石綿等の封じ込めもしくは囲い込み、石綿含有成形板等の除去、石綿含有仕上塗材の除去＞において使用する防じんマスクおよびP-PAPR※2	混在しない	面体形	全面形面体	S級	PS3、PL3
			半面形面体	S級	PS3、PL3
		ルーズフィット形	フード	S級	PS3、PL3
			フェイスシールド	S級	PS3、PL3
	混在する	面体形	全面形面体	S級	PL3
			半面形面体	S級	PL3
		ルーズフィット形	フード	S級	PL3
			フェイスシールド	S級	PL3

※1：P-PAPRのろ過材は、粒子捕集効率が95パーセント以上であればよい。
※2：P-PAPRを使用する場合は、大風量形とすること。
※3：それ以外の場所において使用する防じんマスクのろ過材は、粒子捕集効率が80パーセント以上であればよい。

（令和5年5月25日付け基発0525第3号別表5をもとに作成）

表4.5.4　フィットテストの実施が必要となる作業場所の例（全て屋内作業場）

	対象作業等	対象作業場所	根拠	実施頻度等
1	金属アーク溶接等作業	継続して作業を行う屋内作業場	特化則第38条の21 令和2年厚生労働省告示第286号	1年以内ごと 記録して3年保存
2	特別則の作業環境測定、評価を行うべき作業	第三管理区分作業場所	有機則第28条の3の2他 令和4年厚生労働省告示第341号	1年以内ごと 記録して3年保存
3	濃度基準値が設定されたリスクアセスメント対象物を使用する作業	確認測定により、呼吸域における濃度が濃度基準値を超える等	技術上の指針（法令で規定された事項に加え、事業者が実施すべき事項）	1年以内ごと

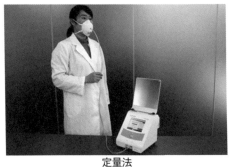
定量法

定性法

図4.5.3　フィットテスト

性能のマスクを選定することに加え、面体が個々の装着者の顔面にあったものであることを確認することも重要である。粒子捕集効率などの性能が高い防じんマスクであっても、装着者の顔面とマスクの面体との間に漏れがあると、隙間から濃度の高い粉じんが面体内に直接流入し、装着者がばく露してしまうためである。

　自律的な化学物質管理においては、労働者のばく露の程度を濃度基準値以下にするための措置として、有効な呼吸用保護具の使用も選択肢の１つとなるが、その選択および装着が適切に実施されなければ、所期の性能が発揮されない。すなわち、装着者の顔面と防じんマスクの面体との間の漏れ率が一定以下であることが前提である。防じんマスクの装着（面体と顔面の密着度）の確認は、JIS T 8150で定めるフィットテストによりフィットファクタを求めるなどにより行うことができる。フィットテストには、市販されているフィットテスターを用いることにより個々の装着者のフィットファクタを計測する定量法と、防じんマスクを装着した上でその外側のフード内に噴霧した粒子の濃度に応じて漏れを確認する定性法がある。

⑸　防じん機能を有する電動ファン付き呼吸用保護具（P-PAPR）

　P-PAPRは、電動ファンにより、ろ過材により粒子状物質を除去した清浄な空気

を作業者に供給する呼吸用保護具である。P-PAPRは、面体等の内部が常に陽圧となるため、防じんマスクと比べて面体と顔面との隙間から粒子状物質が入りにくく高い防護性能が期待できるほか、吸気抵抗が小さく呼吸が楽にできる。

P-PAPRは、面体形とルーズフィット形とがあり、防じんマスクと同様にろ過材の性能によりPS1、PS2、PS3（固体粒子用）およびPL1、PL2、PL3（液体粒子用）に区分されている。また、電動ファンの性能や漏れ率による区分があるほか、ルーズフィット形については、内部が陽圧に保たれるよう電動ファンに最低必要風量が規定されている。

P-PAPRの選定に当たっては、使用される環境により、粉じんなどの目詰まりによるろ過材の通気抵抗の増大や、電池の消耗による電圧低下を想定し、適切なものを選定する必要がある。

(6)　防じんマスク等の使用

防じんマスクおよびP-PAPRは、いずれもろ過式であるから、酸素濃度18%未満の場所で使用してはならない。また、これらに附属しているろ過材は、防臭の機能を持つものであっても防毒マスクとしての機能はないから、有害ガスが存在する場所において使用してはならない。

ア．装着前の点検

装着に当たっては、その都度、作業者に、吸気弁や排気弁に亀裂、変形等の異常がないことを確認させる。特に、排気弁に異物が挟まり完全に閉止しない状態では、作業環境中の粒子状物質がろ過材を通らずに直接面体内部に吸入されてしまうことに留意する。

ろ過材については、粉じん等により目詰まりしていないこと、破損や穴がないこと、異臭がしないことを確認し、必要に応じて交換する。また、面体にろ過材が正しく取り付けられていること、しめひもに異常がないことを確認させる。

イ．使用時間等の確認

使い捨て式防じんマスクについては、使用限度時間が定められているので、使用限度時間に達していないことを確認する。使用限度時間を超過すると、呼気や大気中の湿気により型くずれが生じ、顔面と面体の間の漏れが大きくなる。また、使用限度時間に達していなくても、機能が減じたり、息苦しく感じたり、汚れがひどくなったとき、変形したときには、新品と交換する。

ウ．電動ファンの機能の確認

　　P-PAPRについては、電動ファンの動作状態や、電動ファンを駆動する電池に消耗による電圧低下等の異常がないことを確認する。特に、ルーズフィット形のものについては、送風が停止した際に内部の陽圧が保たれず、粒子状物質を含む空気を直接吸い込むことになる。

エ．装着時の確認

　　面体を顔面に正しく装着し、接顔部の位置、しめひもの位置およびしめ方等を適切にする。防じんマスクおよび面体を有するP-PAPRについては、着用後、面体の内部への空気の漏れ込みがないことを、陰圧法などにより作業者に確認させる（日々のシールチェック）。

　　タオルを当てたり、面体の接顔部に接顔メリヤス等を使用したりすることは、面体との密着性が下がり漏れが大きくなるため、行わせない。また、着用者のひげ、もみあげ、前髪等が面体の接顔部と顔面との間に入り込まないよう注意する。なお、使用中に息苦しさを感じた場合には、ろ過材を交換する。

　　ただし、オイルミストを捕集した場合は、固体粒子の場合と異なり、ほとんど吸気抵抗上昇がないが、多量のオイルミストの捕集により、粒子捕集効率が低下するものがあることに留意して、ろ過材の交換時期を設定する必要がある。

オ．予備の防じんマスク等、ろ過材、電池等の用意

　　あらかじめ予備の防じんマスク、ろ過材、電池その他の消耗品を用意し、常時使用可能な状態としておく。

(7)　防じんマスク等の保守管理

ア．使用後の点検

　　防じんマスク等は、使用後、面体、吸気弁、排気弁、しめひも等を点検し、破損、亀裂、変形等がないことを確認する。破損、亀裂、著しい変形があるものは部品を交換または廃棄する。

　　ろ過材は、破損させると粉じん捕集効率が著しく低下することがあるため、圧縮空気等を吹きかけたり、ろ過材をたたくなどによるろ過材の手入れは行わない。ろ過材の水洗いは、静電力を低下させ粉じん捕集効率の低下につながる場合があるため、取扱説明書に水洗が可能な旨の記載があるもの以外は行わない。

　　ヒ素、クロム等の有害性の高い粉じん等に対して使用したろ過材については、1回使用するごとに廃棄する。石綿、インジウム等を取り扱う作業で使用したろ

過材についても同様であるが、ろ過材をそのまま作業場から持ち出すことが禁止されていることにも留意する。

イ．保管

点検済の防じんマスク等は、直射日光の当たらない、湿気の少ない清潔な場所に専用の保管場所を設け、管理状況が容易に確認できるように保管する。粉じん等が存在する作業環境中に放置しないこと。面体、連結管、しめひも等については、積み重ね、折り曲げ等による保管中の亀裂、変形等がないよう留意する。

P-PAPRについては、電源を確実に切って保管するほか、長期間使用しないときは、電池をはずしておく。

3. 防毒マスクと防毒機能を有する電動ファン付き呼吸用保護具（G-PAPR）

⑴　法令上の位置付け

防毒マスクは、新たな化学物質規制において、労働者のばく露の程度を最小限度にする、あるいは濃度基準値以下にするための手法の1つと位置付けられている。防毒マスクは、気体状物質が存在する有害な作業環境下での作業において、装着者の健康と生命を守る大切なものであるため、ハロゲンガス用、有機ガス用、一酸化炭素用、アンモニア用および亜硫酸ガス用の防毒マスクについては、「防毒マスクの規格」（平成12年厚生労働省告示第88号）により構造と性能が定められている。対象となる防毒マスクについては、規格を具備したもの以外は、譲渡や貸与が禁止されている。規格を具備しているとして厚生労働大臣または登録型式検定機関の行う型式検定に合格した防毒マスクは、面体や吸収缶に付されている型式検定合格標章により確認できる。それ以外のガス用の防毒マスクについては、譲渡等の制限はないが、JIS T 8152（防毒マスク）に構造と性能についての基準が示されている。

G-PAPRについては、有機則等で防毒マスクの使用が義務付けられている作業において、防毒マスクと同等に使用できるようになった。また、G-PAPRのうち、ハロゲンガス用、有機ガス用、アンモニア用および亜硫酸ガス用については、令和8年10月以降、型式検定合格標章のないものは、譲渡や貸与が禁止される。それ以外のガス用のG-PAPRについては、JIS T 8154（有毒ガス用電動ファン付き呼吸用保護具）に構造と性能についての基準が示されている。

（隔離式・全面形）

（直結式・全面形）

（直結式小型・半面形）

図4.5.4　防毒マスクの例

⑵　防毒マスクの構造、性能と選択

　防毒マスクは、その形状および使用の範囲により隔離式、直結式、直結式小型の3種類に区分される。また、面体はその形状により全面形と半面形に区分される（**図4.5.4**）。

　防毒マスクを構成する吸収缶の種類は、防毒マスクの「使用の範囲」を決める重要な要素であり、ここに定められているガスまたは蒸気の濃度を超える濃度の場所で使用することはできない（**表4.5.5**）。

　また、防毒マスクは、その構造上、作業者の顔と防毒マスクの面体との接顔部の間からの漏れや、防毒マスクの排気弁からの漏れがあるため、有害性の高いガスや蒸気の作業環境における使用には限界がある。防毒マスクの指定防護係数は、**表4.5.1**のとおりであり、例えば、作業現場で半面形面体の防毒マスクを使用するときは、防護係数を測定した場合を除き、濃度基準値の10倍、全面形面体については50倍を上限とする必要がある。

表4.5.5　防毒マスクの選択（アンモニア用を除く）

使用範囲		種類
ガス濃度不明、濃度2%超 酸素濃度18%未満		給気式呼吸用保護具
ガス濃度　2%以下の大気	防毒マスク	隔離式
ガス濃度　1%以下の大気		直結式
ガス濃度　0.1%以下の大気		直結式小型

1%＝10,000ppm
「防じんマスク、防毒マスク及び電動ファン付き呼吸用保護具の選択、使用等について」（令和5年5月25日付け基発0525第3号）にも留意すること。

⑶　防毒機能を有する電動ファン付き呼吸用保護具（G-PAPR）

　G-PAPRは、電動ファンにより、吸収缶により有害ガスを除去した清浄な空気を作業者に供給する呼吸用保護具であり、令和5年3月23日に関係政令が、同27日には関係省令が公布されるとともに「電動ファン付き呼吸用保護具の規格」の改正も告示された。これらの関係規定は令和5年10月1日から施行、適用され、有機則等で防毒マスクの使用が義務付けられている作業場所等で、G-PAPRを使用できるようになった。

　G-PAPRは、面体等の内部が常に陽圧となるため、防毒マスクと比べて面体と顔面との隙間から有害物質が入りにくく高い防護性能が期待できるほか、吸気抵抗が小さく呼吸が楽にできる。そのため、G-PAPRの指定防護係数は、**表4.5.1**のとおり防毒マスクよりも高くなっている。

　G-PAPRは、面体形とルーズフィット形とがあり、防毒マスクと同様に、有害物質の種類に対応した吸収缶がある。また、電動ファンの性能や漏れ率による区分があるほか、ルーズフィット形については、内部が陽圧に保たれるよう電動ファンに最低必要風量が規定されている。G-PAPRの選定に当たっては、使用される環境により破過時間（吸収缶の使用を開始してから破過するまでの時間）が異なることや、電池の消耗による電圧低下を想定し、適切なものを選定する必要がある。

⑷　吸収缶の除毒能力と破過

　吸収缶は、その種類ごとに有効な適応ガスが定まっており、その種類が表示されるとともに、外部側面が**表4.5.6**のとおり色分けされている。また、防じん機能を有する吸収缶については、見分けがつくよう、そのろ過材部分に白線が入っている。

　吸収缶を選択するに当たっては、吸収缶の除毒能力には限界があること、対象とするガスや蒸気により吸収缶を使用できる時間が大きく異なることに留意する。

　吸収缶の吸収剤に有害ガスが捕集されていくと、ある時点から捕集しきれなくなり、有害ガスが吸収缶を通過してしまう。この状態は吸収缶の「破過」といい、防毒マスクを装着しながらも有害ガスを吸入してしまう危険な状態である。吸収缶の破過時間は、有害ガスの濃度により異なり、一般に有害ガスの濃度が高くなると破過時間が短くなる。例えば、有機ガス用防毒マスクの吸収缶で、試験ガスとしてシクロヘキサンを用いた場合、破過時間は有機溶剤の濃度に反比例して短くなることが分かる（**図4.5.5**）。

　また、有機ガス用防毒マスクの吸収缶では、対象とするガスの種類により破過時

表4.5.6　吸収缶の色

種類	色	種類	色
★ハロゲンガス用	灰/黒	硫化水素用	黄
酸性ガス用	灰	臭化メチル用	茶
★有機ガス用	黒	水銀用	オリーブ
★一酸化炭素用	赤	ホルムアルデヒド用	オリーブ
一酸化炭素・有機ガス用	赤/黒	リン化水素用	オリーブ
★アンモニア用	緑	エチレンオキシド用	オリーブ
★亜硫酸ガス用	黄赤	メタノール用	オリーブ
シアン化水素用（青酸用）	青		

★印は国家検定実施品　　　　　　　（資料：JIS T 8152 防毒マスク）

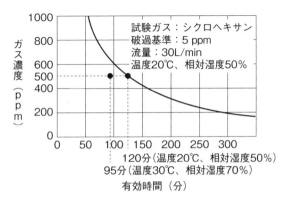

（資料：「有機溶剤作業主任者テキスト」中央労働災害防止協会）
図4.5.5　直結式小型吸収缶の破過曲線図の例

間は大きく異なっており、特に、沸点が低い物質は破過時間が著しく短くなる傾向
にある。例えば、シクロヘキサンで破過時間280分の吸収缶については、297ページ
の表によると、同じ濃度のアセトンでは143分、ジクロロメタンでは64分、メタ
ノールでは5分で破過に達し、有害ガスが捕集されずに通過してしまうことにな
る。このため、対象作業場の有害ガスの種類と濃度をもとに、使用する吸収缶の破
過時間をあらかじめ知っておくことが重要である。

(5)　面体の選定

　前述のとおり、防毒マスクは、その面体と作業者の顔との接顔部の間からの漏れ
により、作業環境中の有害ガスが吸収缶を通らずに直接面体の内部に入ってしまう
ため、漏れを最小限とするよう、作業者の顔面に合う密着性の良い面体の防毒マス
クを選定することが重要である。
　作業者によって顔の形状がさまざまで、かつ装着方法にも差があるため、面体の

密着性の確認は、個々の作業者に対して行う必要がある。

　面体の装着性の確認は、フィットテストにより行う。詳しいフィットテストの方法については、JIS T 8150による。フィットテストで得られたフィットファクタが要求フィットファクタを上回ることが確認できない場合は不合格となり、作業者についてその面体は不適切とされる。サイズ、形状、材質などの異なる面体から合格するものを探すこととなるが、合格する面体がない場合は、面体の密着性の確認が不要なルーズフィット形の呼吸用保護具も検討する。

⑹　防毒マスク等の使用方法

ア．装着前の点検

　防毒マスクの装着に当たっては、その都度、作業者に、吸気弁や排気弁に亀裂、変形等の異常がないことを確認させる。特に、排気弁に異物が挟まり完全に閉止しない状態では、作業環境中の有害ガスが吸収缶を通らずに直接面体内部に吸入されてしまうことに留意する。

　また、面体に吸収缶が正しく取り付けられていること、しめひもに異常がないことを確認させる。

イ．使用時間の確認

　あらかじめ調査した作業環境中の有害ガスの種類と濃度、吸収缶に添付されている破過曲線図等により、作業場所における防毒マスクの吸収缶の使用時間を設定し、吸収缶の交換時期等の必要事項を作業者に指示する。

ウ．装着時の確認

　面体を顔面に正しく装着し、接顔部の位置、しめひもの位置およびしめ方等を適切にする。着用後、防毒マスクの内部への空気の漏れ込みがないことを、陰圧法などにより作業者に確認させる（日々のシールチェック）。

　タオルを当てたり、面体の接顔部に接顔メリヤス等を使用したりすることは、面体との密着性が下がり漏れが大きくなるため、行わせない。また、着用者のひげ、もみあげ、前髪等が面体の接顔部と顔面との間に入り込まないよう注意する。

　なお、防毒マスクの使用中に有害ガスの臭気を感じたら、直ちに装着状態の確認を行い、必要に応じて吸収缶を交換する。

エ．予備の吸収缶の用意

　あらかじめ予備の吸収缶を用意し、常時使用可能な状態としておく。なお、吸収缶は、空気中の水分を吸収するので、使用するときまで開封しないこと。

●吸収缶に添付されているシクロヘキサンの破過曲線図の利用●

　吸収缶に添付されている破過曲線図は、シクロヘキサンを用いたものであるため、実際の作業場の有害ガスに応じて補正する必要がある。1つの方法を紹介する。

①　作業場の有害ガスについて、シクロヘキサンの破過時間に対する破過時間の比率（相対破過比：RBT）を求める。主な有機溶剤に相対破過比を下表に示すが、必要に応じて防毒マスク製造者に問い合わせて確認する。特に、相対破過比が1より小さいものは破過時間が短く要注意である。

②　対象となる有害ガスの作業者のばく露濃度（個人ばく露測定の測定値、作業環境測定（C・D測定）の測定値等）をシクロヘキサンの破過曲線図に充て、シクロヘキサンの場合の破過時間T_0を求める。

③　対象となる有害ガスの破過時間を次のように算出する。

$$T＝T_0×RBT（分）$$

　なお、吸収缶の破過時間は、使用する環境の温度や相対湿度、作業者の呼吸量によっても影響を受け、一般に、温度や相対湿度が高く、呼吸量が多くなると破過時間が短くなる。また、作業環境中の有害ガスの濃度は一定とは限らず、作業者のばく露濃度を過小評価している可能性も考慮すべきである。したがって、使用する環境や作業者の体格、作業負荷等を考慮し、作業場において推定する破過時間に十分な安全率を見込んで防毒マスクの使用時間を定める必要がある。

表　シクロヘキサンに対する相対破過比（RBT）例

有機溶剤名	RBT	有機溶剤名	RBT	有機溶剤名	RBT
N,N-ジメチルホルムアミド	2.11	キシレン	1.42	酢酸イソブチル	1.14
ブチルセロソルブ	2.03	トルエン	1.42	1,1,1-トリクロルエタン	1.11
1-ブタノール	1.81	1,4-ジオキサン※	1.42	酢酸ベンチル	1.08
シクロヘキサノン	1.80	メチルイソブチルケトン※	1.40	四塩化炭素※	1.06
セロソルブアセテート	1.77	メチルシクロヘキサノン	1.40	酢酸エチル	1.02
セロソルブ	1.71	酢酸ブチル	1.37	1,2-ジクロルエチレン	0.89
オルトージクロルベンゼン	1.70	メチルシクロヘキサノール	1.36	N-ヘキサン	0.88
スチレン※	1.68	テトラヒドロフラン	1.33	クロロホルム※	0.78
クロルベンゼン	1.64	酢酸プロピル	1.28	エチルエーテル	0.65
イソベンチルアルコール	1.63	シクロヘキサノール	1.27	酢酸メチル	0.63
2-ブタノール	1.60	1,2-ジクロロエタン※	1.24	アセトン	0.51
イソブチルアルコール	1.58	メチルブチルケトン	1.24	二硫化炭素	0.41
1,1,2,2-テトラクロロエタン※	1.54	酢酸イソプロピル	1.18	ジクロロメタン※	0.23
メチルセロソルブ	1.54	メチルエチルケトン	1.17	メタノール	0.02
トリクロロエチレン※	1.49	酢酸イソベンチル	1.17		
テトラクロロエチレン※	1.43	イソプロピルアルコール	1.15		

※特別有機溶剤（特定化学物質）

（資料：「有機溶剤作業主任者テキスト」中央労働災害防止協会）

⑺　**防毒マスク等の保守管理**

ア．**使用後の点検**

　防毒マスクは、使用後、面体、吸気弁、排気弁、しめひも等を点検し、破損、亀裂、変形等がないことを確認する。破損、亀裂、著しい変形があるものは部品を交換または廃棄する。

イ．**保管**

　点検済の防毒マスクは、直射日光の当たらない、湿気の少ない清潔な場所に専用の保管場所を設け、管理状況が容易に確認できるように保管する。有害ガスが存在する作業環境中に放置しないこと。面体、連結管、しめひも等については、積み重ね、折り曲げ等による保管中の亀裂、変形等がないよう留意する。

ウ．**吸収缶の管理**

　一度使用した吸収缶については、使用日時、使用者、使用時間、有害ガスの種類および濃度を記録し、除毒能力の残存状況を後日確認できるようにしておく。

4．送気マスク

　送気マスクは、酸素濃度が18%未満の環境や、有害ガスの濃度が高いまたは不明な環境においても使用可能である一方、ホースの長さが届く範囲に行動が制約される。送気マスクに使用する面体、フードには、さまざまな形のものがある。

⑴　**ホースマスク**

　ホースマスクは、大気を空気源とする送気マスクであり、空気の供給方式により大きく2つに分けられる。肺力吸引形ホースマスクは、ホースの末端の空気取入口を新鮮な空気のところに固定し、ホース、面体を通じ、着用者の自己肺力によって吸気させる構造のものである。吸気に伴って面体内が陰圧となるため、顔面と面体との接顔部、接手、排気弁等からの漏れに特に留意が必要である（**図4.5.6**⑴）。

　送風機形ホースマスクは、手動または電動の送風機により、新鮮な空気をホース、面体等を通じて送気する方式で、中間に流量調節装置を備えている（**図4.5.6**⑵、⑶）。送風機が電動のものについては、防爆構造のものを除き、可燃性ガスのある環境下で使用してはならない。

⑵　**エアラインマスクおよび複合式エアラインマスク**

　エアラインマスクは、圧縮空気を空気源として送気するものであり、一定流量形

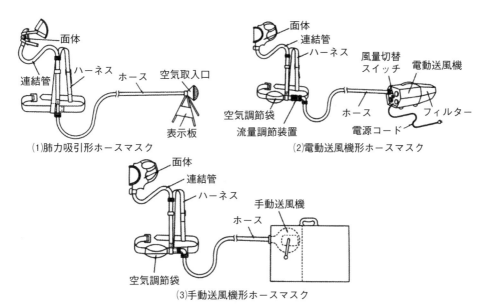

(1)肺力吸引形ホースマスク

(2)電動送風機形ホースマスク

(3)手動送風機形ホースマスク

(資料：「有機溶剤作業主任者テキスト」中央労働災害防止協会)

図4.5.6　ホースマスクの構造例

エアラインマスク、デマンド形エアラインマスク、プレッシャデマンド形エアラインマスクのほか、給気が途絶したような緊急時に備え、携行型の高圧空気容器を取り付けた複合式エアラインマスクがある。

(3)　送気マスク使用の際の注意事項

送気マスクの使用に当たっては、次のような点に留意する必要がある。

・使用前に、面体から空気源に至るまで異常の有無を入念に点検する。

・専任の監視者を置き、作業者と電源からホースまでを監視させる。監視者は原則として2名以上とし、監視分担を明確にする。

・送風機の電源スイッチ、電源コンセント等必要箇所には、「送気マスク使用中」の標識を掲げておく。

・作業者が声を出さなくても意思疎通ができるよう、作業者と監視者であらかじめ合図を定めておく。

・タンク等の内部における作業等に当たっては、墜落制止用器具を使用するか、緊急時に救出できるように準備をしておく。

・空気源は、常に正常な空気が得られる場所を選定する。

・ホースは必要な長さにとどめ、屈曲、切断、押しつぶれ等が起きないように設置する。

・面体を装着したら、面体の気密テストを行うとともに、送風量が作業強度に応じたものとなっているか等点検する。面体内は、作業環境中の有害ガスが入り込まないよう、常に陽圧を保つように送気する。

5．皮膚障害等防止用の保護具

化学物質が皮膚や眼に付着することによる健康障害を防止するとともに、皮膚や眼に炎症を起こしたり、皮膚から体内に吸収されたりすることによる健康障害を防止するため、皮膚障害等防止用の保護具が使用される。

(1)　皮膚障害等防止用の保護具の種類

安衛則に規定する皮膚障害等防止用の保護具には、保護衣、保護手袋、履物、保護眼鏡がある。皮膚等障害化学物質等については、特に化学物質の浸透や透過も念頭に置き、化学物質の種類と作業内容に応じて、保護手袋等の素材や使用時間を考慮する必要がある。皮膚障害等防止用の保護具としては、化学防護服、化学防護手袋、化学防護長靴および保護めがねについて、それぞれ日本産業規格が定められており、標準物質に対する性能や試験方法が定められている（表4.5.7）。日本産業規格に示す性能は、あくまで標準物質に対するものであるから、規格に適合することはもとより、使用する化学物質に対して効果のあるものであることを確認する必要がある。

(2)　保護手袋の重要性

有機溶剤やインク、染料などの取扱いにおいて、素手で直接触れるような作業は少なくなったが、使われている手袋の素材についてはあまり考慮されていないことも多い。

化学物質のばく露は、特に揮発性化学物質において作業環境中から呼吸による吸収に着目されることが多いが、皮膚や粘膜からも吸収される。また、手袋を装着していても、手袋の劣化や、化学物質の浸透、透過により、化学物質が皮膚に直接付着してしまうことがある。このため、揮発性の低い化学物質であっても、皮膚からの吸収により体内に蓄

表4.5.7　皮膚障害等防止用の保護具の日本産業規格

	日本産業規格	改正時期
化学防護服	T 8115	2015年
化学防護手袋	T 8116	2005年
化学防護長靴	T 8117	2005年
保護めがね	T 8147	2016年

積されることを考慮する必要がある。実際に、近年の災害調査からは経皮吸収によるばく露を示唆する事例もみられる。

　作業現場での保護手袋の透過には、手袋の素材や厚さ、使用する化学物質の種類やばく露の程度、作業方法や作業時間などが影響するため、事業場において、保護手袋を適正に選択し、正しく使用し、保守管理をすることが求められる。

(3)　安衛則との関係

　安衛則第594条の2においては、皮膚等障害化学物質等を製造し、または取り扱う業務に労働者を従事させるときは、不浸透性の保護衣、保護手袋、履物または保護眼鏡等適切な保護具を使用させることが義務付けられている。ここでいう「不浸透性」は、JIS T 8116でいう耐浸透性と耐透過性の両方を含むものであり、第2章3.で述べたとおり、通達*で示す皮膚等障害化学物質等については、化学物質の透過時間（使用可能時間）を考慮した保護手袋の適正な使用が必要である。

　また、安衛則第594条の3においては、化学物質等を製造し、または取り扱う業務に労働者を従事させるときは、保護衣、保護手袋、履物または保護眼鏡等適切な保護具を使用させることが努力義務とされている。不浸透性であることまでは求められないため、皮膚や眼への化学物質の直接接触の防止（素手で触らせないなど）に主眼があると考えられ、化学物質が常に付着するような作業であるか、飛沫からの保護を想定するのかにもよるが、少なくとも化学物質の付着により直ちに劣化、溶解するような素材の保護具の使用は避けるべきである。

　なお、皮膚障害等防止用の保護具の使用に関しては、対象物質がリスクアセスメント対象物に限定されていないことに留意が必要である。

(4)　保護手袋等の素材と性能

　作業現場で使用される手袋の材質としては、大きく分けてゴムとプラスチックがあり、それぞれ多様なものが使われている。

　日本産業規格に規定する化学防護手袋の性能として、耐劣化性、耐浸透性、耐透過性の3つに着目する必要がある（**表4.5.8**）。特に、化学物質による素材の透過は、手袋の内側に達した時点で手指の皮膚の部分に接触して、皮膚からの経皮吸収が始まることになるが、眼では確認することができない上に、透過までの時間は、素材と化学物質ごとに異なることに留意が必要である。それぞれの試験方法の詳細

＊　「皮膚等障害化学物質等に該当する化学物質について」(令和5年7月4日付け基発0704第1号　令和5年11月9日一部改正)。https://www.mhlw.go.jp/content/11300000/001165500.pdf

表4.5.8　日本産業規格に規定する化学防護手袋の性能

性能	記述	試験における指標の例
耐劣化性	化学物質の接触による素材の物理的変化がないこと。	膨潤、硬化、破穴、分解等
耐浸透性	液状の化学物質による素材への浸透がないこと。	ピンホール、縫い目などからの液体の侵入
耐透過性	気体（分子レベル）の化学物質による素材の透過が起こるまでの時間（長いほどよい）	素材内部を移動して裏面にすり抜けること。

（出典：JIS T 8116附属書）

表4.5.9　保護手袋の素材 I

素　材	特　徴
ニトリル	・安価で頻繁な交換に向いている ・密着性がよい ・耐油性、耐摩耗性に優れる ・厚みに応じて透過性能に幅がある
クロロプレン （ネオプレン）	・強度と柔軟性に優れる ・平均的な耐熱性、耐油性、耐酸・耐アルカリ性を有する
ニトリル・ネオプレン	・ニトリルとクロロプレンを二層にしたもの ・密着性がよい
ニトリル・ポリ塩化ビニル	・ニトリルとポリ塩化ビニルを二層にしたもの ・ポリ塩化ビニルより強度に優れる
ポリウレタン	・耐摩耗性、柔軟性に優れる ・耐油性は限定的 ・透過性能は、物質により大きく異なる
天然ゴム （ラテックス）	・安価で機械的強度に優れる ・炭化水素に溶解する ・ラテックスアレルギー（感作性）に注意 ・食器洗い用などJIS T 8116の試験性能の表示がないものは不適
PVC（ポリ塩化ビニル）	・強度が弱い ・食品衛生用などJIS T 8116の試験性能の表示がないものは不適
PE（ポリエチレン）	・耐浸透性能をよく確認する ・食品衛生用などJIS T 8116の試験性能の表示がないものは不適

は、JIS T 8116の附属書に記載されている。

　表4.5.9は、比較的安価で、50双から100双単位の箱入りが2,000円から4,000円程度までで広く市場に出回っているものを列挙したものである。手を化学物質に浸漬するなど手全体が化学物質に触れる作業や、ウエスで拭き取る等の手のひら全体が化学物質に触れる作業には向かないものが多い。化学物質への接触が限られる作業における装着を前提としており、化学物質の飛沫がはねて手に触れるなどした場合は、ごく短時間の使用でも交換することを想定している。使用に先立ち、JIS T 8116またはASTM F739に定める試験方法に基づく性能表示を確認する必要があり、これらの性能表示のないものは、作業中に溶解・膨潤したり、ピンホールから化学物質が浸透したり、知らぬうちに透過したりしてしまうおそれがある。

表4.5.10　保護手袋の素材Ⅱ

素　材	特　徴
PVA（ポリビニルアルコール）	・有機溶剤に幅広く使える ・酸、アルカリに不適 ・水やアルコールとの接触不可
ブチルゴム	・ケトン、エステルにも使える ・厚手で強度がある ・細かい作業には向かない
フッ素ゴム	・塩素化炭化水素、芳香族溶剤にも使える ・密着性が低い
多層フィルム LLDPE	・積層にして耐溶剤性を上げたもの ・酸、塩素化炭化水素に耐透過性を示す ・フィルム状で装着感が悪い（上にニトリル手袋を装着）
多層フィルム EVOH	・積層にして耐溶剤性を上げたもの ・芳香族アミンに対し耐透過性を示す ・フィルム状で装着感が悪い（上にニトリル手袋を装着）

　一方、**表4.5.10**は、比較的高価で、１双ごとに包装され、5,000円から25,000円程度まで、あるいは10双入りフィルムとして10,000円程度で販売される保護手袋である。JIS T 8116の規格名「化学防護手袋」を冠しているものが多く、ここ１年間で、WEBページなどでの耐透過性データの整備が急速に進んだ。店舗で手に入らない場合は、保護具メーカーや代理店を通じて入手する。素材ごとに取扱い方法が異なり、防護性能もさまざまである。これらについても、**表4.5.9**に示す保護手袋と同様に、短時間（10分から480分程度）での使い捨てを前提として開発されたものであるため、メーカーが示す性能保証を超えての長時間の使用は、手袋素材を透過した化学物質が皮膚に直接接触して経皮吸収による健康障害の原因になることに留意する。

⑸　化学防護手袋の選択【厚生労働省リーフレットから】

　全ての化学物質に適合する化学防護手袋はないこと、対象の化学物質に対して耐劣化性や耐浸透性に優れた保護手袋であっても、耐透過性能については、限られた時間においてのみ有効であることを念頭において選択することが重要である。市場に多くある化学防護手袋のうちから、適合しない物を除去した上で、残った物から必要な性能を有することを確認するプロセスとなる。**図4.5.7**は、厚生労働省が令和６年２月に公表したリーフレットに記載された化学防護手袋の選定フローである。

　以下に、具体的な手法を説明する。保護具着用管理責任者が中心となって行うべき手順である。

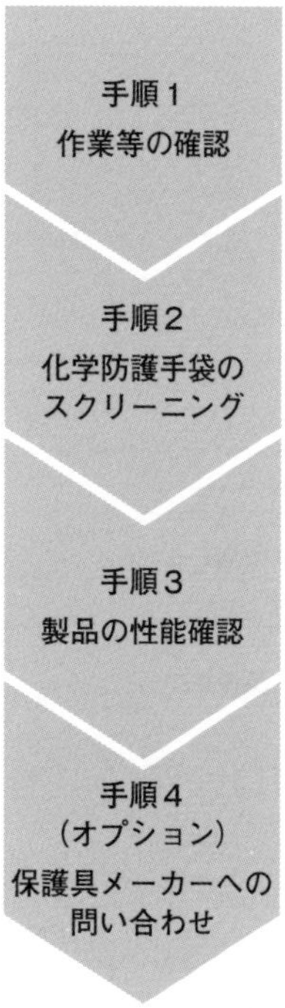

手順1 作業等の確認	**手順1（作業等の確認）** <u>作業や取扱物質について確認</u> ・取扱物質が皮膚等障害化学物質か。 ・作業内容と時間はどの程度か。
手順2 化学防護手袋の スクリーニング	**手順2（化学防護手袋のスクリーニング）** <u>化学防護手袋の材料ごとの耐透過性データを確認し、候補を選定</u> ・耐透過性能一覧表で取扱物質を確認。 ・手順1で確認した作業内容・時間を参考に作業分類を確認。 ・作業パターンに適した耐透過性レベルの材料候補を選定。
手順3 製品の性能確認	**手順3（手袋製品の性能確認）** <u>化学防護手袋の説明書等で製品の具体的な性能を確認</u> ・材料名、化学防護手袋をキーワードにインターネットで検索する等して参考情報を確認。 ・説明書等で規格、材料、耐浸透性能、耐透過性能等に適しているかを確認。ただし、耐透過性能の情報がない場合は耐透過性能一覧表のデータにより選択して差し支えない。
手順4 （オプション） 保護具メーカーへの 問い合わせ	**手順4（保護具メーカーへの問い合わせ（オプション））** <u>保護具メーカーへ必要な製品の情報を確認</u> ・必要に応じ、取扱物質、作業内容等を保護具メーカーへ連絡し、化学防護手袋の選定の助言を受ける（必須ではない）。

（資料：厚生労働省資料）

図4.5.7　化学防護手袋の選定フロー

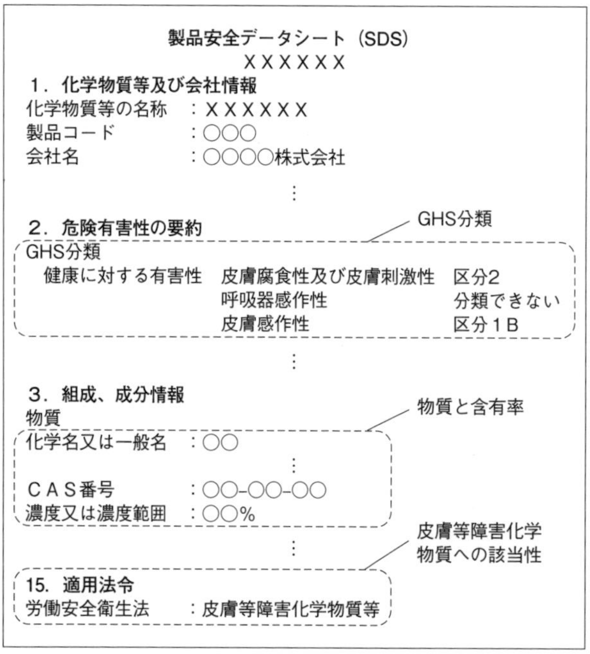

図4.5.8　SDSイメージ（第2項、第3項、第15項）

ア．作業と取扱物質について の確認

㋐　取扱物質の皮膚等障害化学物質等への該当の有無の確認

　まず、取扱物質（混合物であることが多い）のSDSやメーカーのホームページ等を確認し、**図4.5.8**のとおり、SDSの「15．適用法令」の欄に「皮膚等障害化学物質等」の記載があるかを確認する。SDSの「15．適用法令」や有害性区分に該当

する記載がない場合であっても、SDSの「3．組成、成分情報」から成分物質名と含有率を確認し、巻末にリンク先を示した皮膚等障害化学物質等のリストに照らして、皮膚等障害化学物質等への該当の有無を確認する。リスト右欄の裾切値の記載にも留意すること。

　次に、「2．危険有害性の要約」のGHS 分類区分を確認する。「皮膚腐食性・刺激性」、「眼に対する重篤な損傷性・眼刺激性」または「呼吸器感作性又は皮膚感作性」のいずれかが区分1である場合は、「皮膚等障害化学物質等」に該当する。

　これらSDSに記載の情報については、皮膚等障害化学物質等に関する通達が見直された令和5年11月以降、順次更新されていくものと考えられるが、当分の間は、入手したSDSに洩れがある可能性があるため、該当がない場合は、化学物質の名称やCAS番号の情報をもとに、公的な化学物質データベース（NITE-CHRIP等）で情報を検索し、皮膚等障害化学物質への該当の有無を確認するのがよい。

　「NITE-CHRIP＊」は、独立行政法人製品評価技術基盤機構が提供する化学物質総合情報提供システムで、化学物質の名称やCAS番号からその法規制・有害性情報等を検索することができる。

　最後に、眼のみへの影響により皮膚等障害化学物質等に分類されているものではないことを確認する。上で確認した情報を巻末にリンク先を示した皮膚等障害化学物質等のリストに照らして、「皮膚刺激性有害物質」、「皮膚吸収性有害物質」の欄に「●」の記載があることを確認する。これにより、対象の化学物質の使用において、不浸透性の保護手袋の使用が義務付けられることがわかる。

　もし、皮膚刺激性有害物質の欄に「●eye」と記載され、皮膚吸収性有害物質の欄が空欄の場合は、眼のみへの影響がある皮膚等障害化学物質等であるため、保護手袋ではなく保護眼鏡の使用に特化した対策を講ずる。

(イ)　取扱い時の性状の確認

　提供されたSDS等をもとに、取扱物質の性状および作業内容を把握し、取扱い時の性状を確認する。SDSでは、「9．物理的及び化学的性質」を参照すれ

＊　https://www.chem-info.nite.go.jp/chem/chrip/chrip_search/systemTop

表4.5.11　作業内容・作業時間の確認シート（例）

項目	内容（例）	記入欄	判定*
使用時の状況	これまでの作業で化学物質が手（手袋）に付着したことがあるか。	・はい ・いいえ	
	付着したことがある場合、手にどの程度付着したことがあるか。	・手から肘まで ・手と手首 ・両手全体 ・両手のひら ・片手のひら ・飛沫程度	・接触大きい ・接触限定的 ・接触しない
作業時間	準備、後片付けも含めて化学物質が皮膚に付着する可能性のある時間はどの程度か。 なお、作業時間は化学物質に触れる時間ではなく、化学物質に触れる可能性のある作業を開始してから終了するまでの時間である。		・60分以下 ・60分超240分以下 ・240分超

＊判定欄は、次のイ.で使用する。

ばよい。

　　固体の取扱いにおける化学防護手袋の選定については、イ.の(ウ)の a.を参照のこと。

(ウ)　作業内容と作業時間の確認

　　化学物質の取扱状況、すなわち皮膚ばく露の状況を確認する。これは、皮膚障害等を化学物質そのものの有害性だけでなく、そのばく露の程度にも着目して防止する試みである。

　　表4.5.11に示すような記入シートを参考にしてもよい。

イ．適切な化学防護手袋のスクリーニング

　　取扱い物質や作業内容・作業時間をもとに、巻末にリンク先を示した耐透過性能一覧表を参考に化学防護手袋の材料の候補を選定する。耐透過性能一覧表の各項目については、厚生労働省が委託事業で作成した「皮膚障害等防止用保護具の選定マニュアル（第1版）」の34〜35ページを参照のこと。

　　凡例は、JIS T 8116の耐透過性クラスを参考に、一部クラスをまとめ**表4.5.12**のとおり記号と色分けで示している。不適合とされたものについては、平均標準破過検出時間が非常に短いため、基本的に使用できない。

(ア)　使用可能な耐透過性クラスの確認

　　ア.で確認した作業内容と作業時間に応じて、使用可能な耐透過性クラスを決定する。

<作業分類>

　作業内容に応じて、通常時、異常時の２つに分けて化学物質が皮膚に付着する状況を考慮し、接触が大きい作業（作業分類１）、接触が限られている作業（作業分類２）、接触しないと想定される作業（作業分類３）の３つに作業分類を行う。

表4.5.12　耐透過性能一覧表の凡例

凡例	定義 （JIS T 8116 に基づく）	平均標準破過検出時間 （JIS T 8116 に基づく）
◎	耐透過性クラス 5 以上	240 分超
○	耐透過性クラス 3、4	60 分超 240 分以下
△	耐透過性クラス 1、2	10 分超 60 分以下
×	不適合	10 分以下

（資料：厚生労働省「皮膚障害等防止用保護具の選定マニュアル（第1版）」令和6年2月）

　通常時と異常時の作業分類が異なる場合は、化学物質に触れる面積が大きいほうの分類を採用する。

<作業時間>

　作業時間に応じて、「60分以下」、「60分超240分以下」、「240分超」の３つのうちいずれに該当するかを確認する。１時間以内の作業、半日以内の作業、終日行う作業の３つに区分すればよく、休憩時等に手袋を脱着して交換する場合は、以後新たに作業時間を設定してよい（**図4.5.9**）。

　作業分類と作業時間を勘案し、国の『皮膚障害等防止用保護具の選定マニュアル』の図３-９（本書の**図4.5.10**）に従って、使用可能な手袋を選定する。

　使用の可否に着目して簡素化すると、**表4.5.13**のようになる。

　手袋素材に対する化学物質の透過は、複雑なプロセスと考えられるが、現在得られた破過時間等のデータは、実験レベルで得られたものにすぎないため、過信すべきではない。実際の使用可能時間の設定に当たっては、使用状況や使用場所の環境、混合物の状態等を考慮し、破過時間には安全率を見込む必要がある。

(イ)　使用可能な手袋素材の確認

　巻末にリンク先を示した耐透過性能一覧表を使用し、使用可能な手袋素材を

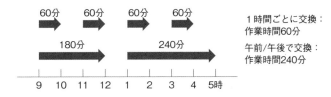

図4.5.9　休憩等で脱着して交換する場合の作業時間の考え方

使用可能な耐透過性クラス※1 (JIS T 8116に基づく) ◎ 耐透過性クラス5、6 ○ 耐透過性クラス3、4 △ 耐透過性クラス1、2 ※1：なお、「使用可能な耐透過性クラス」は幅で記載されているため、作業時間と破過時間で差異がある可能性がある	作業分類1 接触面積が大きい作業			作業分類2 接触面積が限られている作業			作業分類3 接触しないと推定される作業		
	手を浸漬するなどで、手や腕全体が化学物質に触れる作業やウエスで拭きとる等で手のひら全体が化学物質に触れる作業等、化学物質に触れる面積が大きい作業または、何らかの異常や意図しない事象が起きたときに、手が浸漬するなど、大きな面積が化学物質に触れてしまうおそれが高い作業			作業分類1以外で、指先に化学物質が触れる作業や飛沫により液滴が手に触れる作業等、手の一部が化学物質に触れる作業または、何らかの異常や意図しない事象が起きたときに、手の一部が化学物質に触れてしまうおそれが高い作業			化学物質を取り扱うが、化学物質に触れることは通常想定されない作業または、何らかの異常や意図しない事象が発生した際に、飛沫等がかかるおそれがある作業。本分類では化学物質に触れた際はその時間を起点に、取扱説明書に記載の使用可能時間以内に速やかに手袋を交換する		
作業時間 240分超	◎			◎	○		◎	○	△
60分超 240分以下	◎	○		◎	○	△	◎	○	△
60分以下	◎	○	△	◎	○	△	◎	○	△

※2：なお、異常時や事故時において化学物質に触れ、重大な健康影響を及ぼすおそれがある場合には、化学物質の有害性を踏まえて、接触するシナリオに応じた保護手袋、保護衣等を選定のうえ、着用すること
※3：密閉化や自動化された作業等、化学物質に接触することが全く想定されない作業については、必要に応じて手袋を着用する。

図4.5.10　作業分類、作業時間および使用可能な手袋の対応表

表4.5.13　保護手袋を使用する作業の分類と選択の早見表

	作業分類1 接触が大きい作業	作業分類2 接触が限られている作業	作業分類3 接触しないと想定される作業
通常時	化学物質に触れる面積が大きい作業	手の一部が化学物質に触れる作業	化学物質に触れることが想定されない作業
異常時	大きな面積が化学物質に触れてしまうおそれが高い作業	手の一部が化学物質に触れてしまうおそれが高い作業	飛沫等がかかるおそれがある作業
補足説明	手のひら全体が化学物質に触れる作業（ウエスによる払拭など）異常時等に手が浸漬するおそれがある作業	指先に化学物質が触れる作業や飛沫により液滴が手に触れる作業 作業頻度、使用量、化学物質の濃度を考慮してもよい	
作業時間≦60分	—	—	—
作業時間≦240分	クラス1、2は不可	—	—
作業時間>240分	クラス1、2、3、4は不可	クラス1、2は不可	
留意事項	耐透過性クラスで定められた時間を守る 製品の破過時間を確認する		クラス1、2は付着の都度交換する

全ての作業時間において、クラス5、6が望ましい。

選定する（386ページ参照）。一覧表上で、取り扱う化学物質の情報を、CAS番号または化学物質の名称で検索する。次に、㋐で整理した使用可能な耐透過性能を満たす手袋素材を確認した上で、該当する製品を選択する。

㈡　留意事項

　　a．固体取扱い時の対応

　　　　乾燥した固体の化学物質の取扱いにおいては、化学防護手袋の選定に制約はない。ただし、以下の条件においては、化学物質の透過を考慮し、不浸透性の化学防護手袋を選択すること。

　　　　・ナノ粒子状物質

　　　　・固体が昇華する物質：ナフタレン、沃素等

　　　　・大気中の水分を吸収して液体化する（潮解性の）物質：水酸化ナトリウム、塩化カルシウム、クエン酸等

　　　　・空気や水分と化学的に反応する物質

　　　　・液体や他の固体と混合されている物質

　　　　・ペースト状の物質

　　b．混合物取扱い時の対応

　　　　混合物の取扱いにおいては、その全ての成分に対して㈠および㈡を検討することが望ましいが、選択肢が限られる場合は、成分に対し有害性（特に発がん性、生殖細胞変異原性）に応じて優先順位をつけるなどの対応を検討する。必ずしも混合物中の主成分を優先すればよいとは限らない。以下は、皮膚障害等防止用保護具の選定マニュアルに記載されている対応例である。

　　　　・混合物中の複数の成分に対し、破過時間が最も長い手袋素材を選択する。

　　　　・混合物中の成分がいずれも透過しないよう、手袋素材を複数選択して重ねて使用する。

　　c．研究開発部門等での化学防護手袋の選択

　　　　研究開発部門等で、化学防護手袋を交換することなく少量多品種の化学物質を取り扱う場合は、使用する全ての化学物質に対し耐透過性能を有することを確認する必要がある。ある特定の化学物質に対し耐透過性能を有しない場合は、その化学物質の取扱時に別の耐透過性能を有する化学防護手袋を使用するよう定める方法もある。

　　d．使用可能な手袋素材がない場合

　　　　公開されているデータの範囲で使用可能な手袋素材を見つけることができない場合は、信頼できる化学防護手袋メーカーに問い合わせてみる。

(6)　保護手袋の使用と保守管理

ア．装着前の点検

　　保護手袋の装着に当たっては、その都度、作業者に、傷、穴あき、亀裂等外観上の異常がないことを確認させる。運搬、保管時に傷つく可能性があるほか、ゴム素材に気泡が生ずるなど製造時からのピンホールの可能性もある。保護手袋の内側に空気を吹き込み、穴がないことを確認する方法もあるが、厚手の素材など全て確認できるわけではない。

　　手袋のフィット感は、作業性に影響することから、手の大きさに合ったサイズの保護手袋を選定する。なお、天然ゴム素材のものは、まれに、ゴムの木の樹液に由来するたんぱく質が原因のラテックスアレルギーを引き起こすことがあるため、試着時に異常がないかどうかを確認する。ラテックスアレルギーは皮膚だけでなく、浮遊素材を吸い込み喘息のような呼吸器症状を引き起こすこともある。

　　予備の保護手袋を常時備え付け、適時交換して使用できるようにする。

イ．透過時間（使用可能時間）の確認

　　あらかじめ調査した透過時間をもとに安全率を見込んで使用可能時間を設定して作業者に周知し、交換時期を徹底させる。一度使用を開始した保護手袋は、作業終了後も素材への透過が進行するので、作業を中断している間も使用可能時間に含めること。特に、作業終了後、翌日の作業に再使用することはできない旨を徹底させる。

ウ．保護手袋の取外し

　　保護手袋を脱ぐときは、外面に付着している化学物質が身体に付着しないよう、できるだけ化学物質の付着面が内側になるように外し、廃棄する。保護手袋の外し方については、作業者全員で手順を共有しておく。手順を動画や写真で見えるようにしておくことが、災害を防ぐポイントになる。

　　汚染した保護手袋は放置せず、他の作業者が触れないよう袋に入れて密封して捨てる。廃棄に当たっては使用する化学物質のSDSや関係法令に従うこと。

エ．袖口の処理

　　化学物質による労働災害の調査において、化学物質が袖口から侵入したと思われるケースが散見される。必要に応じて、袖口を不浸透性のテープで留める等の対応が必要である。腕を肩より上に上げて行う洗浄作業など、化学物質が袖口から侵入することがあらかじめ想定される作業では、必要に応じて、専用の袖口用器具を用いる、手袋一体型化学防護服を選択することなども考慮する。

オ．保護手袋の保守管理

　未使用の保護手袋を保管する際は、直射日光や高温多湿を避け、冷暗所に保管する。PVA素材の保護手袋は、空気中の水分に触れると表面が劣化するので、使用直前まで開封してはいけない。

(7)　保護衣

　安衛則に規定する保護衣には、作業着や白衣も含まれるが、局所排気装置の囲い式フードなどにより液滴からの保護がない限りは、不浸透性の性能表示がある化学防護服を選択すべきである。

　化学防護服は、酸、アルカリ、有機溶剤その他のガス状、液体状または粒子状の化学物質を取り扱う作業において、化学物質が作業者の皮膚に直接接触することによる健康障害を防止するために使用する。

　化学防護服の種類は、JIS T 8115に具体的に規定されている。内部を気密に保つ構造の気密服（タイプ1）、外部から呼吸用空気を取り入れ内部を陽圧に保つ構造の陽圧服（タイプ2）のほか、液体防護用密閉服（タイプ3）や浮遊固体粉じん防護用密閉服（タイプ5）などがある（**表4.5.14**）。タイプ5の浮遊固体粉じん防護用密閉服は、浮遊固体粉じんを防護するもので、通気性、透湿性が良い特徴があり、液体化学物質の防護には適さない。市販されている化学防護服は、2つ以上のタイプに対応可能なものが多い。

コラム

化学防護服の効果

　石油系有機溶剤の蒸気が気中に発散し、溶剤の飛沫が付着するおそれのある建設工事現場においては、防毒マスク等により吸入ばく露低減を図るだけでなく、保護手袋や化学防護服の使用が欠かせない。対象となる化学物質が皮膚等障害化学物質に該当する場合、保護手袋は、耐劣化性、耐浸透性を有する素材であることはもちろん、耐透過性を考慮して使用可能時間を決めなければならない。

　尻やひざをつくことで溶剤が浸透し想定外の大量ばく露が起こり得る。また、綿や混紡の素材でできた通常の作業服では、溶剤が直接触れなくても、表面にある凹凸や

すき間から作業服の内側に透過してしまい、作業服の内側における溶剤の濃度が外側（気中）の半分程度まで上昇することがあり、溶剤の種類によっては、皮膚からの吸収による健康障害のおそれがある。ある調査では、有機溶剤蒸気防護に対応した化学防護服を選択して使用させたところ、化学防護服の内側の濃度を外側の10分の1程度まで低減することができた。

　ただし、透湿性がなく首周りからの放熱が困難な化学防護服の装着により熱中症リスクが確実に上昇するため、特に夏季における作業では、休憩時間の確保が重要となる。

綿織布の繊維構造（貫通孔は50μm）

不織布の防護服の表面形状

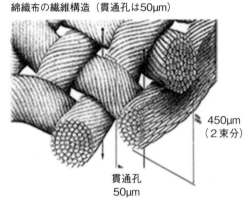

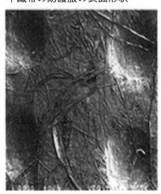

450μm
（2束分）

貫通孔
50μm

（資料：旭・デュポンフラッシュスパンプロダクツ㈱）

図4.5.11　防護服の表面形状

表4.5.14　JIS T 8115に規定する全身化学防護服の種類

タイプ1	気密服	自給式呼吸器等を服内/服外に装着する気密服
タイプ2	陽圧服	外部から服内部を陽圧に保つ呼吸用空気を取り入れる構造の非気密形全身化学防護服
タイプ3	液体防護用密閉服	液体化学物質から着用者を防護するための全身化学防護服　所要の耐液体浸透性をもつもの
タイプ4	スプレー防護用密閉服	スプレー状液体化学物質から着用者を防護するための全身化学防護服　所要の耐スプレー状液体化学物質浸透性をもつもの
タイプ5	浮遊固体粉じん防護用密閉服	浮遊固体粉じんから着用者を防護するための全身化学防護服
タイプ6	ミスト防護用密閉服	ミスト状液体化学物質から着用者を防護するための全身化学防護服

　なお、タイプ3など蒸気を透過しない機能は、通気性、透湿性を犠牲にしており、体熱の放散がしづらく熱中症リスクが高くなることにもつながる。このため、熱中症予防対策として実施する暑さ指数（WBGT値）による労働衛生管理においては、相当の着衣補正値を見込む必要がある（**表4.5.15**）。WBGT基準値に照らして評価し、必要に応じて休憩時間を長めに確保する。

　また、これら全身化学防護服とは別に、化学防護服の素材を用いたガウンやエプロンなどの部分化学防護服もある。全身化学防護服は、装着者への負担が大きく、作業性への影響もあることから、単に防護性能が高いものを選択すればよいというわけではない。保護具着用管理責任者は、首回りや袖口、背部への液滴のはねが想定されるかどうかなど、化学物質のばく露実態に応じて、部分化学防護服の選定も検討する。

表4.5.15　衣類の組合せによりWBGT値に加えるべき着衣補正値（℃ -WBGT）

組合せ	WBGT値に加えるべき着衣補正値（℃ -WBGT）
作業服	0
つなぎ服	0
単層のポリオレフィン不織布製つなぎ服	2
単層のSMS不織布製のつなぎ服	0
織物の衣服を二重に着用した場合	3
つなぎ服の上に長袖ロング丈の不透湿性エプロンを着用した場合	4
フードなしの単層の不透湿つなぎ服	10
フードつき単層の不透湿つなぎ服	11
服の上に着たフードなし不透湿性のつなぎ服	12
フード	+1

※1：透湿抵抗が高い衣服では、相対湿度に依存する。着衣補正値は起こりうる最も高い値を示す。
※2：SMSはスパンボンド-メルトブローン-スパンボンドの3層構造からなる不織布である。
※3：ポリオレフィンは、ポリエチレン、ポリプロピレン、ならびにその共重合体などの総称である。

（出典：厚生労働省「熱中症予防対策要綱」）

(8)　保護眼鏡

　化学物質を取り扱う作業において、浮遊粉じん、飛沫、飛来物などから作業者の眼や顔を保護するために保護眼鏡等を使用する。

　保護眼鏡には、ゴグル形（あらゆる角度から発生する飛来物などから眼を保護する）とスペクタクル形（正面からの飛来物などから眼を保護する。サイドシールド付きは正面および側面からの飛来物などから眼を保護する）がある。顔面を保護するためには顔面保護具（防災面）も使用可能である。

　化学物質のガスや蒸気から作業者の眼や顔面を保護する必要がある場合は、全面形面体、フェイスシールドまたはフードを有する、取り扱う化学物質に対して有効な呼吸用保護具を使用する必要がある。

　選択に当たっては、作業者の顔にあったものとするとともに、他の保護具との干渉を考慮し、作業への支障がないようにする。作業者が眼鏡使用者である場合は、眼鏡の上から装着することができる保護眼鏡もある。

　作業者がコンタクトレンズを使用していると、化学物質の飛沫が眼に入ったときに重篤な障害を引き起こすおそれがあるので、あらかじめ作業者に対して注意喚起をして眼鏡使用を呼びかけ、やむを得ない場合はゴグル形の保護眼鏡を使用させる。

【写真協力】興研㈱、㈱重松製作所、柴田科学㈱、スリーエムジャパン㈱、山本光学㈱（50音順）

第6章 特別則に基づく化学物質規制との関係

　特別則で規制されている123物質については、リスクアセスメント対象物に含まれるが、当分の間、自律的な化学物質管理と併存することとなるため、特別則に規定されている個々の措置を講ずる必要がある。令和4年5月の規制見直しに併せていくつかの調整がなされており、化学物質管理者が行う職務にも関連があるので、紹介することとする。

1．化学物質管理の水準が一定以上の事業場に対する個別規制の適用除外

　化学物質管理の水準が一定以上であると所轄都道府県労働局長が認定した事業場については、その規制対象物質を製造し、または取り扱う業務等について、対象となる特別則の規定が適用されないこととなる。

　その具体的事項については、第1編第4章を参照のこと。

2．特殊健康診断の頻度の緩和

　特定化学物質、有機溶剤、鉛および四アルキル鉛に関する特殊健康診断の実施については、以下の全て要件を満たす場合には、特殊健康診断の対象業務に従事する労働者に対する特殊健康診断の実施頻度を、6カ月以内ごとに1回から、1年以内ごとに1回に緩和することができる（製造禁止物質および特別管理物質に係る特殊健康診断を除く）。

・対象となる労働者が業務を行う場所における直近3回の作業環境測定の評価結果が第一管理区分に区分されたこと（四アルキル鉛を除く）。
・直近3回の特殊健康診断の結果、労働者に新たな異常所見がないこと。
・直近の健康診断実施後に、軽微なものを除き作業方法の変更がないこと。

　特殊健康診断の実施頻度の緩和は、都道府県労働局長の認定を受ける必要はないが、労働者ごと、かつその都度の判断となることに留意が必要である。

３．作業環境測定結果が第三管理区分の事業場に対する措置の強化

特別則に基づく作業環境測定の結果の評価の結果、第三管理区分に区分された場所については、特別則の規定に基づき、評価の結果に基づく措置として、直ちに点検を行い、施設または設備の設置または整備、作業工程または作業方法の改善その他作業環境を改善するため必要な措置を講じ、管理区分を第一管理区分または第二管理区分となるようにしなければならないとされている。

したがって、第三管理区分と評価された場合は、従来どおり作業環境の改善等の措置を講ずることが原則である。作業が複雑で囲い式フードの設置が困難な場合、溶剤等の発散面が広すぎるために、外付け式フードがつけられない場合など、一見すると作業環境改善が困難と思われた場合でも、工学的対策の専門家の関与により、気流を工夫したプッシュプル型換気装置が設置され、第一管理区分にまで改善したという事例は多くある。

しかし、全てがこのような解決をみるわけではなく、第三管理区分と評価された作業場所には、発散源の密閉化、局所排気装置やプッシュプル型換気装置の設置といった工学的措置が技術的に困難な場合がある。結果として、作業環境が第三管理区分のまま改善されず、労働者のばく露の程度が最小限度とならない状態が放置されてしまう状況も一定数ある。今回の法令改正は、こうした第三管理区分が結果として放置されてきた作業場所に対する措置の強化であり、まずは、工学的措置等により、作業環境改善の可能性があるかどうかを専門家が判断するところが出発点となる。

作業環境改善の余地がないと専門家が判断すれば、適正な呼吸用保護具を選択して使用することにより、化学物質の濃度が高い作業環境においても、労働者のばく露の程度を一定以下とする改善の取組等を講ずることとされたものである。

作業環境改善の可否や改善措置の内容については、事業場の外部の作業環境管理専門家の意見を求め、工学的措置について高度な知見を有する専門家の視点により確認することとされている。外部の作業環境管理専門家は、作業環境測定機関などに依頼することができる。作業環境管理専門家については、第1編第4章を参照のこと。

作業環境測定の結果の評価が第三管理区分となり、作業環境の改善が困難と自ら判断した場合に、事業者に義務付けられる措置は次のとおりである（図4.6.1）。

① その作業場所の作業環境の改善の可否と、改善できる場合の改善方策について、外部の作業環境管理専門家の意見を聴くこと。

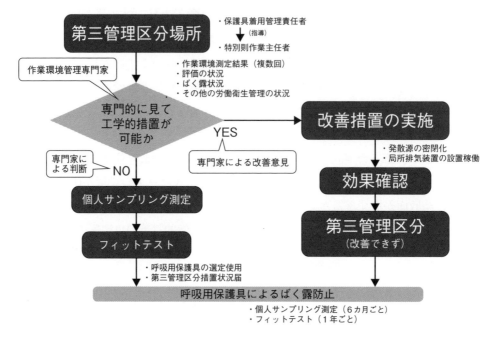

図4.6.1　第三管理区分の事業場に義務付けられる措置

② 　①の結果、作業場所の作業環境の改善が可能な場合、必要な改善措置を講じ、
その効果を確認するための濃度測定を行い、結果を評価すること。

③ 　①の結果、作業環境管理専門家が改善困難と判断した場合、または②の濃度測
定の結果が第三管理区分に区分された場合は、以下の事項が必要となる。

・個人サンプリング測定等による化学物質の濃度測定を行い、その結果に応じて
労働者に有効な呼吸用保護具を使用させること。

・その呼吸用保護具が適切に装着されていることを確認すること。

・保護具着用管理責任者を選任し、濃度測定と呼吸用保護具の適切な着用の確認
の管理、作業主任者の職務に対する指導等を担当させること。

・①の作業環境管理専門家の意見の概要と、②の措置と評価の結果を労働者に周
知すること。

・これらの措置を講じたときは、遅滞なく措置の内容を所轄労働基準監督署長に
届け出ること（**図4.6.2**）。

なお、作業場所の作業環境測定の結果の評価が第三管理区分から第一管理区分ま
たは第二管理区分に改善するまでの間、次の措置についても講ずる必要がある。

④ 　6カ月以内ごとに1回、定期に、個人サンプリング法等による化学物質の濃度

様式第2号の3（第28条の3の3関係）（表面）

第三管理区分措置状況届

事　業　の　種　類	
事　業　場　の　名　称	
事　業　場　の　所　在　地	郵便番号（　　　） 　　　　　　　　　　　　　　　　　　　電話　　　（　　）
労　　働　　者　　数	人
第三管理区分に区分された場所において製造し、又は取り扱う有機溶剤の名称	
第三管理区分に区分された場所における作　業　の　内　容	

作業環境管理専門家の　意　見　概　要	所属事業場名		
	氏　　　　名		
	作業環境管理専門家から意見を聴取した日	年　　　月　　　日	
	意　見　概　要	第一管理区分又は第二管理区分とすることの可否	可　・　否
		可の場合、必要な措置の概要	

呼吸用保護具等の状況	有効な呼吸用保護具の使用	有　・　無
	保護具着用管理責任者の選任	有　・　無
	作業環境管理専門家意見等の労働者への周知	有　・　無

　　年　　　月　　　日

　　　労働基準監督署長殿

　　　　　　　　　　　　　　　　　　　　事業者職氏名

様式第2号の3（第28条の3の3関係）（裏面）

備考
1　「事業の種類」の欄は、日本標準産業分類の中分類により記入すること。
2　次に掲げる書面を添付すること。
　①　意見を聴取した作業環境管理専門家が、有機溶剤中毒予防規則第28条の3の2第1項に規定する事業場における作業環境の管理について必要な能力を有する者であることを証する書面の写し
　②　作業環境管理専門家から聴取した意見の内容を明らかにする書面
　③　この届出に係る作業環境測定の結果及びその結果に基づく評価の記録の写し
　④　有機溶剤中毒予防規則第28条の3の2第4項第1号に規定する個人サンプリング測定等の結果の記録の写し
　⑤　有機溶剤中毒予防規則第28条の3の2第4項第2号に規定する呼吸用保護具が適切に装着されていることを確認した結果の記録の写し

図4.6.2　改善措置の届出の様式（有機則）

　　測定を行い、その結果に応じて労働者に有効な呼吸用保護具を使用させること。
　　測定および評価結果はその都度記録し、3年間保存すること。
⑤　1年以内ごとに1回、定期に、呼吸用保護具が適切に装着されていることを確
　　認（フィットテスト）すること。

第5編

化学物質を原因とする
災害発生時の対応

第1章　災害発生時の措置

リスクアセスメント対象物を製造し、または取り扱う事業場において、リスクアセスメント対象物を原因とする爆発・火災等による死傷や健康障害等の労働災害が発生した場合の対応は、化学物質管理者の職務とされている。

1．災害発生時等緊急時の対応

(1)　緊急時の基本的対応

災害発生等緊急時において災害の程度を最小限に抑え、拡大するのを防止するため、的確な対応が求められる。そのため、緊急時を想定して緊急時対応マニュアルを作成し、労働者に周知するとともに訓練を繰り返す必要がある。

対応マニュアルは、緊急体制を組み、緊急時の担当者を決定し、関係機関などへの連絡、現場の指揮をとって初動の緊急対応が行える内容であることが大切である。そのため、緊急時の指揮命令系統と役割分担、避難経路の確保と避難手順などをあらかじめ決めておき、それらを対応マニュアルに盛り込んでおくことが必要である。

また、化学物質は危険性又は有害性が高いことから、設備等が管理限界を超えた場合に緊急停止操作を行うが、緊急停止の方法や操作手順等を間違えた場合、危険回避措置が遅れ、接続部およびシール部等からの漏えいにつながり、爆発・火災に至る可能性がある。そのため、緊急停止措置の手順のカード化、緊急時操作の自動化、インターロックの整備、配管、操作バルブの色別表示および標識等による誤操作防止措置などの対策をとっておくことも必要である。スイッチ類は、色別表示のほか、形状、表示方法、配列、作動方向などについて統一性を持たせることも重要である。

緊急停止操作で判断や操作を誤ったり、災害が大きくなったり、二次災害につながることもある。そのため、緊急時において的確に判断や操作ができるように、日頃から事故や異常ケースを想定した訓練を年間計画に定めて、定期的に行っていくことも大切である。訓練は想定訓練、机上訓練、初期防災訓練など実践的なものにし、緊急時の対応マニュアルに基づいて実施し、訓練を通して、緊急時にとるべき

各自の役割を明確にしておく。

　なお、緊急時の行動基準を定め、爆発・火災や大量漏えいなどにおいては現場確認は必要最小限の人数とし、関係者を速やかに避難させることも大切である。

　また、事故による化学物質の大量漏えいを想定しておき、濃度を検知する機器や緊急用の呼吸用保護具、洗眼、洗身設備などの設備のほか、救急薬品、救急措置の訓練など応急措置の準備をしておくことも必要である。大規模な被害が想定される場合は公設消防や地域の医療機関と連携をとり訓練を行うことも必要である。

　緊急事態が発生した場合の措置は、次の事項が含まれていることが必要となる。

① 　消火および避難の方法
② 　被災した労働者の救護の方法
③ 　消火設備、避難設備および救助機材の配備
④ 　緊急事態発生時の各部署の役割および指揮命令系統の設定
⑤ 　緊急連絡先の設定
⑥ 　二次災害の防止対策

(2)　事前の準備

　化学物質のばく露により急性の健康障害を起こした場合、その障害の程度は、その化学物質の毒性とばく露量により、軽微なものから救護を必要とするものまで大きく異なる。

　そのため、事業場で製造し、または取り扱うリスクアセスメント対象物については、その危険性、有害性について、あらかじめSDS等により整理し、被災した場合の対応についても準備しておく必要がある。

(3)　退避等の措置

　リスクアセスメント対象物が漏えいした場合において、労働者に危険が及ぶおそれまたは健康障害を受けるおそれのあるときは、労働者を作業場等から退避させる必要がある。

　被災して意識を失った作業者を救出する際には、二次災害の発生を予期し、決して無防備で飛び込んではならない。意識障害を起こすほどの有害物質が充満しているとすれば、非常に高濃度で救助者もまた意識障害を起こす可能性が高いからである。このため、酸素濃度や有害物質の濃度の確認を行った上で、十分な換気を行うとともに、空気呼吸器等の給気式呼吸用保護具等を用いた複数人による救助活動と

する。爆発・火災の可能性がある場合には、火気の使用や火花を誘発し得る一般電気製品（換気扇、携帯電話など）や電動ファン付き呼吸用保護具の操作を禁止するとともに、現場に残された着火源の有無の確認も行う。

⑷　災害時に行うべき応急措置

　リスクアセスメントの実施や、その後のリスク低減対策により防ぐことができる化学物質による事故災害であるが、それでも災害が発生した場合には、その被害を最小限にするための応急措置が必要となる。

　特に災害時に応急措置が必要となるのは、
・吸入により呼吸器に重篤な障害をもたらすおそれがある場合
・皮膚粘膜への刺激性・腐食性が強い場合
・体内侵入後の急性期または亜急性期に全身中毒症状を呈する可能性がある場合
等がある。なお、必ずしも受傷直後に特徴的な症状を呈するとは限らず、ばく露後数時間から時には数日後に発症をする場合があることを念頭に置き、対応をする必要がある。

　そのためには、まずは化学物質のばく露を過小評価せずに、ばく露部位の原因物質をできる限り速やかに除去したのち、SDS等の有害性情報等を参考に、当該化学物質により発生するおそれがある症状・所見を観察し、その変化がみられる場合やその可能性が懸念される場合には、速やかに医療機関での対応を図る必要がある。

　救急搬送または医療機関の受診に当たっては、必ず取り扱う化学物質のSDSその他の必要な情報を救急隊、医療機関等に提供すること（**表5.1.1**）。

表5.1.1　救急隊、医療機関に伝える原因物質のSDS情報

1	**製品及び会社情報** **化学物質等（化学品／製品）**	8	ばく露防止及び保護措置
2	**危険有害性の要約** **GHS分類結果、ラベルの要素**	9	物理的及び化学的性質
		10	安定性及び反応性
3	組成及び成分情報	11	**有害性情報**
4	**応急措置**	12	環境影響情報
5	火災時の措置	13	廃棄上の注意
6	漏出時の措置	14	輸送上の注意
7	取扱い及び保管上の注意	15	適用法令
		16	その他の情報

２．主な局所的健康影響と対応の例

⑴　吸入ばく露に伴う呼吸器系への影響

ア．化学性肺炎（肺水腫）

　各種の酸やアルカリ、一部の金属など皮膚粘膜への刺激性・腐食性が強い物質をガス・蒸気または粉じんとして吸入した際、肺胞粘膜上皮での炎症が発生する。広範囲に及ぶ場合にはいわゆる肺水腫の状態となり、肺胞粘膜を介した酸素等のガス交換（＝呼吸）が出来なくなることから、低酸素血症によるチアノーゼ（手指末端の蒼白）や顔面の蒼白、呼吸困難等の症状を呈し、重篤になると死に至る。なお、これらの反応はばく露後数時間経過してから発生することもある。

【応急措置】

・吸入後の化学物質の肺胞表面の炎症に対して、現場での応急措置では改善を期待できないため、当該ガスや蒸気・粉じんを多量に吸入した際には、速やかに救急隊を呼び医療機関で受診させる。

イ．過敏性・喘息

　原因となる化学物質のばく露量と健康影響との間に量反応関係が乏しく、少量のばく露であってもヒトの側でのアレルギー性免疫反応により症状が発生することがある。吸入ばく露により発生する疾患として重要なものは喘息発作であり、ニッケルやイソシアネート等のいわゆる「感作性」のある化学物質により発生する。喘息はその原因物質により気道が狭窄をする病態であり、呼吸に際して「吸い込む」よりも「吐き出す」ことに抵抗を感じる呼吸困難や咳き込みを呈し、重篤になると死に至る。

【応急措置】

・気道狭窄に対して、現場での応急措置では改善を期待できないため、喘息の呼吸器症状がみられた際には救急隊を呼び速やかに医療機関で受診させる。

⑵　皮膚粘膜への強い刺激性・腐食性影響

ア．接触皮膚炎

　化学物質が皮膚・粘膜に接触した際に、それが刺激やアレルギー反応となって炎症を起こしたもの。いわゆる「かぶれ」と呼ばれるものである。揮発性が高い場合や皮膚粘膜細胞との化学反応を示さない物質等で発生する一過性の炎症反応であることから深達性も低く、原因物質の除去により比較的早期に改善する。

イ．化学熱傷

　化学物質が皮膚・粘膜に接触した際、その物質固有の化学反応等によって惹起される急性の組織反応である。職域で起きる化学熱傷の多くは硫酸などの酸や水酸化カルシウムなどのアルカリによるものであるが、その他にも灯油などの炭化水素系化合物、金属やその水溶液などで発生する。その症状や重篤度は、ばく露される物質の物性や濃度、ばく露範囲等により違いがある。例えば酸は皮膚粘膜細胞の凝固作用、アルカリは融解作用があり、アルカリのほうが皮膚の深達度が深い傾向にある。

　また、「熱傷」と呼ばれるように、その重篤度は熱による熱傷と同様に、傷害を受けた体表面積と皮膚深達性が関与している。ばく露された体表面積が一見狭いと思っても症状は重篤化することがあり、過小評価すべきではない。

【応急措置】

・皮膚粘膜に付着後、できるだけ速やかに、かつ大量の流水で洗浄する。なおその際、可能であればばく露された箇所の脱衣を行う。

・水との反応がある物質（一部の金属や酸化カルシウム（生石灰）等）が付着した場合、先に物理的に除去したうえで流水洗浄を行う。水での洗浄が不適切な物質は、ラベルやSDSで確認できる。

・流水の際には、ばく露されていない身体部位への新たなばく露とならないように留意する。

・なお、中和剤による中和は厳禁であるが、フッ化水素酸など一部の化学物質については、その残留により生命の危機を引き起こすおそれがあるので、中和剤（グルコン酸カルシウムや硫酸マグネシウムなど）の外用処置をする。

・ばく露面積が比較的広い場合や、水疱（みずぶくれ）や深部組織が露出している場合は、速やかに医療機関で受診させる。

ウ．眼に入った場合

【応急措置】

・すぐに水で数分間、注意深く洗う。コンタクトレンズを装着していて容易に外せる場合は外す。その後も洗浄を行い、医師の診断、手当てを受ける。

(3) 誤　飲

　化学物質の誤飲は、職業ばく露においてはそれほど多くはないが、ペットボトル等の容器に小分けされていた化学物質を誤って飲み込むことなどにより発生する。

その症状は誤飲した化学物質の物性によりさまざまであるが、消化管粘膜の損傷は腹膜穿孔に至ると致命的である。また、無理に内容物の嘔吐を促すと、気道への誤嚥により化学性肺炎を併発する可能性がある。

【応急措置】

・気道に流れ込むとそのことによる化学性肺炎を引き起こす可能性があることから、催吐は禁忌である。

・化学物質の種類によっては、飲水による希釈や牛乳による中和効果が期待できる場合もあるが、防虫剤、石油製品（灯油、ガソリン、シンナー、ベンジンなど）などは、毒物の吸収量を逆に増加させるため、注意が必要である。

・速やかに救急隊を呼び、医療機関で受診させる。その際、SDSを必ず持参する。

(4)　その他全身影響と対応の例

　吸入によるばく露や皮膚に付着して吸収された後に、血流を介して標的臓器に到達すると、中毒症状を呈する場合がある。有機溶剤蒸気の吸入ばく露による急性の中枢神経障害や、シアンを含むガスによる呼吸障害のほか、経皮吸収しやすい低分子量の化学物質では比較的短時間でその症状がみられる。一方、皮膚に蓄積されやすい物質や、臭化メチルのように、体内で代謝・分解された物質（ギ酸等）による中枢神経症状については、症状がみられるまでに、数時間から半日以上かかるとされている。

　したがって、ばく露に伴う局所的な影響に加え、ばく露部位以外の全身影響の可能性がある場合には、応急措置後に帰宅してから症状が悪化するおそれもあるため、やや長時間の経過観察が必要であることを念頭に、医療機関等を受診させること。

第2章　災害発生に伴う一次救命と応急手当

1. 一次救命処置

⑴　一次救命処置と応急手当の必要性

　救命および応急手当には、救命、悪化防止、苦痛の軽減の３つの目的がある。傷病者が発生したときは、通報を受けて救急隊が駆けつけるまでの間、現場に居合わせた同僚その他の関係者（救命救急用語で「バイスタンダー」という）が速やかに手当を開始することにより、生命の危険を回避できる場合がある。

　心臓が停止し脳血流が途絶えると、15秒以内に意識が消失し、４分以上無酸素状態になると脳に障害が発生する。心停止状態になると、その直後から時間の経過に伴い救命の可能性は急速に低下するが、救急隊到着前にバイスタンダーが心肺蘇生を行うことで、傷病者の復帰可能性を高めることになる。心室がけいれんして心臓が機能不全となる心室細動については、放置すると死に至るが、直ちにAED（自動体外式除細動器）を用いた除細動（電気ショック）を行うことにより、心臓の機能を回復させることができる。

　一次救命処置以外の応急手当（ファーストエイド）もまた、本来の治療に先立ち行うことにより症状の悪化を防止し、苦痛を和らげるという点で重要である。化学物質による労働災害においては、有害物質から切り離すことが基本であり、化学物質等の危険要因の除去、吸入、接触、誤飲への対応があり、タイミングをとらえた適切な手当が回復につながる。

⑵　一次救命処置

　成人の傷病者が呼吸停止、心停止、もしくはこれらに近い状態に陥ったときには、胸骨圧迫とAEDによる心肺蘇生を行うことを原則とする。

　救急蘇生法の具体的手順は、次のとおりである（**図5.2.1**、**図5.2.2**）。

①　反応を確認する、呼吸を観察するとき、確認や観察の際に、傷病者の顔と救助者の顔があまり近づきすぎないようにする。

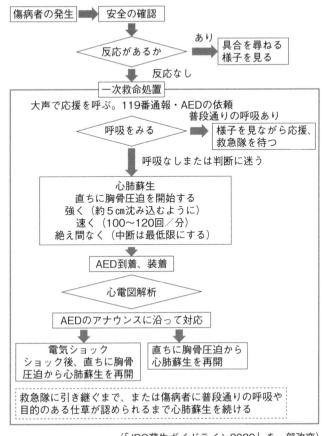

（「JRC蘇生ガイドライン2020」を一部改変）

図5.2.1　一次救命処置の流れ

頭部後屈・あご先挙上法による気道確保　　　　　　　　胸骨圧迫

図5.2.2　一次救命処置 心肺蘇生

② エアロゾルの飛散を防ぐため、胸骨圧迫を開始する前にタオルなどを傷病者の鼻と口にかぶせる。衣服などでも代用できる。

③ 従来推奨されていた「胸骨圧迫30回と人工呼吸2回の組み合わせ」による心肺蘇生については、現在、成人に対しては、人工呼吸は実施せずに胸骨圧迫だけを続けることとされている。

なお、吸入ばく露により呼吸器に重篤な症状が見られる場合は、呼気を介した救助者へのばく露を防止するため、口対口による人工呼吸を行ってはならない。

④ 心肺蘇生の実施の後、救急隊の到着後に傷病者を救急隊員に引き継いだあとは、速やかに石鹸と流水で手と顔を十分に洗う。

2．応急手当（ファーストエイド）

⑴　応急手当の方法

ア．ショック症状への対応

さまざまな要因でショック症状になることがある。顔面蒼白で手足は冷たく、意識がぼんやりしているとショック状態である。出血などの明らかな原因がある場合はその処置を行う。脳内血流量を維持することが一般的なショック対策であり、下肢を挙上する体勢に寝かせ、毛布などで体温を維持するようにする。

イ．化学物質が皮膚に触れた場合

作業衣等に化学物質が付着していれば脱がせ、皮膚の化学物質を布などで拭き取り、大量の水で洗い流す。水と発熱反応を起こす物質の場合でも速やかに拭き取り、大量の水で洗い流す。

ウ．化学物質が眼に入った場合

一刻も早く水で洗眼する。洗眼時は眼瞼をよく開き、隅々まで水が行き渡るようにし、可能な限り長時間（15分以上）洗眼する。

コンタクトレンズは固着していなければ外す。なお、化学物質取扱い作業等ではコンタクトレンズを使用しないことが好ましい。

エ．化学物質を吸入した場合

安静、保温を保つ。吐き気、嘔吐がある場合には、頭を横向きにして、吐物を嚥下させないようにする。

オ．化学物質を飲み込んだ場合

化学物質の性質等により対処が異なるため注意を要する。除去のため、吐かせてもよい化学物質で、意識があれば喉の奥を刺激して吐かせる。吐いたものが気

表5.2.1　吐かせてはいけない場合の例

	水を飲ませる	吐かせる	
腐食性物質 （酸、アルカリ等）	○	×	誤飲時に、喉や食道に「やけど」を起こしており、吐かせると再度「やけど」を受け、症状が悪化する。
誤えん有害性物質 （石油類等）	×	×	石油製品等の粘度の低い物質は、吐かせると気管に入りやすく、化学性肺炎をおこす。水等を飲ませると嘔吐を誘発する可能性があるため、何も飲ませず、吐かせない。

管に入らないように注意する。

意識がないときや痙攣を起こしているときは吐かせてはならない。

また、吐かせてはならない場合もある（**表5.2.1**）。例えば、酸・アルカリ等の腐食性化学物質では、誤飲時に、喉や食道に「やけど」を起こしており、吐かせると再度「やけど」を受け、症状が悪化することが考えられる。

石油類等の吸引性呼吸器有害性物質では、吐かせると気管に入りやすく、化学性肺炎をおこす可能性があり、水等を飲ませると嘔吐を誘発する可能性があるため、何も飲ませず、吐かせないことが肝要となる。

(2)　応急手当後の対応

皮膚に付着した場合、眼に入った場合等いずれの場合でも、生命に関わる遅発性障害が発生することを想定し、医療機関で専門的な観察・治療を受ける。

被災者および労働衛生管理責任者等は、SDS等の診断・治療に役立つ資料を医療機関に持参し、医師にばく露物質、ばく露状況および応急処置時の被災者の状況などを詳細に報告する。

(3)　応急手当に必要な設備の設置と表示

事業場内等に全身シャワー設備、洗眼設備、毛布、担架、救急セットを適切な密度で配置し、その所在個所を遠方からでも、また夜間でも視認できるように明示する。定期的に設備の作動チェック、消耗品の交換補充を行う。

第6編

関係法令

第1章　労働安全衛生法の背景

　日本の化学物質管理（健康障害対策）に関する法令は1950年代に始まった高度経済成長期に起きた多くの公害や職業病のような化学物質による健康影響の経験が生かされている（**表6.1.1**）。さらに、現在では地球環境も含めた国際的な化学物質管理の動きも急で、これらに対応した法令も制定されている。以下に、過去に日本で発生した化学物質による健康障害のうち、特別則の制定に影響を与えたと思われるものを紹介する。

　昭和33年（1958年）に判明した代表的な有機溶剤中毒の事例としては、当時流行したヘップサンダルの製造に従事する者に発生したベンゼン中毒が知られている。家内工業で行われていたサンダル製造の際に用いられていたゴムのりにベンゼンが含まれており、高濃度のベンゼン蒸気のばく露により再生不良性貧血を生じたものである。当時、ベンゼンは石炭乾留による生成物として広く市場に出回っていた。昭和35年（1960年）に旧有機溶剤中毒予防規則が制定され、ベンゼンは規制対象とされた（ベンゼンは、現在では、がん原性物質として白血病の原因となることがわかっており、特化則の特別管理物質として規制されている。ベンゼンを含有するゴムのりは、安衛法において、製造、輸入、譲渡、提供または使用が禁止されている）。

表6.1.1　旧労働基準法に基づき制定された主な化学物質関係省令（現在は全て労働安全衛生法に基づく省令に移行）

制定年	関係省令（制定当時）	背景事情
昭和22年	労働安全衛生規則	工場法施行規則（大正5年農商務省令第19号）
昭和35年	有機溶剤中毒予防規則	昭和33年ベンゼン中毒事件が契機（ベンゼンについては昭和50年から特化則に）
昭和42年	鉛中毒予防規則	さまざまな鉛取扱いによる鉛中毒の急増
昭和43年	四アルキル鉛中毒予防規則	昭和42年船倉タンク内中毒が契機。四エチル鉛危害防止規則（昭和26年労働省令第12号）
昭和46年	特定化学物質等障害予防規則	名称は制定当時のもの

　その後、ビニルサンダルの製造過程では接着剤としてノルマルヘキサンが広く使われるようになったが、製造に従事する者に末梢神経障害（多発性神経炎）が発生し、ノルマルヘキサンも有機溶剤中毒予防規則の規制対象とされた。ノルマルヘキサンは、石油精製により大量に産生する脂肪族炭化水素である。

　鉛は、古くからその毒性が知られており、一部の業種、特定の事業場では対策が講じられていたものの、産業の進歩により鉛がより広く使用されるにつれて、予期しなかった分野に鉛中毒が発生したことを受け、昭和42年（1967年）に旧鉛中毒予防規則が制定された。

　四エチル鉛は、毒性の強い可燃性の揮発性液体で、旧来はアンチノック剤として自動車用ガソリンに混入されていた（有鉛ガソリン）。昭和42年（1967年）に、船舶の船倉タンク内に充満した高濃度の四エチル鉛にばく露した労働者が死傷する大規模な労働災害が発生し、昭和43年（1968年）に四アルキル鉛中毒予防規則が制定された。現在では、四エチル鉛を含む四アルキル鉛は、自動車用ガソリンへの混入が禁止されており、航空ガソリン用アンチノック剤としてのみ輸入され、流通している。

　昭和60年代以降は、化学物質による有機溶剤中毒に関する知見はおおむね落ち着いたかにみえたが、その後も、生殖毒性や発がん性など、化学物質による因果関係の確認が困難な遅発性の健康影響を中心に職業性疾病が発生している。

　2012年（平成24年）に、校正印刷を行う1つの事業場で、複数の従業員に胆管がんが発生していることが判明した。国や研究機関による実態調査、および国の依頼を受けて行われた疫学的調査の結果、他の従業員や退職者にも胆管がんの発生がみられ、主に1990年代に使用していた印刷機洗浄用溶剤に含まれる1,2-ジクロロプロパンやジクロロメタンに長期間、高濃度ばく露することにより胆管がんを発生した蓋然性が高いとされた。また、各種調査の結果からは、これら化学物質を使用していた他の印刷業事業場や、他の業種の事業場においても胆管がんの発生が確認された。

　当時、1,2-ジクロロプロパンは、動物試験に関するデータはあったものの、国内はもとより国際的にもヒトに対する発がん性は認識されておらず、国際がん研究機関IARCの発がん分類は、グループ3（ヒトに対する発がん性を分類できない）とされていた。職業性胆管がんの発生を受け、2013年（平成25年）に、1,2-ジクロロプロパンが特化則の特別管理物質に追加されるとともに、日本の事例を踏まえてIARCが急遽開催した平成16年（2014年）の発がん評価委員会では、1,2-ジクロロプ

表6.1.2　IARC発がん評価会議 Monographs 110における主な評価の変更（2016年報告書）

	1,2-ジクロロプロパン	ジクロロメタン
以前の発がん分類	グループ3（ヒトに対する発がん性は分類できない）/1999	グループ2B（ヒトに対する発がん性がある可能性がある）/1999
新たな発がん分類	グループ1（ヒトに対する発がん性がある）	グループ2A（ヒトに対する発がん性がおそらくある）

（出典：https://publication.iarc.fr/547）

図6.1.1　IARC報告書に掲載されたイラスト（Monographs No.110 2016）

ロパンなどに発がん性が認められた。発がん評価委員会では、日本の印刷作業場で特異的に生じたと考えられる高濃度のばく露につき高い関心が寄せられ、印刷機洗浄用溶剤による払拭業務のイラスト（**図6.1.1**）が、IARCの発がん評価報告書の表紙裏に掲載されることになった。

　印刷機洗浄用溶剤としては、従来から1,1,1-トリクロロエタンが広く用いられていたが、地球のオゾン層破壊物質を規制するモントリオール議定書の関連で1996年以降は製造、輸入が禁止され、代わりに、日本では、当時国内で大量に産生し安価に入手できた1,2-ジクロロプロパンに置き換えられた状況にあった。IARCでの発がん分類の変更（**表6.1.2**）は、その後各国の規制法令に反映された。

　2016年（平成28年）に、染料の中間体を製造する工場で従事する労働者に発生した膀胱がんについては、オルト-トルイジンのばく露が、また、化成品などを製造する工場で従事する労働者に発生した膀胱がんについては、ウレタン防水材の原料となる化学物質MOCA（3,3'-ジクロロ-4,4'-ジアミノジフェニルメタン）が問題とされたが、いずれも吸入ばく露ではなく、経皮吸収が示唆される調査結果となった。皮膚障害等防止用の保護具についての規制強化は、令和4年5月の省令改正により行われている。

第2章　化学物質管理としての労働安全衛生法令

1．個別規制型の化学物質管理

　労働安全衛生法は昭和47（1972）年に労働基準法第5章（安全及び衛生）を派生するなどして制定され、それまで労働基準法に基づき制定されていた労働安全衛生規則、有機溶剤中毒予防規則、鉛中毒予防規則、特定化学物質等障害予防規則（当時）および四アルキル鉛障害予防規則についても、同法に基づく省令として整備された。

　化学物質管理については、安衛則において爆発・火災等の危険と一般的な健康障害防止が定められるとともに、特化則、有機則等の特別則により、対象物質ごと、有害業務ごとに、労働衛生管理体制の確立、作業環境測定による作業環境中の有害物濃度の評価、取扱い方法、発散源の密閉化や局所排気装置の設置・稼働、個人用保護具の備え、特殊健康診断の実施等が定められた。対象物質と有害業務に応じてリスクを勘案し、あるいは発生した災害を踏まえた対策を講じることにより、国が措置義務を具体的に定めて法令を制定したということである。

　このように、事業者は、これらの規制を順守することで、事業場ごとの実情に応じた検討を行わずに化学物質による危険や健康障害の防止に取り組んできたもので、こうした化学物質管理の基本は「個別規制型」であり、これが50年あまり続いてきた。化学物質の普及と災害事例の増加に伴い、これら規則の対象物質は順次追加されてきたものの、対象物質ごとに日本国内のあらゆるリスクを想定して措置を過不足なく定める必要があり、これまでに個別規制を定めた対象物質は123物質に限られている。

　個別規制型の化学物質管理においては、事業場にとってはリスクがそれほど高くないと考えられる場合であっても、法令に措置義務が規定されていれば順守することが求められるため、個々の事業場において、化学物質の危険性・有害性に関する情報は、これまであまり重視されてこなかった。結果として、日本では、化学物質の危険性・有害性に関する情報伝達のためのシステムの整備が遅れたことは否めな

い。

　それでも、危険性・有害性に関する情報伝達の手段として、労働者に対するラベル表示（安衛法第57条）と、譲渡・提供時に事業者に対する危険性・有害性情報に関する安全データシート（SDS）（安衛法第57条の2）の交付の義務とが定められ、対象物質が順次追加されてきた。また、平成28年から、化学物質のリスクアセスメントが義務化されたことは、個別規制外の化学物質管理にとって重要な一歩といえる。

　国内で、次に述べる自律的な化学物質管理に移行する以前の令和5年3月時点でラベル表示およびSDS交付が義務付けられている対象物質は674物質であった。これら以外の物質については、GHS分類がなされ危険性・有害性が認められると判断されるものについては、ラベル表示およびSDS交付が努力義務となっている。

2．自律的な化学物質管理

⑴　自律的な化学物質管理への移行

　自律的な化学物質管理は、英国に始まり、その後労働安全衛生の枠組みを超えて欧州に伝えられた。 1972年に英国で労働安全衛生に関する委員会の報告書、いわゆる「ローベンスレポート」が議会に提出され、その後の化学物質管理の方向を大きく変えることになった。このローベンスレポートは、当時の労働安全衛生における行政組織（8つ）と関係法令（8つの法律および500以上の規則類）の弊害、すなわち法令の依拠による事業者の責任や自主性/自発的な取組みの軽視、技術革新への対応の遅れを指摘し、独立した行政組織の設立、自主的対応への転換、法律の簡素化（原則のみの記述）等の改革案を提示した。

　これを受けて英国政府は1974年に「職場における保健安全法」を制定し、改革案に従い、法律には原則のみを定め、詳細についてはそれより下位の規則、指針、承認実施準則などで補完する体系を作った。事業者が安全衛生に取り組むべき態度として、「合理的に実行可能な限りにおいて」を基本としたが、それは「訴訟等が起きたときには、事業者は十分な防止対策を講じていたことを証明できなければ罰則が適用される」ということでもあった。これは事業者が法令に従っていればよいとする「個別規制型」から、事業者自らが選択し対応しなければならない「自主対応型」への転換を意味していた。この施策はその後の危険性・有害性情報の労働者への伝達を前提とした、リスクアセスメントに基づいた労働災害防止施策に結びついていった。

　リスクアセスメントの考え方は、安衛法にも導入され、平成28（2016）年からは

SDS交付対象の化学物質に関するリスクアセスメントが義務化された。その後、厚生労働省は令和元（2019）年9月から令和3（2021）年7月までの計15回にわたり「職場における化学物質等の管理のあり方に関する検討会」を開催し、化学物質管理のあり方についての有識者による検討が行われ、化学物質の自律的な管理を柱とする報告書を公表した。そして、この報告書に沿って令和4（2022）年5月に安衛則をはじめとする大幅な省令改正が公布された。

　行政が50年にわたる「個別規制型」から「自律的な管理」に大きく舵を切ったのは、①化学物質による労働災害が後を絶たずその原因の多くが未規制物質であること、②化学物質数が増大しその用途も多様化しており、特定の化学物質をリストアップして管理する方法が困難であること、③さらに地球規模の化学品管理の潮流から国際基準を受け入れる必要性があること、などの理由によるとされている。

　特別則による「個別規制型」は、「自律的な管理」とは基本的に矛盾する点が多く、また特定の物質に偏った対策は資源の適正な配分を妨げている側面もあることから、新たな化学物質規制の導入は、化学物質管理を従来の「個別規制型」から「自律的な管理」に移行するために行われたものである。これは労働者との化学物質の危険性・有害性に関する情報共有に基づき、事業者自らが選択する方法に従って化学物質管理を推進するための施策である。

　今回の改正内容は多岐にわたるので、以下「リスクアセスメント関連」、「情報伝達の強化」、「実施体制の確立」、「健康診断関連」、「特別則（特化則、有機則等）関連」に分けて概要を示す。関連の改正法令については**表6.2.1**に示した。これらのうち技術事項については、本書の関連部分を参照のこと。

　なお、特別則に関してはさまざまな措置が規定されており、リスクアセスメント対象物であっても、これら法令の対象物質、対象業務については、特別則に規定する措置が優先されることに留意する。これらが対象とする物質を製造し、または取り扱う事業者は、それぞれ該当する作業主任者（有機溶剤作業主任者、特定化学物質作業主任者、四アルキル鉛等作業主任者または鉛作業主任者）を選任し、職務を行わせる必要がある。化学物質管理者は、これら特別則により個別規制される化学物質に係る措置については、作業主任者等と連携を図ることが求められる。

(2)　化学物質の自律的な管理の考え方とリスクアセスメント

　化学物質の自律的な管理においては、特別則による従来型の個別規制にみられる発散源の密閉化や局所排気装置の設置、作業環境測定の実施、保護具の備え付け、

表6.2.1　政省令改正項目

	項目および根拠法令
情報伝達の強化	名称等の表示・通知をしなければならない化学物質の追加 （法第57条、法第57条の2、令別表第9）
	SDS等による通知方法の柔軟化（安衛則第24条の15第1項、同第24条の15第3項、同第34条の2の3）
	「人体に及ぼす作用」の定期確認及び更新 （安衛則第24条の15第2項、第3項、同第34条の2の5第2項、第3項）
	通知事項の追加及び含有量表示の適正化（安衛則第24条の15第1項、同第34条の2の4、同第34条の2の6）
	事業場内別容器保管時の措置の強化（安衛則第33条の2）
	注文者が必要な措置を講じなければならない設備の範囲の拡大 （令第9条の3第2号）
リスクアセスメント関連	ばく露を最小限度にすること（安衛則第577条の2第1項、同第577条の3） ばく露を濃度基準値以下にすること（安衛則第577条の2第2項）
	ばく露低減措置等の意見聴取、記録作成・保存、周知 （安衛則第577条の2第2項、第4項）
	皮膚等障害化学物質への直接接触の防止（義務）（安衛則第594条の2） 皮膚等障害化学物質への直接接触の防止（努力義務）（安衛則第594条の3）
	リスクアセスメント結果等に係る記録の作成保存（安衛則第34条の2の8）
	リスクアセスメントの実施時期（安衛則第34条の2の7第1項）
	リスクアセスメントの方法（安衛則第34条の2の7第2項）
	化学物質労災発生事業場等への労働基準監督署長による指示 （安衛則第34条の2の10）
実施体制の確立	化学物質管理者の選任義務化（安衛則第12条の5）
	保護具着用管理責任者の選任義務化（安衛則第12条の6）
	雇入れ時等教育の拡充（安衛則第35条）
	職長等に対する安全衛生教育が必要となる業種の拡大（令第19条）
	衛生委員会付議事項の追加（安衛則第22条第11号）
健康診断関連	リスクアセスメント等に基づく健康診断の実施・記録作成等 （安衛則第577条の2第3項～第5項、第8項、第9項）
	がん原性物質の作業記録の保存、周知（安衛則第577条の2第11項）
	化学物質によるがんの把握強化（安衛則第97条の2）
特別規則（特化則、有機則等）関連	管理水準良好事業場の特別規則（特化則、有機則等）適用除外 （特化則第2条の3、有機則第4条の2、鉛則第3条の2、粉じん則第3条の2）
	特殊健康診断の実施頻度の緩和（特化則第39条第4項、有機則第29条第6項、鉛則第53条第4項、四アルキル鉛則第22条第4項）
	第三管理区分事業場の措置強化 （特化則第36条の3の2、同第36条の3の3、有機則第28条の3の2、同第28条の3の3、鉛則第52条の3の2、同第52条の3の3、粉じん則第26条の3の2、同第26条の3の3、石綿則第38条第3項、同第39条第2項）

法：労働安全衛生法、令：労働安全衛生法施行令、安衛則：労働安全衛生規則　　　（資料：厚生労働省）

特殊健康診断の実施などの具体的な措置が、法令等で一律に義務付けられてはいない（法令等を探しても講ずべき措置を決められない）。個々の事業場における化学物質の製造や取扱いにおいては、①対象となる物質の種類により危険性や有害性（化学物質固有の情報）が決まり、②使用量や作業方法、作業時間などによりその作業におけるリスクを見積もる（リスクアセスメントを実施）ことができる。リスクアセスメントの結果に基づき、③事業場において必要な措置を選択して講ずることが求められる。その際、多くの選択肢の中から事業場にとって必要かつ十分な措置を選択することとなることから、リスクアセスメントの記録や措置を選択した経緯については記録して保存する必要があるし、労働者の意見の聴取が必要となるものもある（安衛則第577条の2、第577条の3）。

　化学物質の使用量を抑制し、または化学物質との接触が少ないような作業方法を採用することにより化学物質の取扱いのリスクが小さいと判断された場合は、同一の化学物質を使用する他の事業場と比較して、講ずべき措置はより負担の小さいもの（発散源の密閉化でなく全体換気装置の稼働など）を選択することが可能となり、法令で一律に措置を義務付けられた場合と比べて作業の制約、労働者への負担、費用などの影響が小さくなる。反対に、リスクが大きいと判断された場合であっても、費用を投ずることで作業性や労働者への負担が小さい措置を選択することができる場合もある。

　化学物質の自律的な管理を適切に行うためには、社会において①に必要な化学物質の情報伝達のしくみが確立していること、事業場において②のリスクアセスメントを適切に実施できること、事業場において、必要があれば外部の専門家の助言を受けつつ、③による措置を正しく選択して実施できること、が重要である。もちろん、①に先立ち、国が化学物質の危険性・有害性に係るGHS分類を鋭意進め、対象となる化学物質の範囲を常に拡充することが必要であることはいうまでもない。

(3)　化学物質の情報伝達の強化

　化学物質そのものの危険性・有害性に関する情報の関係者間での共有は、化学物質管理における出発点で、まず初めに行うべき事項であり、最も尊重されるべき事項である。化学物質の開発者や製造者は、その事業場内の労働者の安全と健康を維持するために、また、譲渡・提供に当たっては、提供先の労働者の安全と健康を維持するために、ラベル表示とSDS交付によってその化学物質の危険性・有害性が正しく伝わるようにしなければならない。化学物質の譲渡・提供においては、その危

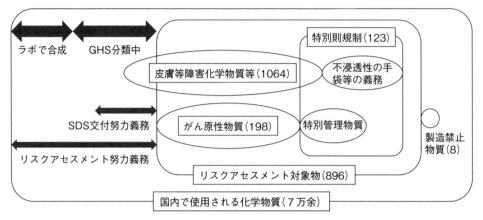

（作成：中災防 労働衛生調査分析センター 2024年）

図6.2.1　国内で使用される化学物質の規制イメージ

険性・有害性に係る情報をもっている製造者、提供者からの発信によって初めて正しい情報が伝達されるからである。

　リスクアセスメント対象物は、「名称等を表示し、又は通知すべき危険物及び有害物」として、安衛令別表第3第1号および別表第9（第18条および第18条の2関係）に896物質が示されている。国内で使用される化学物質の規制イメージを図6.2.1に示す。

　今後、リスクアセスメント対象物は、計画的に追加されることとされている。令和7年4月1日から641物質が、令和8年4月1日からは779物質が追加され、合計2,316物質（CAS番号ベースでは、約2,900物質）となる。

　リスクアセスメント対象物については、譲渡・提供に当たり、その名称や人体に及ぼす作用等を容器等に表示するとともに、文書を交付する等により危険性・有害性に関する情報を通知しなければならない（安衛法第57条、第57条の2）とされており、化学物質を取り扱う事業場においては、これら伝達された情報を用いて、安衛法第57条の3に基づく危険性又は有害性等の調査（リスクアセスメント）を行うことになる。

　表示すべき項目および通知すべき項目については、第2編第3章を参照のこと。

　令和4年5月の省令改正では、自律的な化学物質管理の根幹である情報伝達のしくみについても見直しがされているので、主なものを示しておく。

① 譲渡・提供者が講ずべき措置

　化学物質の危険性・有害性に係る情報伝達がより円滑に行われるようにするた

め、情報の通知について、従来の文書交付を原則とする方法から電子メールやホームページ掲載による方法も広く認めるなどの柔軟化が図られている（安衛則第34条の2の3）。

　通知事項には、「想定される用途及び当該用途における使用上の注意」を追加することとなった（安衛則第34条の2の4）。

　通知すべき情報のうち「人体に及ぼす作用」については、リスクアセスメントの実施に当たり最も重要な有害性情報であることから、譲渡・提供者に対し、令和5年4月1日以降、定期的（5年以内ごと）な確認および必要な場合の更新が義務付けられている（安衛則第34条の2の5）。

　通知事項に含まれる「成分の含有量」については、GHSおよびJIS Z 7253の原則に従い、重量パーセントによる濃度の記載が原則となる（安衛則第34条の2の6）。ただし、製品の特性上含有量に幅が生ずるもの、営業上の秘密に該当する場合など、含有量の通知につき特例が認められることもある。

② 譲渡・提供を受けた事業者が講ずべき措置

　ラベル表示対象物を事業場内で取り扱うに当たり、他の容器に移し替えたり、小分けしたりして保管する際の容器等にも対象物の名称および人体に及ぼす作用の明示が義務付けられている。対象物の取扱い作業中に一時的に小分けした際の容器や、作業場所に運ぶために移し替えた容器にまで適用されるものではなく、保管された対象物を別の者が取り扱う際に、危険性・有害性に係る情報伝達を確実に行うためのものである（安衛則第33条の2）。新たに義務付けられた事業場内表示については、第2編第3章を参照のこと。

　新たに通知されることとなった「想定される用途及び当該用途における使用上の注意」を踏まえてリスクアセスメントを実施することとなるが、想定される用途以外の用途で使用する場合には、使用上の注意に関する情報がないことになるから、化学物質の有害性等をより慎重に検討した上でリスクアセスメントを実施し、措置を講ずる必要がある（安衛則第34条の2の4）。

(4) 自律的な管理のための実施体制の確立

　化学物質の管理において重要な危険性・有害性情報の情報共有やリスクアセスメントが適切に行われるためには、事業場の内外に十分な数の化学物質管理に関する専門家が必要である。従来、作業環境測定士、衛生管理者、職長、労働衛生コンサルタント、産業医などが、事業場の化学物質管理に一定の役割を果たしてきたが、

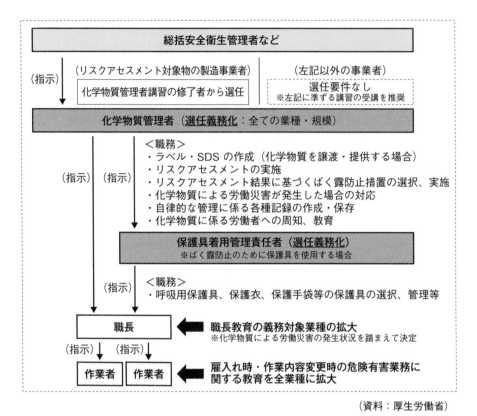

（資料：厚生労働省）

図6.2.2　自律的な管理における事業場内の化学物質管理の体制

数年後には2,300物質以上となるリスクアセスメント対象物やそれ以外の化学物質を視野に入れて化学物質管理を行うためには、労働衛生工学の労働衛生コンサルタントや労働災害防止団体に置かれた衛生管理士、専門知識をより高めた作業環境測定士に加え、オールマイティの化学物質管理専門家、労働衛生工学に詳しい作業環境管理専門家といった事業場外の専門家による支援が不可欠である。

　また、事業場がリスクアセスメントを実施し、その結果に基づき自ら措置を講ずる自律的管理を定着させるためには、安全管理者（法第20条関係）、衛生管理者（法第22条関係）の管理の下、化学物質管理者がその技術的事項を管理する事業場内の化学物質管理体制の確立が重要である（安衛則第12条の５）（図6.2.2）。

　さらに労働者のばく露防止措置の方法として保護具の使用を選択する場合は、保護具着用管理責任者が、呼吸用保護具、保護衣、保護手袋等の保護具の選択、管理（保管、交換等）等の責任を担うこととなる（安衛則第12条の６）。

　なお、自律的な化学物質管理においては、労働者の意見聴取もまた不可欠である。

衛生委員会が設置された事業場については、衛生委員会の付議事項（第1編第3章）にも留意しつつ衛生委員会を活用する。それ以外の事業場については、別途関係労働者の意見を聴く機会を設けなければならない。

化学物質管理の実施体制については、第1編を参照のこと。

(5)　リスクアセスメント対象物健康診断

リスクアセスメント対象物を製造し、または取り扱う業務に常時従事する労働者に対し、リスクアセスメントの結果に基づき、関係労働者の意見を聴き、必要があると認めるときは、リスクアセスメント対象物健康診断を行わなければならない。また、濃度基準値が設定されたリスクアセスメント対象物については、濃度基準値を超えてばく露したおそれがあるときは、速やかに、その労働者に対する健康診断を実施しなければならない（安衛則第577条の2）。

リスクアセスメント対象物健康診断は、一律に実施を求められているわけではなく、リスクの程度に応じて健康診断の実施を事業者が判断するしくみである。また、リスクアセスメント対象物健康診断の項目は、特殊健康診断のように法令で一律に規定されたものではなく医師または歯科医師が必要と認める項目であり、「リスクアセスメント対象物健康診断に関するガイドライン」（令和5年10月17日付け基発1017第1号）に健康診断の項目の選択方法等が示されている。詳細は、第4編第2章を参照。

(6)　事業場におけるがんの発生の把握の強化

化学物質を製造し、または取り扱う事業場において、1年以内に2人以上の労働者が同種のがんに罹患したことを把握したときは、都道府県労働局長に遅滞なく報告しなくてはいけない場合がある（**図6.2.3**）。そのがんの罹患が業務によるかどうかが問題となるため、事業者は、医師の意見を聴かなければならないとされている。

医師により、がんの罹患が業務に起因するものと疑われると判断されたときは、都道府県労働局長に次の事項を報告することとなる（安衛則第97条の2）。

・その労働者が業務において製造し、または取り扱った化学物質の名称
・その労働者が従事していた業務の内容と従事期間
・その労働者の年齢および性別

これは、化学物質のばく露に起因するがんの把握が困難であること、その事業場におけるがんの再発防止はもちろんのこと、同様の作業を行う事業場における化学

化学物質関連業務従事者に係るがんの把握状況

記入日　　年　　月　　日
事業場名

【がんの種別】

肺がん

【対象労働者】

氏名： 生年月日：	年齢：　　　　　性別：
勤続年数：25 年	現在の所属：○○部検品調整係
把握の経緯：　健康診断　　　　　本人申出　　　　　その他（　　　　　　　　）	

【化学物質業務】

化学物質の名称	業務内容	従事期間
ベリリウム	ベリリウム鋼を含む部品の加工	2005.4 ～ 2014.3

【がんの種別】

肺がん

【対象労働者】

氏名： 生年月日：	年齢：　　　　　性別：
勤続年数：28 年	現在の所属：○○部第三製造係
把握の経緯：　健康診断　　　　　本人申出　　　　　その他（　　　　　　　　）	

【化学物質業務】

化学物質の名称	業務内容	従事期間
ベリリウム	ベリリウム鋼を含む部品の加工	2001.4 ～ 2013.3

【医師の所見】

氏名　　　　　　　　　　　記入日

図6.2.3　がんの把握状況の報告（例）

物質によるがんの予防を目的とするためである。

　医師には、産業医だけでなく定期健康診断を委託している機関に所属する医師や労働者の主治医も含まれる。

　法令の規定は、現に雇用する同一事業場の労働者についてのものであり、退職者

を含めたものではないが、この要件に該当しない場合であっても、医師から、化学物質を取り扱う業務に起因することが疑われる旨の意見があった場合は、都道府県労働局に報告することが望ましいとされている。

(7)　既存の個別規制関連

　従来から特別則で規制されている物質123 物質については、新たな化学物質規制が規制されても、引き続き個別規制の対象となるが、いくつかの例外が定められた。

① 　化学物質管理の水準が一定以上の事業場の個別規制の適用除外

　　一定の要件を満たせば、都道府県労働局長の認定を受けることにより、特別則に定める個別の措置にかかわらず、他のリスクアセスメント対象物と同様に、自律的な管理とすることができるようになった。

② 　特殊健康診断の実施頻度の緩和

　　一律に6カ月以内ごとに実施が必要な特殊健康診断について、一定の要件を満たせば、1年以内ごとに1回とすることができるようになった。ただし、製造禁止物質および特別管理物質を除く。

③ 　第三管理区分に対する必要な改善措置の実施

　　作業環境測定結果が第三管理区分である事業場に対して、工学的対策や保護具の使用等ばく露防止対策が強化された。

　　詳しくは第4編第6章を参照のこと。

附　録

附録1　労働安全衛生規則（抄）

（昭和47年労働省令第32号）

（最終改正　令和6年4月30日）

※下線部は令和4年厚生労働省令第91号による改正箇所

※下線部は令和5年厚生労働省令第121号による改正箇所

※下線部は令和5年厚生労働省令第165号による改正箇所

（化学物質管理者が管理する事項等）

第12条の5　事業者は、法第57条の3第1項の危険性又は有害性等の調査（主として一般消費者の生活の用に供される製品に係るものを除く。以下「リスクアセスメント」という。）をしなければならない令第18条各号に掲げる物及び法第57条の2第1項に規定する通知対象物（以下「リスクアセスメント対象物」という。）を製造し、又は取り扱う事業場ごとに、化学物質管理者を選任し、その者に当該事業場における次に掲げる化学物質の管理に係る技術的事項を管理させなければならない。ただし、法第57条第1項の規定による表示（表示する事項及び標章に関することに限る。）、同条第2項の規定による文書の交付及び法第57条の2第1項の規定による通知（通知する事項に関することに限る。）(以下この条において「表示等」という。) 並びに第7号に掲げる事項（表示等に係るものに限る。以下この条において「教育管理」という。）を、当該事業場以外の事業場（以下この項において「他の事業場」という。）において行つている場合においては、表示等及び教育管理に係る技術的事項については、他の事業場において選任した化学物質管理者に管理させなければならない。

1　法第57条第1項の規定による表示、同条第2項の規定による文書及び法第57条の2第1項の規定による通知に関すること。

2　リスクアセスメントの実施に関すること。

3　第577条の2第1項及び第2項の措置その他法第57条の3第2項の措置の内容及びその実施に関すること。

4　リスクアセスメント対象物を原因とする労働災害が発生した場合の対応に関すること。

5　第34条の2の8第1項各号の規定によるリスクアセスメントの結果の記録の作成及び保存並びにその周知に関すること。

6　第577条の2第11項の規定による記録の作成及び保存並びにその周知に関すること。

7　第1号から第4号までの事項の管理を実施するに当たつての労働者に対する必要な教育に関すること。

②　事業者は、リスクアセスメント対象物の譲渡又は提供を行う事業場（前項のリスクアセスメント対象物を製造し、又は取り扱う事業場を除く。）ごとに、化学物質管理者を選任し、その者に当該事業場における表示等及び教育管理に係る技術的事項を管理させなければならない。ただし、表示等及び教育管理を、当該事業場以外の事業場（以下この項において「他の事業場」という。）において行つている場合においては、表示等及び教育管理に係る技術的事項については、他の事業場において選任した化学物質管理者に管理させなければならない。

③　前二項の規定による化学物質管理者の選任は、次に定めるところにより行わなければならない。

1　化学物質管理者を選任すべき事由が発生した日から14日以内に選任すること。

2　次に掲げる事業場の区分に応じ、それぞれに掲げる者のうちから選任すること。

イ　リスクアセスメント対象物を製造している事業場　厚生労働大臣が定める化学物質の管理

に関する講習を修了した者又はこれと同等以上の能力を有すると認められる者

　　ロ　イに掲げる事業場以外の事業場　イに定める者のほか、第1項各号の事項を担当するために必要な能力を有すると認められる者

④　事業者は、化学物質管理者を選任したときは、当該化学物質管理者に対し、第1項各号に掲げる事項をなし得る権限を与えなければならない。

⑤　事業者は、化学物質管理者を選任したときは、当該化学物質管理者の氏名を事業場の見やすい箇所に掲示すること等により関係労働者に周知させなければならない。

（保護具着用管理責任者の選任等）

第12条の6　化学物質管理者を選任した事業者は、リスクアセスメントの結果に基づく措置として、労働者に保護具を使用させるときは、保護具着用管理責任者を選任し、次に掲げる事項を管理させなければならない。

1　保護具の適正な選択に関すること。

2　労働者の保護具の適正な使用に関すること。

3　保護具の保守管理に関すること。

②　前項の規定による保護具着用管理責任者の選任は、次に定めるところにより行わなければならない。

1　保護具着用管理責任者を選任すべき事由が発生した日から14日以内に選任すること。

2　保護具に関する知識及び経験を有すると認められる者のうちから選任すること。

③　事業者は、保護具着用管理責任者を選任したときは、当該保護具着用管理責任者に対し、第1項に掲げる業務をなし得る権限を与えなければならない。

④　事業者は、保護具着用管理責任者を選任したときは、当該保護具着用管理責任者の氏名を事業場の見やすい箇所に掲示すること等により関係労働者に周知させなければならない。

（衛生委員会の付議事項）

第22条　法第18条第1項第4号の労働者の健康障害の防止及び健康の保持増進に関する重要事項には、次の事項が含まれるものとする。

1　衛生に関する規程の作成に関すること。

2　法第28条の2第1項又は第57条の3第1項及び第2項の危険性又は有害性等の調査及びその結果に基づき講ずる措置のうち、衛生に係るものに関すること。

3　安全衛生に関する計画（衛生に係る部分に限る。）の作成、実施、評価及び改善に関すること。

4　衛生教育の実施計画の作成に関すること。

5　法第57条の4第1項及び第57条の5第1項の規定により行われる有害性の調査並びにその結果に対する対策の樹立に関すること。

6　法第65条第1項又は第5項の規定により行われる作業環境測定の結果及びその結果の評価に基づく対策の樹立に関すること。

7　定期に行われる健康診断、法第66条第4項の規定による指示を受けて行われる臨時の健康診断、法第66条の2の自ら受けた健康診断及び法に基づく他の省令の規定に基づいて行われる医師の診断、診察又は処置の結果並びにその結果に対する対策の樹立に関すること。

8　労働者の健康の保持増進を図るため必要な措置の実施計画の作成に関すること。

9　長時間にわたる労働による労働者の健康障害の防止を図るための対策の樹立に関すること。

10 労働者の精神的健康の保持増進を図るための対策の樹立に関すること。

11 第577条の２第１項、第２項及び第８項の規定により講ずる措置に関すること並びに同条第３項及び第４項の医師又は歯科医師による健康診断の実施に関すること。

12 厚生労働大臣、都道府県労働局長、労働基準監督署長、労働基準監督官又は労働衛生専門官から文書により命令、指示、勧告又は指導を受けた事項のうち、労働者の健康障害の防止に関すること。

（危険有害化学物質等に関する危険性又は有害性等の表示等）

第24条の14　化学物質、化学物質を含有する製剤その他の労働者に対する危険又は健康障害を生ずるおそれのある物で厚生労働大臣が定めるもの（令第18条各号及び令別表第３第１号に掲げる物を除く。次項及び第24条の16において「危険有害化学物質等」という。）を容器に入れ、又は包装して、譲渡し、又は提供する者は、その容器又は包装（容器に入れ、かつ、包装して、譲渡し、又は提供するときにあつては、その容器）に次に掲げるものを表示するように努めなければならない。

1 次に掲げる事項

　　イ　名称

　　ロ　人体に及ぼす作用

　　ハ　貯蔵又は取扱い上の注意

　　ニ　表示をする者の氏名（法人にあつては、その名称）、住所及び電話番号

　　ホ　注意喚起語

　　ヘ　安定性及び反応性

2 当該物を取り扱う労働者に注意を喚起するための標章で厚生労働大臣が定めるもの

② 危険有害化学物質等を前項に規定する方法以外の方法により譲渡し、又は提供する者は、同項各号の事項を記載した文書を、譲渡し、又は提供する相手方に交付するよう努めなければならない。

第24条の15　特定危険有害化学物質等（化学物質、化学物質を含有する製剤その他の労働者に対する危険又は健康障害を生ずるおそれのある物で厚生労働大臣が定めるもの（法第57条の２第１項に規定する通知対象物を除く。）をいう。以下この条及び次条において同じ。）を譲渡し、又は提供する者は、特定危険有害化学物質等に関する次に掲げる事項（前条第２項に規定する者にあつては、同条第１項に規定する事項を除く。）を、文書若しくは磁気ディスク、光ディスクその他の記録媒体の交付、ファクシミリ装置を用いた送信若しくは電子メールの送信又は当該事項が記載されたホームページのアドレス（二次元コードその他のこれに代わるものを含む。）及び当該アドレスに係るホームページの閲覧を求める旨の伝達により、譲渡し、又は提供する相手方の事業者に通知し、当該相手方が閲覧できるように努めなければならない。

1 名称

2 成分及びその含有量

3 物理的及び化学的性質

4 人体に及ぼす作用

5 貯蔵又は取扱い上の注意

6 流出その他の事故が発生した場合において講ずべき応急の措置

7 通知を行う者の氏名（法人にあつては、その名称）、住所及び電話番号

8 危険性又は有害性の要約

9 安定性及び反応性

10　想定される用途及び当該用途における使用上の注意
11　適用される法令
12　その他参考となる事項

② 特定危険有害化学物質等を譲渡し、又は提供する者は、前項第４号の事項について、直近の確認を行つた日から起算して５年以内ごとに１回、最新の科学的知見に基づき、変更を行う必要性の有無を確認し、変更を行う必要があると認めるときは、当該確認をした日から１年以内に、当該事項に変更を行うように努めなければならない。

③ 特定危険有害化学物質等を譲渡し、又は提供する者は、第１項の規定により通知した事項に変更を行う必要が生じたときは、文書若しくは磁気ディスク、光ディスクその他の記録媒体の交付、ファクシミリ装置を用いた送信若しくは電子メールの送信又は当該事項が記載されたホームページのアドレス（二次元コードその他のこれに代わるものを含む。）及び当該アドレスに係るホームページの閲覧を求める旨の伝達により、変更後の同項各号の事項を、速やかに、譲渡し、又は提供した相手方の事業者に通知し、当該相手方が閲覧できるように努めなければならない。

（名称等を表示すべき危険物及び有害物）
第30条　令第18条第２号の厚生労働省令で定める物は、別表第２の上欄に掲げる物を含有する製剤その他の物（同欄に掲げる物の含有量が同表の中欄に定める値である物並びに四アルキル鉛を含有する製剤その他の物（加鉛ガソリンに限る。）及びニトログリセリンを含有する製剤その他の物（98パーセント以上の不揮発性で水に溶けない鈍感剤で鈍性化した物であつて、ニトログリセリンの含有量が１パーセント未満のものに限る。）を除く。）とする。ただし、運搬中及び貯蔵中において固体以外の状態にならず、かつ、粉状にならない物（次の各号のいずれかに該当するものを除く。）を除く。
１　危険物（令別表第１に掲げる危険物をいう。以下同じ。）
２　危険物以外の可燃性の物等爆発又は火災の原因となるおそれのある物
３　酸化カルシウム、水酸化ナトリウム等を含有する製剤その他の物であつて皮膚に対して腐食の危険を生ずるもの

別表第２（第30条、第34条の２関係）

物	第30条に規定する含有量 （重量パーセント）	第34条の２に規定する含有量 （重量パーセント）
アクリルアミド	0.1パーセント未満	0.1パーセント未満
アクリル酸	1パーセント未満	1パーセント未満
アクリル酸エチル	1パーセント未満	0.1パーセント未満
アクリル酸ノルマル―ブチル	1パーセント未満	0.1パーセント未満
アクリル酸二―ヒドロキシプロピル	1パーセント未満	0.1パーセント未満
中　略		
レソルシノール	1パーセント未満	0.1パーセント未満
六塩化ブタジエン	1パーセント未満	0.1パーセント未満
ロジウム及びその化合物	1パーセント未満	0.1パーセント未満
ロジン	1パーセント未満	0.1パーセント未満
ロテノン	1パーセント未満	1パーセント未満

令和7年4月施行

※第30条および別表第2は以下のように改正され、令和7年4月1日より施行

第30条　令第18条第2号の厚生労働省令で定める物は、別表第2の物の欄に掲げる物とする。ただし、運搬中及び貯蔵中において固体以外の状態にならず、かつ、粉状にならない物（次の各号のいずれかに該当するものを除く。）を除く。
1～3　略

別表第2（第30条、第34条の2関係）

項	物	備考
1	亜鉛	
2	亜塩素酸ナトリウム	
3	アクリルアミド	
4	アクリル酸	
5	アクリル酸イソオクチル	
中　略		
2272	六塩化ブタジエン	
2273	六弗化硫黄	
2274	ロジン	
2275	ロダン酢酸エチル	
2276	ロテノン	

第31条　令第18条第3号の厚生労働省令で定める物は、次に掲げる物とする。ただし、前条ただし書の物を除く。

1　ジクロルベンジジン及びその塩を含有する製剤その他の物で、ジクロルベンジジン及びその塩の含有量が重量の0.1パーセント以上1パーセント以下であるもの

2　アルフア－ナフチルアミン及びその塩を含有する製剤その他の物で、アルフア－ナフチルアミン及びその塩の含有量が重量の1パーセントであるもの

3　塩素化ビフエニル（別名PCB）を含有する製剤その他の物で、塩素化ビフエニルの含有量が重量の0.1パーセント以上1パーセント以下であるもの

4　オルト－トリジン及びその塩を含有する製剤その他の物で、オルト－トリジン及びその塩の含有量が重量の1パーセントであるもの

5　ジアニシジン及びその塩を含有する製剤その他の物で、ジアニシジン及びその塩の含有量が重量の1パーセントであるもの

6　ベリリウム及びその化合物を含有する製剤その他の物で、ベリリウム及びその化合物の含有量が重量の0.1パーセント以上1パーセント以下（合金にあつては、0.1パーセント以上3パーセント以下）であるもの

7　ベンゾトリクロリドを含有する製剤その他の物で、ベンゾトリクロリドの含有量が重量の0.1パーセント以上0.5パーセント以下であるもの

令和7年4月施行

※第31条は以下のように改正され、令和7年4月1日より施行

第31条　令第18条第4号の厚生労働省令で定める物は、次に掲げる物とする。ただし、前条ただし書の物を除く。
1～7　略

（名称等の表示）

第32条 法第57条第１項の規定による表示は、当該容器又は包装に、同項各号に掲げるもの（以下この条において「表示事項等」という。）を印刷し、又は表示事項等を印刷した票箋を貼り付けて行わなければならない。ただし、当該容器又は包装に表示事項等の全てを印刷し、又は表示事項等の全てを印刷した票箋を貼り付けることが困難なときは、表示事項等のうち同項第１号ロからニまで及び同項第２号に掲げるものについては、これらを印刷した票箋を容器又は包装に結びつけることにより表示することができる。

第33条 法第57条第１項第１号ニの厚生労働省令で定める事項は、次のとおりとする。

1 法第57条第１項の規定による表示をする者の氏名（法人にあつては、その名称）、住所及び電話番号

2 注意喚起語

3 安定性及び反応性

第33条の２ 事業者は、令第17条に規定する物又は令第18条各号に掲げる物を容器に入れ、又は包装して保管するとき（法第57条第１項の規定による表示がされた容器又は包装により保管するときを除く。）は、当該物の名称及び人体に及ぼす作用について、当該物の保管に用いる容器又は包装への表示、文書の交付その他の方法により、当該物を取り扱う者に、明示しなければならない。

（名称等を通知すべき危険物及び有害物）

第34条の２ 令第18条の２第２号の厚生労働省令で定める物は、別表第２の上欄に掲げる物を含有する製剤その他の物（同欄に掲げる物の含有量が同表の下欄に定める値である物及びニトログリセリンを含有する製剤その他の物（98パーセント以上の不揮発性で水に溶けない鈍感剤で鈍性化した物であつて、ニトログリセリンの含有量が0.1パーセント未満のものに限る。）を除く。）とする。

令和7年4月施行

※第34条の２は以下のように改正され、令和7年4月1日より施行

第34条の２ 令第18条の２第２号の厚生労働省令で定める物は、別表第２の物の欄に掲げる物とする。

第34条の２の２ 令第18条の２第３号の厚生労働省令で定める物は、次に掲げる物とする。

1 ジクロルベンジジン及びその塩を含有する製剤その他の物で、ジクロルベンジジン及びその塩の含有量が重量の0.1パーセント以上１パーセント以下であるもの

2 アルフア−ナフチルアミン及びその塩を含有する製剤その他の物で、アルフア−ナフチルアミン及びその塩の含有量が重量の１パーセントであるもの

3 塩素化ビフエニル（別名PCB）を含有する製剤その他の物で、塩素化ビフエニルの含有量が重量の0.1パーセント以上１パーセント以下であるもの

4 オルト−トリジン及びその塩を含有する製剤その他の物で、オルト−トリジン及びその塩の含有量が重量の0.1パーセント以上１パーセント以下であるもの

5 ジアニシジン及びその塩を含有する製剤その他の物で、ジアニシジン及びその塩の含有量が重量の0.1パーセント以上１パーセント以下であるもの

6 ベリリウム及びその化合物を含有する製剤その他の物で、ベリリウム及びその化合物の含有量が重量の0.1パーセント以上１パーセント以下（合金にあつては、0.1パーセント以上３パーセン

ト以下）であるもの
7　ベンゾトリクロリドを含有する製剤その他の物で、ベンゾトリクロリドの含有量が重量の0.1
パーセント以上0.5パーセント以下であるもの

令和7年4月施行

※第34条の2の2は以下のように改正され、令和7年4月1日より施行

第34条の2の2　令第18条の2第4号の厚生労働省令で定める物は、次に掲げる物とする。
　1〜7　略

（名称等の通知）
第34条の2の3　法第57条の2第1項及び第2項の厚生労働省令で定める方法は、磁気ディスク、光ディスクその他の記録媒体の交付、ファクシミリ装置を用いた送信若しくは電子メールの送信又は当該事項が記載されたホームページのアドレス（二次元コードその他のこれに代わるものを含む。）及び当該アドレスに係るホームページの閲覧を求める旨の伝達とする。

第34条の2の4　法第57条の2第1項第7号の厚生労働省令で定める事項は、次のとおりとする。
1　法第57条の2第1項の規定による通知を行う者の氏名（法人にあつては、その名称）、住所及び電話番号
2　危険性又は有害性の要約
3　安定性及び反応性
4　想定される用途及び当該用途における使用上の注意
5　適用される法令
6　その他参考となる事項

第34条の2の5　法第57条の2第1項の規定による通知は、同項の通知対象物を譲渡し、又は提供する時までに行わなければならない。ただし、継続的に又は反復して譲渡し、又は提供する場合において、既に当該通知が行われているときは、この限りでない。
②　法第57条の2第1項の通知対象物を譲渡し、又は提供する者は、同項第4号の事項について、直近の確認を行つた日から起算して5年以内ごとに1回、最新の科学的知見に基づき、変更を行う必要性の有無を確認し、変更を行う必要があると認めるときは、当該確認をした日から1年以内に、当該事項に変更を行わなければならない。
③　前項の者は、同項の規定により法第57条の2第1項第4号の事項に変更を行つたときは、変更後の同号の事項を、適切な時期に、譲渡し、又は提供した相手方の事業者に通知するものとし、文書若しくは磁気ディスク、光ディスクその他の記録媒体の交付、ファクシミリ装置を用いた送信若しくは電子メールの送信又は当該事項が記載されたホームページのアドレス（二次元コードその他のこれに代わるものを含む。）及び当該アドレスに係るホームページの閲覧を求める旨の伝達により、変更後の当該事項を、当該相手方の事業者が閲覧できるようにしなければならない。

第34条の2の6　法第57条の2第1項第2号の事項のうち、成分の含有量については、令別表第3第1号1から7までに掲げる物及び令別表第9に掲げる物ごとに重量パーセントを通知しなければならない。
②　前項の規定にかかわらず、1.4-ジクロロ-2-ブテン、鉛、1.3-ブタジエン、1.3-プロパンスルトン、

硫酸ジエチル、令別表第３に掲げる物、令別表第４第６号に規定する鉛化合物、令別表第５第１号に規定する四アルキル鉛及び令別表第６の２に掲げる物以外の物であつて、当該物の成分の含有量について重量パーセントの通知をすることにより、契約又は交渉に関し、事業者の財産上の利益を不当に害するおそれがあるものについては、その旨を明らかにした上で、重量パーセントの通知を、10パーセント未満の端数を切り捨てた数値と当該端数を切り上げた数値との範囲をもつて行うことができる。この場合において、当該物を譲渡し、又は提供する相手方の事業者の求めがあるときは、成分の含有量に係る秘密が保全されることを条件に、当該相手方の事業場におけるリスクアセスメントの実施に必要な範囲内において、当該物の成分の含有量について、より詳細な内容を通知しなければならない。

令和7年4月施行

※第34条の２の６第１項は以下のように改正され、令和７年４月１日より施行

第34条の２の６　法第57条の２第１項第２号の事項のうち、成分の含有量については、令第18条の２第１号及び第２号に掲げる物並びに令別表第３第１号１から７までに掲げる物及び令別表第９に掲げる物ごとに重量パーセントを通知しなければならない。

（リスクアセスメントの実施時期等）

第34条の２の７　リスクアセスメントは、次に掲げる時期に行うものとする。

１　リスクアセスメント対象物を原材料等として新規に採用し、又は変更するとき。

２　リスクアセスメント対象物を製造し、又は取り扱う業務に係る作業の方法又は手順を新規に採用し、又は変更するとき。

３　前二号に掲げるもののほか、リスクアセスメント対象物による危険性又は有害性等について変化が生じ、又は生ずるおそれがあるとき。

②　リスクアセスメントは、リスクアセスメント対象物を製造し、又は取り扱う業務ごとに、次に掲げるいずれかの方法（リスクアセスメントのうち危険性に係るものにあつては、第１号又は第３号（第１号に係る部分に限る。）に掲げる方法に限る。）により、又はこれらの方法の併用により行わなければならない。

１　当該リスクアセスメント対象物が当該業務に従事する労働者に危険を及ぼし、又は当該リスクアセスメント対象物により当該労働者の健康障害を生ずるおそれの程度及び当該危険又は健康障害の程度を考慮する方法

２　当該業務に従事する労働者が当該リスクアセスメント対象物にさらされる程度及び当該リスクアセスメント対象物の有害性の程度を考慮する方法

３　前二号に掲げる方法に準ずる方法

（リスクアセスメントの結果等の記録及び保存並びに周知）

第34条の２の８　事業者は、リスクアセスメントを行つたときは、次に掲げる事項について、記録を作成し、次にリスクアセスメントを行うまでの期間（リスクアセスメントを行つた日から起算して３年以内に当該リスクアセスメント対象物についてリスクアセスメントを行つたときは、３年間）保存するとともに、当該事項を、リスクアセスメント対象物を製造し、又は取り扱う業務に従事する労働者に周知させなければならない。

１　当該リスクアセスメント対象物の名称

２　当該業務の内容

3　当該リスクアセスメントの結果

4　当該リスクアセスメントの結果に基づき事業者が講ずる労働者の危険又は健康障害を防止するため必要な措置の内容

② 前項の規定による周知は、次に掲げるいずれかの方法により行うものとする。

1　当該リスクアセスメント対象物を製造し、又は取り扱う各作業場の見やすい場所に常時掲示し、又は備え付けること。

2　書面を、当該リスクアセスメント対象物を製造し、又は取り扱う業務に従事する労働者に交付すること。

3　事業者の使用に係る電子計算機に備えられたファイル又は電磁的記録媒体をもつて調整するファイルに記録し、かつ、当該リスクアセスメント対象物を製造し、又は取り扱う各作業場に、当該リスクアセスメント対象物を製造し、又は取り扱う業務に従事する労働者が当該記録の内容を常時確認できる機器を設置すること。

（改善の指示等）

第34条の2の10　労働基準監督署長は、化学物質による労働災害が発生した、又はそのおそれがある事業場の事業者に対し、当該事業場において化学物質の管理が適切に行われていない疑いがあると認めるときは、当該事業場における化学物質の管理の状況について改善すべき旨を指示することができる。

② 前項の指示を受けた事業者は、遅滞なく、事業場における化学物質の管理について必要な知識及び技能を有する者として厚生労働大臣が定めるもの（以下この条において「化学物質管理専門家」という。）から、当該事業場における化学物質の管理の状況についての確認及び当該事業場が実施し得る望ましい改善措置に関する助言を受けなければならない。

③ 前項の確認及び助言を求められた化学物質管理専門家は、同項の事業者に対し、当該事業場における化学物質の管理の状況についての確認結果及び当該事業場が実施し得る望ましい改善措置に関する助言について、速やかに、書面により通知しなければならない。

④ 事業者は、前項の通知を受けた後、1月以内に、当該通知の内容を踏まえた改善措置を実施するための計画を作成するとともに、当該計画作成後、速やかに、当該計画に従い必要な改善措置を実施しなければならない。

⑤ 事業者は、前項の計画を作成後、遅滞なく、当該計画の内容について、第3項の通知及び前項の計画の写しを添えて、改善計画報告書（様式第4号）により、所轄労働基準監督署長に報告しなければならない。

⑥ 事業者は、第4項の規定に基づき実施した改善措置の記録を作成し、当該記録について、第3項の通知及び第4項の計画とともに3年間保存しなければならない。

（雇入れ時等の教育）

第35条　事業者は、労働者を雇い入れ、又は労働者の作業内容を変更したときは、当該労働者に対し、遅滞なく、次の事項のうち当該労働者が従事する業務に関する安全又は衛生のため必要な事項について、教育を行なわなければならない。

1　機械等、原材料等の危険性又は有害性及びこれらの取扱い方法に関すること。

2　安全装置、有害物抑制装置又は保護具の性能及びこれらの取扱い方法に関すること。

3　作業手順に関すること。

4　作業開始時の点検に関すること。

5 当該業務に関して発生するおそれのある疾病の原因及び予防に関すること。

6 整理、整頓及び清潔の保持に関すること。

7 事故時等における応急措置及び退避に関すること。

8 前各号に掲げるもののほか、当該業務に関する安全又は衛生のために必要な事項

② 事業者は、前項各号に掲げる事項の全部又は一部に関し十分な知識及び技能を有していると認められる労働者については、当該事項についての教育を省略することができる。

（疾病の報告）

第97条の２ 事業者は、化学物質又は化学物質を含有する製剤を製造し、又は取り扱う業務を行う事業場において、１年以内に２人以上の労働者が同種のがんに罹患したことを把握したときは、当該罹患が業務に起因するかどうかについて、遅滞なく、医師の意見を聴かなければならない。

② 事業者は、前項の医師が、同項の罹患が業務に起因するものと疑われると判断したときは、遅滞なく、次に掲げる事項について、所轄都道府県労働局長に報告しなければならない。

1 がんに罹患した労働者が当該事業場で従事した業務において製造し、又は取り扱つた化学物質の名称（化学物質を含有する製剤にあつては、当該製剤が含有する化学物質の名称）

2 がんに罹患した労働者が当該事業場において従事していた業務の内容及び当該業務に従事していた期間

3 がんに罹患した労働者の年齢及び性別

（ばく露の程度の低減等）

第577条の２ 事業者は、リスクアセスメント対象物を製造し、又は取り扱う事業場において、リスクアセスメントの結果等に基づき、労働者の健康障害を防止するため、代替物の使用、発散源を密閉する設備、局所排気装置又は全体換気装置の設置及び稼働、作業の方法の改善、有効な呼吸用保護具を使用させること等必要な措置を講ずることにより、リスクアセスメント対象物に労働者がばく露される程度を最小限度にしなければならない。

② 事業者は、リスクアセスメント対象物のうち、一定程度のばく露に抑えることにより、労働者に健康障害を生ずるおそれがない物として厚生労働大臣が定めるものを製造し、又は取り扱う業務（主として一般消費者の生活の用に供される製品に係るものを除く。）を行う屋内作業場においては、当該業務に従事する労働者がこれらの物にばく露される程度を、厚生労働大臣が定める濃度の基準以下としなければならない。

③ 事業者は、リスクアセスメント対象物を製造し、又は取り扱う業務に常時従事する労働者に対し、法第66条の規定による健康診断のほか、リスクアセスメント対象物に係るリスクアセスメントの結果に基づき、関係労働者の意見を聴き、必要があると認めるときは、医師又は歯科医師が必要と認める項目について、医師又は歯科医師による健康診断を行わなければならない。

④ 事業者は、第２項の業務に従事する労働者が、同項の厚生労働大臣が定める濃度の基準を超えてリスクアセスメント対象物にばく露したおそれがあるときは、速やかに、当該労働者に対し、医師又は歯科医師が必要と認める項目について、医師又は歯科医師による健康診断を行わなければならない。

⑤ 事業者は、前二項の健康診断（以下この条において「リスクアセスメント対象物健康診断」という。）を行つたときは、リスクアセスメント対象物健康診断の結果に基づき、リスクアセスメント対象物健康診断個人票（様式第24号の２）を作成し、これを５年間（リスクアセスメント対象物健康診断に係るリスクアセスメント対象物ががん原性がある物として厚生労働大臣が定めるもの（以

下「がん原性物質」という。）である場合は、30年間）保存しなければならない。

⑥　事業者は、リスクアセスメント対象物健康診断の結果（リスクアセスメント対象物健康診断の項目に異常の所見があると診断された労働者に係るものに限る。）に基づき、当該労働者の健康を保持するために必要な措置について、次に定めるところにより、医師又は歯科医師の意見を聴かなければならない。

　　1　リスクアセスメント対象物健康診断が行われた日から3月以内に行うこと。

　　2　聴取した医師又は歯科医師の意見をリスクアセスメント対象物健康診断個人票に記載すること。

⑦　事業者は、医師又は歯科医師から、前項の意見聴取を行う上で必要となる労働者の業務に関する情報を求められたときは、速やかに、これを提供しなければならない。

⑧　事業者は、第6項の規定による医師又は歯科医師の意見を勘案し、その必要があると認めるときは、当該労働者の実情を考慮して、就業場所の変更、作業の転換、労働時間の短縮等の措置を講ずるほか、作業環境測定の実施、施設又は設備の設置又は整備、衛生委員会又は安全衛生委員会への当該医師又は歯科医師の意見の報告その他の適切な措置を講じなければならない。

⑨　事業者は、リスクアセスメント対象物健康診断を受けた労働者に対し、遅滞なく、リスクアセスメント対象物健康診断の結果を通知しなければならない。

⑩　事業者は、第1項、第2項及び第8項の規定により講じた措置について、関係労働者の意見を聴くための機会を設けなければならない。

⑪　事業者は、次に掲げる事項（第3号については、がん原性物質を製造し、又は取り扱う業務に従事する労働者に限る。）について、1年を超えない期間ごとに1回、定期に、記録を作成し、当該記録を3年間（第2号（リスクアセスメント対象物ががん原性物質である場合に限る。）及び第3号については、30年間）保存するとともに、第1号及び第4号の事項について、リスクアセスメント対象物を製造し、又は取り扱う業務に従事する労働者に周知させなければならない。

　　1　第1項、第2項及び第8項の規定により講じた措置の状況

　　2　リスクアセスメント対象物を製造し、又は取り扱う業務に従事する労働者のリスクアセスメント対象物のばく露の状況

　　3　労働者の氏名、従事した作業の概要及び当該作業に従事した期間並びにがん原性物質により著しく汚染される事態が生じたときはその概要及び事業者が講じた応急の措置の概要

　　4　前項の規定による関係労働者の意見の聴取状況

⑫　前項の規定による周知は、次に掲げるいずれかの方法により行うものとする。

　　1　当該リスクアセスメント対象物を製造し、又は取り扱う各作業場の見やすい場所に常時掲示し、又は備え付けること。

　　2　書面を、当該リスクアセスメント対象物を製造し、又は取り扱う業務に従事する労働者に交付すること。

　　3　事業者の使用に係る電子計算機に備えられたファイル又は電磁的記録媒体をもつて調整するファイルに記録し、かつ、当該リスクアセスメント対象物を製造し、又は取り扱う各作業場に、当該リスクアセスメント対象物を製造し、又は取り扱う業務に従事する労働者が当該記録の内容を常時確認できる機器を設置すること。

第577条の3　事業者は、リスクアセスメント対象物以外の化学物質を製造し、又は取り扱う事業場において、リスクアセスメント対象物以外の化学物質に係る危険性又は有害性等の調査の結果等に基づき、労働者の健康障害を防止するため、代替物の使用、発散源を密閉する設備、局所排気装置

又は全体換気装置の設置及び稼働、作業の方法の改善、有効な保護具を使用させること等必要な措置を講ずることにより、労働者がリスクアセスメント対象物以外の化学物質にばく露される程度を最小限度にするよう努めなければならない。

（皮膚障害等防止用の保護具）

第594条 事業者は、皮膚若しくは眼に障害を与える物を取り扱う業務又は有害物が皮膚から吸収され、若しくは侵入して、健康障害若しくは感染をおこすおそれのある業務においては、当該業務に従事する労働者に使用させるために、塗布剤、不浸透性の保護衣、保護手袋、履物又は保護眼鏡等適切な保護具を備えなければならない。

② 事業者は、前項の業務の一部を請負人に請け負わせるときは、当該請負人に対し、塗布剤、不浸透性の保護衣、保護手袋、履物又は保護眼鏡等適切な保護具について、備えておくこと等によりこれらを使用することができるようにする必要がある旨を周知させなければならない。

第594条の2 事業者は、化学物質又は化学物質を含有する製剤（皮膚若しくは眼に障害を与えるおそれ又は皮膚から吸収され、若しくは皮膚に侵入して、健康障害を生ずるおそれがあることが明らかなものに限る。以下「皮膚等障害化学物質等」という。）を製造し、又は取り扱う業務（法及びこれに基づく命令の規定により労働者に保護具を使用させなければならない業務及び皮膚等障害化学物質等を密閉して製造し、又は取り扱う業務を除く。）に労働者を従事させるときは、不浸透性の保護衣、保護手袋、履物又は保護眼鏡等適切な保護具を使用させなければならない。

② 事業者は、前項の業務の一部を請負人に請け負わせるときは、当該請負人に対し、同項の保護具を使用する必要がある旨を周知させなければならない。

第594条の3 事業者は、化学物質又は化学物質を含有する製剤（皮膚等障害化学物質等及び皮膚若しくは眼に障害を与えるおそれ又は皮膚から吸収され、若しくは皮膚に侵入して、健康障害を生ずるおそれがないことが明らかなものを除く。）を製造し、又は取り扱う業務（法及びこれに基づく命令の規定により労働者に保護具を使用させなければならない業務及びこれらの物を密閉して製造し、又は取り扱う業務を除く。）に労働者を従事させるときは、当該労働者に保護衣、保護手袋、履物又は保護眼鏡等適切な保護具を使用させるよう努めなければならない。

② 事業者は、前項の業務の一部を請負人に請け負わせるときは、当該請負人に対し、同項の保護具について、これらを使用する必要がある旨を周知させるよう努めなければならない。

（保護具の数等）

第596条 事業者は、第593条第1項、第594条第1項、第594条の2第1項及び前条第1項に規定する保護具については、同時に就業する労働者の人数と同数以上を備え、常時有効かつ清潔に保持しなければならない。

（労働者の使用義務）

第597条 第593条第1項、第594条第1項、第594条の2第1項及び第595条第1項に規定する業務に従事する労働者は、事業者から当該業務に必要な保護具の使用を命じられたときは、当該保護具を使用しなければならない。

附録2　関連通達

労働安全衛生規則等の一部を改正する省令等の施行について（抄）

（令和4年5月31日付け基発0531第9号）

（最終改正　令和6年5月8日）

第1　改正の趣旨及び概要等
1　略
2　改正省令の概要
(1)　事業場における化学物質の管理体制の強化
ア　化学物質管理者の選任（安衛則第12条の5関係）
　　① 事業者は、労働安全衛生法（昭和47年法律第57号。以下「法」という。）第57条の3第1項の危険性又は有害性等の調査（主として一般消費者の生活の用に供される製品に係るものを除く。以下「リスクアセスメント」という。）をしなければならない労働安全衛生法施行令（昭和47年政令第318号。以下「令」という。）第18条各号に掲げる物及び法第57条の2第1項に規定する通知対象物（以下「リスクアセスメント対象物」という。）を製造し、又は取り扱う事業場ごとに、化学物質管理者を選任し、その者に化学物質に係るリスクアセスメントの実施に関すること等の当該事業場における化学物質の管理に係る技術的事項を管理させなければならないこと。
　　② 事業者は、リスクアセスメント対象物の譲渡又は提供を行う事業場（①の事業場を除く。）ごとに、化学物質管理者を選任し、その者に当該事業場におけるラベル表示及び安全データシート（以下「SDS」という。）等による通知等（以下「表示等」という。）並びに教育管理に係る技術的事項を管理させなければならないこと。
　　③ 化学物質管理者の選任は、選任すべき事由が発生した日から14日以内に行い、

リスクアセスメント対象物を製造する事業場においては、厚生労働大臣が定める化学物質の管理に関する講習を修了した者等のうちから選任しなければならないこと。
　　④ 事業者は、化学物質管理者を選任したときは、当該化学物質管理者に対し、必要な権限を与えるとともに、当該化学物質管理者の氏名を事業場の見やすい箇所に掲示すること等により関係労働者に周知させなければならないこと。
イ　保護具着用管理責任者の選任（安衛則第12条の6関係）
　　① 化学物質管理者を選任した事業者は、リスクアセスメントの結果に基づく措置として、労働者に保護具を使用させるときは、保護具着用管理責任者を選任し、有効な保護具の選択、保護具の保守管理その他保護具に係る業務を担当させなければならないこと。
　　② 保護具着用管理責任者の選任は、選任すべき事由が発生した日から14日以内に行うこととし、保護具に関する知識及び経験を有すると認められる者のうちから選任しなければならないこと。
　　③ 事業者は、保護具着用管理責任者を選任したときは、当該保護具着用管理責任者に対し、必要な権限を与えるとともに、当該保護具着用管理責任者の氏名を事業場の見やすい箇所に掲示すること等により関係労働者に周知させなければならないこと。
ウ　雇入れ時等における化学物質等に係る教育の拡充（安衛則第35条関係）
　　労働者を雇い入れ、又は労働者の作業内

容を変更したときに行わなければならない安衛則第35条第1項の教育について、令第2条第3号に掲げる業種の事業場の労働者については、安衛則第35条第1項第1号から第4号までの事項の教育の省略が認められてきたが、改正省令により、この省略規定を削除し、同項第1号から第4号までの事項の教育を事業者に義務付けたこと。

(2) 化学物質の危険性・有害性に関する情報の伝達の強化

ア　ＳＤＳ等による通知方法の柔軟化（安衛則第24条の15第1項及び第3項※、第34条の2の3関係）　　　　　　※ 注釈略

　法第57条の2第1項及び第2項の規定による通知の方法として、相手方の承諾を要件とせず、電子メールの送信や、通知事項が記載されたホームページのアドレス（二次元コードその他のこれに代わるものを含む。）を伝達し閲覧を求めること等による方法を新たに認めたこと。

イ　「人体に及ぼす作用」の定期確認及び「人体に及ぼす作用」についての記載内容の更新（安衛則第24条の15第2項及び第3項、第34条の2の5第2項及び第3項関係）

　法第57条の2第1項の規定による通知事項の1つである「人体に及ぼす作用」について、直近の確認を行った日から起算して5年以内ごとに1回、記載内容の変更の要否を確認し、変更を行う必要があると認めるときは、当該確認をした日から1年以内に変更を行わなければならないこと。また、変更を行ったときは、当該通知を行った相手方に対して、適切な時期に、変更内容を通知するものとしたこと。加えて、安衛則第24条の15第2項及び第3項の規定による特定危険有害化学物質等に係る通知における「人体に及ぼす作用」についても、同様の確認及び更新を努力義務としたこと。

ウ　ＳＤＳ等における通知事項の追加及び成分含有量表示の適正化（安衛則第24条の15第1項、第34条の2の4、第34条の2の6

関係）

　法第57条の2第1項の規定により通知するＳＤＳ等における通知事項に、「想定される用途及び当該用途における使用上の注意」を追加したこと。また、安衛則第24条の15第1項の規定により通知を行うことが努力義務となっている特定危険有害化学物質等に係る通知事項についても、同事項を追加したこと。

　また、法第57条の2第1項の規定により通知するＳＤＳ等における通知事項のうち、「成分の含有量」について、重量パーセントを通知しなければならないこととしたこと。

エ　化学物質を事業場内において別容器等で保管する際の措置の強化（安衛則第33条の2関係）

　事業者は、令第17条に規定する物（以下「製造許可物質」という。）又は令第18条に規定する物（以下「ラベル表示対象物」という。）をラベル表示のない容器に入れ、又は包装して保管するときは、当該容器又は包装への表示、文書の交付その他の方法により、当該物を取り扱う者に対し、当該物の名称及び人体に及ぼす作用を明示しなければならないこと。

(3) リスクアセスメントに基づく自律的な化学物質管理の強化

ア　リスクアセスメントに係る記録の作成及び保存並びに労働者への周知（安衛則第34条の2の8関係）

　事業者は、リスクアセスメントを行ったときは、リスクアセスメント対象物の名称等の事項について、記録を作成し、次にリスクアセスメントを行うまでの期間（リスクアセスメントを行った日から起算して3年以内に次のリスクアセスメントを行ったときは、3年間）保存するとともに、当該事項を、リスクアセスメント対象物を製造し、又は取り扱う業務に従事する労働者に周知させなければならないこと。

イ　化学物質による労働災害が発生した事業場等における化学物質管理の改善措置（安

衛則第34条の2の10関係)

①　労働基準監督署長は、化学物質による労働災害が発生した、又はそのおそれがある事業場の事業者に対し、当該事業場において化学物質の管理が適切に行われていない疑いがあると認めるときは、当該事業場における化学物質の管理の状況について、改善すべき旨を指示することができること。

②　①の指示を受けた事業者は、遅滞なく、事業場の化学物質の管理の状況について必要な知識及び技能を有する者として厚生労働大臣が定めるもの（以下「化学物質管理専門家」という。）から、当該事業場における化学物質の管理の状況についての確認及び当該事業場が実施し得る望ましい改善措置に関する助言を受けなければならないこと。

③　②の確認及び助言を求められた化学物質管理専門家は、事業者に対し、確認後速やかに、当該確認した内容及び当該事業場が実施し得る望ましい改善措置に関する助言を、書面により通知しなければならないこと。

④　事業者は、③の通知を受けた後、1月以内に、当該通知の内容を踏まえた改善措置を実施するための計画を作成するとともに、当該計画作成後、速やかに、当該計画に従い改善措置を実施しなければならないこと。

⑤　事業者は、④の計画を作成後、遅滞なく、当該計画の内容について、③の通知及び当該計画の写しを添えて、改善計画報告書（安衛則様式第4号）により所轄労働基準監督署長に報告しなければならないこと。

⑥　事業者は、④の計画に基づき実施した改善措置の記録を作成し、当該記録について、③の通知及び当該計画とともにこれらを3年間保存しなければならないこと。

ウ　リスクアセスメント対象物に係るばく露

低減措置等の事業者の義務（安衛則第577条の2、第577条の3関係）

①　労働者がリスクアセスメント対象物にばく露される程度の低減措置（安衛則第577条の2第1項関係）

事業者は、リスクアセスメント対象物を製造し、又は取り扱う事業場において、リスクアセスメントの結果等に基づき、労働者の健康障害を防止するため、代替物の使用等の必要な措置を講ずることにより、リスクアセスメント対象物に労働者がばく露される程度を最小限度にしなければならないこと。

②　労働者がばく露される程度を一定の濃度の基準以下としなければならない物質に係るばく露濃度の抑制措置（安衛則第577条の2第2項関係）

事業者は、リスクアセスメント対象物のうち、一定程度のばく露に抑えることにより、労働者に健康障害を生ずるおそれがない物として厚生労働大臣が定めるものを製造し、又は取り扱う業務（主として一般消費者の生活の用に供される製品に係るものを除く。）を行う屋内作業場においては、当該業務に従事する労働者がこれらの物にばく露される程度を、厚生労働大臣が定める濃度の基準（以下「濃度基準値」という。）以下としなければならないこと。

③　リスクアセスメントの結果に基づき事業者が行う健康診断、健康診断の結果に基づく必要な措置の実施等（安衛則第577条の2第3項から第5項まで、第8項及び第9項関係）

事業者は、リスクアセスメント対象物による健康障害の防止のため、リスクアセスメントの結果に基づき、関係労働者の意見を聴き、必要があると認めるときは、医師又は歯科医師（以下「医師等」という。）が必要と認める項目について、医師等による健康診断を行い、その結果に基づき必要な措置を講じなければなら

ないこと。

　また、事業者は、安衛則第577条の２第２項の業務に従事する労働者が、濃度基準値を超えてリスクアセスメント対象物にばく露したおそれがあるときは、速やかに、医師等が必要と認める項目について、医師等による健康診断を行い、その結果に基づき必要な措置を講じなければならないこと。

　事業者は、上記の健康診断（以下「リスクアセスメント対象物健康診断」という。）を行ったときは、リスクアセスメント対象物健康診断個人票（安衛則様式第24号の２）を作成し、５年間（がん原性物質（がん原性がある物として厚生労働大臣が定めるものをいう。以下同じ。）に係るものは30年間）保存しなければならないこと。

　事業者は、リスクアセスメント対象物健康診断を受けた労働者に対し、遅滞なく、当該健康診断の結果を通知しなければならないこと。

④　ばく露低減措置の内容及び労働者のばく露の状況についての労働者の意見聴取、記録作成・保存（安衛則第577条の２第10から第12項まで※関係）　　　※注釈略

　事業者は、安衛則第577条の２第１項、第２項及び第８項の規定により講じたばく露低減措置等について、関係労働者の意見を聴くための機会を設けなければならないこと。

　また、事業者は、(i)安衛則第577条の２第１項、第２項及び第８項の規定により講じた措置の状況、(ii)リスクアセスメント対象物を製造し、又は取り扱う業務に従事する労働者のばく露状況、(iii)労働者の氏名、従事した作業の概要及び当該作業に従事した期間並びにがん原性物質により著しく汚染される事態が生じたときはその概要及び事業者が講じた応急の措置の概要（リスクアセスメント対象物ががん原性物質である場合に限る。）、(iv)安

衛則第577条の２第10項の規定による関係労働者の意見の聴取状況について、１年を超えない期間ごとに１回、定期に、記録を作成し、当該記録を３年間（(ii)及び(iii)について、がん原性物質に係るものは30年間）保存するとともに、(i)及び(iv)の事項を労働者に周知させなければならないこと。

⑤　リスクアセスメント対象物以外の物質にばく露される程度を最小限とする努力義務（安衛則第577条の３関係）

　事業者は、リスクアセスメント対象物以外の化学物質を製造し、又は取り扱う事業場において、当該化学物質に係る危険性又は有害性等の調査結果等に基づき、労働者の健康障害を防止するため、代替物の使用等の必要な措置を講ずることにより、リスクアセスメント対象物以外の化学物質にばく露される程度を最小限度にするよう努めなければならないこと。

エ　保護具の使用による皮膚等障害化学物質等への直接接触の防止（安衛則第594条の２及び安衛則第594条の３※関係）　　※注釈略

　事業者は、化学物質又は化学物質を含有する製剤（皮膚若しくは眼に障害を与えるおそれ又は皮膚から吸収され、若しくは皮膚に浸入して、健康障害を生ずるおそれがあることが明らかなものに限る。以下「皮膚等障害化学物質等」という。）を製造し、又は取り扱う業務（法及びこれに基づく命令の規定により労働者に保護具を使用させなければならない業務及びこれらの物を密閉して製造し、又は取り扱う業務を除く。）に労働者を従事させるときは、不浸透性の保護衣、保護手袋、履物又は保護眼鏡等適切な保護具を使用させなければならないこと。

　また、事業者は、化学物質又は化学物質を含有する製剤（皮膚等障害化学物質等及び皮膚若しくは眼に障害を与えるおそれ又は皮膚から吸収され、若しくは皮膚に浸入して、健康障害を生ずるおそれがないこと

が明らかなものを除く。）を製造し、又は
取り扱う業務（法及びこれに基づく命令の
規定により労働者に保護具を使用させなけ
ればならない業務及びこれらの物を密閉し
て製造し、又は取り扱う業務を除く。）に
労働者を従事させるときは、当該労働者に
保護衣、保護手袋、履物又は保護眼鏡等適
切な保護具を使用させることに努めなけれ
ばならないこと。

(4)　衛生委員会の付議事項の追加（安衛則第
　　22条関係）
　　衛生委員会の付議事項に、(3)ウ①及び②に
　より講ずる措置に関すること並びに(3)ウ③の
　医師等による健康診断の実施に関することを
　追加すること。

(5)　事業場におけるがんの発生の把握の強化
　　（安衛則第97条の2関係）
　　事業者は、化学物質又は化学物質を含有す
　る製剤を製造し、又は取り扱う業務を行う事
　業場において、1年以内に2人以上の労働者
　が同種のがんに罹患したことを把握したとき
　は、当該罹患が業務に起因するかどうかにつ
　いて、遅滞なく、医師の意見を聴かなければ
　ならないこととし、当該医師が、当該がんへ
　の罹患が業務に起因するものと疑われると判
　断したときは、遅滞なく、当該がんに罹患し
　た労働者が取り扱った化学物質の名称等の事
　項について、所轄都道府県労働局長に報告し
　なければならないこと。

(6)　化学物質管理の水準が一定以上の事業場
　　に対する個別規制の適用除外（特化則第2
　　条の3、有機則第4条の2、鉛則第3条の
　　2及び粉じん則第3条の2関係）
　ア　特化則等の規定（健康診断及び呼吸用保
　　護具に係る規定を除く。）は、専属の化学
　　物質管理専門家が配置されていること等の
　　一定の要件を満たすことを所轄都道府県労
　　働局長が認定した事業場については、特化
　　則等の規制対象物質を製造し、又は取り扱

う業務等について、適用しないこと。
　イ　アの適用除外の認定を受けようとする事
　　業者は、適用除外認定申請書（特化則様式
　　第1号、有機則様式第1号の2、鉛則様式
　　第1号の2、粉じん則様式第1号の2）に、
　　当該事業場がアの要件に該当することを確
　　認できる書面を添えて、所轄都道府県労働
　　局長に提出しなければならないこと。
　ウ　所轄都道府県労働局長は、適用除外認定
　　申請書の提出を受けた場合において、認定
　　をし、又はしないことを決定したときは、
　　遅滞なく、文書でその旨を当該申請書を提
　　出した事業者に通知すること。
　エ　認定は、3年ごとにその更新を受けなけ
　　れば、その期間の経過によって、その効力
　　を失うこと。
　オ　上記のアからウまでの規定は、エの認定
　　の更新について準用すること。
　カ　認定を受けた事業者は、当該認定に係る
　　事業場がアの要件を満たさなくなったとき
　　は、遅滞なく、文書で、その旨を所轄都道
　　府県労働局長に報告しなければならないこ
　　と。
　キ　所轄都道府県労働局長は、認定を受けた
　　事業者がアの要件を満たさなくなったと認
　　めるとき等の取消要件に該当するに至った
　　ときは、その認定を取り消すことができる
　　こと。

(7)　作業環境測定結果が第三管理区分の作業
　　場所に対する措置の強化
　ア　作業環境測定の評価結果が第三管理区分
　　に区分された場合の義務（特化則第36条の
　　3の2第1項から第3項まで、有機則第28
　　条の3の2第1項から第3項まで、鉛則第
　　52条の3の2第1項ら第3項まで、粉じん
　　則第26条の3の2第1項から第3項まで関
　　係）
　　　特化則等に基づく作業環境測定結果の評
　　価の結果、第三管理区分に区分された場所
　　について、作業環境の改善を図るため、事
　　業者に対して以下の措置の実施を義務付け

たこと。

① 　当該場所の作業環境の改善の可否及び改善が可能な場合の改善措置について、事業場における作業環境の管理について必要な能力を有すると認められる者（以下「作業環境管理専門家」という。）であって、当該事業場に属さない者からの意見を聴くこと。

② 　①において、作業環境管理専門家が当該場所の作業環境の改善が可能と判断した場合、当該場所の作業環境を改善するために必要な措置を講じ、当該措置の効果を確認するため、当該場所における対象物質の濃度を測定し、その結果の評価を行うこと。

イ 　作業環境管理専門家が改善困難と判断した場合等の義務（特化則第36条の３の２第４項、有機則第28条の３の２第４項、鉛則第52条の３の２第４項、粉じん則第26条の３の２第４項関係）

ア①で作業環境管理専門家が当該場所の作業環境の改善は困難と判断した場合及びア②の評価の結果、なお第三管理区分に区分された場合、事業者は、以下の措置を講ずること。

① 　労働者の身体に装着する試料採取器等を用いて行う測定その他の方法による測定（以下「個人サンプリング測定等」という。）により対象物質の濃度測定を行い、当該測定結果に応じて、労働者に有効な呼吸用保護具を使用させること。また、当該呼吸用保護具（面体を有するものに限る。）が適切に着用されていることを確認し、その結果を記録し、これを３年間保存すること。なお、当該場所において作業の一部を請負人に請け負わせる場合にあっては、当該請負人に対し、有効な呼吸用保護具を使用する必要がある旨を周知させること。

② 　保護具に関する知識及び経験を有すると認められる者のうちから、保護具着用管理責任者を選任し、呼吸用保護具に係

る業務を担当させること。

③ 　ア①の作業環境管理専門家の意見の概要並びにア②の措置及び評価の結果を労働者に周知すること。

④ 　上記①から③までの措置を講じたときは、第三管理区分措置状況届（特化則様式第１号の４、有機則様式第２号の３、鉛則様式第１号の４、粉じん則様式第５号）を所轄労働基準監督署長に提出すること。

ウ 　作業環境測定の評価結果が改善するまでの間の義務（特化則第36条の３の２第５項、有機則第28条の３の２第５項、鉛則第52条の３の２第５項、粉じん則第26条の３の２第５項関係）

特化則等に基づく作業環境測定結果の評価の結果、第三管理区分に区分された場所について、第一管理区分又は第二管理区分と評価されるまでの間、上記イ①の措置に加え、以下の措置を講ずること。

６月以内ごとに１回、定期に、個人サンプリング測定等により特定化学物質等の濃度を測定し、その結果に応じて、労働者に有効な呼吸用保護具を使用させること。

エ 　記録の保存

イ①又はウの個人サンプリング測定等を行ったときは、その都度、結果及び評価の結果を記録し、３年間（ただし、粉じんについては７年間、クロム酸等については30年間）保存すること。

(8) 　作業環境管理やばく露防止措置等が適切に実施されている場合における特殊健康診断の実施頻度の緩和（特化則第39条第４項、有機則第29条第６項、鉛則第53条第４項及び四アルキル則第22条第４項関係）

本規定による特殊健康診断の実施について、以下の①から③までの要件のいずれも満たす場合（四アルキル則第22条第４項の規定による健康診断については、以下の②及び③の要件を満たす場合）には、当該特殊健康診断の対象業務に従事する労働者に対する特殊健康

診断の実施頻度を6月以内ごとに1回から、1年以内ごとに1回に緩和することができること。ただし、危険有害性が特に高い製造禁止物質及び特別管理物質に係る特殊健康診断の実施については、特化則第39条第4項に規定される実施頻度の緩和の対象とはならないこと。

① 当該労働者が業務を行う場所における直近3回の作業環境測定の評価結果が第1管理区分に区分されたこと。

② 直近3回の健康診断の結果、当該労働者に新たな異常所見がないこと。

③ 直近の健康診断実施後に、軽微なものを除き作業方法の変更がないこと。

3　改正告示の概要

改正省令による2(2)アのSDS等による通知方法の柔軟化及び2(2)エのラベル表示対象物を事業場内において別容器等で保管する際の措置の強化に伴い、告示においても、同趣旨の改正を行ったこと。

4　略

第2　細部事項（公布日施行）

1　SDS等による通知方法の柔軟化関係

(1) 安衛則第24条の15第1項及び第2項※、第34条の2の3関係　　　　※ 注釈略

化学物質の危険性・有害性に係る情報伝達がより円滑に行われるようにするため、譲渡提供を受ける相手方が容易に確認可能な方法であれば、相手方の承諾を要件とせずに通知できるよう、SDS等による通知方法を柔軟化したこと。なお、電子メールの送信により通知する場合は、送信先の電子メールアドレスを事前に確認する等により確実に相手方に通知できるよう配慮すべきであること。

(2) 告示第3条第1項、第4条第3項関係

改正省令によるSDS等による通知方法の柔軟化に伴い、告示においても、通知方法の選択に当たって相手方の承諾を要件としないこと等、同趣旨の改正を行ったこと。

第3　細部事項（令和5年4月1日施行）

1　SDS等における通知事項である「人体に及ぼす作用」の定期確認及び更新関係

(1) 安衛則第24条の15第2項及び第3項、第34条の2の5第2項及び第3項関係

ア SDS等における通知事項である「人体に及ぼす作用」については、当該物質の有害性情報であり、リスクアセスメントの実施に当たって最も重要な情報であることから、定期的な確認及び更新を新たに義務付けたこと。定期確認及び更新の対象となるSDS等は、現に譲渡又は提供を行っている通知対象物又は特定危険有害化学物質等に係るものに限られ、既に譲渡提供を中止したものに係るSDS等まで含む趣旨ではないこと。

イ 確認の結果、SDS等の更新を行った場合、変更後の当該事項を再通知する対象となる、過去に当該物を譲渡提供した相手方の範囲については、各事業者における譲渡提供先に関する情報の保存期間、当該物の使用期限等を踏まえて合理的な期間とすれば足りること。また、確認の結果、SDS等の更新の必要がない場合には、更新及び相手方への再通知の必要はないが、各事業者においてSDS等の改訂情報を管理する上で、更新の必要がないことを確認した日を記録しておくことが望ましいこと。

ウ SDS等を更新した場合の再通知の方法としては、各事業者で譲渡提供先に関する情報を保存している場合に当該情報を元に譲渡提供先に再通知する方法のほか、譲渡提供者のホームページにおいてSDS等を更新した旨を分かりやすく周知し、当該ホームページにおいて該当物質のSDS等を容易に閲覧できるようにする方法等があること。

エ 本規定の施行日において現に存するSDS等については、施行日から起算して5年以内（令和10年3月31日まで）に初回の確認を行う必要があること。また、確認の頻度である「5年以内ごとに1回」には、5

年より短い期間で確認することも含まれること。

2 製造許可物質又はラベル表示対象物を事業場内において別容器等で保管する際の措置の強化関係

(1) 安衛則第33条の2関係

ア 製造許可物質及びラベル表示対象物を事業場内で取り扱うに当たって、他の容器に移し替えたり、小分けしたりして保管する際の容器等にも対象物の名称及び人体に及ぼす作用の明示を義務付けたこと。なお、本規定は、対象物を保管することを目的として容器に入れ、又は包装し、保管する場合に適用されるものであり、保管を行う者と保管された対象物を取り扱う者が異なる場合の危険有害性の情報伝達が主たる目的であるため、対象物の取扱い作業中に一時的に小分けした際の容器や、作業場所に運ぶために移し替えた容器にまで適用されるものではないこと。また、譲渡提供者がラベル表示を行っている物について、既にラベル表示がされた容器等で保管する場合には、改めて表示を求める趣旨ではないこと。

イ 明示の際の「その他の方法」としては、使用場所への掲示、必要事項を記載した一覧表の備え付け、磁気ディスク、光ディスク等の記録媒体に記録しその内容を常時確認できる機器を設置すること等のほか、日本産業規格Z 7253（GHSに基づく化学品の危険有害性情報の伝達方法－ラベル、作業場内の表示及び安全データシート（SDS））（以下「JIS Z 7253」という。）の「5.3.3作業場内の表示の代替手段」に示された方法として、作業手順書又は作業指示書によって伝達する方法等によることも可能であること。

(2) 告示第4条第3項関係

改正省令による(1)のラベル表示対象物を事業場内において別容器等で保管する際の措置の強化に伴い、告示においても、化学物質等

の譲渡提供を受けた事業者が対象物を労働者に取り扱わせる場合の容器等への表示事項として「人体に及ぼす作用」を追加したこと。

3 リスクアセスメントの結果等の記録の作成及び保存並びに労働者への周知（安衛則第34条の2の8関係）

事業場における化学物質管理の実施状況について事後に検証できるようにするため、従前より規定されていたリスクアセスメントの結果等の労働者への周知に加え、リスクアセスメントの結果等の記録の作成及び保存を新たに義務付けたこと。

4 事業場におけるがんの発生の把握の強化関係

(1) 安衛則第97条の2第1項関係

ア 本規定は、化学物質のばく露に起因するがんを早期に把握した事業場におけるがんの再発防止のみならず、国内の同様の作業を行う事業場における化学物質によるがんの予防を行うことを目的として規定したものであること。

イ 本規定の「1年以内に2人以上の労働者」の労働者は、現に雇用する同一の事業場の労働者であること。

ウ 本規定の「同種のがん」については、発生部位等医学的に同じものと考えられるがんをいうこと。

エ 本規定の「同種のがんに罹患したことを把握したとき」の「把握」とは、労働者の自発的な申告や休職手続等で職務上、事業者が知り得る場合に限るものであり、本規定を根拠として、労働者本人の同意なく、本規定に関係する労働者の個人情報を収集することを求める趣旨ではないこと。なお、アの趣旨から、広くがん罹患の情報について事業者が把握できることが望ましく、衛生委員会等においてこれらの把握の方法をあらかじめ定めておくことが望ましいこと。

オ アの趣旨を踏まえ、例えば、退職者も含め10年以内に複数の者が同種のがんに罹患

したことを把握した場合等、本規定の要件に該当しない場合であっても、それが化学物質を取り扱う業務に起因することが疑われると医師から意見があった場合は、本規定に準じ、都道府県労働局に報告することが望ましいこと。

カ　本規定の「医師」には、産業医のみならず、定期健康診断を委託している機関に所属する医師や労働者の主治医等も含まれること。また、これらの適当な医師がいない場合は、各都道府県の産業保健総合支援センター等に相談することも考えられること。

(2)　安衛則第97条の2第2項関係

ア　本規定の「罹患が業務に起因するものと疑われると判断」については、(1)アの趣旨から、その時点では明確な因果関係が解明されていないため確実なエビデンスがなくとも、同種の作業を行っていた場合や、別の作業であっても同一の化学物質にばく露した可能性がある場合等、化学物質に起因することが否定できないと判断されれば対象とすべきであること。

イ　本項第1号の「がんに罹患した労働者が当該事業場で従事した業務において製造し、又は取り扱った化学物質の名称」及び本項第2号の「がんに罹患した労働者が当該事業場で従事していた業務の内容及び当該業務に従事していた期間」については、(1)アの趣旨から、その時点ではがんの発症に係る明確な因果関係が解明されていないため、当該労働者が当該事業場において在職中ばく露した可能性がある全ての化学物質、業務及びその期間が対象となること。また、記録等がなく、製剤中の化学物質の名称や作業歴が不明な場合であっても、その後の都道府県労働局等が行う調査に資するよう、製剤の製品名や関係者の記憶する関連情報をできる限り記載し、報告することが望ましいこと。

5　リスクアセスメントに基づく自律的な化学物質管理の強化

(1)　安衛則第577条の2第1項及び第577条の3関係

本規定における「リスクアセスメント」とは、法第57条の3第1項の規定により行われるリスクアセスメントをいうものであり、安衛則第34条の2の7第1項に定める時期において、化学物質等による危険性又は有害性等の調査等に関する指針（平成27年9月18日付け危険性又は有害性等の調査等に関する指針公示第3号）に従って実施すること。

ただし、事業者は、化学物質のばく露を最低限に抑制する必要があることから、同項のリスクアセスメント実施時期に該当しない場合であっても、ばく露状況に変化がないことを確認するため、過去の化学物質の測定結果に応じた適当な頻度で、測定等を実施することが望ましいこと。

(2)　安衛則第577条の2第2項※関係　※注釈略

本規定における「関係労働者の意見を聞くための機会を設けなければならない」については、関係労働者又はその代表が衛生委員会に参加している場合等は、安衛則第22条第11号の衛生委員会における調査審議又は安衛則第23条の2に基づき行われる意見聴取と兼ねて行っても差し支えないこと。

(3)　安衛則第577条の2第3項※関係　※注釈略

ア　本規定におけるがん原性物質を製造し、又は取り扱う労働者に関する記録については、晩発性の健康障害であるがんに対する対応を適切に行うため、当該労働者が離職した後であっても、当該記録を作成した時点から30年間保存する必要があること。

イ　「第1項の規定により講じた措置の状況」の記録については、法第57条の3に基づくリスクアセスメントの結果に基づいて措置を講じた場合は、安衛則第34条の2の8の記録と兼ねても差し支えないこと。また、リスクアセスメントに基づく措置を検討し、

これらの措置をまとめたマニュアルや作業規程（以下「マニュアル等」という。）を別途定めた場合は、当該マニュアル等を引用しつつ、マニュアル等のとおり措置を講じた旨の記録でも差し支えないこと。

ウ　「労働者のリスクアセスメント対象物のばく露の状況」については、実際にばく露の程度を測定した結果の記録等の他、マニュアル等を作成した場合であって、その作成過程において、実際に当該マニュアル等のとおり措置を講じた場合の労働者のばく露の程度をあらかじめ作業環境測定等により確認している場合は、当該マニュアル等に従い作業を行っている限りにおいては、当該マニュアル等の作成時に確認されたばく露の程度を記録することでも差し支えないこと。

エ　「労働者の氏名、従事した作業の概要及び当該作業に従事した期間並びにがん原性物質により著しく汚染される事態が生じたときはその概要及び事業者が講じた応急の措置の概要」の記録に関し、従事した作業の概要については、取り扱う化学物質の種類を記載する、又はSDS等を添付して、取り扱う化学物質の種類が分かるように記録すること。また、出張等作業で作業場所が毎回変わるものの、いくつかの決まった製剤を使い分け、同じ作業に従事しているのであれば、出張等の都度の作業記録を求めるものではなく、当該関連する作業を一つの作業とみなし、作業の概要と期間をまとめて記載することで差し支えないこと。

オ　「関係労働者の意見の聴取状況」の記録に関し、労働者に意見を聴取した都度、その内容と労働者の意見の概要を記録すること。なお、衛生委員会における調査審議と兼ねて行う場合は、これらの記録と兼ねて記録することで差し支えないこと。

6　保護具の使用による皮膚等障害化学物質等への直接接触の防止（安衛則第594条の2第1項※関係）　　　　　※注釈略

本規定の「皮膚若しくは眼に障害を与える

おそれ又は皮膚から吸収され、若しくは皮膚に侵入して、健康障害を生ずるおそれがないことが明らかなもの」とは、国が公表するGHS（化学品の分類および表示に関する世界調和システム）に基づく危険有害性の分類の結果及び譲渡提供者より提供されたSDS等に記載された有害性情報のうち「皮膚腐食性・刺激性」、「眼に対する重篤な損傷性・眼刺激性」及び「呼吸器感作性又は皮膚感作性」のいずれも「区分に該当しない」と記載され、かつ、「皮膚腐食性・刺激性」、「眼に対する重篤な損傷性・眼刺激性」及び「呼吸器感作性又は皮膚感作性」を除くいずれにおいても、経皮による健康有害性のおそれに関する記載がないものが含まれること。

7　化学物質管理の水準が一定以上の事業場の個別規制の適用除外

(1)　特化則第2条の3第1項、有機則第4条の2第1項、鉛則第3条の2第1項及び粉じん則第3条の2第1項関係

ア　本規定は、事業者による化学物質の自律的な管理を促進するという考え方に基づき、作業環境測定の対象となる化学物質を取り扱う業務等について、化学物質管理の水準が一定以上であると所轄都道府県労働局長が認める事業場に対して、当該化学物質に適用される特化則等の特別則の規定の一部の適用を除外することを定めたものであること。適用除外の対象とならない規定は、特殊健康診断に係る規定及び保護具の使用に係る規定である。なお、作業環境測定の対象となる化学物質以外の化学物質に係る業務等については、本規定による適用除外の対象とならないこと。

　また、所轄都道府県労働局長が特化則等で示す適用除外の要件のいずれかを満たさないと認めるときには、適用除外の認定は取消しの対象となること。適用除外が取り消された場合、適用除外となっていた当該化学物質に係る業務等に対する特化則等の規定が再び適用されること。

イ　特化則第２条の３第１項第１号、有機則
第４条の２第１項第１号、鉛則第３条の２
第１項第１号及び粉じん則第３条の２第１
項第１号の化学物質管理専門家については、
作業場の規模や取り扱う化学物質の種類、
量に応じた必要な人数が事業場に専属の者
として配置されている必要があること。

ウ　特化則第２条の３第１項第２号、有機則
第４条の２第１項第２号、鉛則第３条の２
第１項第２号及び粉じん則第３条の２第１
項第２号については、過去３年間、申請に
係る当該物質による死亡災害又は休業４日
以上の労働災害を発生させていないもので
あること。「過去３年間」とは、申請時を起
点として遡った３年間をいうこと。

エ　特化則第２条の３第１項第３号、有機則
第４条の２第１項第３号、鉛則第３条の２
第１項第３号及び粉じん則第３条の２第１
項第３号については、申請に係る事業場に
おいて、申請に係る特化則等において作業
環境測定が義務付けられている全ての化学
物質等（例えば、特化則であれば、申請に
係る全ての特定化学物質）について特化則
等の規定に基づき作業環境測定を実施し、
作業環境の測定結果に基づく評価が第一管
理区分であることを過去３年間維持してい
る必要があること。

オ　特化則第２条の３第１項第４号、有機則
第４条の２第１項第４号、鉛則第３条の２
第１項第４号及び粉じん則第３条の２第１
項第４号第４号については、申請に係る事
業場において、申請に係る特化則等におい
て健康診断の実施が義務付けられている全
ての化学物質等（例えば、特化則であれば、
申請に係る全ての特定化学物質）について、
過去３年間の健康診断で異常所見がある労
働者が一人も発見されないことが求められ
ること。また、粉じん則については、じん
肺法（昭和35年法律第30号）の規定に基づ
くじん肺健康診断の結果、新たにじん肺管
理区分が管理２以上に決定された労働者、
又はじん肺管理区分が決定されていた者で

より上位の区分に決定された労働者が一人
もいないことが求められること。
　なお、安衛則に基づく定期健康診断の項
目だけでは、特定化学物質等による異常所
見かどうかの判断が困難であるため、安衛
則の定期健康診断における異常所見につい
ては、適用除外の要件とはしないこと。

カ　特化則第２条の３第１項第５号、有機則
第４条の２第１項第５号、鉛則第３条の２
第１項第５号及び粉じん則第３条の２第１
項第５号については、客観性を担保する観
点から、認定を申請する事業場に属さない
化学物質管理専門家から、安衛則第34条の
２の８第１項第３号及び第４号に掲げるリ
スクアセスメントの結果やその結果に基づ
き事業者が講ずる労働者の危険又は健康障
害を防止するため必要な措置の内容に対す
る評価を受けた結果、当該事業場における
化学物質による健康障害防止措置が適切に
講じられていると認められることを求める
ものであること。なお、本規定の評価につ
いては、ISO（JIS Q）45001の認証等の取
得を求める趣旨ではないこと。

キ　特化則第２条の３第１項第６号、有機則第
４条の２第１項第６号、鉛則第３条の２第１
項第６号及び粉じん則第３条の２第１項第６
号については、過去３年間に事業者が当該事
業場について法及びこれに基づく命令に違反
していないことを要件とするが、軽微な違反
まで含む趣旨ではないこと。なお、法及びそ
れに基づく命令の違反により送検されている
場合、労働基準監督機関から使用停止等命令
を受けた場合、又は労働基準監督機関から違
反の是正の勧告を受けたにもかかわらず期限
までに是正措置を行わなかった場合は、軽微
な違反には含まれないこと。

(2)　特化則第２条の３第２項、有機則第４条
の２第２項、鉛則第３条の２第２項及び粉
じん則第３条の２第２項関係
　本規定に係る申請を行う事業者は、適用除
外認定申請書に、様式ごとにそれぞれ、(1)イ、

エからカまでに規定する要件に適合すること
を証する書面に加え、適用除外認定申請書の
備考欄で定める書面を添付して所轄都道府県
労働局長に提出する必要があること。

(3) 特化則第２条の３第４項及び第５項、有
　機則第４条の２第４項及び第５項、鉛則第
　３条の２第４項及び第５項並びに粉じん則
　第３条の２第４項及び第５項関係
ア　特化則第２条の３第４項、有機則第４条
　の２第４項、鉛則第３条の２第４項及び粉
　じん則第３条の２第４項について、適用除
　外の認定は、３年以内ごとにその更新を受
　けなければ、その期間の経過によって、そ
　の効果を失うものであることから、認定の
　更新の申請は、認定の期限前に十分な時間
　的な余裕をもって行う必要があること。
イ　特化則第２条の３第５項、有機則第４条
　の２第５項、鉛則第３条の２第５項及び粉じん
　則第３条の２第５項については、認定の更新
　に当たり、それぞれ、特化則第２条の３第１
　項から第３項まで、有機則第４条の２第１項
　から第３項まで、鉛則第３条の２第１項から
　第３項まで、粉じん則第３条の２第１項から
　第３項までの規定が準用されるものであるこ
　と。

(4) 特化則第２条の３第６項、有機則第４条
　の２第６項、鉛則第３条の２第６項及び粉
　じん則第３条の２第６項関係
　本規定は、所轄都道府県労働局長が遅滞な
く事実を把握するため、当該認定に係る事業
場がそれぞれ(1)イからカまでに掲げる事項の
いずれかに該当しなくなったときは、遅滞な
く報告することを事業者に求める趣旨である
こと。

(5) 特化則第２条の３第７項、有機則第４条
　の２第７項、鉛則第３条の２第７項及び粉
　じん則第３条の２第７項関係
　本規定は、認定を受けた事業者がそれぞれ
特化則第２条の３第７項、有機則第４条の２

第７項、鉛則第３条の２第７項及び粉じん則
第３条の２第７項に掲げる認定の取消し要件
のいずれかに該当するに至ったときは、所轄
都道府県労働局長は、その認定を取り消すこ
とができることを規定したものであること。
この場合、認定を取り消された事業場は、適
用を除外されていた全ての特化則等の規定を
速やかに遵守する必要があること。

(6) 特化則第２条の３第８項、有機則第４条
　の２第８項、鉛則第３条の２第８項及び粉
　じん則第３条の２第８項関係
　特化則第２条の３第５項から第７項まで、
有機則第４条の２第５項から第７項まで、鉛
則第３条の２第５項から第７項まで、粉じん
則第３条の２第５項から第７項までの場合に
おける特化則第２条の３第１項第３号、有機
則第４条の２第１項第３号、鉛則第３条の２
第１項第３号、粉じん則第３条の２第１項第
３号の規定の適用については、過去３年の期
間、申請に係る当該物質に係る作業環境測定
の結果に基づく評価が、第一管理区分に相当
する水準を維持していることを何らかの手段
で評価し、その評価結果について、当該事業
場に属さない化学物質管理専門家の評価を受
ける必要があること。なお、第一管理区分に
相当する水準を維持していることを評価する
方法には、個人ばく露測定の結果による評価、
作業環境測定の結果による評価又は数理モデ
ルによる評価が含まれること。これらの評価
の方法については、別途示すところに留意す
る必要があること。

(7) 特化則様式第１号、有機則様式第１号の
　２、鉛則様式第１号の２、粉じん則様式第
　１号の２関係
　適用除外の認定の申請は、特化則及び有機
則においては、対象となる製造又は取り扱う
化学物質を、鉛則においては、対象となる鉛
業務を、粉じん則においては、対象となる特
定粉じん作業を、それぞれ列挙する必要があ
ること。

8　作業環境管理やばく露防止措置等が適切に実施されている場合における特殊健康診断の実施頻度の緩和（特化則第39条第4項、有機則第29条第6項、鉛則第53条第4項及び四アルキル則第22条第4項関係）

ア　本規定は、労働者の化学物質のばく露の程度が低い場合は健康障害のリスクが低いと考えられることから、作業環境測定の評価結果等について一定の要件を満たす場合に健康診断の実施頻度を緩和できることとしたものであること。

イ　本規定による健康診断の実施頻度の緩和は、事業者が労働者ごとに行う必要があること。

ウ　本規定の「健康診断の実施後に作業方法を変更（軽微なものを除く。）していないこと」とは、ばく露量に大きな影響を与えるような作業方法の変更がないことであり、例えば、リスクアセスメント対象物の使用量又は使用頻度に大きな変更がない場合等をいうこと。

エ　事業者が健康診断の実施頻度を緩和するに当たっては、労働衛生に係る知識又は経験のある医師等の専門家の助言を踏まえて判断することが望ましいこと。

オ　本規定による健康診断の実施頻度の緩和は、本規定施行後の直近の健康診断実施日以降に、本規定に規定する要件を全て満たした時点で、事業者が労働者ごとに判断して実施すること。なお、特殊健康診断の実施頻度の緩和に当たって、所轄労働基準監督署や所轄都道府県労働局に対して届出等を行う必要はないこと。

第4　細部事項（令和6年4月1日施行）

1　化学物質管理者の選任、管理すべき事項等

(1)　安衛則第12条の5第1項関係

ア　化学物質管理者は、ラベル・SDS等の作成の管理、リスクアセスメント実施等、化学物質の管理に関わるもので、リスクアセスメント対象物に対する対策を適切に進

める上で不可欠な職務を管理する者であることから、事業場の労働者数によらず、リスクアセスメント対象物を製造し、又は取り扱う全ての事業場において選任することを義務付けたこと。

なお、衛生管理者の職務は、事業場の衛生全般に関する技術的事項を管理することであり、また有機溶剤作業主任者といった作業主任者の職務は、個別の化学物質に関わる作業に従事する労働者の指揮等を行うことであり、それぞれ選任の趣旨が異なるが、化学物質管理者が、化学物質管理者の職務の遂行に影響のない範囲で、これらの他の法令等に基づく職務等と兼務することは差し支えないこと。

イ　化学物質管理者は、工場、店社等の事業場単位で選任することを義務付けたこと。したがって、例えば、建設工事現場における塗装等の作業を行う請負人の場合、一般的に、建設現場での作業は出張先での作業に位置付けられるが、そのような出張作業先の建設現場にまで化学物質管理者の選任を求める趣旨ではないこと。

ウ　化学物質管理者については、その職務を適切に遂行するために必要な権限が付与される必要があるため、事業場内の労働者から選任されるべきであること。また、同じ事業場で化学物質管理者を複数人選任し、業務を分担することも差し支えないが、その場合、業務に抜け落ちが発生しないよう、業務を分担する化学物質管理者や実務を担う者との間で十分な連携を図る必要があること。

なお、化学物質管理者の管理の下、具体的な実務の一部を化学物質管理に詳しい専門家等に請け負わせることは可能であること。

エ　本規定の「リスクアセスメント対象物」は、改正省令による改正前の安衛則第34条の2の7第1項第1号の「通知対象物」と同じものであり、例えば、原材料を混合して新たな製品を製造する場合であって、その製品がリスクアセスメント対象物に該当

する場合は、当該製品は本規定のリスクア
セスメント対象物に含まれること。
オ　本規定の「リスクアセスメント対象物を
製造し、又は取り扱う」には、例えば、リ
スクアセスメント対象物を取り扱う作業工
程が密閉化、自動化等されていることによ
り、労働者が当該物にばく露するおそれが
ない場合であっても、リスクアセスメント
対象物を取り扱う作業が存在する以上、含
まれること。ただし、一般消費者の生活の
用に供される製品はリスクアセスメントの
対象から除かれているため、それらの製品
のみを取り扱う事業場は含まれないこと。
　　　また、密閉された状態の製品を保管する
だけで容器の開閉等を行わない場合や、火
災や震災後の復旧、事故等が生じた場合の
対応等、応急対策のためにのみ臨時的にリ
スクアセスメント対象物を取り扱うような
場合は、「リスクアセスメント対象物を製造
し、又は取り扱う」には含まれないこと。
カ　本規定の表示等及び教育管理に係る技術
的事項を「他の事業場において行っている
場合」とは、例えば、ある工場でリスクア
セスメント対象物を製造し、当該工場とは
別の事業場でラベル表示の作成を行う場合
等のことをいい、その場合、当該工場と当
該事業場それぞれで化学物質管理者の選任
が必要となること。安衛則第12条の5第2
項についてもこれと同様であること。
キ　本項第4号については、実際に労働災害
が発生した場合の対応のみならず、労働災
害が発生した場合を想定した応急措置等の
訓練の内容やその計画を定めること等も含
まれること。
ク　本項第7号については、必要な教育の実
施における計画の策定等の管理を求めるも
ので、必ずしも化学物質管理者自らが教育
を実施することを求めるものではなく、労
働者に対して外部の教育機関等で実施して
いる必要な教育を受けさせること等を妨げ
るものではないこと。また、本規定の施行
の前に既に雇い入れ教育等で労働者に対す

る必要な教育を実施している場合には、施
行後に改めて教育の実施を求める趣旨では
ないこと。

(2)　安衛則第12条の5第3項関係
ア　本項第2号イの「厚生労働大臣が定める
化学物質の管理に関する講習」は、厚生労
働大臣が定める科目について、自ら講習を
行えば足りるが、他の事業者の実施する講
習を受講させることも差し支えないこと。
また、「これと同等以上の能力を有すると認
められる者」については、本項第2号イの
厚生労働大臣が定める化学物質の管理に関
する講習に係る告示と併せて、おって示す
こととすること。
イ　本項第2号ロの「必要な能力を有すると
認められる者」とは、安衛則第12条の5第
1項各号の事項に定める業務の経験がある
者が含まれること。また、適切に業務を行
うために、別途示す講習等を受講すること
が望ましいこと。

(3)　安衛則第12条の5第4項関係
　　化学物質管理者の選任に当たっては、当該
管理者が実施すべき業務をなし得る権限を付
与する必要があり、事業場において相応する
それらの権限を有する役職に就いている者を
選任すること。

(4)　安衛則第12条の5第5項関係
　　本規定の「事業場の見やすい箇所に掲示す
ること等」の「等」には、化学物質管理者に
腕章を付けさせる、特別の帽子を着用させる、
事業場内部のイントラネットワーク環境を通
じて関係労働者に周知する方法等が含まれる
こと。

2　保護具着用管理責任者の選任、管理すべ
き事項等
(1)　安衛則第12条の6第1項関係
　　本規定は、保護具着用管理責任者を選任し
た事業者について、当該責任者に本項各号に

掲げる事項を管理させなければならないこと
としたものであり、保護具着用管理責任者の
職務内容を規定したものであること。

保護具着用管理責任者の職務は、次に掲げ
るとおりであること。

ア　保護具の適正な選択に関すること。

イ　労働者の保護具の適正な使用に関する
こと。

ウ　保護具の保守管理に関すること。

これらの職務を行うに当たっては、令和５
年５月25日付け基発0525第３号「防じんマス
ク、防毒マスク及び電動ファン付き呼吸用保
護具の選択、使用等について」及び平成29年
１月12日付け基発0112第６号「化学防護手袋
の選択、使用等について」に基づき対応する
必要があることに留意すること。

(2)　安衛則第12条の６第２項関係

本項第２号中の「保護具に関する知識及び
経験を有すると認められる者」には、次に掲
げる者が含まれること。なお、次に掲げる者
に該当する場合であっても、別途示す保護具
の管理に関する教育を受講することが望まし
いこと。また、次に掲げる者に該当する者を
選任することができない場合は、上記の保護
具の管理に関する教育を受講した者を選任す
ること。

①　別に定める化学物質管理専門家の要件
に該当する者

②　9(1)ウに定める作業環境管理専門家の
要件に該当する者

③　法第83条第１項の労働衛生コンサルタ
ント試験に合格した者

④　安衛則別表第４に規定する第１種衛生
管理者免許又は衛生工学衛生管理者免許
を受けた者

⑤　安衛則別表第１の上欄に掲げる、令第
６条第18号から第20号までの作業及び令
第６条第22号の作業に応じ、同表の中欄
に掲げる資格を有する者（作業主任者）

⑥　安衛則第12条の３第１項の都道府県労
働局長の登録を受けた者が行う講習を終

了した者その他安全衛生推進者等の選任
に関する基準（昭和63年労働省告示第80
号）の各号に示す者（安全衛生推進者に
係るものに限る。）

(3)　安衛則第12条の６第３項関係

保護具着用管理責任者の選任に当たっては、
その業務をなし得る権限を付与する必要があ
り、事業場において相応するそれらの権限を
有する役職に就いている者を選任することが
望ましいこと。なお、選任に当たっては、事
業場ごとに選任することが求められるが、大
規模な事業場の場合、保護具着用管理責任者
の職務が適切に実施できるよう、複数人を選
任することも差し支えないこと。また、職務
の実施に支障がない範囲内で、作業主任者が
保護具着用管理責任者を兼任しても差し支え
ないこと（9(4)に係る職務を除く。）。

(4)　安衛則第12条の６第４項関係

本規定の「事業場の見やすい箇所に掲示す
ること等」の「等」には、保護具着用管理責
任者に腕章を付けさせる、特別の帽子を着用
させる、事業場内部のイントラネットワーク
環境を通じて関係労働者に周知する方法等が
含まれること。

3　衛生委員会の付議事項の追加（安衛則第
22条関係）

ア　本条第11号の安衛則第577条の２第１項、
第２項及び第８項に係る措置並びに本条第
３項及び第４項の健康診断の実施に関する
事項は、既に付議事項として義務付けられ
ている本条第２号の「法第28条の２第１項
又は第57条の３第１項及び第２項の危険性
又は有害性等の調査及びその結果に基づき
講ずる措置のうち、衛生に係るものに関す
ること」と相互に密接に関係することから、
本条第２号と第11号の事項を併せて調査審
議して差し支えないこと。

イ　衛生委員会の設置を要しない常時労働者
数50人未満の事業場においても、安衛則第

23条の2に基づき、本条第11号の事項について、関係労働者の意見を聴く機会を設けなければならないことに留意すること。

4　ＳＤＳ等における通知事項の追加及び含有量の重量パーセント表示

(1)　安衛則第24条の15第1項、第34条の2の4関係

ア　ＳＤＳ等における通知事項に追加する「想定される用途及び当該用途における使用上の注意」は、譲渡提供者が譲渡又は提供を行う時点で想定される内容を記載すること。

イ　譲渡提供を受けた相手方は、当該譲渡提供を受けた物を想定される用途で使用する場合には、当該用途における使用上の注意を踏まえてリスクアセスメントを実施することとなるが、想定される用途以外の用途で使用する場合には、使用上の注意に関する情報がないことを踏まえ、当該物の有害性等をより慎重に検討した上でリスクアセスメントを実施し、その結果に基づく措置を講ずる必要があること。

(2)　安衛則第34条の2の6第1項関係

ア　本項は、ＳＤＳ等における通知事項のうち「成分の含有量」について、重量パーセントによる濃度の通知を原則とする趣旨であること。なお、通知対象物であって製品の特性上含有量に幅が生じるもの等については、濃度範囲による記載も可能であること。また、重量パーセント以外の表記による含有量の表記がなされているものについては、平成12年3月24日付け基発第162号「労働安全衛生法及び作業環境測定法の一部を改正する法律の施行について」の記のⅢ第8の2(2)に示したとおり、重量パーセントへの換算方法を明記していれば、重量パーセントによる表記を行ったものと見なすこと。

5　雇入れ時等の教育の拡充（安衛則第35条関係）

本規定の改正は、雇入れ時等の教育のうち本条第1項第1号から第4号までの事項の教育に係る適用業種を全業種に拡大したもので、当該事項に係る教育の内容は従前と同様であるが、新たな対象となった業種においては、各事業場の作業内容に応じて安衛則第35条第1項各号に定められる必要な教育を実施する必要があること。

6　化学物質による労働災害が発生した事業場等における化学物質管理の改善措置

(1)　安衛則第34条の2の10第1項関係

ア　本規定は、化学物質による労働災害が発生した又はそのおそれがある事業場で、管理が適切に行われていない可能性があるものとして労働基準監督署長が認めるものについて、自主的な改善を促すため、化学物質管理専門家による当該事業場における化学物質の管理の状況についての確認・助言を受け、その内容を踏まえた改善計画の作成を指示することができるようにする趣旨であること。

イ　「化学物質による労働災害発生が発生した、又はそのおそれがある事業場」とは、過去1年間程度で、①化学物質等による重篤な労働災害が発生、又は休業4日以上の労働災害が複数発生していること、②作業環境測定の結果、第三管理区分が継続しており、改善が見込まれないこと、③特殊健康診断の結果、同業種の平均と比較して有所見率の割合が相当程度高いこと、④化学物質等に係る法令違反があり、改善が見込まれないこと等の状況について、労働基準監督署長が総合的に判断して決定するものであること。

ウ　「化学物質による労働災害」には、一酸化炭素、硫化水素等による酸素欠乏症、化学物質(石綿を含む。)による急性又は慢性中毒、がん等の疾病を含むが、物質による切創等のけがは含まないこと。また、粉じん状の

化学物質による中毒等は化学物質による労働災害を含むが、粉じんの物理的性質による疾病であるじん肺は含まないこと。

(2)　安衛則第34条の2の10第2項関係

ア　化学物質管理専門家に確認を受けるべき事項には、以下のものが含まれること。

①　リスクアセスメントの実施状況

②　リスクアセスメントの結果に基づく必要な措置の実施状況

③　作業環境測定又は個人ばく露測定の実施状況

④　特別則に規定するばく露防止措置の実施状況

⑤　事業場内の化学物質の管理、容器への表示、労働者への周知の状況

⑥　化学物質等に係る教育の実施状況

イ　化学物質管理専門家は客観的な判断を行う必要があるため、当該事業場に属さない者であることが望ましいが、同一法人の別事業場に属する者であっても差し支えないこと。

ウ　事業者が複数の化学物質管理専門家からの助言を求めることを妨げるものではないが、それぞれの専門家から異なる助言が示された場合、自らに都合良い助言のみを選択することのないよう、全ての専門家からの助言等を踏まえた上で必要な措置を実施するとともに、労働基準監督署への改善計画の報告に当たっては、全ての専門家からの助言等を添付する必要があること。

(3)　安衛則第34条の2の10第3項関係

化学物質管理専門家は、本条第2項の確認を踏まえて、事業場の状況に応じた実施可能で具体的な改善の助言を行う必要があること。

(4)　安衛則第34条の2の10第4項関係

ア　本規定の改善計画には、改善措置の趣旨、実施時期、実施事項（化学物質管理専門家が立ち会って実施するものを含む。）を記載するとともに、改善措置の実施に当たっ

ての事業場内の体制、責任者も記載すること。

イ　本規定の改善措置を実施するための計画の作成にあたり、化学物質管理専門家の支援を受けることが望ましいこと。また、当該計画作成後、労働基準監督署長への報告を待たず、速やかに、当該計画に従い必要な措置を実施しなければならないこと。

(5)　安衛則第34条の2の10第5項関係

本規定の所轄労働基準監督署長への報告にあたっては、化学物質管理専門家の助言内容及び改善計画に加え、改善計画報告書（安衛則様式第4号等）の備考欄に定める書面を添付すること。

(6)　安衛則第34条の2の10関係第6項関係

本規定は、改善措置の実施状況を事後的に確認できるようにするため、改善計画に基づき実施した改善措置の記録を作成し、化学物質管理専門家の助言の通知及び改善計画とともに3年間保存することを義務付けた趣旨であること。

7　リスクアセスメント対象物に係る事業者の義務関係

(1)　安衛則第577条の2第2項関係

本規定の「厚生労働大臣が定める濃度の基準」については、順次、厚生労働大臣告示で定めていく予定であること。なお、濃度基準値が定められるまでの間は、日本産業衛生学会の許容濃度、米国政府労働衛生専門家会議（ACGIH）のばく露限界値（TLV-TWA）等が設定されている物質については、これらの値を参考にし、これらの物質に対する労働者のばく露を当該許容濃度等以下とすることが望ましいこと。

本規定の労働者のばく露の程度が濃度基準値以下であることを確認する方法には、次に掲げる方法が含まれること。この場合、これら確認の実施に当たっては、別途定める事項に留意する必要があること。

① 個人ばく露測定の測定値と濃度基準値を比較する方法、作業環境測定（C・D測定）の測定値と濃度基準値を比較する方法

② 作業環境測定（A・B測定）の第一評価値と第二評価値を濃度基準値と比較する方法

③ 厚生労働省が作成したCREATE-SIMPLE等の数理モデルによる推定ばく露濃度と濃度基準値と比較する等の方法

(2) 安衛則第577条の２第３項関係

ア　本規定は、リスクアセスメント対象物について、一律に健康診断の実施を求めるのではなく、リスクアセスメントの結果に基づき、関係労働者の意見を聴き、リスクの程度に応じて健康診断の実施を事業者が判断する仕組みとしたものであること。

イ　本規定の「常時従事する労働者」には、当該業務に従事する時間や頻度が少なくても、反復される作業に従事している者を含むこと。

ウ　歯科領域のリスクアセスメント対象物健康診断は、GHS分類において歯科領域の有害性情報があるもののうち、職業性ばく露による歯科領域への影響が想定され、既存の健康診断の対象となっていないクロルスルホン酸、三臭化ほう素、5,5-ジフェニル-2,4-イミダゾリジンジオン、臭化水素及び発煙硫酸の５物質を対象とすること。

エ　リスクアセスメント対象物のうち、個別規則に基づく特殊健康診断及び安衛則第48条に基づく歯科健康診断の実施が義務づけられている物質については、リスクアセスメント対象物健康診断を重複して実施する必要はないこと。

オ　本規定の「必要があると認めるとき」に係る判断方法及び「医師又は歯科医師が必要と認める項目」は、令和５年10月17日付け基発1017第１号「リスクアセスメント対象物健康診断に関するガイドラインの策定

等について」（以下「リスクアセスメント対象物健康診断ガイドライン」という。）に留意する必要があること。

カ　リスクアセスメント対象物健康診断（安衛則第577条の２第４項に基づくものを含む。以下この号において同じ。）は、リスクアセスメント対象物を製造し、又は取り扱う業務による健康障害発生リスクがある労働者に対して実施するものであることから、その費用は事業者が負担しなければならないこと。また、派遣労働者については、派遣先事業者にリスクアセスメント対象物健康診断の実施義務があることから、その費用は派遣先事業者が負担しなければならないこと。なお、リスクアセスメント対象物健康診断の受診に要する時間の賃金については、労働時間として事業者が支払う必要があること。

(3) 安衛則第577条の２第４項関係

ア　本規定は、事業者によるばく露防止措置が適切に講じられなかったこと等により、結果として労働者が濃度基準値を超えてリスクアセスメント対象物にばく露したおそれがあるときに、健康障害を防止する観点から、速やかに健康診断の実施を求める趣旨であること。

イ　本規定の「リスクアセスメント対象物にばく露したおそれがあるとき」には、リスクアセスメントにおける実測（数理モデルで推計した呼吸域の濃度が濃度基準値の2分の1程度を超える等により事業者が行う確認測定（化学物質による健康障害防止のための濃度の基準の適用等に関する技術上の指針（令和５年４月27日付け技術上の指針公示第24号））の濃度を含む。）、数理モデルによる呼吸域の濃度の推計又は定期的な濃度測定による呼吸域の濃度が、濃度基準値を超えていることから、労働者のばく露の程度を濃度基準値以下に抑制するために局所排気装置等の工学的措置の実施又は呼吸用保護具の使用等の対策を講じる必要

があるにも関わらず、工学的措置が適切に実施されていない（局所排気装置が正常に稼働していない等）ことが判明した場合、労働者が必要な呼吸用保護具を使用していないことが判明した場合、労働者による呼吸用保護具の使用方法が不適切で要求防護係数が満たされていないと考えられる場合その他の工学的措置や呼吸用保護具でのばく露の制御が不十分な状況が生じていることが判明した場合及び漏洩事故等により、濃度基準値がある物質に大量ばく露した場合が含まれること。

ウ　本規定の「医師又は歯科医師が必要と認める項目」は、リスクアセスメント対象物健康診断ガイドラインに留意する必要があること。

(4)　安衛則第577条の２第５項関係

本規定の「がん原性物質」は、別途厚生労働大臣告示で定める予定であること。

8　保護具の使用による皮膚等障害化学物質等への直接接触の防止（安衛則第594条の２第１項関係）

(1)　本規定は、皮膚等障害化学物質等を製造し、又は取り扱う業務において、労働者に適切な不浸透性の保護衣等を使用させなければならないことを規定する趣旨であること。

(2)　本規定の「皮膚等障害化学物質等」には、国が公表するGHS分類の結果及び譲渡提供者より提供されたSDS等に記載された有害性情報のうち「皮膚腐食性・刺激性」、「眼に対する重篤な損傷性・眼刺激性」及び「呼吸器感作性又は皮膚感作性」のいずれかで区分１に分類されているもの及び別途示すものが含まれること。

9　作業環境測定結果が第三管理区分の事業場に対する措置の強化

(1)　作業環境測定の評価結果が第三管理区分に区分された場合に講ずべき措置（特化則

第36条の３の２第１項、有機則第28条の３の２第１項、鉛則第52条の３の２第１項、粉じん則第26条の３の２第１項関係）

ア　本規定は、第三管理区分となる作業場所には、局所排気装置の設置等が技術的に困難な場合があることから、作業環境を改善するための措置について高度な知見を有する専門家の視点により改善の可否、改善措置の内容について意見を求め、改善の取組等を図る趣旨であること。このため、客観的で幅広い知見に基づく専門的意見が得られるよう、作業環境管理専門家は、当該事業場に属さない者に限定していること。

イ　本規定の作業環境管理専門家の意見は、必要な措置を講ずることにより、第一管理区分又は第二管理区分とすることの可能性の有無についての意見を聴く趣旨であり、当該改善結果を保証することまで求める趣旨ではないこと。また、本規定の作業環境管理専門家の意見聴取にあたり、事業者は、作業環境管理専門家から意見聴取を行う上で必要となる業務に関する情報を求められたときは、速やかに、これを提供する必要があること。

ウ　本規定の「作業環境管理専門家」には、次に掲げる者が含まれること。

①　別に定める化学物質管理専門家の要件に該当する者

②　労働衛生コンサルタント（試験の区分が労働衛生工学であるものに合格した者に限る。）又は労働安全コンサルタント（試験の区分が化学であるものに合格した者に限る。）であって、３年以上化学物質又は粉じんの管理に係る業務に従事した経験を有する者

③　６年以上、衛生工学衛生管理者としてその業務に従事した経験を有する者

④　衛生管士（法第83条第１項の労働衛生コンサルタント試験（試験の区分が労働衛生工学であるものに限る。）に合格した者に限る。）に選任された者であって、３年以上労働災害防止団体法第11条

第1項の業務又は化学物質の管理に係る業務を行った経験を有する者

⑤　6年以上、作業環境測定士としてその業務に従事した経験を有する者

⑥　4年以上、作業環境測定士としてその業務に従事した経験を有する者であって、公益社団法人日本作業環境測定協会が実施する研修又は講習のうち、同協会が化学物質管理専門家の業務実施に当たり、受講することが適当と定めたものを全て修了した者

⑦　オキュペイショナル・ハイジニスト資格又はそれと同等の外国の資格を有する者

⑵　第三管理区分に対する必要な改善措置の実施（特化則第36条の3の2第2項、有機則第28条の3の2第2項、鉛則第52条の3の2第2項、粉じん則第26条の3の2第2項関係）

本規定の「直ちに」については、作業環境管理専門家の意見を踏まえた改善措置の実施準備に直ちに着手するという趣旨であり、措置そのものの実施を直ちに求める趣旨ではなく、準備に要する合理的な時間の範囲内で実施すれば足りるものであること。

⑶　改善措置を講じた場合の測定及びその結果の評価（特化則第36条の3の2第3項、有機則第28条の3の2第3項、鉛則第52条の3の2第3項、粉じん則第26条の3の2第3項関係）

本規定の測定及びその結果の評価は、作業環境管理専門家の意見を踏まえて講じた改善措置の効果を確認するために行うものであるから、改善措置を講ずる前に行った方法と同じ方法で行うこと。なお、作業場所全体の作業環境を評価する場合は、作業環境測定基準及び作業環境評価基準に従って行うこと。

また、本規定の測定及びその結果の評価は、作業環境管理専門家が作業場所の作業環境を改善することが困難と判断した場合であって

も、事業者が必要と認める場合は実施して差し支えないこと。

⑷　作業環境管理専門家が改善困難と判断した場合等に講ずべき措置（特化則第36条の3の2第4項、有機則第28条の3の2第4項、鉛則第52条の3の2第4項、粉じん則第26条の3の2第4項関係）

ア　本規定は、有効な呼吸用保護具の選定にあたっての対象物質の濃度の測定において、個人サンプリング測定等により行い、その結果に応じて、労働者に有効な呼吸用保護具を選定する趣旨であること。

イ　本規定の呼吸用保護具の装着の確認は、面体と顔面の密着性等について確認する趣旨であることから、フード形、フェイスシールド形等の面体を有しない呼吸用保護具を確認の対象から除く趣旨であること。

⑸　作業環境測定の評価結果が改善するまでの間に講ずべき措置（特化則第36条の3の2第5項、有機則第28条の3の2第5項、鉛則第52条の3の2第5項、粉じん則第26条の3の2第5項関係）

本規定は、作業環境管理専門家の意見に基づく改善措置等を実施してもなお、第三管理区分に区分された場所について、化学物質等へのばく露による健康障害から労働者を守るため、定期的な測定を行い、その結果に基づき労働者に有効な呼吸用保護具を使用させる等の必要な措置の実施を義務付ける趣旨であること。

⑹　所轄労働基準監督署長への報告（特化則第36条の3の3、有機則第28条の3の3、鉛則第52条の3の3、粉じん則第26条の3の3関係）

本規定は、第三管理区分となった作業場所について⑷の措置を講じた場合、その措置内容等を第三管理区分措置状況届により所轄労働基準監督署長に提出することを求める趣旨であり、この様式の提出後、当該作業場所が

第二管理区分又は第一管理区分になった場合
に、所轄労働基準監督署長へ改めて報告を求
める趣旨ではないこと。

附録3　関連告示・指針など資料一覧

　化学物質管理者の職務を遂行するうえで、先に掲げた法令条文以外にも、必要に応じて参照すべき告示・指針、通知等がある。主なものを参考に以下に示す。これらは、厚生労働省のホームページ「化学物質による労働災害防止のための新たな規制について」より閲覧することができる。

○関連告示・指針

労働安全衛生規則第12条の5第3項第2号イの規定に基づき厚生労働大臣が定める化学物質の管理に関する講習（令和4年厚生労働省告示第276号）

https://www.mhlw.go.jp/content/11300000/000987097.pdf

【施行通達】

労働安全衛生規則第12条の5第3項第2号イの規定に基づき厚生労働大臣が定める化学物質の管理に関する講習等の適用等について

（令和4年9月7日付け基発0907第1号）（令和5年7月14日一部改正）

https://www.mhlw.go.jp/content/11300000/001117847.pdf

労働安全衛生規則第34条の2の10第2項、有機溶剤中毒予防規則第4条の2第1項第1号、鉛中毒予防規則第3条の2第1項第1号及び特定化学物質障害予防規則第2条の3第1項第1号の規定に基づき厚生労働大臣が定める者

（令和4年9月7日厚生労働省告示第274号）

https://www.mhlw.go.jp/content/11300000/000987093.pdf

粉じん障害防止規則第3条の2第1項第1号の規定に基づき厚生労働大臣が定める者

（令和4年厚生労働省告示第275号）

https://www.mhlw.go.jp/content/11300000/000987095.pdf

労働安全衛生規則第577条の2第5項の規定に基づきがん原性がある物として厚生労働大臣が定めるもの（令和4年厚生労働省告示第371号）（最終改正　令和5年厚生労働省告示第251号）

https://www.mhlw.go.jp/content/11300000/001030128.pdf

【施行通達】

労働安全衛生規則第577条の2第3項の規定に基づきがん原性がある物として厚生労働大臣が定めるものの適用について（令和4年12月26日付け基発1226第4号）（令和5年4月24日一部改正）

https://www.mhlw.go.jp/content/11300000/001030129.pdf

第三管理区分に区分された場所に係る有機溶剤等の濃度の測定の方法等
（令和4年厚生労働省告示第341号）（最終改正　令和5年厚生労働省告示第174号）
http://www.jaish.gr.jp/anzen/hor/hombun/hor1-2/hor1-2-359-1-0.htm

【施行通達】
第三管理区分に区分された場所に係る有機溶剤等の濃度の測定の方法等に関する告示
の施行等について（令和4年11月30日付け基発1130第1号）
https://www.mhlw.go.jp/content/11300000/001018473.pdf

作業環境測定基準及び第三管理区分に区分された場所に係る有機溶剤等の濃度の測定
の方法等の一部を改正する告示（令和5年厚生労働省告示第174号）
https://www.mhlw.go.jp/content/11300000/001089724.pdf

【施行通達】
作業環境測定基準及び第三管理区分に区分された場所に係る有機溶剤等の濃度の測定
の方法等の一部を改正する告示について（令和5年4月17日基発0417第4号）
https://www.mhlw.go.jp/content/11300000/001088102.pdf

労働安全衛生規則第577条の2第2項の規定に基づき厚生労働大臣が定める物及び厚
生労働大臣が定める濃度の基準（令和5年厚生労働省告示第177号）
https://www.mhlw.go.jp/content/11300000/001091419.pdf

【施行通達】
労働安全衛生規則第577条の2第2項の規定に基づき厚生労働大臣が定める物及び厚
生労働大臣が定める濃度の基準の適用について
（令和5年4月27日付け基発0427第1号）
https://www.mhlw.go.jp/content/11300000/001091753.pdf

労働安全衛生規則第577条の2第2項の規定に基づき厚生労働大臣が定める物及び厚生
労働大臣が定める濃度の基準の一部を改正する件（令和6年厚生労働省告示第196号）
https://www.mhlw.go.jp/content/11300000/001252599.pdf

【施行通達】
「労働安全衛生規則第577条の2第2項の規定に基づき厚生労働大臣が定める物及び厚
生労働大臣が定める濃度の基準の一部を改正する件」の告示等について（令和6年5
月8日付け基発0508第3号）
https://www.mhlw.go.jp/content/11300000/001252602.pdf

化学物質による健康障害防止のための濃度の基準の適用等に関する技術上の指針
（令和5年4月27日技術上の指針公示第24号）
https://www.mhlw.go.jp/content/11300000/001091556.pdf

【施行通達】
「化学物質による健康障害防止のための濃度の基準の適用等に関する技術上の指針」
の制定について（令和5年4月27日付け基発0427第2号）
https://www.mhlw.go.jp/content/11300000/001091754.pdf

化学物質による健康障害防止のための濃度の基準の適用等に関する技術上の指針の一部を改正する件（令和6年5月8日技術上の指針公示第26号）

https://www.mhlw.go.jp/content/11300000/001252601.pdf

【施行通達】
「化学物質による健康障害防止のための濃度の基準の適用等に関する技術上の指針の一部を改正する件」について（令和6年5月8日付基発0508第1号）

https://www.mhlw.go.jp/content/11300000/001252603.pdf

化学物質等の危険性又は有害性等の表示又は通知等の促進に関する指針
（平成24年3月16日厚生労働省告示第133号）
（最終改正　令和4年5月31日厚生労働省告示第190号）

https://www.mhlw.go.jp/web/t_doc?dataId=00008010&dataType=0&pageNo=1

【施行通達】
化学物質等の危険性又は有害性等の表示又は通知等の促進に関する指針について（平成24年3月29日基発0329第11号）

https://www.mhlw.go.jp/web/t_doc?dataId=00tb8209&dataType=1&pageNo=1

化学物質等による危険性又は有害性等の調査等に関する指針
（平成27年9月18日危険性又は有害性等の調査等に関する指針公示第3号）
（最終改正　令和5年4月27日危険性又は有害性等の調査等に関する指針公示第4号）

https://www.mhlw.go.jp/content/11300000/001091557.pdf

【施行通達】
「化学物質等による危険性又は有害性等の調査等に関する指針の一部を改正する指針」について（令和5年4月27日付け基発0427第3号）

https://www.mhlw.go.jp/content/11300000/001091755.pdf

○政省令の施行通達
労働安全衛生法施行令の一部を改正する政令等の施行について（令和4年2月24日付け基発0224第1号）

https://www.mhlw.go.jp/content/11300000/000987101.pdf

労働安全衛生規則等の一部を改正する省令等の施行について（令和4年5月31日付け基発0531第9号）（最終改正　令和6年5月8日）

https://www.mhlw.go.jp/content/11300000/000987120.pdf

労働安全衛生規則等の一部を改正する省令の一部を改正する省令の施行について（令和5年4月24日付け基発0424第2号）

https://www.mhlw.go.jp/content/11300000/001089979.pdf

労働安全衛生法施行令の一部を改正する政令等の施行について
（令和 5 年 8 月30日付け基発0830第 1 号）
https://www.mhlw.go.jp/content/11300000/001139723.pdf

労働安全衛生規則の一部を改正する省令の施行について
（令和 5 年 9 月29日付け基発0929第 1 号）
https://www.mhlw.go.jp/content/11300000/001150523.pdf

○関係通知

労働安全衛生法に基づく安全データシート（SDS）の記載に係る留意事項について
（令和 4 年 1 月11日付け基安化発0111第 2 号）
https://www.mhlw.go.jp/content/11300000/000945586.pdf

労働安全衛生法等の一部を改正する法律等の施行等（化学物質等に係る表示及び文書
交付制度の改善関係）に係る留意事項について」の改正について
（令和 6 年 1 月 9 日付け基安化発0109第 1 号）
https://www.mhlw.go.jp/content/11300000/001187657.pdf

保護具着用管理責任者に対する教育の実施について
（令和 4 年12月26日付け基安化発1226第 1 号）
https://www.mhlw.go.jp/content/11300000/001031069.pdf

化学物質管理専門家の要件に係る作業環境測定士に対する講習について（令和 5 年 1 月
6 日付け基発0106第 2 号）
https://www.mhlw.go.jp/content/11300000/001161361.pdf

防じんマスク、防毒マスク及び電動ファン付き呼吸用保護具の選択、使用等について
（令和 5 年 5 月25日付け基発0525第 3 号）
https://www.mhlw.go.jp/content/11300000/001100842.pdf

皮膚等障害化学物質等に該当する化学物質について
（令和 5 年 7 月 4 日付け基発0704第 1 号）（令和 5 年11月 9 日一部改正）
https://www.mhlw.go.jp/content/11300000/001165500.pdf

リスクアセスメント対象物健康診断に関するガイドラインの策定等について
（令和 5 年10月17日付け基発1017第 1 号）
https://www.mhlw.go.jp/content/11300000/001171288.pdf

○各種対象物質の一覧

【リスクアセスメント対象物】

労働安全衛生法に基づくラベル表示及びSDS交付義務対象物質（令和6年4月1日現在　896物質（群））

https://anzeninfo.mhlw.go.jp/anzen/gmsds/label_sds_896list_20240401.xlsx

労働安全衛生法に基づくラベル表示・SDS交付の義務対象物質一覧
（令和5年8月30日改正政令、令和5年9月29日改正省令公布、令和7年4月1日及び令和8年4月1日施行）（令和5年11月9日更新）

https://www.mhlw.go.jp/content/11300000/001168179.xlsx

【がん原性物質】

労働安全衛生規則第577条の2の規定に基づき作業記録等の30年間保存の対象となる化学物質の一覧（令和5年4月1日及び令和6年4月1日適用分）
（令和5年3月1日更新）

https://www.mhlw.go.jp/content/11300000/001064830.xlsx

【濃度基準値】

労働安全衛生規則第577条の2第2項の規定に基づき厚生労働大臣が定める物及び厚生労働大臣が定める濃度の基準等（一覧）（令和6年5月8日更新）

https://www.mhlw.go.jp/content/11300000/001252610.xlsx

【皮膚等障害化学物質】

皮膚等障害化学物質（労働安全衛生規則第594条の2（令和6年4月1日施行））及び特別規則に基づく不浸透性の保護具等の使用義務物質リスト（令和5年11月9日更新）

https://www.mhlw.go.jp/content/11300000/001164701.xlsx

○検討会報告書ほか

職場における化学物質等の管理のあり方に関する検討会報告書
（令和3年7月19日公表）

https://www.mhlw.go.jp/content/11300000/000945999.pdf

化学物質の自律的管理におけるリスクアセスメントのためのばく露モニタリングに関する検討会報告書（令和4年5月　独立行政法人労働者健康安全機構 労働安全衛生総合研究所 化学物質情報管理研究センター）

https://www.mhlw.go.jp/content/11300000/000945998.pdf

令和4年度化学物質管理に係る専門家検討会中間とりまとめ（令和4年11月21日公表）
https://www.mhlw.go.jp/content/11305000/001015453.pdf

令和4年度 化学物質管理に係る専門家検討会 報告書（本文）
（令和5年2月10日公表）
https://www.mhlw.go.jp/content/11300000/001056657.pdf

令和4年度 化学物質管理に係る専門家検討会 報告書（別紙）
（令和5年2月10日公表）
https://www.mhlw.go.jp/content/11300000/001056658.pdf

皮膚等障害化学物質の選定のための検討会報告書
（令和5年4月　独立行政法人労働者健康安全機構 労働安全衛生総合研究所）
https://www.mhlw.go.jp/content/11300000/001161362.pdf

化学物質の自律的な管理における健康診断に関する検討報告書（令和5年8月7日
独立行政法人労働者健康安全機構　労働安全衛生総合研究所）
https://www.mhlw.go.jp/content/11300000/001171298.pdf

令和5年度 化学物質管理に係る専門家検討会 中間とりまとめ（令和5年11月21日公表）
https://www.mhlw.go.jp/content/11305000/001169517.pdf

令和5年度 化学物質管理に係る専門家検討会 報告書（本文）（令和6年1月31日公表）
https://www.mhlw.go.jp/content/11305000/001200797.pdf

令和5年度 化学物質管理に係る専門家検討会 報告書（別紙）
https://www.mhlw.go.jp/content/11305000/001200799.pdf

皮膚障害等防止用保護具の選定マニュアル（本文）（令和6年2月 第1版）
https://www.mhlw.go.jp/content/11300000/001216985.pdf

皮膚障害等防止用保護具の選定マニュアル 参考情報1：皮膚等障害化学物質及び特
別規則に基づく不浸透性の保護具等の使用義務物質リスト
https://www.mhlw.go.jp/content/11300000/001216990.pdf

皮膚障害等防止用保護具の選定マニュアル 参考情報2：耐透過性能一覧表
https://www.mhlw.go.jp/content/11300000/001216988.pdf

厚生労働省が委託事業により作成、公表した
「リスクアセスメント対象物製造事業場向け化学物質管理者テキスト」
（令和５年３月公表）
https://www.mhlw.go.jp/content/11300000/001083281.pdf

化学物質管理専門家の指導用マニュアル（令和６年３月公表）
https://www.mhlw.go.jp/content/11300000/001240052.pdf

作業環境管理専門家の指導用マニュアル（令和６年３月公表）
https://www.mhlw.go.jp/content/11300000/001240051.pdf

厚生労働省ホームページ　職場における化学物質対策について
化学物質による労働災害防止のための新たな規制について
https://www.mhlw.go.jp/stf/seisakunitsuite/ bunya/0000099121_00005.html

※ページ末尾に、厚生労働省が設置した相談窓口の案内あり。

●執筆

中央労働災害防止協会　労働衛生調査分析センター 小
　　　　　　　　　　　　大阪労働衛生総合センター

荒木　明宏（日本大学 生物資源科学部 非常勤講師）

化学物質管理者選任時テキスト
リスクアセスメント対象物 製造事業場・取扱い事業場向け

令和5年3月28日　　第1版第1刷発行
令和5年7月7日　　第2版第1刷発行
令和6年6月7日　　第3版第1刷発行
令和6年9月6日　　　　第5刷発行

　　　　　　　　　　編　者　中央労働災害防止協会
　　　　　　　　　　発行者　平山　剛
　　　　　　　　　　発行所　中央労働災害防止協会
　　　　　　　　　　　　　　東京都港区芝浦3-17-12　吾妻ビル9階
　　　　　　　　　　　　　　〒108-0023
　　　　　　　　　　　　　　電話　販売　03（3452）6401
　　　　　　　　　　　　　　　　　編集　03（3452）6209

印刷・製本　　　㈱アイネット
表紙デザイン　　OPTIC OPUS㈲
イラスト　　　　田中　斉

正　誤　表

『化学物質管理者選任時テキスト』（第3版）において，下記のとおり誤りがありました。お詫びして訂正いたします。

令和6年9月

中央労働災害防止協会

頁・行	誤	正
p44　表2.1.1 下1行	（生殖細胞）　生殖細胞変異原性　リスク小	（行全体を削除）
p126　図3.2.7 表題	8時間の・・・	短時間の・・・
p130　下1行	表3.2.5に経皮吸収の・・・	表3.2.5に危険性の・・・
p141　表3.2.11 下3行　左1列	Ⅱ-A	Ⅱ-B
p141　表3.2.11 下2行　左1列	Ⅱ-B	Ⅱ-A
p144　上8行	入力内容を表3.2.12に・・・	入力内容を表3.2.15に・・・
p157　本文中の表 上3行　左2列	108-88-3	67-64-1
p230　表4.1.5 欄外注釈　上1行	※資料採取	※試料採取
p235　表4.1.8 上2行　左2列	・・・リスクアセスメント（表4.1.6）で・・・	・・・リスクアセスメント（表4.1.7）で・・・
p270　欄外注釈 下3行	・・・厚生労働省告示第341号・・・	・・・厚生労働省告示第304号・・・
p382　上5行	・・・方法等に関する告示の施行等について・・・	・・・方法等の適用等について・・・

※下線部は訂正箇所

2024.9 D

〈キリトリ〉